全国农业推广专业学位研究生教育指导委员会推荐教材

普通高等教育“十二五”规划建设教材

植物生物技术概论

Introduction of Biotechnology Applied in Plant

曹墨菊 主编

中国農業大學出版社

CHINA AGRICULTURAL UNIVERSITY PRESS

内容简介

本书系统介绍了植物生物技术的有关概念、原理、研究方法及应用领域。内容涉及组织培养、单倍体育种、染色体工程、基因组学、生物信息学、分子标记技术、核酸分子操作及遗传转化等技术原理及应用。本书注重基础理论与应用的结合，图文并茂，通俗易懂。

图书在版编目(CIP)数据

植物生物技术概论/曹墨菊主编. —北京：中国农业大学出版社，2014.9

ISBN 978-7-5655-1027-4

Ⅰ.①植… Ⅱ.①曹… Ⅲ.①植物-生物工程 Ⅳ.①Q94

中国版本图书馆 CIP 数据核字(2014)第 162529 号

书　　名　植物生物技术概论

作　　者　曹墨菊　主编

策划编辑　张秀环　　　　责任编辑　梁爱荣

封面设计　郑　川　　　　责任校对　王晓凤　陈　莹

出版发行　中国农业大学出版社

社　　址　北京市海淀区圆明园西路 2 号　　　　邮政编码　100193

电　　话　发行部 010-62818525,8625　　　　读者服务部 010-62732336

　　　　　编辑部 010-62732617,2618　　　　出　版　部 010-62733440

网　　址　http://www.cau.edu.cn/caup　　　　e-mail　cbsszs @ cau.edu.cn

经　　销　新华书店

印　　刷　涿州市星河印刷有限公司

版　　次　2014 年 10 月第 1 版　　2014 年 10 月第 1 次印刷

规　　格　787×980　　16 开本　　23.25 印张　　425 千字　　彩插 1

定　　价　45.00 元

编 委 会

主 编 曹墨菊（四川农业大学）

副主编 卢艳丽（四川农业大学）

参 编 （按姓氏笔画排序）

王西瑶（四川农业大学）
王秀娥（南京农业大学）
王睿辉（河北农业大学）
汪 静（四川农业大学）
李立芹（四川农业大学）
唐宗祥（四川农业大学）
翟 红（中国农业大学）

前 言

生物技术作为生命科学的核心内容，在食物安全、环境保护、能源开发和医药卫生等方面发挥着重要作用。生物技术的综合发展和广泛应用，带动了一大批新兴产业的形成，对人类社会影响深远。

植物生物技术是通过研究植物遗传规律，探索植物生长发育机理，应用现代生物技术改良植物遗传性状，创造植物新种质，培育植物新品种，研发植物新产品，挖掘植物新功能的综合集成技术体系。

《植物生物技术概论》是全国农业推广专业学位研究生教育指导委员会立项的教材建设项目。该书全面系统地介绍了植物生物技术的有关理论和技术应用，可作为植物领域研究生学习用教材，也可作为其他人员学习植物生物技术的参考用书。

全书共分 8 章，第 1 章由曹墨菊编写，第 2 章由翟红编写，第 3 章由唐宗祥编写，第 4 章由王秀娥编写，第 5 章由曹墨菊、汪静编写，第 6 章由王睿辉编写，第 7 章由卢艳丽编写，第 8 章由王西瑶、李立芹编写。本书由曹墨菊教授统稿，并对全书的内容、结构及写作等进行了认真仔细的推敲、修改和完善。

本书作者广泛查阅、收集并借鉴了各类有关文献资料，认真撰写，经过 3 年的辛苦劳作，终于完成书稿。由于生物技术的发展日新月异，涉及的知识领域甚广，又限于作者的知识水平和写作能力，虽经多次修改，不断完善，反复查证，错误和不妥之处在所难免，恳请广大读者批评指正，提出宝贵意见，全体编写人员将不胜感激。本书引用了大量的文献资料和网上信息资料，限于篇幅，未能一一列出，敬请见谅，在此表示衷心的感谢。本书编写得到全国农业推广专业学位研究生教育指导委员会的立项支持，在此表示诚挚的谢意。

作 者

2013.10.31

目录

第1章 生物技术总论 >>>

生物技术是当今国际上最重要的高新技术之一。当今世界,各国综合国力的竞争,实际上是现代科学技术的竞争。现代生物技术被世界各国视为一种高新技术,广泛应用于农林牧渔、医药卫生、食品、化工和能源等领域,促进了传统产业的技术改造和新兴产业的形成,对人类社会生活将产生深远的革命性的影响。生物技术对于提高国力,迎接人类所面临的诸如食品、健康、环境以及经济等问题的挑战至关重要;生物技术是当前最具潜力和最富活力的关键性技术之一,生物技术每前进一步,都将对科技发展乃至人类的生命健康和经济社会发展带来深远影响。因此,很多国家把生物技术的发展放在首要位置。

1.1 生物技术

生物技术是人类对生物资源(包括动物、植物、微生物)的利用、改造并为人类提供服务的各种技术体系的总称。

生物技术是既古老又现代的应用技术。因此,通常情况下,凡是与生物系统操作有关的技术都可以称为生物技术。如利用生物的特性或功能,设计构建具有目标性状的新物种或新品系,以及与工程原理和技术相结合进行社会生产或为社会服务的综合性技术体系均为生物技术。

早期的生物技术,可以追溯到远古时代埃及人利用酵母菌酿酒。之后,利用微生物发酵技术来做发酵食品,或通过发酵来生产抗生素等,都是生物技术在生产实践中的具体应用。

生物技术具有悠久的历史,有人把生物技术的发展分为3个阶段:①第一代生物技术,是指从19世纪末到20世纪30年代以发酵产品为主干的工业微生物技术体系。②第二代生物技术,是以20世纪40年代抗菌素提取技术、50年代氨基酸发酵到60年代酶制剂工程技术为标志。③第三代生物技术,是由多种技术相互渗透而形成的综合性技术体系。以世界上第一家生物技术(genetech,遗传技术)公司的诞生(1976年)为纪元,包括重组DNA技术、分子标记技术、核酸杂交技术、基因克隆技术、转基因技术、DNA合成技术和测序技术等。第一代生物技术以微生物发酵技术为主要特征;第二代生物技术的特征则是生物制品的初级分离与纯化;第三代生物技术的特征是多种技术相融合形成以基因工程为核心的技术群。包括:重组DNA技术及转基因技术,细胞和原生质融合技术,酶和细胞的固定化技术,植物脱毒和快繁技术,动植物细胞的大量培养技术,现代微生物发酵技术如高密度发酵、连续发酵及其他新型发酵技术等,动物胚胎工程技术,现代生物反应工程和分离工程技术,蛋白质工程技术等。由于第一代生物技术和第二代生物技术还不具备高技术的诸要素,故只能被视为传统生物技术,而第三代生物技术则被称为现代生物技术。

目前人们所说的生物技术,多是指现代生物技术,有时也称之为生物工程。它是以1973年建立的DNA重组技术为核心的一个综合技术体系,也是当前国际上优先发展的高新技术领域之一。自20世纪70年代以来,不仅发达国家,还有许多发展中国家都十分重视发展现代生物技术,把它作为国家科技发展中的一项关键技术。

21世纪是生命科学的世纪,现代生物技术已在能源、化工、海洋等领域广泛应用,形成了新兴产业,并成为全球新的经济增长点。

一般工业生产,首家企业在产品投放市场的初期可能达到100%的市场占有率,但在很短的时间内,就可能会出现第二、第三家同类型的企业,这些企业的出现将直接导致首家企业市场占有率急剧下降,企业的效益是短暂的。但生物技术经济就完全不一样,"相对于传统工业经济,生物技术经济具长期市场效益"。这种知识经济在研发后,有专利载体的保护,而且技术含量高,其他企业很难模仿,具备良好的效益和长期使用下去的可能性。因此,一旦有新生物技术被研发,就会成为企业利益争夺的焦点。

由于传统的生物技术仅仅局限在化学工程和微生物工程的领域内。故传统生物技术只能利用生物体已有的遗传性质,并不能赋予它们新的遗传特性。随着各种新技术的不断涌现和发展,赋予了现代生物技术"新"的内涵。

根据生物技术操作对象及操作技术的不同,生物技术又可分为以下五项技术工程:发酵工程,酶工程,细胞工程,基因工程和蛋白质工程。

1.1.1 发酵工程

发酵工程是指采用现代工程技术手段,利用微生物的某些特定功能,为人类生产有用的产品,或直接把微生物应用于工业生产过程的一系列技术。发酵工程的内容包括菌种选育、培养基的配制、灭菌、接种以及扩大培养、发酵和产品的分离提纯等。

1.1.2 酶工程

酶工程是利用酶、细胞器或细胞所具有的特异催化功能,或通过对酶进行修饰改造,并借助生物反应器和工艺过程来生产人类所需产品的一系列技术。它包括酶的固定化技术、细胞的固定化技术、酶的修饰改造技术及酶反应器的设计技术。酶工程的应用,主要应用于食品工业、轻工业以及医药工业。

1.1.3 细胞工程

细胞工程是指在细胞水平上研究改造生物遗传特性,以获得具有目标性状的细胞系或生物体的一种技术体系。细胞工程以细胞为基本单位,在体外条件下进行培养繁殖;或使细胞的某些生物特性按人们的意愿发生改变,从而改良生物品种或创造新品种;或加速繁育动植物个体;或获得某种有用物质的过程。所以细胞工程包括动植物细胞的体外培养技术、细胞融合技术、细胞器移植技术、克隆技术和干细胞技术等。细胞工程是现代生物技术的重要组成部分,同时也是现代生物学研究的重要技术工具。

1.1.4 基因工程

基因工程是以分子生物学和分子遗传学为基础,于 20 世纪 70 年代诞生的一门崭新的生物技术科学。基因工程可定义为:采用类似工程设计的策略,按照人类的需要把某种生物的某个“基因”与另外一种生物的某个“基因”重新“加工”“组装”成新的基因组合,创造出新的生物。这种完全按照人的意愿,由重新组装基因到新生物体产生的生物科学技术即为基因工程。基因工程是现代生物技术的核心,也是目前生物产业发展的主攻方向。

1.1.5 蛋白质工程

蛋白质工程是指在基因工程的基础上,结合蛋白质结晶学、计算机辅助设计和蛋白质化学等多学科的基础知识,通过对基因的人工定向改造等手段,对蛋白质进行修饰、改造和拼接以生产出能满足人类需要的新型蛋白质的技术。有人将蛋白质工程称之为第二代基因工程,在目标蛋白的氨基酸序列上引入突变,从而改变目标蛋白的空间结构,最终达到改善其功能的目的。

1.2 生物技术发展史

回顾生物技术的发展历程(表 1-1 和表 1-2),可以更加全面深入地认识生物技术的内涵、生物技术的源远流长和生物技术与人们生活的密切程度。生物技术是一门具有悠久历史又涵盖多种学科及技术的综合性技术体系,特别是从 20 世纪 60～70 年代起,由于原生质体融合技术及 DNA 重组技术的发展,更赋予生物技术以崭新的内容而被列为当前优先发展的高新技术领域之一。

表 1-1 生物技术的发展历程及特征

阶段	时期	典型产品	采用技术	附加值
第一代生物技术	20 世纪初	啤酒、发酵面包、醋、酸奶等	自然发酵	低、中
第二代生物技术	20 世纪 40～60 年代	抗生素、单细胞蛋白质酶、乙醇、丙酮、维生素、氨基酸等	初涉物理、化学、遗传分析、细胞杂交、诱变育种等	中、高
第三代生物技术	20 世纪 70 年代以后	涉及工、农、医、信息和基础生物学的各个方面,如新物种、转基因动植物、新型酶制剂、基因工程药品、DNA 芯片和新型生物反应器等	基因工程、细胞工程、染色体工程、蛋白质工程、发酵工程等	高、很高

(改自周选围,2010)

表 1-2 生物技术发展史上的重要事件

年代	事件	年代	事件
1902	植物组织培养实验的开创,细胞全能性学说的提出	1983	世界上第一例转基因植物(转基因烟草)在美国问世
1917	首次使用"生物技术"这一名词	1983	基因工程 Ti 质粒用于植物转化
1943	大规模工业生产青霉素	1988	PCR 方法问世
1944	通过实验证明 DNA 是遗传物质	1990	美国批准第一个体细胞基因治疗方案
1953	阐明了 DNA 的双螺旋结构	1992	世界上第一块基因芯片问世
1961	破译遗传密码	1997	英国培养出第一只克隆绵羊多利

续表 1-2

年代	事件	年代	事件
1964	首次培养曼陀罗植物花药得到单倍体植株	1998	美国批准艾滋病疫苗进行人体实验
1970	分离出第一个限制性内切酶	2000	拟南芥基因组测序完成
1972	人工合成了完整的 tRNA 基因	2002	水稻基因组测序完成
1973	建立了 DNA 重组技术	2003	人类基因组测序工作完成
1975	建立了单克隆抗体技术	2006	日本京都大学在世界著名学术杂志《细胞》上率先报道了 iPS 的研究
1976	DNA 测序技术诞生	2006	“RNA 干扰现象的发现及研究”获诺贝尔生理学或医学奖
1977	完成噬菌体 *phix*174 基因组测序	2007	“基因靶向技术的研究”获诺贝尔生理学或医学奖
1978	在大肠杆菌中表达出胰岛素	2008	“绿色荧光蛋白(GFP)的发现与研究”获诺贝尔化学奖
1980	创立了限制性片段长度多态性(RFLP)技术	2009	“端粒和端粒酶保护染色体的机理研究”获诺贝尔生理学或医学奖
1981	第一台商业化生产的 DNA 自动测序仪诞生	2009	玉米基因组测序完成
1981	第一个单克隆抗体诊断试剂盒在美国被批准使用	2010	“试管婴儿研究”获诺贝尔生理学或医学奖
1982	用 DNA 重组技术生产的第一个动物疫苗在欧洲获得批准	2010	美国研究人员培育出首个由人造基因组控制的能够自我复制的细菌细胞
1982	世界上第一例转基因动物(转基因超级鼠)问世	2012	单细胞测序技术提出

1.2.1 第一代生物技术

酿酒制醋是人类最早通过实践所掌握的生物技术之一，据考古发掘证实我国在距今 4 000～4 200 年前已有酒器出现;国外酿酒的传说则可追溯到更早，相传埃及和中亚两河流域在公元前 40 世纪至公元前 30 世纪已开始酿酒。还有面团发酵、面包、粪便和秸秆的沤制等技术均可视为早期的生物技术。这个时候的生物技术产品主要是酿酒、制醋、酱和酱油、泡菜、奶酪等。其特点表现为:地方性、经验性、偶然性。人们对这些实践活动的认识可以概括为“知其然，不知其所以然”。

1680 年荷兰生物学家列文虎克(Leeuwenhoek)制成了显微镜，人类发现微生物的存在;1857 年法国著名生物学家巴斯德(Pasteur)发现酵母与酒精生成的关系,实验证明酒精发酵是由酵母引起的,其他不同的发酵产物则由不同微生物的作用而形成;1897 年德国毕希纳(Buchner)发现"酶"直接与发酵有关,用无细胞存在的酵母菌抽提液对葡萄糖进行酒精发酵成功,并将此具有发酵能力的物质称为"酶"。从此之后,发酵现象的真相才开始被人类了解。这个阶段的产品主要是乳酸、酒精、面包酵母、柠檬酸、淀粉酶、蛋白酶等,采用表面培养法生产。其技术特点:产品分子结构简单,属于初级代谢产物,厌氧发酵,表面培养;产品的生产过程也较为简单,对生产设备的要求不高,规模一般不大。

1.2.2 第二代生物技术

1928 年英国科学家弗莱明(Fleming)发现青霉素;1940 年第二次世界大战爆发,战争需要大量消炎药,医生们急需一种比磺胺药物更为有效而毒副作用小的抗细菌感染的药物,以治疗伤员和平民因创伤引起的感染及继发性疾病。1940 年由弗洛里(Florey)和钱恩(Chain)提取并经临床证实青霉素具有卓越的疗效和低毒特征;1941 年英美合作开发青霉素:一方面在美国的四个工厂采用表面培养法生产青霉素;另一方面着手进行沉浸培养法的研究开发。

采用表面培养法生产青霉素,纯度仅为 20%左右,收率约为 35%,而且需要花费大量劳动力、占用大量培养空间。当时青霉素的价格是每千克纯品约为 1.6 万美元(合每 10 万单位 1 美元),而今,国产青霉素 40 万单位不足人民币 0.6 元。1943 年开发青霉素生产工艺成功:实现纯种培养,深层培养。经美英两国科学家和工程师的共同努力,创造了崭新的青霉素沉浸培养工艺,使得青霉素的产量和质量均大幅提高,纯度为 60%,收率约为 75%。抗生素工业的兴起标志着工业微生物的生产进入了一个新的阶段,此后不久,链霉素、金霉素、新霉素等相继问世。这个时期的产品主要是抗生素等,其技术特点:产品分子结构复杂,属二级代谢或次级代谢产物,纯种深层培养等。

抗生素生产的经验很快促进了其他发酵产品的生产发展,最突出的是推动了 50 年代氨基酸发酵工业和 60 年代酶制剂工业的发展,以及促使一些原来采用表面培养的产品都改用沉浸培养法进行生产。该时期发酵工业的特点:①产品类型多,不但有初级代谢产物(氨基酸、酶制剂、有机酸等),也出现了次级代谢产物(抗生素、多糖等),还有生物转化、酶反应等产品;②技术要求高,主要表现为生产过程要求在纯种或无菌条件下进行,大多数属于好氧发酵,在发酵过程中通入无菌空气;③规模巨大;④技术发展速度快,以青霉素发酵的菌种为例,40 余年来其活力提高了 1 500 倍左右。此外,在产品的更新、新技术及新设备的应用等方面都达到前所未有的程度。该时期可认为是常规发酵工业的全盛时期,产品主要是氨基酸、酶制剂、单细胞蛋白、高果糖浆、细菌多糖等,技术特点主要包括代谢调控的利用,大规模气升式反应器,固定化技术等。

1.2.3 第三代生物技术

1953年美国瓦特森(Watson)和克里克(Crick)发现DNA双螺旋结构,为研究DNA的精细结构和重组奠定了基础;1974年美国波伊尔(Boyer)和科恩(Cohen)首次在实验室实现基因转移,为基因工程开启了通向现实的大门,使人们定向改造生物成为可能;1975年英国科勒(Kohler)和米尔斯坦(Milstein)发明杂交瘤技术,可获得杂交瘤细胞,在体外培养可产生单克隆抗体。单克隆抗体(monoclonal antibody, Mab)属于一大类现代生物技术产品,可用作临床诊断试剂或生化治疗剂。之后,PCR技术、分子标记技术、生物芯片技术、新一代测序技术、核酸分子杂交技术、多色荧光技术、脉冲场电泳技术、毛细管电泳技术、关联分析技术、基因克隆技术、大容量载体的构建技术以及各种遗传转化技术等蓬勃发展,赋予了现代生物技术的新内涵,并使得现代生物技术很快渗入社会生活的各个方面。1977年美国波伊尔(Boyer)首先用基因操纵手段获得生长激素抑制基因的克隆;1978年吉尔伯特(Gilbert)获得鼠胰岛素基因的克隆,几年后利用微生物生产出第一个基因工程产品人胰岛素;世界上第一例转基因动物是1982年首次通过显微注射培育出的转基因小鼠;世界上第一例转基因植物是在1983年采用农杆菌介导法培育出的转基因烟草;1997年世界首例克隆动物"多利"羊诞生。

全球转基因作物商业化种植始于1996年,随后转基因作物种植国家和种植面积持续增加,2011年种植面积达到1.6亿hm^2,已经占全球耕地的10%。转基因作物种植面积居世界前五位的国家是美国、巴西、阿根廷、印度、加拿大。发展中国家中最主要的转基因作物种植国分别是巴西、阿根廷、印度、中国和南非,其中,巴西连续3年带动了全球转基因作物的增长。

全球商业化种植的转基因作物主要是大豆、玉米、棉花和油菜。全球转基因作物商业化种植涉及10个发达国家和19个发展中国家,发展中国家转基因作物的种植面积可谓占据半壁江山,无论从绝对种植面积的增长量还是增长率来看,都明显高于发达国家。

到目前为止,通过转基因手段制成的药物已经很多,并且仍不断以几何级数向上增长。据美国农业部与卫生部预则,转基因药物的生产是今后药物发展的主要趋势,预计到2020年,可能有90%的药品都是通过转基因方式生产。

人类基因组计划、基因芯片、个性化分子诊断、生物云计算,这些在21世纪吸引眼球的热门词汇，都和DNA测序有关。生物技术和信息技术交融，护航DNA测序产业发展。在业内人士眼里，DNA测序出身高贵，它破解基因密码（即碱基序列），成为揭示生命本质的钥匙，引领生命科学未来发展潮流。在业外人士眼里，DNA测序足够高科技，堪称“一项新技术衍生出一个新行业”的典范，发展速度之快以至于没有人能准确描绘出它10年后的发展蓝图。DNA测序已从一项令人高山仰止的前沿技术迅速普及为生命科学常规技术，过去一个微生物全基因组DNA测序需要花费人民币300万～500万元，而现在它的成本只有1万～3万元。DNA测序的发展不仅体现在成本的降低，更表现在高通量测序使得工作效率得到了大幅度提高，这就为DNA测序产业化铺平了道路。

在DNA测序商业化的浪潮下，我国《生物产业发展“十二五”规划》提出完成10 000种微生物、100种动植物基因组测序，发现约500个新的功能基因，转化应用5个以上有重大经济价值的基因或蛋白。

这个时期的生物技术产品主要有转基因产品、庞大的基因组数据、克隆的功能基因等。技术特点：①基因操作技术日新月异，不断完善。新技术、新方法一经产生便迅速地通过商业渠道出售转让技术并在市场上加以应用；②基因工程药物和疫苗研究与开发突飞猛进。新生物治疗制剂的产业化发展前景十分光明，21世纪整个医疗工业将实现全方位的更新改造；③转基因植物和动物取得重大突破。现代生物技术在农业上的广泛应用将成为21世纪生物技术的第二次浪潮，给农业、畜牧业生产带来新的飞跃；④阐明生物体基因组及其编码蛋白质的结构与功能是当今生命科学发展的一个主流方向。目前已有相当数量的原核生物和真核生物的基因组序列被全部测定，为后续功能基因的发掘与研究奠定基础。

被视为现代生物技术的第三代生物技术和被视为传统生物技术的第一代及第二代生物技术的区分不在于所涉及的原理，而在于所涉及的技术。在培育作物新品种方面，分子改良比传统的遗传改良预见性更强。比如，对作物品种实行传统的遗传改良，不仅受时间限制，而且还受种质资源（基因资源）限制，也就是说，如果所需要的性状在所研究的物种的基因库里根本不存在，传统的遗传改良将无法实现。而现代生物技术则可能将某些控制目标性状的基因从一个生物体转移给另一个生物体，目标基因的这种转移并不需要有性结合。所以现代生物技术对作物的遗传改良，不再受物种基因库的限制，来源于动物、植物和微生物的有益基因均可用于植物的遗传改良。因此，建立在分子水平上的生物技术消除了许多传统意义上的障碍，使得动物、植物以及微生物之间，高等生物与低等生物之间遗传信息的交流变得可行。

生物技术及其他潜在的应用价值令人瞩目，但同时也让很多人感到不安，甚至造成恐慌。人们对生物技术的担忧与生物技术发展的两个特点有关:一是这门技术的快速发展和最近几年在许多领域的广泛采用;二是它的应用以出人意料的速度进入市场,以至于人们没有足够的时间来认识、了解该技术。50～100年前,一项发明需经历30年才能被公众所接受,而现在新发明甚至在公众还没有熟知它们的时候就已经上市了。比如大家都熟知的钢笔和电视,它们从发明到进入市场的时间分别为50年和29年,而转基因植物从发明到进入了公众市场仅仅用了11年,如此快的速度,也许没有足够的时间提供人类去学习和习惯转基因产品(表1-3)。

表1-3 一些商品从发明到商业化所经历的时间

技术	发明时间	开始生产时间	商业化所经历的时间
钢笔	1888	1938	50年
电视	1907	1936	29年
转基因技术	1983	1994	11年

(引自阿芦茨奥·博尔姆等,2003)

1.3 生物技术与其他学科的关系

现代生物技术是所有自然科学领域中涵盖范围最广、综合性最强的多学科相互渗透的技术体系。生物技术的发展又以生命科学领域的重大理论和技术突破为基础。植物细胞全能性理论的提出,DNA作为主要遗传物质的证实,DNA双螺旋结构的发现,DNA半保留复制模式的阐明及遗传密码的破译和中心法则的建立等理论上的突破,为现代生物技术的诞生奠定了坚实的理论基础。限制性核酸内切酶、DNA连接酶以及载体的发现,PCR技术、DNA合成技术、测序技术、凝胶电泳技术、核酸分子杂交技术、基因克隆技术、生物芯片技术及计算机信息技术的发明,植物细胞、组织培养方法及细胞融合方法的建立,为现代生物技术的发展奠定了技术基础。另外,生物技术的快速发展还得益于一大批高、精、尖的现代化仪器,如超速离心机、DNA合成仪、DNA测序仪、高效液相色谱仪、PCR仪等技术设备普及(表1-4)。这些仪器几乎全部是由微电脑控制、全自动化。现代微电子学和计算机技术与生物技术的结合和渗透,促进了生物技术的研究不断向分子水平发展。

表 1-4 现代生物技术所涉及的重要仪器和设备

名称	用途
DNA(自动)测序仪	自动测定核酸的核苷酸序列
蛋白质/多肽自动测序仪	测定蛋白质、多肽的氨基酸序列
DNA 自动合成仪	合成已知寡核苷酸序列
蛋白质/多肽自动合成仪	合成已知氨基酸序列的蛋白质或多肽
生物反应器	细胞的连续培养
发酵罐	微生物细胞培养
热循环仪(聚合酶链反应仪,PCR 仪)	DNA 快速扩增
序列分析软件	核酸/蛋白质序列分析
基因转移设备	将外源 DNA 引进靶细胞
色谱软件	控制色谱、收集和处理数据
高效液相色谱仪	物质的分离与纯化及纯度鉴定
电泳设备	物质的分离与纯化及纯度鉴定
凝胶电泳系统	蛋白质和核酸的分离与分析
毛细管电泳仪	质量控制、组分分析
超速、高速离心机	分离生物大分子物质
电子显微镜	观察细胞及组织的超微结构
生物质谱仪	蛋白质及多肽的研究

(引自宋思扬等,2003)

1.4 生物技术的应用

生物技术作为高新技术的重要组成部分,具有以下基本特征:高投入,前期研究及开发需要大量的资金投入;高技术,具有创造性和突破性;高竞争,时效性的竞争非常激烈;高风险,由于竞争激烈再加上高技术含量,必然带来较大的风险;高效益,可带来高额利润;高势能,对国家的政治、经济、文化和社会发展有很大的影响力,以及很强的渗透性和扩散性。

生物技术的应用领域非常广泛,包括医药卫生、农林牧渔、食品、化工、环境保护、材料能源等(表 1-5)。生物技术的广泛应用必然带来经济上的巨大利益,所以各种与生物技术相关的企业如雨后春笋般地涌现出来。

表 1-5 生物技术所涉及的行业种类

行业种类	经营范围
疾病治疗	用于控制人类疾病的医药产品及技术，包括抗生素、生物药品、基因治疗、干细胞利用等
检测与诊断	临床检测与诊断，食品、环境与农业检测
农业、林业与园艺	新的农作物或动物、肥料与生物农药
食品	扩大食品、饮料及营养素的来源
环境	废物处理、生物净化、环境治理
能源	能源的开采、新能源的开发
化学品	酶、DNA/RNA 及特殊化学品
设备	由生物技术生产的金属、生物反应器、计算机芯片及生物技术使用的设备等

（引自宋思扬等，2003）

1.4.1 生物技术与农业

农业是世界上规模最大和最重要的产业，是调节生产和平衡消费的主要手段。人类对农业的依赖以及世界人口的持续增长，要求农业必须不断保持高效增长。农业是一个国家的命脉，生物技术正越来越多地渗透到农业生产的各个领域，特别是基因工程的兴起，正在引发一场新的革命浪潮。通过转基因技术有望提高植物的光合效率，增强植物固氮能力，创制植物雄性不育新材料，促进植物杂种优势的利用。通过分子水平的遗传改良，不断提高动植物的抗逆性，最终使动植物的产量和品质得到明显的提升，与此同时还可使动植物的种类不断增加，并赋予动植物新的使用价值。如利用转基因技术使羊奶含有某种疫苗，通过食用羊奶即可达到服用疫苗的目的。利用生物技术不仅可提高肉、蛋、奶的产量，而且可改善肉、蛋、奶的品质。

贫困和饥饿有着不可分割的关系，世界人口现已达到 70 亿人，贫困、饥饿和营养不良人口达到 10 亿人，预计 2050 年全世界人口还将增至 92 亿人，如何养活 2050 年的世界人口，成为一个无比艰巨的挑战，也是各国不得不为之深思熟虑的难题。人类不仅需要以更少的资源来增加粮食产量，同时要考虑尽量减少对环境的影响，进而开发出能更好地适应气候条件变化的新品种。而生物技术在应对未来全球粮食短缺的挑战中将发挥重要作用。

转基因植物从 1996 年的 170 万 hm^2 到 2011 年的 1.6 亿 hm^2，94 倍的增长率

使转基因技术成为近代农业史上普及速度最快的作物技术。国际农业生物技术应用服务组织(International Service for the Acquisition of Agri-biotech Applications，ISAAA)创始人兼主席 Clive Games 博士令记者震惊的一句话是:“从当前来看，中国乃至全球已处于转基因产品的包围之中，这是大势所趋”。生物技术已成为植物中应用最为广泛的技术手段。

作为生物技术核心的转基因技术对粮食安全做出了重要贡献。从 1996 年至 2010 年，转基因技术使作物产量和产值增加了 780 亿美元；通过种植转基因抗虫作物，节省了 4.43 亿 kg 的杀虫剂，为人类提供一个更好的生存环境；通过节省 9 100 万 hm^2 耕地保护了生物多样性；通过帮助 1 500 万小农户，一定程度上缓解了贫困状况。

从作物种类上看，目前转基因大豆仍然是主要的转基因作物。2011 年转基因大豆继续作为主要的转基因作物，占据全球转基因作物种植面积的 47%(7 540 万 hm^2)，其次为转基因玉米占 32%(5 100 万 hm^2)，转基因棉花 15%(2 470 万 hm^2)和转基因油菜 5%(820 万 hm^2)。

从作物性状上看，耐除草剂仍然是转基因作物的主要性状。在 2011 年，耐除草剂性状被运用在大豆、玉米、油菜、棉花、甜菜以及苜蓿中，种植面积为 9 390 万 hm^2，占全球转基因作物种植面积的 59%。复合两种或三种性状的转基因作物种植面积为 4 220 万 hm^2。复合性状产品是 2010 年和 2011 年期间增长最快的一类产品。复合性状日益成为转基因作物的一个重要的发展趋势。

从转基因作物事件的批准情况上看，从 1996 年起至今共计 60 个国家和地区得到监管机构批准。进口转基因作物用于食物和饲料以及释放到环境中，涉及 25 种作物、196 个事件，共计 1 045 项审批。玉米是获批事件最多的作物(65 个)，其次是棉花(39 个)，油菜(15 个)、马铃薯及大豆(各 14 个)。

随着环境气候条件的变化，人类将面临更为严峻的挑战，预计干旱、洪涝等极端气候条件将更为频繁和严重。因此，有必要加快作物改良项目，开发出能更好更快适应气候条件变化的作物新品种。目前可用于“加速育种”和帮助缓解气候变化影响的农业生物技术有很多，如组织培养技术、分子标记辅助选择技术(marker assistant selection，MAS)、转基因技术以及基因组定点修饰技术等。

迄今，转基因作物的种植仍以抗除草剂和抗虫性状为主。这一类被称为第一代转基因作物，可以使作物免受虫害、杂草和病害，通过减少损失而被动地实现产量的明显增加。第二代转基因作物则依靠自身特性进一步提高产量。转基因作物育种的研究重点已经从第一代产品转向提升抗旱、抗涝等抗逆能力为代表的第二代产品上。这种多基因叠加的复合性状将成为未来的发展趋势。2011年抗除草剂性状转基因作物的增长达5%,抗虫性状转基因作物的增长达11%,而复合性状转基因作物种植面积的增长则达到31%。

未来复合性状的转基因作物产品将包含抗虫、耐除草剂和耐干旱等农艺输入性状,以及富含Omega-3专用大豆或富含β-胡萝卜素的金米等改善品质的输出性状。

当前,少数发达国家的跨国公司主导着转基因作物市场、转基因作物品种、生物技术体系及知识产权体系。以当前应用最广泛的抗虫基因和抗除草剂基因为例,孟山都、拜耳、杜邦、先正达、陶氏益农等五家公司掌控约70%以上的抗虫基因专利和84.5%的抗除草剂基因专利。特别是孟山都公司控制着全世界50%以上的抗虫转基因品种和69.2%的抗草甘膦转基因品种。

1.4.2 生物技术与食品

食品是人类赖以生存和发展的物质基础,而食品安全问题是关系到人类健康和国计民生的重大问题。生物技术在食品工业中有着巨大的市场潜力和应用前景。生物技术在食品原料生产、加工和制造中的应用,既包括食品发酵和酿造等最古老的生物技术加工过程,也包括了应用现代生物技术来改良食品原料、生产高质量的农产品、制造食品添加剂、培养动植物细胞以及与食品加工和制造相关的生物技术,如酶工程、蛋白质工程等。生物技术在食品工业中的应用主要体现在以下几个方面:①基因工程的应用。即以DNA重组技术或克隆技术为手段,改良食品原料或食品微生物。如利用基因工程改良食品加工的原料、改良微生物的菌种性能、生产酶制剂、生产保健食品的有效成分等。②细胞工程的应用。即以细胞生物学的方法,按照人们预定的设计,有计划地改造遗传物质和细胞培养技术,包括细胞融合技术及动、植物大量控制性培养技术,以生产各种保健食品的有效成分、新型食品和食品添加剂。③酶工程的应用。酶是活细胞产生的具有催化活性和高度专一性的生物催化剂,可应用于食品生产过程中物质的转化。继淀粉水解酶的品种配套和应用开始取得显著成效以来,纤维素酶在果汁生产、速溶茶生产、酱油酿造、制酒等食品工业中应用广泛。④发酵工程的应用。即采用现代发酵设备,使经优选的细胞或经现代技术改造的菌株进行放大培养和控制性发酵,获得工业化生产预定的食品或食品的功能成分。

1.4.3 生物技术与医药

医药卫生领域是现代生物技术应用最广泛、成绩最显著、发展最迅速、潜力也最大的一个领域。据统计,目前生物技术的实际应用大约60%是在医药卫生方面。主要表现在改进医药生产、开发新的药品资源、改善医疗手段等,从而提高整体医疗水平。可与人类登月计划以及曼哈顿计划相媲美的人类基因组计划(human genome project,HGP),是指对人类染色体上的30亿个核苷酸(A、T、G和C)进行排序。人类基因组序列信息可以帮助人们进行疾病的早期诊断,了解遗传病的诱因并进行遗传咨询,对提高生命质量、延长人类寿命具有重要指导意义。没有生物技术的支撑,就不可能实现人类基因组计划、人类蛋白质组计划等世界性的重大生命科学工程。生物技术在医药卫生领域的应用十分广泛,诸如疫苗生产、疾病诊断、生物制药和生物治疗等。21世纪是生命科学的世纪,生物科学产业是这个世纪最具利润及前景的产业,生物医学成果的产业化推广越来越普遍,通过医药生物学以及农牧业生物学的深入研究,最终可实现延年益寿、丰衣足食。

在医药产业方面,我国走过了三个阶段,第一阶段是大家最熟悉的天然药物产业,像人们日常使用的草药就属于天然药物;第二阶段即工业化发展阶段,目前工业合成药物全面普及;第三阶段即生物技术制药阶段,20世纪70年代,由于基因工程的出现,包括转基因工程药物在内的基因药物被研发出来,促使医药产业发生一系列重大变革,影响深远至今,已经发展成最具挑战性且利润丰厚的产业。

美国Prodigene公司自称是第一个销售转基因植物生产的重组蛋白的公司,还声称用转基因植物研制可食疫苗的工作已步入正轨。Prodigene公司利用转基因植物为Sigma化学公司生产诊断试剂,其中56种已申请或获得专利。植物生长不需要昂贵的设备,却能获得高表达水平的重组蛋白。荷兰科学家正在用转基因植物的花蜜生产药物蜂蜜和疫苗蜂蜜。外源抗原或抗体在植物可食用部位表达,人们进食这种食物后,可望获得免疫力。美味可口的水果、蔬菜代替了打针、吃药之苦,无疑具有巨大的发展潜力。转基因植物因其明显的优势,有可能在不久的将来成为具有巨大商业价值的低成本疫苗生产载体。

1.4.4 生物技术与能源

能源是人类赖于生存的物质基础之一,是地球演化及万物进化的动力,它与社会经济的发展和人类的进步及生存息息相关。能源可分为可再生能源和不可再生能源。不可再生能源是指地球上现有的三大库存的化石能源,即煤、天然气和石油。可再生能源主要指太阳能、风能、生物能、海洋能、水能和地热能。据有关专家预测,如按现有开采不可再生能源的技术和连续不断地日夜消耗这些化石燃料的速率来推算，煤、天然气和石油可使用的有效年限分别为100～120年、30～50年、18～30年。有人预言，21世纪人类所面临的最大困境及难题可能不是战争和食品，而是能源。利用生物技术提高不可再生能源的利用率及创造更多可再生能源将是21世纪解决能源危机的有效途径之一。利用微生物勘探石油和开采石油可进一步提高石油的利用率。人们已经认识到乙醇将成为未来石油的替代物，而生产乙醇所需要的原料均是农产品的精料。当今世界，人口密集、可利用的土地资源日益减少，粮食供应仍是首要问题。因而，以粮食为原料大规模生产乙醇将会受到严格限制。自然界有许多能产“石油”的植物，如橡胶树，这些植物所含的汁液不仅丰富而且有较高比例的碳氢化合物，如对这些汁液进行适当的加工后，可与汽油混合作为动力机的燃料。美国科学家曾选育出两种产“石油”的植物，一种是牛奶树，另一种是三角大戟，二者均属于灌木类。另外，科学家也在试图通过转基因技术培育能高产“石油”的树木。

1.4.5 生物技术与环境

当今世界正面临着从数量到种类日益增多的污染物的直接威胁和长期的潜在影响。污染是否存在？污染物的危害如何？怎样才能消除或减少污染物的有害影响？这一切都是人们关注的焦点。

环境生物技术是生物技术应用于环境监测及污染防治的一门新兴的边缘学科。严格地说，是指直接或间接利用生物体或生物体的某些组成成分或某些代谢产物，建立降低或消除污染物产生的生产工艺，或者能够高效净化环境污染的同时又能生产有用物质的工程技术。

传统农业对环境的污染相当严重，使用生物技术能够减少农业污染对环境的影响。如通过种植转基因抗虫、抗病植物，可以减少农药及杀虫剂的使用量。

利用转基因技术不仅可以减少环境污染，而且还可以有效地监测评价环境污染程度，消除污染，治理环境，主要体现在以下几个方面：转基因增强植物对有机污染物的耐受能力；转基因提高植物对有机污染物的吸收和转化能力；转基因提高植物对有机污染物的降解能力。

植物生物技术在环境污染检测与评价、某些污染物的治理等方面有着重要的应用价值。藻类和高等植物可作为环境污染的指示物。例如，一些藻类不能存活在有某种污染物的环境中，因此如果环境中检测到这些藻类大量存在，则说明环境中没有该种污染物。借助转基因技术，日本研究人员成功培育了新型马鞭草，它能够在土壤污染严重时开出特殊颜色的花朵，起到类似“警报灯”的作用。研究人员认为，利用植物监测环境成本低、易于普及。

对环境污染的修复有不同的途径，包括物理的、化学的及生物的途径。植物修复、微生物修复和动物修复属于生物修复的范畴，是最有生命力的修复技术。其中，植物修复技术是利用植物消除由有机毒物和无机废物造成的环境污染，被认为是一种经济、高效、非破坏性的环境修复方式，有着很大的应用前景。植物能够直接吸收有机污染物，然后再经过不同的途径去将这些物质循环再利用。植物也可以分泌各种酶类，通过酶的催化作用来转化或降解有机污染物。同时，植物可以将有机污染物吸附在根的表面，与根际微生物协同作用实现对有机污染物的降解。然而，植物本身所具有的生物修复能力非常有限。近年来，植物转基因技术的发展为植物修复技术的应用提供了良机。很多研究者试图将转基因技术用于改造植物的特性，以增强其在吸收、富集、转化和降解有机污染物方面的能力。我们可以将降解特定有机污染物所需的基因全部转入修复植物使其获得完全降解有机物的能力；也可以将修复不同污染物的基因同时转入同一修复植物，使其具有修复复合污染的能力。随着转基因技术的发展和人们对植物降解有机污染物机理的深入了解，人们改造植物的能力将会越来越强，一大批更加适合污染环境修复的转基因植物将会陆续出现，并展现出强大的修复能力。

目前，有关利用转基因植物净化环境的研究已有不少报道。美英科学家利用转基因植物净化环境，他们分别开发出净化环境的新方法，可以利用转基因植物净化受污染的水体和土壤。美国华盛顿大学的科学家利用转基因技术对白杨进行了改造，使其能够吸收更多地下水中的毒素。实验结果显示，转基因白杨可以将实验所用液体中的毒素三氯乙烯吸收 91%，而普通植物只能吸收 3%。美国加利福尼亚大学的生物学教授诺曼·特里博士借助于基因工程使植物吸收土壤中硒的能力增强 5 倍以上，因为有毒金属硒会引起土壤污染。北京大学生命科学学院，自 1983 年开始研究“金属硫蛋白”，其内容之一就是通过转金属硫蛋白基因植物和蓝藻分别来治理被重金属尤其是被铅污染的土壤和水域。我国科学家的研究表明，转基因烟草和矮牵牛能够去除土壤中铅污染，其中转基因烟草可以利用其根部吸附大量重金属（包括铅）而达到土壤净化的目的，且无二次污染；转基因矮牵牛既可吸附除去土壤中的重金属，又可美化周围环境。美国孟山都公司的科学家新培育出了可生产生物降解塑料的转基因油菜和水芹，利用这些转基因植物获取的生物降解塑料为聚羟基丁酸酯戊酸酯（poly-hydroxybutyrate-co-hydroxyvalerate，PHBV），该塑料目前已商品化。

1.5　生物技术的安全性

任何一种新技术都是一把双刃剑,生物技术也不例外。人们在享受生物技术所带来的种种好处的同时,生物技术也可能给人类社会带来意想不到的冲击。人们的担忧主要包括以下几个方面:①食品安全。随着转基因技术的广泛开展,食品安全被人们广泛关注。在转基因食品投放市场之前,必须进行许多试验以评价这种食品的安全性。如果某转基因产品对人、动物的健康或环境有影响,那么对这些性状的研究将会被终止。②环境安全。与生物技术相关的转基因作物对环境安全的影响是人们经常讨论的另一个话题。人们担心基因逃逸或基因流动可能会导致超级杂草的生成,转基因作物的推广也可能会导致生物多样性的丧失。③伦理道德。多利羊的诞生,在世界上曾引起了不小的反响,一方面让人兴奋不已的是,人类已掌握了哺乳动物体细胞克隆技术;另一方面令人担忧的是,随着克隆羊问世,克隆猪、克隆牛、克隆猴等相继出现,克隆技术会不会在人类身上应用?如果被某些人用来制造克隆人,可能造成巨大的社会问题,并对人类自身的进化产生影响。④生物武器。生物技术的发展将不可避免地推动生物武器的研制与发展,使笼罩在人类头上的生存阴影越来越大。

转基因生物的安全性是个非常严肃的问题。应该说,这种种忧虑在理论上都有一定道理并且也有其现实基础,因此,人们从生物技术诞生那天起就一直对其加以关注并采取防御措施。人们除了对生物技术的安全性表示关注外,近年来人们对生物技术可能带来的伦理、道德、法律等问题也越来越关注。因此,必须建立转基因安全性评价机制和审批监管机构,规范相关研究和操作,对转基因产品进行严格的管控,加强转基因技术的宣传和有关知识的普及,使人们对转基因技术的安全性有一个客观全面的认识。

1.6　植物生物技术在农业上的应用

植物生物技术的起源可以追溯到 19 世纪 30 年代。1902 年德国植物生理学家 Gottlieb Haberlandt(1854—1945)提出植物细胞全能性的理论,即植物体细胞在适当的条件下,具有不断分裂和繁殖、发育成完整植株的能力。他首次培养小野芝麻和虎眼万年青表皮细胞的成功，标志着植物生物技术的开端，因此，Haberlandt 被称为植物组织培养之父。从 1902 年至今，通过许多探索性的研究，使植物生物技术逐步成熟并取得巨大的成果。植物细胞的大规模培养历史早于动物细胞，利用植物细胞培养可以生产某些稀贵植物次生代谢产物，如生物碱、甾体化合物等，这些均属于现代生物技术范围内的产品。

植物生物技术是在植物细胞和亚细胞水平，尤其是在分子水平上对植物原有遗传性状进行修饰和改造的一项接近定向的分子育种技术。植物生物技术的核心是植物基因工程，它是直接从植物的遗传物质入手，通过体外操作和基因重组实现遗传性状的修饰。利用 DNA 重组技术培育出具有诸如高光效、强固氮能力、营养平衡、广谱抗病虫和抗逆境的等优良性状作物新品系或新品种。植物细胞工程则在改良遗传背景比较复杂的性状上具有很大潜力。植物组织细胞培养技术在分子育种上起着承上启下的作用，它一方面为基因转移提供适当的受体细胞；另一方面又为植株的再生和性状的表现创造条件。植物生物技术主要包括以下几个方面。

1.6.1 组织培养技术

植物组织培养，从广义上讲是指植物离体组织、器官或细胞等在一定条件下通过诱导愈伤组织、不定芽、不定胚等再生成完整植株的过程。主要包括：试管苗快速繁殖，花药、胚胎培养，原生质体培养和融合等。在组织培养过程中常常会产生一些体细胞无性系变异，这些无性系变异具有一定的广泛性和多样性，已成为植物育种的一个主要变异来源。植物原生质体培养和体细胞杂交技术也逐渐展示出其在植物遗传改良中的应用潜力。植物的许多次生代谢产物对人类健康和生活非常重要，如长春花中的吲哚碱、红豆杉中的紫杉醇等在医药、食品添加剂等研究中具有很大的作用(表 1-6)。植物次生代谢产物在植物中的含量甚微，通常不能满足实际需要，而通过细胞培养，进行工厂化大规模生产植物有用的次生代谢产物，能够更好地满足人类健康和生活需要，而且有助于保护自然生态环境和促进人类社会的持续性发展。大多数农作物，特别是通过无性繁殖的植物很容易受到病毒的侵染，病毒感染的植株则导致作物的产量和品质下降。通过组织培养进行脱毒，可以获得无病毒苗木，而无病毒苗木的培育对农业生产具有非常重要的意义。目前，利用组织培养技术保存植物完整遗传信息这一手段，已发展成为植物种质资源保存的新途径。

表 1-6　植物次生代谢产品的市场潜能

部门	次生代谢产物	来源植物种类	用途
医药	可待因(植物碱)	*Papaver somniferm*	止痛药
	薯蓣皂苷配基	*Dioscorea deltoidea*	避孕因子
	奎宁	*Cinchona ledgeriana*	抗疟疾
	地谷新(异羟基洋地黄毒苷原)	*Digitalis lanata*	强心剂
	莨菪胺	*Datura strathus roseus*	治高血压
	长春新碱	*Catharanthus roseus*	抗毒剂
农业化学	除虫菊酯	*Chrysntnemam cinerariaefolium*	杀虫剂
食品饮料	甜蛋白	*Thaumatococcus danielli*	非营养性增甜剂
化妆品	茉莉油	*Jasmimum* sp.	香水

(引自李宝键等,1990)

1.6.2　单倍体育种技术

早期的单倍体育种技术是指利用组织培养技术特别是利用花药离体培养技术产生单倍体。20 世纪 80 年代通过花药培养培育出小麦品种“京华 1 号”。目前所说的单倍体育种技术主要是指通过诱导系生产单倍体,单倍体植株加倍后即可得到纯合的二倍体,因此入选的材料通常不再发生性状分离,可大大缩短育种周期,单倍体育种与远缘杂交、诱变育种等结合更能充分发挥其优势。同时,单倍体材料应用于分子水平研究具有独特的优势。

1.6.3　染色体工程技术

染色体是生物细胞核中最重要而稳定的成分,它具有特定的形态结构和一定的数目,是遗传物质的主要载体。如果染色体在数量、结构、功能等方面发生变异,最终都会导致生物遗传性状的改变。据此,人们按照预定的目标,操作处理染色体,进而培育新品种乃至新物种,这便是人们所说的染色体工程。

植物染色体工程技术的用途十分广泛,尤其在基因定位和异源基因的导入方面有着不可替代的重要作用。我国在小麦染色体工程育种方面已经取得了卓越成绩,创制了一大批宝贵的种质资源,其中包括:小麦单体系统、缺体系统、多种异附加系、多种异代换系和易位系,这些有用的染色体工程基础材料,是选育小麦良种的宝贵资源。

1.6.4 转基因技术

植物转基因技术的核心是利用转基因技术改良作物的遗传特性，使其更好地为人类服务。全球人口的不断增长，必然导致粮食需求的增长。转基因技术在增加耕地面积、减少粮食损失、提高作物产量三个方面都可发挥重要作用，转基因技术可开发出耐受干旱和贫瘠土壤的作物品种，也可通过改变作物的适应性拓宽其种植范围和适应地区。转基因技术可以通过提高植物的抗逆性减少粮食损失间接提高产量，也可通过改善光合性能、提高固氮效率直接提高产量。

利用转基因技术还可以拓宽作物的功能范畴。转基因技术不仅具备提高粮食产量的潜力，而且还具备生产非粮食产品，如塑料、生物燃料等潜力。目前，在美国明尼苏达大学正进行一项非常有趣的研究，其目标是开发出一种生产生物塑料的转基因植物品种。同时科学家正在设想开发一种可食用的生物塑料，用它来包装食品时可以和食品一起加热食用，从而减少了生活垃圾。随着转基因技术的迅猛发展，用作各种生物反应器的植物将会不断涌现，将植物作为有生命的工厂来生产药品、化学品、塑料、燃料或其他产品。因此，有人预言，未来的农场将告别唯一作为食物生产的时代。目前，农作物生物技术育种的研究已经不再处于实验室阶段，而是进入了实际应用阶段，发展成商业化产品。

1.6.5 分子标记技术

自遗传学开始建立以来，遗传标记作为一种必不可少的研究手段，已逐步经历了由少量到大量，由宏观到微观的发展过程。遗传标记的发展经历了形态标记、细胞学标记、生化标记和分子标记 4 个主要阶段，而每一次变革都给遗传学的研究带来巨大的飞跃。分子标记是以 DNA 多态性为基础的遗传标记。DNA 水平的多态性要比其他水平的多态性大得多。分子标记相对于其他标记来说具有如下特点：多态性高，共显性遗传，遍布整个基因组，不受发育时期和环境条件影响等。有人把分子标记的发展划分为 3 个阶段：第一代分子标记是以限制性片段长度多态性（restriction fragment length polymorphism, RFLP）为代表，以电泳技术和分子杂交技术为核心。第二代分子标记是以随机扩增多态 DNA（random amplified polymorphic DNA，RAPD）、简单重复序列多样性（simple sequence repeats, SSR）等为代表，是以电泳技术和聚合酶链式反应技术（polymerase chain reaction，PCR）为核心。第三代分子标记是以单核苷酸多态性（single nucleotide polymorphisms, SNP）为代表，以 DNA 序列分析为核心。分子标记技术在植物上的应用主要体现在以下方面：利用分子标记进行植物遗传图谱的构建和基因定位，为基因克隆创造条件，利用分子标记辅助选择，可提早、快速鉴定筛选目标性状植株，从而为加快植物育种进程，利用分子标记技术进行植物 DNA 指纹图谱的构建和种质资源的鉴定。

1.7 植物生物技术的发展趋势

鉴于植物生物技术的巨大威力和它对种植业可能产生的重要影响，世界各国都非常重视植物生物技术的研究与开发。植物生物技术在解决人类所面临的粮食、能源和环境问题上将发挥重要作用。21 世纪植物生物技术的发展主要表现在以下几个方面。

1.7.1 植物应用范畴的多元化

随着植物生物技术的不断发展和应用，农业生产将会发生革命性的变化。植物基因工程将成为植物生物技术中发展最快的研究领域。转基因植物将呈现多元化的应用范畴，除了生产粮食还可生产疫苗、药物；除了解决人类温饱，还可防治疾病；除了防风治沙，还可净化环境、生产能源。转基因植物的产业化，尤其是转基因农作物的产业化，不仅可大幅度提高产量，而且可减少除草剂和杀虫剂等农药使用量，因此，既节约了大量劳力，又保护了环境，由此给人类社会带来了巨大的经济效益和社会效益。

未来转基因植物的研究将更加注重食物营养价值的提高，以及将植物作为生物反应器的应用。通过转基因技术培育富含黄酮醇的转基因番茄，增加植物油中的维生素 E 含量，减少食用油中有害的饱和脂肪，培育富含 β-胡萝卜素的水稻等。通过转基因技术将食品转变成疫苗，如转基因土豆可含乙肝疫苗，转基因香蕉可含霍乱疫苗，转基因莴苣可含麻疹疫苗等，使植物成为可生产食用疫苗的生物工厂。

1.7.2 植物生物制品的多样化

植物是开发药品和工业化工产品所用蛋白质的一个重要来源。转基因植物研究，除了关注常规的性状改良外，还包括对人、畜疾病治疗有价值的药物蛋白的生产。利用植物产生的蛋白质与利用其他方法制造的蛋白质一样具有相同的纯度和活性。植物生物制品优势包括：生产成本大幅降低，生产能力空前巨大，资本需求下降，生产速度较快，无潜在的病毒和动物蛋白质污染等。研究表明，植物生物制品对治疗诸如癌症、炎症、自身免疫性疾病和心血管疾病等有广泛的应用价值。此外，植物经过遗传修饰，可以生产作为洗涤剂、尼龙、黏胶、润滑剂和塑料等工业制品的原料。

1.7.3 传统农场向分子生物农场转变

传统意义上的农场主要是用来生产粮食及其他农副产品。随着植物生物技术的发展，植物的功能更加多样化，例如，将来自于水蛭的水蛭素基因转入植物中，所生产的水蛭素可用来治疗与血栓形成有关的疾病；将来自于病原微生物的表面抗原基因转入植物中，并使其大量地表达在可食性的植物组织部位，人体经由直接摄食这些植物后，免疫系统可以诱导出抗体以对抗这些病原的感染，而达到防治疾病的目的。利用植物生产可食性疫苗或生产特定产品是未来农场的发展方向。未来农场生产出的产品不仅仅是粮食，还可能包括具有治疗作用的医药产品，或生产出诸如洗涤剂、润滑剂、塑料甚至生物燃料等工业制品原料或能源原料。人们把这种方式的农场称为分子生物农场。

总之，植物生物技术的发展趋势，表现为从"投入特征"的作物向"产出特征"的作物转变，从植物功能单一化向植物功能多元化转变，应用领域从农业向医药、环保、能源及工业等转变。

思考题

1. 什么是生物技术？主要包括哪些方面？
2. 生物技术的发展经历了哪些主要阶段？各阶段的特征是什么？
3. 现代生物技术与传统生物技术相比的优势何在？
4. 应用于植物的生物技术包含哪些方面？

第2章 植物组织培养技术

植物组织培养作为一种实用性很强的技术和研究手段已成为植物生物技术的基础。本章主要介绍植物组织培养的基本技术，以及植物组织培养在农业中的应用。

2.1 植物组织培养

植物组织培养是指在离体条件下，利用人工培养基对植物器官、组织、细胞、原生质体等进行培养，使其长成完整的植株。其理论基础是植物细胞的全能性。为了使培养的植物材料顺利长成完整的植株，需要了解植物组织培养实验室的基本情况，掌握实验室基本设备的操作、培养基的配制、外植体的选择培养等操作技术。

2.1.1 植物组织培养操作技术

2.1.1.1 实验室设备

植物组织培养实验室一般由准备室、无菌操作室及培养室组成。

(1)准备室(区)

准备室主要进行植物组织培养相关的一些常规实验操作，根据实验操作的性质，可将准备室进行适当的分区：清洗区，主要进行器皿、器械的洗涤；培养基配制区，主要配制培养基；试剂存放区，主要贮存植物细胞组织培养常用的化学试剂、植物生长调节物质、酶及抗生素等；灭菌区，主要进行培养基、培养器皿及器械的灭菌。

准备室房间应具有较大的面积，配备一定量的实验台、实验架和试剂柜，便于放置各种小型仪器、实验用具、培养容器和化学试剂等。常用的仪器设备有高压蒸汽灭菌锅、冰箱、普通天平、分析天平、pH 计和电磁炉(或微波炉)等。常用的实验用具有微量加样器或移液管、烧杯和量筒等。常用的培养容器有各种规格的培养瓶、培养皿等。

用具洗涤的主要方法有:①玻璃器皿的洗涤。新购置的玻璃器皿或多或少都含有游离的碱性物质,使用前先用1%稀盐酸浸泡过夜,再用肥皂水洗净,清水冲洗后,用蒸馏水再冲一遍,晾干后备用;用过的玻璃器皿,用清水冲洗,蒸馏水冲洗一遍,晾干后备用即可。对于已被污染的玻璃器皿则必须用121℃高压蒸汽灭菌30 min后,倒去残渣,用毛刷刷去瓶壁上的培养液和菌斑后,再用清水冲洗干净,蒸馏水冲淋一遍,晾干备用,切忌不可直接用水冲洗,否则会造成培养环境的污染。清洗后的玻璃器皿,瓶壁应透明发亮,内外壁水膜均一,不挂水珠。②金属用具的洗涤。新购置的金属用具表面上有一层油腻,需擦净油腻后再用热肥皂水洗净,清水冲洗后,擦干备用;用过的金属用具,用清水洗净,擦干备用即可。

用具灭菌的主要方法有:①培养皿、三角瓶、吸管等玻璃用具和解剖针、解剖刀、镊子等金属器具主要采用高温灭菌,有些类型的塑料用具如聚丙烯、聚甲基戊烯制品等也可进行高温灭菌。高温灭菌方法主要包括干热(空气)灭菌和高压蒸汽灭菌。干热灭菌法是将清洗晾干后的用具用纸包好,放进电热烘干箱。当温度升至100℃时,启动箱内鼓风机,使电热箱内的温度均匀,当温度升至150℃时,定时控制40 min(或120℃定时120 min),达到灭菌目的。由于干热灭菌能源消耗大,费时间,因而常用高压蒸汽灭菌法来代替,其灭菌原理见后述。②用于无菌操作的用具除了进行高温灭菌外,在接种过程中还常常采用灼烧灭菌,如准备接种前,将镊子、解剖刀等从浸入95%酒精中取出,置于酒精灯火焰上灼烧,借助酒精瞬间燃烧产生的高热来达到灭菌的目的。

(2)无菌操作室(区)

无菌操作室主要用于植物材料的消毒、接种、培养物的继代等。这里是植物组织培养研究中最关键的部分,关系到培养物的污染率、接种工作效率等重要指标,因此要求地面、天花板及四壁尽可能光洁、无尘,易于采取各种清洁和消毒措施。一般还需配置紫外线灯和空调。目前,超净工作台已成为植物组织培养最常用、最普及的无菌操作装置,分为单人、双人及三人式,也有开放和密封式。根据风幕形成的方式,又分为垂直式和水平式两种。超净工作台一般由鼓风机、过滤器、操作台、紫外灯和照明灯等部分通过内部小型电动机带动风扇,使空气先通过一个前置过滤器,滤掉大部分尘埃,再经过一个细致的高效过滤器,将大于0.3 μm的颗粒滤掉,然后使过滤后的不带细菌、真菌的纯净空气以每分钟24～30 m的流速吹过工作台的操作面,此气流速度能避免因坐在超净工作台旁的操作人员造成轻微气流而污染培养基。

初次使用的超净工作台要在开启鼓风机和紫外灯2 h后,才能进行接种操作,以后每次使用前开启10～15 min即可操作。一般来说,在开始操作前,要将紫外线灯关闭，以免造成辐射伤害，操作所用的器械等要提前放在工作台面上，不要堆得太高，以免挡住气流。

为了提高超净工作台的效率，超净工作台应放置在空气干净、地面无灰尘的地方，以延长其使用寿命，其次还应定期检测工作台工作面的空气流速，定期清洗和更换过滤装置。

(3)培养室

培养室主要用于满足培养物生长繁殖所需的温度、光照、湿度和气体等条件。培养室要长期保持干净，定期进行消毒、清洗，进出时要更换衣、帽、鞋等，以免将尘土、病菌带入室内。

培养室内，常常需要配置大量的培养架，以放置培养容器。培养物一般是在散射光下进行培养，光照强度为 2 000～3 000 lx，能够满足大部分植物的光照需求。对于那些不需要光照或需要弱光照的外植体的培养，如愈伤组织诱导、增殖的培养，则需要考虑设置一个暗培养室。培养室温度一般要求在 20～30℃，具体温度的设置要依植物材料不同而定。为使温度恒定和均匀，培养室内应配有空调或带有控温仪的加热装置及空气调节装置(如风扇等)。培养室的相对湿度应保持在 70%～80%。对于需要悬浮培养的材料，培养室还应设有摇床，可选择往复或旋转式，必要时可设置温度、光照可控式摇床。

2.1.1.2　培养基

培养基是植物组织细胞培养中最主要的部分，除了培养材料本身的因素外，培养基的种类、成分等也会直接影响培养材料的生长发育，应根据培养材料的种类和培养部位选取适宜的培养基。

(1)培养基的主要成分

在离体培养条件下，培养基是决定植物组织培养成败的关键因素之一。因此，了解培养基的构成，选择适宜的培养基是极其重要的一环。培养基中常见的成分主要有以下几种。

①水。水分是一切生物生命活动的物质基础。构成培养基中的大部分成分是水，可提供植物所需的氢、氧并参与细胞内的许多生物化学反应。配制培养基时一般用离子交换水、蒸馏水、重蒸馏水等。

②无机成分。无机成分是指植物在生长发育时所需要的各种矿质元素。根据国际植物生理学会的建议，将植物所需浓度大于 0.5 mmol/L 的矿质元素称为大量元素，将植物所需浓度小于 0.5 mmol/L 的矿质元素称为微量元素。前者在植物的生长发育中占的比重较大，后者虽然植物需要量较少，但却具有重要的生理作用。

无机大量元素主要有氮(N)、磷(P)、钾(K)、钙(Ca)、镁(Mg)、硫(S)。

氮(N)是细胞中核酸的组成部分,也是生物体许多酶的成分,氮被植物吸收后转化为氨基酸再转化为蛋白质而被植物利用。氮还是叶绿素、维生素和植物激素的组成成分。氮主要以铵态氮、硝态氮两种形式被使用,培养基中氮源的铵态氮和硝态氮的相对含量对细胞生长影响较大。有研究表明,细胞的生长主要以 NO_3^- 作为氮源,高浓度的 NH_4^+ 会抑制生长。所以增加 NO_3^-、减少 NH_4^+ 明显促进愈伤组织生长。而实际操作中常常将两者混合使用,以调节培养基中的离子平衡,利于细胞的生长、发育,如 NH_4^+ 和 NO_3^- 比例为 2∶25 有利于南方红豆杉细胞生长和紫杉醇的合成。一般认为,铵态氮的含量超过 8 mmol/L 时容易伤害培养物,但是这种情况对于不同植物种类、不同培养部位及培养类型也非绝对。

磷(P)参与植物生命活动中核酸及蛋白质合成、光合作用、呼吸作用以及能量的贮存、转化与释放等重要的生理生化过程,增强植物的抗逆能力,促进早熟,组织培养过程中培养物需要大量的磷。磷常常是以盐的形式供给。

钾(K)是许多酶的活化剂。组织培养中,钾能促进器官和不定胚的分化,促进叶绿体 ATP 的合成,增强植物的光合作用和产物的运输,调节植物细胞水势,调控气孔运动,提高植物的抗逆性能。钾常常是以盐的形式供给。

钙(Ca)、镁(Mg)、硫(S)也是植物的必需元素,参与细胞壁的构成,影响光合作用,促进代谢等生理活动。常常以 $MgSO_4$ 和钙盐的形式供给。

无机微量元素主要有铁(Fe)、硼(B)、锰(Mn)、锌(Zn)、铜(Cu)、钼(Mo)、钴(Co)和氯(Cl)。微量元素是指在植物生长发育过程中需要量很少的元素,一般为 10^{-7}~10^{-5} mol/L,稍多则会出现外植体的蛋白质变性、酶系失活、代谢障碍等毒害现象。微量元素中,铁对叶绿素的合成起重要作用,通常以硫酸亚铁与 Na_2EDTA 螯合物的形式存在培养基中,以避免 Fe^{2+} 氧化产生氢氧化铁沉淀。硼能促进生殖器官的正常发育,参与蛋白质合成或糖类运输,可调节和稳定细胞壁结构,促进细胞伸长和细胞分裂。锰参与植物的光合、呼吸代谢过程,影响根系生长,对维生素 C 的形成以及加强茎的机械组织有良好作用。锌是各种酶的构成要素,增强光合作用效率,参与生长素的代谢,促进生殖器官发育和提高抗逆性。铜是许多生化过程中所需重要酶的辅助因子,在植物组织培养过程中具有重要的作用,高浓度的铜能明显促进愈伤组织分化,浓度过高则有抑制和毒害作用。钼是氮素代谢的重要元素,参与生殖器官的建成。因此,微量元素在组织培养中是必不可少的,具有重要的作用。

③有机成分。有机成分是指植物生长发育时所必需的有机碳、氮等物质。主要包括糖、维生素、肌醇、氨基酸和有机添加物等。

糖既可作为碳源为外植体提供生长发育所需的碳骨架和能源，还具有维持培养基一定渗透压的作用。一般添加蔗糖、葡萄糖和果糖。其中蔗糖最常用，它具有遇热易变性，经高压灭菌后大部分分解为 *D*-葡萄糖、*D*-果糖，剩下部分的蔗糖，则利于培养物的吸收。此外，棉籽糖在胡萝卜离体培养中，效果仅次于蔗糖和葡萄糖，优于果糖。山梨糖是蔷薇科植物培养中常用的糖源。淀粉对于含糖量较高的植物组织培养有较好的效果。组织培养中常用 1%～5%的蔗糖。浓度过低，不能满足细胞营养、代谢和生长的需要；浓度过高，可能会干扰糖类物质的正常代谢，也可能导致培养物渗透压的增加，阻碍细胞对水分的吸收，但在幼胚培养、茎尖分生组织培养、花药培养和原生质体培养时，需要较高浓度的糖，一般需 10%左右或更高。

维生素类化合物在植物细胞里主要以各种辅酶的形式参与多项代谢活动，对生长、分化等有很好的促进作用。使用量通常为 0.1～1.0 mg/L。常用的维生素有盐酸硫胺素（维生素 B_1）、盐酸吡哆醇（维生素 B_6）、烟酸（维生素 B_3）、生物素（维生素 H）、叶酸、抗坏血酸（维生素 C）等。其中维生素 B_1 可全面促进植物的生长；维生素 C 有抗氧化功能，防止褐变；维生素 B_6 促进根的生长。维生素具有遇热易变性，在高温下易降解的特性，通常可进行过滤灭菌。

肌醇（环已六醇）参与碳水化合物代谢、磷脂代谢等生理活动，促进培养组织快速生长，胚状体及芽的形成。培养基中肌醇用量一般为 50～100 mg/L。

氨基酸作为一种重要的有机氮源，除构成生物大分子（如蛋白质、酶、核酶）的基本组成外，还具有缓冲作用和调节培养物体内平衡的功能，对外植体诱导芽、根、胚状体的生长、分化有良好的促进作用。植物组织培养中常用的氨基酸有丙氨酸、甘氨酸、谷氨酰胺、丝氨酸、酪氨酸、天冬酰胺，以及多种氨基酸的混合物，如水解酪蛋白（caseino acid hydrolysate, CH）、水解乳蛋白（lactoalbumin hydrolysate, LH）等。其中甘氨酸能促进离体根的生长，丝氨酸和谷氨酰胺有利于花药胚状体或不定芽的分化。半胱氨酸可作为抗氧化剂，防止培养材料褐化，延缓酚氧化。有些植物组织培养中还加入一些天然的有机物，如椰乳 100～200 mL/L，酵母提取物 0.5%，番茄汁 5%～10%，香蕉泥 150～200 mg/L 和马铃薯泥 100～200 g/L 等，其有效成分为氨基酸、酶、植物激素等物质，这些天然有机物对植物组织培养并非是必需的，但可起到一定的促进作用。由于这些天然有机物成分复杂且不确定，因而在培养基的配制中仍倾向于选用已知成分的合成有机物。

④植物生长调节物质。植物生长调节物质是培养基中不可缺少的关键成分，用量虽少，但它们对外植体愈伤组织的诱导和根、芽等器官分化，起着重要且明显的调节作用。组织培养中常用的植物生长调节物质是生长素和细胞分裂素，有些培养基也使用脱落酸或赤霉素。

生长素类的主要功能是促进细胞伸长和细胞分裂，诱导愈伤组织形成，促进生根。配合一定量的细胞分裂素，可诱导不定芽的分化、侧芽的萌发与生长。常见的生长素类有吲哚乙酸（indoleacetic acid，IAA），萘乙酸（naphthylacetic acid，NAA），吲哚丁酸（indolebutyric acid，IBA），2，4-二氯苯氧乙酸（2，4-dichlorophenoxyacetic acid，2，4-D）等。它们作用的强弱依次为 2，4-D ＞ NAA ＞ IBA ＞ IAA。生长素的使用量通常为 0.1～10 mg/L。

细胞分裂素类的主要功能是促进细胞分裂，抑制衰老，当组织内细胞分裂素/生长素的比值高时，可诱导芽的分化。常见细胞分裂素有：激动素（kinetin，KT）、异戊烯基腺嘌呤（N_6-（2-isopentenyl）adenosine，2iP）、6-苄基腺嘌呤（6-benzylaminopurine，6-BA 或 BAP）、玉米素（zeatin，ZT）、噻重氮苯基脲（thidiazuron，TDZ）。它们作用的强弱依次为 TDZ＞ZT＞2iP＞6-BA＞KT。细胞分裂素的使用量通常为 0.1～10 mg/L。

除了上述生长素类、细胞分裂素类物质在植物组织培养中不可缺少外，赤霉素（gibberellin，GA）、脱落酸（abscisic acid，ABA）和乙烯等生长调节物质也常用于组织培养中。

⑤琼脂。琼脂是从海藻中提取出来的一种高分子碳水化合物。它的主要作用是使培养基在常温下固化形成固体培养基。琼脂的固化能力除了与原料、厂家的加工方式等有关外，还与高压灭菌时的温度、时间、pH 等因素有关。长时间高温会使凝固能力下降；过酸、过碱也会使琼脂发生水解，丧失固化能力；存放时间过久，也会逐渐失去凝固能力。琼脂的用量一般在 0.6%～1.0%，选择颜色浅、透明度好、洁净、杂质少的琼脂为宜。使用纯度高的琼脂可避免组织培养过程中杂质对细胞生长、分化的影响。

⑥pH。培养基的 pH 在高压灭菌前通常调至 5.0～6.0，最常用的 pH 为 5.8～6.0。当 pH 高于 6.0 时，培养基会变硬，低于 5.0 时，琼脂凝固效果不好。经过高压灭菌后，培养基的 pH 会稍有下降。一般用 1 mol/L 盐酸（HCl）或氢氧化钠（NaOH）调节 pH。

（2）培养基的种类与选择

培养基的种类很多，不同的培养基有其不同的特点，根据培养基成分中无机盐的含量可将目前常用的培养基分为 4 类。

①含盐量较高的培养基。该类培养基具有高浓度的硝酸盐、钾离子和铵离子，微量元素和有机成分种类齐全且较丰富。如 MS 培养基、LS 培养基和 ER 培养基等。

②硝酸钾含量较高的培养基。该类培养基硝酸钾含量较高，且其他盐浓度也

较高。如B_5培养基、N_6培养基和SH培养基等。

③中等无机盐含量的培养基。该类培养基中的无机大量元素含量约为MS培养基的一半，微量元素种类减少但含量较高，维生素种类较多。如Nitsch培养基、Miller培养基和H培养基等。

④低无机盐含量的培养基。该类培养基无机盐含量为MS培养基的1/4左右，有机成分也很低。如White培养基和Heller培养基等。

一般来说，前两类培养基应用范围较广，适合愈伤组织诱导、细胞培养及植株再生。B_5培养基在豆科植物上用得较多。N_6培养基在水稻、小麦等植物的花粉和花药培养中用的较多。适宜培养基的选择需要考虑植物的种类、外植体的生理状态、培养目的，并通过实验筛选获得。

(3)培养基的制备

①准备工作。配制培养基所用的主要器具包括：不同型号的烧杯、容量瓶、移液管、滴管、玻棒、三角瓶、试管以及培养基分装器等，在配制培养基前，要洗净备齐。

配制培养基一般用蒸馏水或无离子水，精细的实验须用重蒸馏水。化学药品应采用等级较高的化学纯(chemically pure，CP)三级及分析纯(analytical reagent，AR)二级，以免杂质对培养物造成不利影响。药品的称量及定容要准确，不同化学药品的称量需使用不同的药匙，避免药品的交叉污染与混杂。

②母液的配制和保存。配制培养基时，如果每次配制都要按着成分表依次称量，既费时，又增加了多次称量的误差。为了提高配制培养基的工作效率，一般将常用的基本培养基先配制成10倍(10×)或100倍(100×)或更高倍数的贮备液，贮存于冰箱中。使用时，将它们按照一定的比例进行稀释混合。这样既方便使用，又节约了大量的人力、时间，提高了工作效率。

母液的配制常常有两种方法。一是可以将培养基的每个组分配成单一化合物母液；二是可以配成几种不同的混合溶液。前者便于配制不同种类的培养基，后者在大量配制同种培养基时省时、省力。

现以MS培养基母液配制为例简要说明配制过程及注意事项：

首先，各种药品必须充分溶解后才能混合，混合时要注意先后顺序，如在配制大量元素无机盐母液时，应把Ca^{2+}、Mn^{2+}和SO_4^{2-}、PO_4^{3-}错开，以免相互作用生成沉淀。铁盐须单独配制，往往采用硫酸亚铁与Na_2EDTA通过加热形成稳定的螯合铁，稳定保存，避免Fe^{2+}、Fe^{3+}与其他母液混合产生沉淀。

植物生长调节物质添加到培养基时，为了操作方便，也可将其配成母液，但要注意生长素类物质(如IAA，NAA，2，4-D等)需先加入少量95%酒精或1 mol/L NaOH，加热助溶后，再加水定容。细胞分裂素类物质(如KT、6-BA等)需先溶于少量 1 mol/L 盐酸中，再加水定容。叶酸需用少量稀氨水溶解。

配制好的母液应分别贴上标签，注明母液名称、配制倍数、日期。配好的母液最好在 2～4℃冰箱中贮存。贮存时间不宜过长，无机盐母液最好在 1 个月内用完，当母液中出现沉淀或霉菌时，则不能使用。

(4)培养基的制备过程

以配制 1 L MS 培养基为例，其主要步骤如下：

①在烧杯或量杯中加入一定量的水，再按表 2-1 所示母液顺序，依次加入需要的量。

表 2-1 MS 培养基母液的配制

组成	含量/(mg/L)	药品毫克数/母液毫升数	母液倍数/倍	添加量/mL
NH_4NO_3	1 650	每次称量		
KNO_3	1 900	每次称量		
KH_2PO_4	170	每次称量		
$MgSO_4 \cdot 7H_2O$	370	每次称量		
$CaCl_2 \cdot 2H_2O$	440	每次称量		
$MnSO_4 \cdot 4H_2O$	22.3	558		
$ZnSO_4 \cdot 7H_2O$	8.6	215/250	100	10
H_3BO_3	6.2	620		
KI	0.83	83		
$Na_2MoO_4 \cdot 2H_2O$	0.25	25/100	1 000	1
$CuSO_4 \cdot 5H_2O$	0.025	25		
$CoCl_2 \cdot 6H_2O$	0.025	25/100	10 000	0.1
Na_2EDTA	37.25	745		
$FeSO_4 \cdot 7H_2O$	27.85	557/100	200	5
甘氨酸	2.0	100/50	1 000	1
盐酸硫胺素(VB_1)	0.4	20/50	1 000	1
盐酸吡哆醇(VB_6)	0.5	25/50	1 000	1
烟酸	0.5	25/50	1 000	1
肌醇	100	2 500/250	100	10
蔗糖	30 000.0	每次称量		
琼脂/g	8 000.0	每次称量		
pH	5.8			

(引自刘庆昌等，2010)

②加入蔗糖。蔗糖溶解后，加水定容至 1 L。

③调节 pH。可用 pH 试纸或酸度计进行测量。若用酸度计测量，则应调节 pH 后，再加入琼脂，因为琼脂主要作用是固化培养基，加入琼脂后再调 pH，会使酸度计灵敏度降低，测量不准确。pH 试纸测量时，可以先加琼脂后再调 pH。常用 1 mol/L 的 HCl 或 NaOH 进行调节。

④加入琼脂，并使之加热溶解。溶解过程中，要不断搅拌，以免造成浓度不均匀，琼脂太多会导致培养基太硬，含水太少，通气不良；反之培养基太少，植物材料难以固定。在烧杯上可以盖上玻璃片或铝箔等，避免加热过程中水分蒸发。现在，一些实验室也使用冷凝胶固化培养基，冷凝胶在常温下就可以凝固，这样减少了琼脂加热溶解的时间。

⑤培养基分装。已经配好的培养基，在琼脂没有凝固的情况下（约在 40℃时凝固），应尽快将其分装到试管、三角瓶等培养容器中。分装的方法有虹吸式、分注法、直接注入法等，分装时要掌握好培养基的量，一般以试管、三角瓶等培养容器的 1/4～1/3 为宜。分装时要注意，不要将培养基沾到壁口，以免引起污染。

⑥封口。装后的培养基应尽快将容器口封住，以免培养基水分蒸发。常用的封口材料有棉花塞、铝箔、硫酸纸、耐高温塑料薄膜等，可根据实际情况选择封口材料。

⑦培养基灭菌。分装后的培养基封口后应尽快进行高压蒸汽灭菌。灭菌不及时，会造成杂菌大量繁殖，使培养基失去效用。

培养基常采用高压蒸汽灭菌：灭菌前应检查灭菌锅底部的水是否充足，灭菌加热过程中应使灭菌锅内的空气放尽，以保证灭菌彻底。排气的方法有两种：一是先打开放气阀，等大量热空气排出以后再关闭。二是先关闭放气阀，当压力升到 0.5 kg/cm^2 时，打开放气阀排出空气后，再关闭放气阀进行升温。灭菌时，应使压力表读数为 1.0～1.1 kg/cm^2，在 121℃时保持 15～20 min 即可，灭菌时间不宜过长，否则蔗糖等有机物质会在高温下分解，使培养基变质，甚至难以凝固；也不宜过短，否则灭菌不彻底，引起培养基污染。灭菌后，应切断电源，使灭菌锅内的压力缓慢降下来，接近“0”时，才可打开放气阀，排出剩余蒸汽后，打开锅盖取出培养基。若切断电源后，急于取出培养基而打开放气阀，造成降压过快，使容器内外压差过大，液体溢出，造成浪费、污染，甚至危及人身安全。上述灭菌方法主要适用于半自动高压蒸汽灭菌锅的使用，目前，越来越多的实验室使用全自动高压蒸汽灭菌锅进行高压蒸汽灭菌，使用前要设定好灭菌的温度及时间，灭菌前应检查灭菌锅底部的水是否充足，补足水后，开启电源，盖上锅盖，按下“开始或启动”按钮后，灭菌锅按照预定的程序开始工作。

某些生长调节物质，如吲哚乙酸及某些维生素、抗生素、酶类等物质遇热不稳定，不能进行高压蒸汽灭菌，需要进行过滤灭菌。将这些溶液在无菌条件下，通过孔径大小为 0.25～0.45 μm 的生物滤膜后，就可达到灭菌目的，在无菌条件下将其加入高压灭菌后，温度下降到约 40℃的培养基中即可。

⑧培养基存放。经过高压灭菌的培养基取出后，根据需要可直立或倾斜放置。注意在培养基凝固前，不要移动容器，待凝固后再进行转移。灭菌后的培养基不要马上使用，预培养 3 d 后，若没有被菌污染，才可使用，否则会由于灭菌不彻底或封口材料破损等原因，培养基马上使用后造成培养材料的损失。

待使用的培养基应放在洁净、无灰尘、遮光的环境中进行贮存。贮存期间避免环境温度大幅度地变化，以免夹杂着细菌、真菌的灰尘在接种时随着气流进入容器，造成培养基的污染。

随着贮存时间的延长，培养基的成分会发生相应地变化，容器内水分逸出，见光易分解的物质，如 IAA、椰乳等会随着环境中的光线强弱发生光解，影响培养效果。一般情况下，配制好的培养基应在 2 周内用完，含有生长调节物质的培养基最好能在 4℃低温保存，效果更理想。

2.1.1.3 外植体

外植体是指从活体植物上切取下来，用以进行离体培养的器官、组织或细胞。植物组织培养能否达到预期的实验目标，除与培养基的组分有关外，另一个重要的影响因素就是外植体。因此，为了使组织培养工作顺利进行，有必要对外植体进行选择与处理。

(1)外植体的选择

迄今为止，经组织培养成功的植物，所使用的外植体几乎包括了植物体的各个部位，如根、茎(鳞茎、茎段)、叶(子叶、叶片)、花瓣、花药、胚珠、幼胚、块茎、茎尖、维管组织等。从理论上讲，植物细胞都具有全能性，若条件适宜，都能再生成完整植株，任何组织、器官都可作为外植体。但实际上，不同植物或同一植物不同器官，同一器官不同生理状态，对外界诱导反应能力及再生分化能力都是不同的。因此，选择适宜的外植体需要从植物基因型、外植体来源、外植体大小、取材季节及外植体的生理状态和发育年龄等方面加以考虑。

①植物基因型。植物基因型不同，组织培养的难易程度不同，草本植物比木本植物易于通过组织培养成功获得再生植株，双子叶植物比单子叶植物易于通过组织培养成功获得再生植株。木本植物中，猕猴桃较易再生植株；而干果类、松树、柏树等则比较困难。植物基因型不同，组织培养的再生途径也不同，如十字花科及伞型科中的胡萝卜、芥菜等易于诱导胚状体，而茄科中的烟草、番茄、曼陀罗则易于诱

导愈伤组织。孙建昌等(2008)在对宁夏水稻不同外植体再生体系的研究中发现，基因型对水稻组织培养影响较大，成熟胚和幼胚为外植体时宁粳34培养效果最好，愈伤组织诱导率分别为71.9%、81.5%，绿苗分化率分别为51.0%、63.3%；花药为外植体时，宁粳35的培养效果较好。赵利铭(2009)对不同甜高粱品种的再生能力研究中发现，不同品种对愈伤组织诱导的难易程度是不同的，而且愈伤组织的脱分化能力也不一样。因此，在组织培养时不应忽视对外植体基因型的选择。

②外植体来源。从田间或温室中生长健壮的植株上，选取发育正常的器官或组织作为外植体，离体培养易于成功。同一植物不同部位之间的再生能力差别较大。以玉米自交系18红和18白为材料，取其幼胚、茎尖、成熟胚和下胚轴为外植体，对愈伤组织的诱导和植株再生进行了研究。结果表明，4种外植体均可诱导出愈伤组织，但仅从幼胚和茎尖诱导出胚性愈伤组织，转入分化培养基后获得了再生植株，而成熟胚和下胚轴未能获得再生植株。因此，在进行植物细胞组织培养时，最好对所要培养的植物各部位的诱导及分化能力进行比较，从中筛选合适的、最易再生的部位作为最适宜外植体。对于大多数植物来说，茎尖是较好的外植体，由于茎形态已基本建成，生长速度快，遗传性稳定，也是获得无病毒苗的重要途径，如月季、兰花、大丽花、非洲菊无病毒苗的生产等。但茎尖往往受到材料来源的限制，为此可以采用茎段、叶片等作为培养材料，如菊花、各种观赏秋海棠、黄花夹竹桃等。另外，还可根据需要选择鳞茎、球茎、根茎类(如麝香百合、郁金香等)，花茎或花梗(如蝴蝶兰)，花瓣、花蕾(如君子兰)，根尖(如雀巢兰属)，胚(垂笑君子兰)，无菌实生苗(吊兰)等部位作为外植体进行离体培养。

③外植体大小。外植体的大小，应根据培养目的而定。如果是胚胎培养或脱毒，则外植体宜小；如果是进行快速繁殖，外植体宜大。但外植体过大，杀菌不彻底，易于污染；外植体过小，离体培养难于成活。一般外植体大小在0.5～1.0 cm为宜。

④取材季节。离体培养的外植体最好在植物生长的最适时期取材，即在其生长开始的季节取材，若在生长末期或已经进入休眠期取材，则外植体会对诱导反应迟钝或无反应。研究者分别将春季、夏季和秋季采集的青钱柳茎段接种于BA 3.0 mg/L ＋ NAA 0.01 mg/L ＋ IBA 0.1 mg/L的培养基中，结果发现，春季采集的茎段能够诱导芽的抽生，出芽率可达29.17%；而夏、秋两季采集的茎段出芽率和出愈率都比较低，且褐变率都大于50%。说明春季采集的茎段褐变率较低，更容易诱导腋芽的抽生和愈伤组织的形成。

⑤外植体的生理状态和发育年龄。外植体的生理状态和发育年龄直接影响离体培养过程中的形态发生。一般情况下，越幼嫩、年限越短的组织具有较高的形态

发生能力，组织培养越易成功。

(2)外植体的消毒

从田间或温室取材的植物材料表面携带着各种微生物，在将他们分离成适宜的外植体转移接种到培养基前必须进行彻底的表面消毒，否则，由于消毒不彻底会造成外植体在培养过程中被微生物污染，影响实验的顺利进行。

为了较彻底地杀灭外植体表面的微生物，常需要选择适宜的消毒剂种类和浓度。由于消毒剂的种类不同，杀菌力可能不同，因此选择消毒剂，既要考虑具有良好的消毒、杀菌作用，同时又易被蒸馏水冲洗掉或能自行分解的物质，而且不会损伤或只轻微损伤组织材料，而不影响其生长。在使用不同的消毒剂时，需要考虑使用浓度和处理时间。植物因种类不同、外植体不同，其处理方式也不同。

现将常用的消毒剂列于表 2-2，其中 70%～75%酒精具有较强的杀菌力、穿透力和湿润作用，利于其他消毒剂的渗入，因此常与其他消毒剂配合使用。由于酒精穿透力强，要控制好处理时间，时间太长往往会使被处理材料受到损伤。

表 2-2 常用消毒剂

消毒剂	使用浓度/%	去除难易	消毒时间/min	消毒效果	是否毒害植物
次氯酸钙	9～10	易	5～30	很好	低毒
次氯酸钠	2	易	5～30	很好	无
过氧化氢	10～12	最易	5～15	好	无
硝酸银	1	较难	5～30	好	低毒
氯化汞	0.1～1	较难	2～10	最好	剧毒
酒精	70～75	易	0.2～2	好	有
抗生素	4～50 mg/L	中	30～60	较好	低毒

(引自刘庆昌等，2010)

选择适宜的消毒剂处理时，为了使其消毒效果更为彻底，有时还需要与黏着剂或润湿剂(如吐温)及抽气减压、磁力搅拌、超声振动等方法配合使用，使消毒剂能更好地渗入外植体内部，达到理想的消毒效果。

外植体消毒：由于不同植物及同一植物不同部位，对不同种类、不同浓度的消毒剂敏感反应不同，所以通常要先进行一些摸索试验，选择适宜的消毒剂。以达到最佳的消毒效果。外植体消毒的步骤为：外植体取材→自来水冲洗→70%～75%酒精表面消毒(20～60 s)→无菌水冲洗→消毒剂处理→无菌水充分洗净→备用。

一般来说，如果外植体较大而且硬的话，可直接用消毒剂处理。如果实、叶片、茎段、种子等的消毒；如果是幼嫩的茎尖，一般先取较大的茎尖(如 2～3 cm)，表面消毒后，再在无菌条件下，借助解剖显微镜取出需要的茎尖大小进行培养；如果是进行未成熟胚、胚珠、胚乳、花药等培养，一般先把子房或胚珠、花蕾进行表面消毒，再在无菌条件下剥出需要的外植体；如果是细胞培养，应根据培养的目的，选择合适的起始材料，进行相应外植体的消毒。若为了单细胞培养，可以采用茎尖分生组织或胚胎培养的愈伤组织，作为细胞培养的起始材料；若为了生产次生代谢物质，则应当选取某次生物质含量高的特定器官或组织，进而筛选某次生物质含量高的器官中的细胞，建立细胞培养系统。

(3)外植体的培养

在无菌条件下，将消过毒的植物材料在超净工作台上切割、分离成适宜的外植体大小，并将其转移到培养基上的过程即为外植体接种(explant inoculation)。为了保证接种工作在无菌条件下进行，应做到：每次接种前应进行接种室的清洁工作，可用70%～75%酒精喷雾使空气中的细菌和真菌孢子等随灰尘的沉降而沉降。或者用紫外灯进行照射灭菌 20～30 min。接种前超净工作台面用70%～75%酒精擦洗后，再用紫外灯照射 20 min。接种操作过程中要保持工作台送风。接种使用的解剖刀、镊子、培养皿、三角瓶等要事先经过高温灭菌处理。操作中，使用的镊子、解剖刀要经常在酒精灯上灼烧灭菌。操作者在接种时应戴上口罩，双手双臂也要使用70%～75%酒精进行表面灭菌。接种时，操作者的手臂尽量避免从敞口容器或器皿的上方通过，并且动作要轻，以防气流中夹带着细菌、真菌等进入培养容器内，造成污染。外植体接种的具体步骤如下：

①在无菌条件下切取消过毒的植物材料，较大的材料可肉眼直接观察切离；较小的材料需要在双筒实体显微镜下操作。切取材料通常在无菌培养皿或载玻片上进行。

②将试管或三角瓶等培养容器的瓶口靠近酒精灯火焰，瓶口倾斜，将瓶口外部在火焰上烧数秒钟，然后轻轻取下封口物(如铝箔、棉塞等)。

③将瓶口在火焰上旋转灼烧后，用灼烧后冷却的镊子将适宜大小的外植体均匀分布在培养容器内的培养基上。

④将封口物在火焰口上旋转灼烧数秒钟，封住瓶口。

⑤注明接种植物名称、接种日期、处理方法等以免混淆。

外植体接种后，须置于适宜的条件下进行培养。一般来说，培养条件包括温度、光照、通气和湿度等。下面分别介绍调控外植体生长和分化的培养条件。

①温度。在植物组织培养中，不同植物繁殖的最适温度不同，大多数在20～30℃，通常控制在(25±2)℃恒温条件下培养。温度过低(<15℃)或过高(>35℃)，都会抑制细胞、组织的增殖和分化，对培养物生长是不利的。在考虑某

种培养物的适宜温度时，也应考虑原植物的生态环境，才能获得最佳效应。如生长在高海拔和较低温度环境的松树，若在较高温度条件下培养试管苗生长缓慢。

②光照。光照对植物细胞、组织、器官的生长和分化具有很大的影响。光效应主要表现在光照强度、光照时间和光质等方面。

一般培养室要求每日光照 12～16 h，光照强度 1 000～5 000 lx。不同的培养物对光照有不同的要求。一些植物（如荷兰芹）的组织培养中其器官形成不需要光；而另一些植物，如黑穗醋栗，光可显著提高其幼苗的增殖。百合原球茎在黑暗条件下，长出小球茎；在光照条件下，长出叶片。对短日照敏感的葡萄品种，其茎切段的组织培养只有在短日照条件下才能形成根；反之，对日照长度不敏感的品种则在任何光周期下都能生根。

一般来说，黑暗条件利于细胞、愈伤组织的增殖；而器官的分化往往需要一定的光照。而且不同光波对器官分化有密切关系。如在杨树愈伤组织的生长中，红光有促进作用，蓝光则有阻碍作用。与白光和黑暗条件相比，蓝光明显促进绿豆下胚轴愈伤组织的形成。在烟草愈伤组织的分化培养中，起作用的光谱主要是蓝光区，红光和远红光有促进芽苗分化的作用。在试管苗生长的后期，加强光照强度，可使小苗生长健壮，提高移苗成活率。

③通气。组织培养中，培养容器内的气体成分会影响到培养物的生长和分化。烘烤瓶口时间过长，培养基中生长素浓度过高等，都可诱导乙烯合成。高浓度的乙烯能抑制生长和分化，趋向于使培养的细胞无组织结构地增殖，对正常的形态发生是不利因素。乙烯能使棉花胚珠在含有赤霉素的培养基上长出过多的愈伤组织，而减少纤维的形成。

外植体的呼吸需要氧气，氧在调节器官的发生中起重要作用。当培养基中溶解氧的浓度低于 1.5 mg/L 时，促进体细胞胚胎发生；而溶解氧浓度高于 1.5 mg/L，则利于形成根。这可能是低溶解氧可使细胞内 ATP 水平提高，从而促进细胞发育。

除此之外，培养物本身也产生二氧化碳、乙醇、乙醛等气体，浓度过高会影响培养物的生长发育。一般培养容器（如三角瓶、试管、培养器等）常使用棉塞、铝箔、专用盖等封口物封口。容器内外空气是流通的，不必专门充氧，但在液体静置培养时，不要加入过量的液体培养基，否则氧气供给不足，导致培养物死亡。

④湿度。组织培养中的湿度主要指培养容器内的湿度及培养室的湿度。前者湿度常可保证 100%，后者的湿度变化随季节有很大变动，冬天室内湿度低；夏天室内湿度高。湿度过高、过低都不利于培养物生长。过低会造成培养基失水干枯而影响培养物的生长分化；过高会造成杂菌滋长，导致大量污染。一般组织培养室

内要求保持70%～80%的相对湿度，以保证培养物正常地生长和分化。

(4)外植体褐变

褐变是植物组织培养中常见的现象。在植物愈伤组织的继代、悬浮细胞培养以及原生质体的分离与培养时常有发生。褐变包括酶促褐变和非酶促褐变，目前认为植物组织培养中的褐变主要由酶促引起的。多酚氧化酶(polyphenoloxidase, PPO)是植物体内普遍存在的一类末端氧化酶，它催化酚类化合物形成醌和水，醌再经非酶促聚合，形成深色物质，对外植体材料产生毒害作用，影响其生长与分化，严重时导致死亡。在正常发育的植物组织中，底物、氧、PPO同时存在并不发生褐变，这是因为在正常组织细胞内多酚类物质分布在液泡，而PPO则分布在各种质体或细胞质中，这种区域性分布使底物与PPO不能接触。而当细胞膜的结构发生变化和破坏时，则为底物创造了与PPO接触的条件，从而引起褐变。

影响褐变的因素很多，如植物的种类、基因型、外植体取材及生理状态、培养基等的不同，褐变的程度也不同。

植物种类及基因型。不同种植物、同种植物不同类型、不同品种在组织培养中褐变发生的频率及严重程度都存在很大差别。木本植物、单宁或色素含量高的植物容易发生褐变，因为酚类的糖苷化合物是木质素、单宁和色素的合成前体，酚类化合物含量高，木质素、单宁或色素形成就多，同时高含量的酚类化合物也导致了褐变的发生。可见，木本植物一般比草本植物容易发生褐变。在木本植物中，核桃单宁含量很高，组织培养难度很大，往往会因为褐变而死亡。因此，在植物组织培养中应尽量采用褐变程度轻的材料进行培养，以达到成功培养的目的。

外植体部位及生理状态。外植体的部位及生理状态不同，接种后褐变的程度也不同。在荔枝无菌苗不同组织的诱导试验中，茎最容易诱导出愈伤组织，培养2周后长出浅黄色的愈伤组织；叶大部分不能产生愈伤组织，诱导出的愈伤组织中度褐变；根绝大部分不能产生愈伤组织，诱导出的愈伤组织全部褐变。苹果顶芽作外植体褐变程度轻，比侧芽容易成活。石竹和菊花也是顶端茎尖比侧生茎尖更易成活。以上分析可知，幼龄材料一般比成龄材料褐变轻，因前者含有的酚类化合物相对较少。

植物体内酚类化合物含量和多酚氧化酶的活性呈季节性变化，植物在生长季节都含有较多的酚类化合物。多酚氧化酶活性和酚类含量基本是对应的，春秋季较弱，随着生长季节的到来，酶活性逐渐增强。所以，一般选在早春和秋季取材。核桃的夏季材料比其他季节的材料更容易氧化褐变，因而一般都选在早春或秋季取材。欧洲栗在一月份酚类化合物含量较少，到了五六月份酚类含量明显提高。因此，取材时期的不同，褐变程度不同。

外植体受伤害程度。外植体组织受伤害程度可影响褐变。为了减轻褐变，在切取外植体时，尽可能减少其伤口面积，伤口剪切尽可能平整些。除了机械伤害外，接种时各种化学消毒剂对外植体的伤害也会引起褐变。如酒精处理时间过长、浓度过高也会对外植体产生伤害；汞对外植体伤害比较轻。一般来讲，外植体消毒时间越长，消毒效果越好，褐变程度也越严重，因而消毒剂的种类、浓度及消毒处理时间应掌握在一定范围内，才能保证较高的外植体存活率。

培养基成分及培养条件。在原代培养时，培养基中无机盐浓度过高可引起酚类化合物的大量产生，导致外植体褐变，降低盐浓度则可减少酚类化合物外溢，减轻褐变。无机盐中有些离子，如 Mn^{2+} 、Cu^{2+} 是参与酚类化合物合成与氧化酶类的组成成分或辅因子，这些盐浓度过高会增加这些酶的活性，又进一步促进酚类合成与氧化。为了抑制褐变，使用低盐培养基，可以收到较好的效果。培养基中加入的生长调节物质不当，也会使培养材料产生褐变。6-BA 或 KT 不仅能促进酚类化合物的合成，还能刺激多酚氧化酶的活性，而生长素类如 2，4-D 和 IAA 可延缓多酚合成，减轻褐变发生，这在甘蔗、荔枝、柿树等的组织培养中表现明显。

培养基中低 pH 可降低多酚氧化酶活性和底物利用率，从而抑制褐变。升高 pH 则明显加重褐变。此外，培养条件不适宜，光照过强或高温条件下，均可使多酚氧化酶活性提高，从而加速培养组织的褐变。有研究表明，高浓度 CO_2 也会促进褐变，其原因是环境中的 CO_2 向细胞内扩散，使细胞内积累过多的碳酸根离子，碳酸根离子与细胞膜上的钙离子结合使有效的钙离子减少，导致内膜系统紊乱和瓦解，使酚类物质与各种质体或细胞质中的 PPO 相互接触，发生褐变。

培养时间过长。接种后，培养物培养时间过长，如果未及时继代转移，培养物也会引起褐变，甚至导致全部死亡。这可能是由于接种后培养时间过长，培养物周围积累酚类物质过多所造成的。

为了防止褐变的发生，通常可采用如下措施：

选择适宜的外植体。选择适宜的外植体是克服褐变的重要手段，不同时期、不同年龄的外植体在培养中褐变的程度不同，成年植株比幼苗褐变的程度严重，夏季材料比冬季、早春和秋季的材料褐变程度强。取材时还应注意外植体的基因型及部位，选择褐变程度小的品种和部位作外植体。

对外植体进行预处理。对较易褐变的外植体材料进行预处理可以减轻酚类物质的毒害作用。其处理方法是：外植体经流水冲洗后，放置在 5℃左右的冰箱内低温处理 12～14 h，消毒后先接种在只含蔗糖的琼脂培养基中培养 3～7 d，使组织中的酚类化合物先部分渗入培养基中，用适当的方法清洗后，再接种到适宜的培养基上，这样可使外植体褐变减轻。

选择适宜的培养基和培养条件。选择适宜的无机盐成分、蔗糖浓度、激素水平、pH及培养基状态和类型等是十分重要的。有研究表明,低浓度的无机盐可以促进外植体的生长与分化,减轻外植体褐变程度。初期培养可在黑暗或弱光下进行,因为光照会提高PPO的活性,促进多酚类物质的氧化。另外,还要注意培养温度不能过高,保持较低温度(15～20℃)也可减轻褐变。

添加褐变抑制剂和吸附剂。褐变抑制剂主要包括抗氧化剂和PPO的抑制剂。前者包括抗坏血酸、半胱氨酸、柠檬酸、聚乙烯吡咯烷酮(polyvinylpyrrolidone,PVP)等,后者包括二氧化硫、亚硫酸盐、氯化钠等。在培养基中加入褐变抑制剂,可减轻酚类物质的毒害。其中PVP是酚类化合物的专一性吸附剂,常用做酚类化合物和细胞器的保护剂,可用于防止褐变。在倒挂金钟茎尖培养中添加0.01% PVP对褐变有抑制作用,而将0.7% PVP、0.28 mol/L抗坏血酸以及5%双氧水一起加入0.58 mol/L蔗糖溶液中振荡45 min,对褐变有明显抑制作用。

此外,0.1%～0.5%活性炭对吸附酚类氧化物的效果也很明显。但活性炭也吸附培养基中的生长调节物质,从而影响外植体的正常发育。因此,加入活性炭的培养基中应适当改变激素配比,在防止褐变的同时外植体能够正常发育。

连续转移。在外植体接种后1～2 d立即转移到新鲜培养基中,可减轻酚类化合物对培养物的毒害作用,连续转移5～6次可基本解决外植体的褐变问题。在山月桂树的茎尖培养中,接种后12～24 h转入液体培养基中,以后每天转移1次,连续1周,褐变便可得到完全的控制。此法比较经济,简单易行,应是首选克服褐变的方法。

2.1.1.4 继代培养

组织培养中,为了防止培养的细胞团老化,长时间培养导致的培养基养分不断减少直至消失,代谢物过量积累而产生毒害等影响,培养物培养一段时间后,要及时将其接种到新鲜培养基中,进行继代培养(subculture),以使培养物能够顺利地增殖、生长及分化。继代培养方式主要分为固体培养与液体培养。前者应用广泛,适用于组织培养过程中的各个阶段。如愈伤组织的增殖、器官的分化及完整植株的再生等阶段,后者主要用于细胞(团)或愈伤组织的增殖、分化等。

继代培养时间的长短因植物材料、培养物状态、培养方法和实验目的不同而不同。一般来说,液体培养阶段的继代周期短一些,1周左右继代1次;固体培养阶段的继代周期可长一些,2～4周可继代1次。继代培养使用的培养基及培养条件,因培养阶段不同而异。如在甘薯茎尖组织培养中,愈伤组织的增殖培养可在添加2.0 mg/L 2,4-D的MS液体培养基中振荡培养,培养条件为光照13 h、500 lx、(27±1)℃;而体细胞胚诱导阶段则在添加1.0 mg/L ABA(脱落酸)的MS固体培养基上，培养条件为，光照 13 h，3 000 lx，(27±1)℃。

在继代培养过程中，一些外植体在培养初期具有胚胎、器官发生的潜力，经过长期继代培养后，这种形态发生的能力多会有所下降，甚至完全丧失，这种情况与体细胞无性系变异有着很大关系。此外，继代培养所造成的试管苗玻璃化现象也普遍存在。这种生理病症对于试管苗的质量、品质有着较大的影响。研究发现，外植体继代次数是影响玻璃化发生的主要因素，同时培养基中的 6-BA 浓度偏高、琼脂浓度偏低以及蔗糖浓度偏低或偏高等均可导致玻璃化苗的增加。

2.1.2 愈伤组织诱导

2.1.2.1 愈伤组织的形成及分化

在植物细胞组织培养中，愈伤组织是指在人工培养基上由外植体(explant)形成的一团无序生长的薄壁细胞。一个成熟细胞或分化细胞，经组织培养转变成为分生状态的过程叫做脱分化(dedifferentiation)。所以说愈伤组织的形成过程实质上是细胞的脱分化过程。愈伤组织是组织培养过程中经常出现的一种组织形态，几乎所有植物的组织或器官，如根、茎、叶、花、果实等在特定条件下都有能诱导产生愈伤组织的潜力。

一般而言，愈伤组织的形成要经过启动期、分裂期和分化期 3 个阶段。启动期又称诱导期，是细胞分裂的准备期。离体培养的植物组织、细胞在各种刺激因素的诱导作用下，细胞内蛋白质、核酸的代谢迅速加强。这个时期的细胞出现活跃的原生质流动，贮藏物消失，随着组织活化，细胞内核糖体增加形成大量的多聚核糖体，RNA 迅速合成和积累，细胞形态大小变化不大。诱导期的长短因植物种类、同种植物处于不同的生理状态等影响。分裂期是指经过前期的准备后细胞数目增殖的时期。这个时期的细胞数目增多，体积变小，细胞核和核仁变大，RNA 含量持续增多；从培养外植体的形态变化看，外层细胞迅速分裂，在细胞分裂高峰期，细胞体积最小，而细胞核和核仁最大，RNA 含量最高。分化期是从愈伤组织形成到器官发生前期。细胞内的变化很大，各种酶活性增加(淀粉酶、核酸酶、过氧化物酶)，RNA 和组蛋白合成迅速加快。分化期细胞形态大小保持相对稳定，体积不再减小，细胞不再增殖，细胞由原来分裂期的平周分裂转变为组织内部局部区域的垂周分裂，形成器官原基。

在适宜的培养基及培养条件下，愈伤组织可以保持旺盛生长。不同类型的愈伤组织除了颜色、质地等方面存在着差异外，其分化途径及分化的难易程度也不同。愈伤组织可以诱导芽分化，分化出的芽依据形态的不同大致可分为 2 种类型：第一种类型是单生芽，它是从愈伤组织上直接分化出单株芽，生长较快；第二种类型是丛生芽，从愈伤组织上分化出的芽数目较多，但是一般只有1～2株芽能够伸长发育成完整植株。其中丛生芽又分为带愈伤的丛生芽和愈伤化强烈的丛生芽，前者继代后可逐渐转变为丛生芽，生长成正常植株，而后者继代后不容易转变成正常植株，生长出来的芽往往玻璃化，形成畸形苗。

2.1.2.2 影响愈伤组织诱导的主要因素

离体培养的外植体，在诱导愈伤组织形成的过程中受许多因素的影响。

(1)外植体

植物基因型是影响愈伤组织诱导形成的主要因素。许多研究结果表明，基因型不同愈伤组织的诱导率有时会存在较大差异。一般而言，裸子植物、蕨类植物及进化水平较低级的苔藓植物较难诱导愈伤形成；被子植物则容易诱导愈伤形成。其中双子叶植物比单子叶植物更易诱导形成愈伤组织；幼嫩的、草本的材料相对于老龄的及木本材料易于诱导愈伤组织的形成及分化。

外植体的生理状态对愈伤组织的诱导有着直接的影响。根据植物细胞的全能性理论，植物的根、茎、叶、花、果实、种子、叶片、叶柄等任何完整的植物细胞都具有发育成完整植株的能力，但不同生理状态的器官、组织实现全能性的条件不同，难易程度有别。选择适当发育时期的外植体是关系到愈伤组织能否成功诱导和诱导效率高低的关键因素。外植体的取材应选择旺盛生长时期，此时其细胞分裂和再生能力最强。一般分化程度较低的幼嫩组织或器官，更利于愈伤组织的诱导。如黄瓜，不同苗龄的外植体生理状态差别很大，因此其分化率也有很大差别。

(2)培养基

在植物组织培养中，大多数基本培养基都可以诱导出愈伤组织，但因植物种类、基因型和外植体不同，愈伤组织诱导形成的难易程度及诱导率也不同。因此，选取适宜成分与浓度的培养基，对植株再生体系的建立具有重要的意义。一般矿质盐浓度较高的基本培养基如MS、B_5及其改良培养基均可用于诱导愈伤组织。

在培养基中添加不同的外源植物激素，一定程度上可以改变愈伤组织的诱导率。通常高浓度的生长素和低浓度的激动素有利于愈伤组织的诱导和增殖。其中，2,4-D是诱导愈伤组织最有效的物质。

(3)培养条件

植物组织培养过程中，培养条件也是影响愈伤组织诱导形成的主要因素。其中光照和温度对离体材料的形态建成有重要的调控作用。不同植物及同一植物的不同外植体对光照强度的要求不同。一般情况下，黑暗或弱光有利于愈伤组织的形成与生长，光照对愈伤组织的形成并不是必需的，但对培养物的增殖、器官分化、胚状体形成都有重大影响。植物所需的光照强度一般为1 000～5 000 lx，每日光照 12～16 h。不同的植物要求的最适温度也不同，大多数在 20～30℃，通常控制在(25±2)℃恒温条件下培养。

2.1.2.3 愈伤组织诱导相关的基因

植物离体再生是一个无性繁殖过程，受到许多因素的影响。目前已经从菊苣、拟南芥、胡萝卜、苜蓿、玉米等植物中克隆一些再生相关基因(表 2-3)。这些相关基因的表达产物包括体细胞胚胎发生相关类受体蛋白激酶、阿拉伯葡聚糖酶、亚硝酸还原酶、生长素结合蛋白和抗氧化酶等。其中，细胞分裂周期相关基因 *CDC*2 在所有离体培养的胚性细胞中组成型表达，推测该基因表达与成熟细胞脱分化有关。*ZmLEC*1 转录因子在玉米胚性愈伤组织中持续表达，在球形胚状体中高表达，而 *knl*(维持芽分生组织状态)在玉米胚性愈伤组织中的转录稍迟于 *ZmLEC*1，推测这 2 个基因与离体组织胚状体发生关系密切。

表 2-3 植物愈伤组织诱导相关基因研究进展

物种	再生候选基因	鉴定或分离方法	作者
矮牵牛 *Petunia hybrid*	*Sho*	激活标签	Zubko et al. (2002)
泡桐 *Paulownia kawakamii*	*PkSF*1	差减杂交	Low et al. (2001)
番茄 *Lycopersicon peruvianum*	*Rg*-1	RFLP 标记	Koornneef et al. (1993)
拟南芥 *Arabidopsis thaliana*	*CK*11、*ESR*1、*AtLEC*1、*WUS*	cDNA 文库筛选	Banno et al. (2001)
菊苣 *Cichorium*	*CH*1-*GST*1	mRNA 差别显示	Galland et al. (2001)
水稻 *Oryza sativa*	*NiR* *Os22A*	QTL 定位 mRNA 差别显示	Nishimura et al. (2005) Ozawa et al. (2006)
玉米 *Zea mays*	*CDC*2、*KN*1、*ZmLEC*1	原位杂交	Sauter et al. (1998)
大麦 *Hordeum vulgare*	*Shd*1、*KN*1	QTL 定位	Komatsuda et al. (1993)
玫瑰 *Rosa hybrid*	*SERK*	同源序列比对	Zakizadeh et al. (2010)

(引自叶兴国等，2012)

2.1.3 植物细胞培养

植物细胞培养(cell culture)是指将植物单细胞或细胞团直接在人工配制的培

养基中进行培养的一种培养方式。这种培养方式具有操作简单、重复性好等优点，因此有利于对培养的单细胞进行生理生化研究，各种物质对细胞作用的研究，以及细胞分裂、分化和发育等方面的研究；有利于进行以细胞诱变、遗传转化等为基础的遗传改良。利用大规模的细胞培养，可以生产出人们所需要的各类次生代谢物，如药用成分、食品添加剂、天然杀虫剂和杀菌剂等物质。基于研究的目的不同，细胞培养的方式也有多种。从培养规模上看，可以分为小规模培养和大批量培养；从培养方式上看，有悬浮培养、平板培养和看护培养；根据研究目的不同，可分为用于诱变的细胞培养和用于生产次生产物的细胞培养。

2.1.3.1　单细胞的分离

(1)从完整的植物器官分离单细胞

从植物器官分离单细胞，一般可采用机械法和酶解法。机械法主要通过机械研磨、切割植物组织、低速离心纯化后，最后获得单细胞。实际应用中，常用叶组织分离单细胞。同酶解法相比，分离的细胞无须发生质壁分离和酶的伤害。用这种方法获得的细胞数量比较有限，只有在薄壁组织排列松散，细胞间接触点很少时，用机械法分离叶肉细胞才能取得成功。

酶解法是根据要分离植物细胞壁的组成部分，选用降解相应成分的水解酶，在适宜的浓度、温度和 pH 等条件下将细胞壁降解，从而释放出细胞。主要用来制备植物原生质体，详见原生质体培养一节。

(2)从愈伤组织分离单细胞

利用愈伤组织分离单细胞是目前最普遍的方法。该方法首先选取适宜的外植体，通过组织培养诱导获得愈伤组织，将获得的愈伤组织进行多次重复继代培养，使其变得松散，然后接种于液体培养基中，在摇床上进行振荡培养，可使愈伤组织分散成小的细胞团或单细胞。

2.1.3.2　单细胞培养

单细胞培养(single cell culture)是对分离得到的单个细胞进行培养，使其分裂增殖形成细胞团，分化形成芽、根等不定器官或胚状体，最后长成完整植株的技术。单细胞培养有平板培养法、液体浅层培养、看护培养、条件培养基培养、微室培养等(图 2-1)。

(1)单细胞培养方法

平板培养(plating culture)是常用的单细胞培养方法。将一定量的细胞接种于固体培养基上进行培养。平板培养中，单细胞在培养基中均匀分布，有利于观察细胞的分裂和发育情况。

液体浅层培养(cell culture in shallow liquid medium)是将一定密度的悬浮培养细胞转移到培养皿中,形成厚度约 1 mm 的液体浅层,封口后静置培养。培养中,细胞容易吸收培养基的成分,细胞代谢产物容易扩散到培养基中,可防止有害物质的积累。由于植物细胞具有聚集成团的特点,因此,培养中会出现细胞的聚集现象。

看护培养(nurse culture)最初是由 Muir 等于 1953 年设计的,是指用活跃生长的愈伤组织培养同种或异种植物细胞的方法。看护愈伤组织不仅给单细胞提供了营养成分,还提供了促进细胞分裂的活性物质。目前看护培养方法有多种,根据看护组织与培养细胞的位置不同有以下 2 种方法:第一种方法是在看护愈伤组织上放置培养细胞,接触面部分用滤纸相隔;第二种方法是在固体培养条件下,在培养细胞的周围或旁边放置看护愈伤组织。

条件培养基培养是指高密度的细胞培养一段时间后,将培养基中培养的高密度细胞过滤掉,用其培养基(固体或液体,即条件培养基)培养单细胞或低密度细胞群体,这样可提高细胞的存活率、促进单细胞的分裂。

微室培养(microchamber technique)方法是由 Jones 等(1960)提出的,实质是用条件培养基代替看护组织,在人工制备的无菌小室中,对含有单细胞的培养液进行培养。具体方法是:在灭菌的载玻片中央加一滴单细胞悬浮培养液,培养液四周用石蜡油围起来,左右两侧再各加一滴石蜡油并分别放置一张盖玻片,将第三张盖玻片架在两个盖玻片上形成微室。最后将微室置于培养皿中培养。当细胞长到一定大小后,将其转移到半固体或液体培养基上培养。现在的微室培养,可以将单细胞培养于特制的带有凹穴的载玻片与盖玻片做成的微室中。

(2)影响单细胞培养的因素

培养基的成分和初始植板细胞的密度是影响单细胞培养的最重要的两个因素。当细胞的植板密度较高时(10^4 个/mL 或 10^5 个/mL),所使用的培养基与细胞悬浮培养或愈伤组织培养中培养基成分相似。随着植板细胞密度的减小,细胞培养则需要更复杂的营养成分。细胞分裂具有群体效应(population effect),培养的细胞能够合成某些细胞分裂所必需的化合物,细胞在培养中会不断地将这些化合物释放到培养基中,直到这些化合物在细胞与培养基之间达到平衡时,这种释放才停止。当这些化合物的内生浓度达到一个临界值时,细胞才能进行分裂。当细胞密度较高时,达到这种平衡所需的时间要短于细胞密度较低。如果细胞密度在某一临界密度以下,那么,这种平衡就永远达不到,细胞也就不能分裂。如果使用条件培养基,则能在较低细胞密度下使细胞分裂。

2.1.3.3 细胞的悬浮培养

细胞悬浮培养(cell suspension culture)是将游离的单细胞或细胞团,按照一定的密度悬浮在液体培养基中进行培养的方法(图 2-1)。在培养过程中,细胞处于比较均匀一致的状态,细胞的增殖速度比愈伤组织快,可用于大规模的工业化生产。细胞悬浮培养可大致分为分批培养和连续培养两种类型。

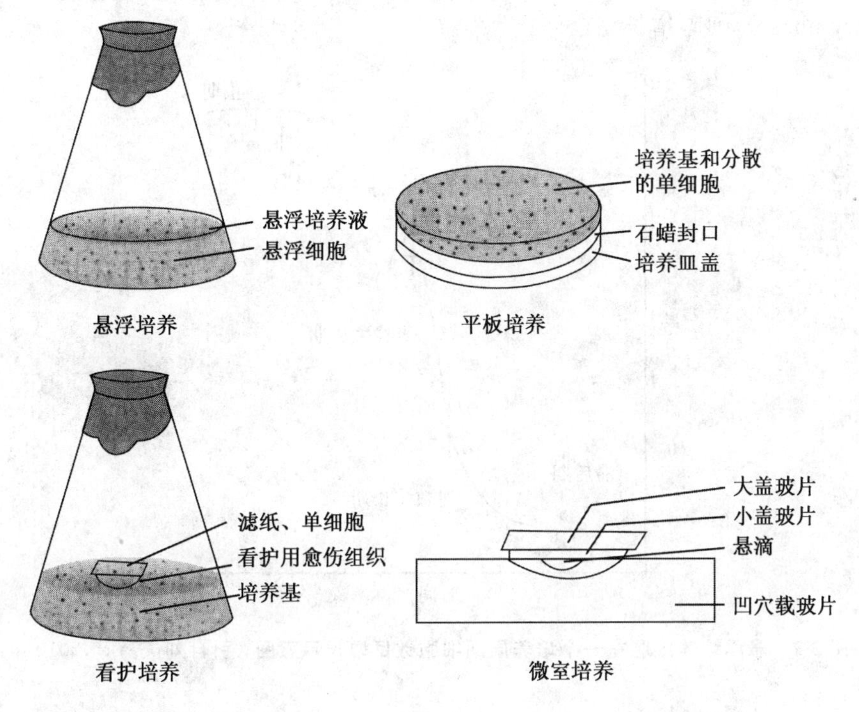

图 2-1 悬浮培养和单细胞培养方式示意图(引自王蒂,2004)

(1)分批培养

分批培养(batch culture)是将一定量的细胞或细胞团分散在一定量的液体培养基中进行培养,当培养物增殖到一定程度时,将其转移到新的培养基中继续进行培养,获得增值迅速的单细胞培养物。分批培养所用的培养容器一般是 100～250 mL 的三角瓶,每瓶装有 20～75 mL 培养基。在培养过程中气体和挥发性代谢物可以和外界环境进行交换,当培养基的营养成分耗尽时,细胞停止分裂。为了使培养的细胞增殖迅速,要及时继代培养,方法是取出一小部分细胞悬浮液,转移到成分相同的新鲜培养基中(约 1∶4 体积比稀释)。

在分批培养中,细胞数目增加的变化趋势大致呈“S”形(图 2-2)。首先是滞后期(lag phase),培养细胞转移到新的培养基中需要一个适应的阶段,这个时期细胞很少分裂,细胞数目基本不增加;其次是对数生长期(logarithmic phase),这个时期细胞分裂活跃，细胞数目增加迅速，此时是进行遗传转化、细胞诱变等研究的适宜时期；随着培养基中营养成分的耗尽或一些有毒物质的积累，细胞增长逐渐变慢，由直线生长期（linear phase）进入缓慢期（retard phase）；最后进入静止期（stationary phase），细胞增长完全停止。

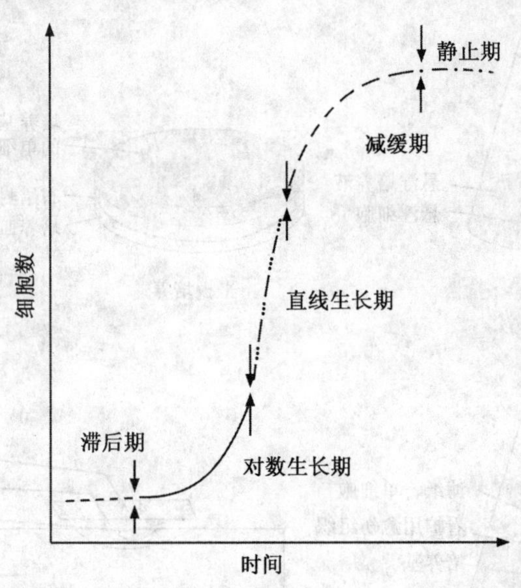

图 2-2　悬浮培养细胞在一个培养周期细胞数目增长示意图（引自刘庆昌等，2010）

滞后期的长短主要取决于在继代时培养细胞的生长状态即所处的生长期和转入的细胞数量。如果转入的细胞数量较少，滞后期的时间就较长些，在 1 个培养周期中细胞的增殖数量也少。如果处于静止期的悬浮细胞培养时间太长，细胞会大量地死亡和解体。因此，当细胞悬浮液达到最大干重后，即在刚进入静止期时，必须及时继代。

在对悬浮培养细胞进行继代时可使用吸管或注射器，但其进液口的孔径必须小到只能通过单细胞和小细胞团（2～4 个细胞），而不能通过大的细胞团。继代前应先使三角瓶静置数秒，以致让大的细胞团沉降下去，然后再由上层吸取悬浮液。对于较大的细胞团，在继代时可将其在不锈钢网筛中用镊子尖端轻轻磨碎后，再进行培养，可以获得良好的效果。继代培养时间间隔，不同的植物和不同的细胞状态有所不同，一般以 7～10 d 为宜。

在分批培养中，细胞的分散程度与最初用于悬浮培养的愈伤组织的致密与松散程度有关，坚硬致密的愈伤组织难以建立起真正的细胞悬浮系，需要通过调整继代培养基来对愈伤组织进行改良，以获得易于悬浮的易碎散愈伤组织。选用适宜的培养基和继代方法也可以提高细胞的分散程度。一般来说，能用来建立生长快、易碎散愈伤组织的培养基，同样适用于建立该物种的细胞悬浮培养，所不同的只是后者培养基中不加琼脂。为了提高细胞的分散度，在培养基中添加 NH_4NO_3，高水平的氮素营养有利于形成生长迅速、松脆的Ⅱ型愈伤组织。而高盐离子浓度有利于获得生长迅速、胞质浓厚的愈伤组织。此外，在培养基中加入一定浓度的NaCl，可筛选出生活力强、分裂旺盛的愈伤组织。分批培养是植物细胞悬浮培养中常用的一种培养方式，操作简单，重复性好，特别适用于突变体筛选、遗传转化等研究。但对于研究细胞的生长和代谢并不是一种理想的培养方式。因此，可以通过连续培养进行相关的研究及代谢产物的生产。

(2)连续培养

连续培养(continuous culture)是利用特制的培养容器进行大规模细胞培养的一种培养方式。在连续培养中，由于不断注入新鲜培养基，排掉用过的培养基，在培养物体积保持恒定的情况下，培养液中的营养物质得到不断的补充。连续培养可在培养期内使细胞长久地保持在对数生长期中，细胞增殖速度快。连续培养适用于大规模工厂化生产。连续培养有封闭型和开放型培养。封闭型连续培养是排出的旧培养基由新培养基进行补充，进出数量保持平衡，排出液中的细胞经机械方法收集后，放回到培养系统中。开放型连续培养是注入新鲜培养液的容积与流出原有培养液及其中细胞的容积相等，调节流入与流出的速度，使培养物的生长速度一直保持在一个稳定状态。为了保持在开放型连续培养中细胞增殖的稳定性，可以采取两种方法加以控制：①浊度恒定式。在浊度恒定培养(图 2-3A)中，选定一种细胞密度，当超过这个细胞密度时，细胞密度增长引起培养液浑浊度增加，细胞会随着培养液一起排出，以保持细胞密度的恒定。培养中通过比浊计或分光光度计来测定培养液中细胞的浑浊度，通过光电计自动控制调节新鲜培养液的注入量。②化学恒定法。在化学恒定法培养(图 2-3B)中，为使细胞密度保持恒定状态，可采用两种方法。一种是以固定速度注入新鲜培养基，将培养基内的某种营养成分(如氮、磷或葡萄糖)的浓度调节作为一种生长限制浓度，从而使细胞的增殖保持稳定状态。二是控制培养液进入的速度，使细胞稀释的速度和细胞增殖的速度相同，从而使培养液中细胞密度保持恒定状态。

连续培养能够大规模地培养植物细胞，是植物细胞培养技术中的一个重要进展。它对于植物细胞代谢调节的研究，各个生长限制因子对细胞生长的影响以及次生代谢物质的大量生产等具有重要意义。

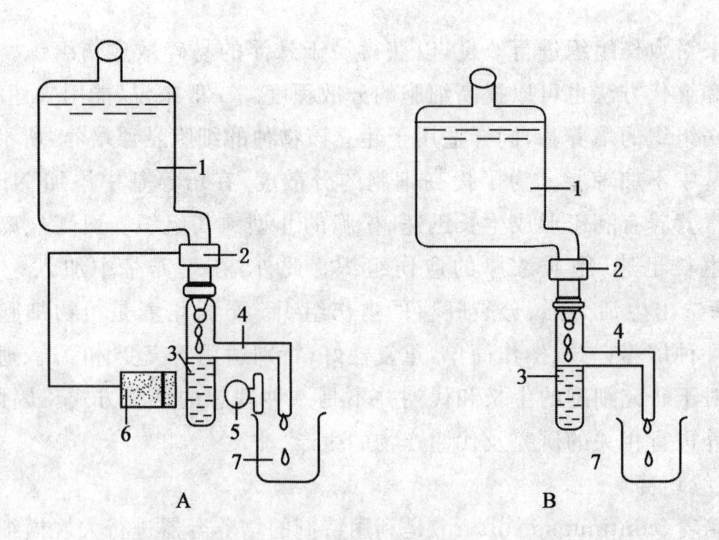

图 2-3　连续培养装置(引自陈忠辉,1999)

A. 浊度恒定法培养;B. 化学恒定法培养

1. 培养基容器;2. 控制流速阀;3. 培养室;4. 排除管;5. 光源;6. 光电源;7. 流出物

2.1.3.4　培养基的震荡

在细胞悬浮培养中,为了使愈伤组织破碎成小细胞团或单细胞,并使单细胞均匀分布于培养基中且促进气体交换,需要对培养物进行震荡培养。在分批培养中,将培养瓶放在摇床上进行振荡培养。常用的摇床有 2 种:水平往复式摇床,转速为 60～150 r/min;旋转式摇床,转速为 1～2 r/min。在连续培养中,通常在培养装置上安装搅拌器进行搅拌,以分散培养物,促进气体交换。

2.1.3.5　悬浮培养细胞的同步化

同步化(synchronization)是指在培养中大多数细胞都能同时通过细胞周期(G_1、S、G_2、M)的各个阶段。实现培养细胞的同步化主要有物理方法和化学方法。

(1)物理方法

物理方法主要是通过对细胞物理特性(细胞或细胞团的大小)或生长环境条件(光照、温度等)的控制,实现高度同步化,其中包括按细胞团的大小进行选择的方法和低温休克法等。根据各个阶段细胞团的大小不同,用不锈钢网或尼龙网进行分级分离筛选后进行培养,重复几次"过滤、培养、再过滤"后可达到同步化控制的目的。该方法较实用、快速,是同步化控制最常用的手段。

密度梯度离心法是将样品置于一定惰性梯度介质中进行离心沉淀或沉降平

衡，在一定离心力下把颗粒分配到梯度中某些特定位置上，形成不同区带的分离方法。常用的密度介质有蔗糖、甘油、氯化铯等。实际使用时，根据要分离的颗粒的大小和密度不同分别选择不同的介质并设计密度梯度。该种方法具有分离效果好，可一次获得较纯颗粒；适应范围广，既能分离具有沉淀系数差的颗粒，又能分离有一定浮力密度的颗粒；颗粒不会挤压变形，能保持颗粒活性，并防止已形成的区带由于对流而引起混合等特点。因此，密度梯度离心法也被广泛应用于植物细胞的同步化控制。

另外，低温处理可以使 DNA 合成受阻或停止，细胞趋向 G_1 期；当温度恢复至正常后，大量培养细胞进入 DNA 合成期，也可实现培养细胞的同步化。

(2)化学方法

通过化学方法使细胞同步生长，常常采用饥饿法和抑制法。

悬浮培养细胞中，若断绝供应一种细胞分裂所必需的营养成分或激素，使细胞停滞在 G_1 或 G_2 期，经过一段时间的饥饿处理之后，当在培养基中重新加入这种限制因子时，静止细胞就会同步进入分裂。

使用 DNA 合成抑制剂如 5-氟脱氧尿苷、5-氨基尿嘧啶、羟基脲、胸腺核苷、秋水仙素、放线菌素、咖啡因、甲基氨草膦等，也可使培养细胞同步化。当细胞受到这些化学药物的处理后，培养细胞都滞留在 G_1 期和 S 期的分界处，当把这些抑制剂去掉后，细胞即进入同步分裂。

2.1.3.6　细胞增殖的测定

细胞鲜重和干重。将悬浮培养物收集于架有漏斗的已知重量的湿尼龙丝网上，用水洗去培养基，真空抽滤，以除去细胞上沾着的多余水分，称重即求得细胞鲜重。将收集的细胞，在 60℃下干燥 48 h 或 80℃下干燥 36 h，细胞干重恒定后，称重即求得细胞干重。细胞干重以每毫升培养物或每 10^6 个细胞的重量表示。

细胞密实体积。将某已知体积的均匀分散的细胞悬浮液放入一个刻度离心管(15～50 mL)中，在 2 000～4 000 r/min 下离心 5 min，即可得到细胞密实体积(packed cell volume，PCV)，细胞密实体积以每毫升培养液中细胞总体积的毫升数表示。

细胞计数。计算悬浮细胞数即细胞计数(cell number)，通常用血球计数板。计算较大的细胞数量时，可以使用特制的计数盘(counting chamber)。

由于悬浮培养中存在着大小不同的细胞团，因而由培养瓶中直接取样很难进行可靠的细胞计数。为了使计数结果更为准确，可先用铬酸(5%～8%)或果胶酶(0.25%)对细胞和细胞团进行处理，使其分散。

2.1.3.7 悬浮培养细胞的植株再生

由悬浮培养细胞再生植株通常有 2 种途径:一种途径是由悬浮细胞直接形成体细胞胚,经过进一步发育形成植株。如在胡萝卜的细胞悬浮培养中,悬浮培养细胞团能够高频率直接形成体细胞胚。另一种途径是悬浮细胞转移到半固体或固体培养基上诱导形成愈伤组织,然后再由愈伤组织分化植株。

2.1.4 植物原生质体培养

植物原生质体(protoplast)是指去掉细胞壁后裸露的有活力的原生质团。20 世纪 70～80 年代,原生质体植株再生与体细胞杂交研究一直是植物细胞工程的核心技术。目前,已成为品种改良和创造育种资源的重要途径。迄今已在多种作物中获得了原生质体植株和属、种间原生质体杂种植株,为从遗传学、植物生理学、细胞生物学和分子生物学等方面,对细胞的起源、细胞壁的生物合成、核质关系、细胞间的互作关系等问题的研究做出了重要贡献。

2.1.4.1 植物原生质体分离

植物原生质体的分离包括机械法和酶解法两种。

(1)机械法

机械法是早期分离原生质体的方法。将待分离的叶肉细胞、愈伤组织等材料置于高渗溶液中,使之发生质壁分离,而后释放原生质体。这种方法适于液泡化的细胞,获得的原生质体产量较低。

(2)酶解法

自 1960 年,英国诺丁汉大学的 Cocking 用纤维素酶解离番茄根获得原生质体后,酶解法已成为获得原生质体十分有效的方法。据统计,1971—1997 年,共有 46 科的 160 属中的 360 多种植物(包括亚种、变种)的原生质体获得了再生植株。

①分离原生质体的材料。根据植物细胞的全能性,任何有生活力的细胞都可以用来分离原生质体。但从原生质体分离的产量和再生植株的能力等方面考虑,一般常用叶片、叶柄、子叶、胚轴、愈伤组织、悬浮细胞及鳞片来分离原生质体。选取外植体时要考虑植物的基因型、供体植株的生理状态等因素。

植物的基因型不同,原生质体再生植株的能力差别很大。在已获得原生质体再生植株的植物中,粮食作物主要有水稻、玉米、小麦、大麦、谷子、高粱、大豆、马铃薯、甘薯等;经济作物有棉花、亚麻、花生、向日葵、油菜、甘蔗、甜菜和咖啡等;蔬菜果树类植物有甘蓝、番茄、黄瓜、胡萝卜、芹菜、蚕豆、豌豆、魔芋、苹果、樱桃、梨、猕猕猴桃、柑橘、草莓、葡萄、番木瓜和香蕉等;林木植物有白云杉、悬铃木、杨树、泡桐、桑树和榆树等;花卉植物有康乃馨、菊花和天竹葵等;牧草类植物有苜蓿、车轴草和百脉根等;药用植物有当归、防风和毛曼陀罗等。所有这些为利用原生质体改良作物及进行遗传研究奠定了基础。

同一个基因型的植株在不同的环境条件下,或同一植株的不同组织和器官,甚至是同一组织的不同部位在相同的环境条件中,因生理状态的差异,分离获得的原生质体的产量、活力以及离体培养时对外界条件的反应会有所不同,原生质体培养获得成功的难易程度也就不同。综合考虑,一般要选择那些生长早期或处于对数生长期的材料来分离原生质体。

②分离原生质体的酶类。不同的植物或者同一植物不同组织的细胞之间,其细胞壁的成分和结构是不同的。因此,在原生质体的分离过程中要根据不同的材料选择合适的酶种类、浓度、处理时间和温度。一般植物的细胞壁主要由纤维素、半纤维素和果胶质等构成。其中纤维素占细胞干重的25%～50%,半纤维素约占53%,果胶质约占5%。根据不同植物细胞细胞壁的成分选取适宜的酶进行解离。

分离原生质体的酶液主要由培养基、酶、渗透压稳定剂和细胞质膜稳定剂组成。常用的配制原生质体分离的酶液及洗涤原生质体的溶液为CPW液(表2-4),也有用1/2 MS盐溶液。常用的酶有纤维素酶、果胶酶和半纤维素酶。酶的活性与温度和pH有关,应综合考虑温度和pH对酶的活性及对植物细胞生长的影响。一般来说,分离原生质体时酶的pH通常被调节在4.7～6.0,温度以25～30℃为宜。酶的适宜浓度与处理时间根据处理的材料不同而不同。一般酶液处理时间在30 min至20 h。

表2-4 原生质体分离CPW培养基

化合物	含量/(mg/L)
KH_2PO_4	27.2
KNO_3	101.0
$CaCl_2 \cdot 2H_2O$	1 480.0
$MgSO_4 \cdot 7H_2O$	246.0
KI	0.16
$CuSO_4 \cdot 5H_2O$	0.03
pH	5.8

(引自肖尊安,2005)

分离原生质体时，酶液中加入渗透压稳定剂和细胞质膜稳定剂，能够平衡细胞内外的渗透压、维持原生质体的完整性和活力、促进原生质体细胞壁的再生和细胞分裂形成细胞团。目前，广泛使用的渗透压稳定剂有甘露醇、山梨醇、蔗糖、葡萄糖、盐类等，其浓度在 0.3～0.7 mol/L。常用的细胞质膜稳定剂有葡聚糖硫酸钾、氯化钙、磷酸二氢钾等。渗透压稳定剂和质膜稳定剂的种类和浓度要根据植物种类不同而具体分析。

③分离原生质体的步骤。原生质体分离、纯化的步骤如图 2-4 所示。

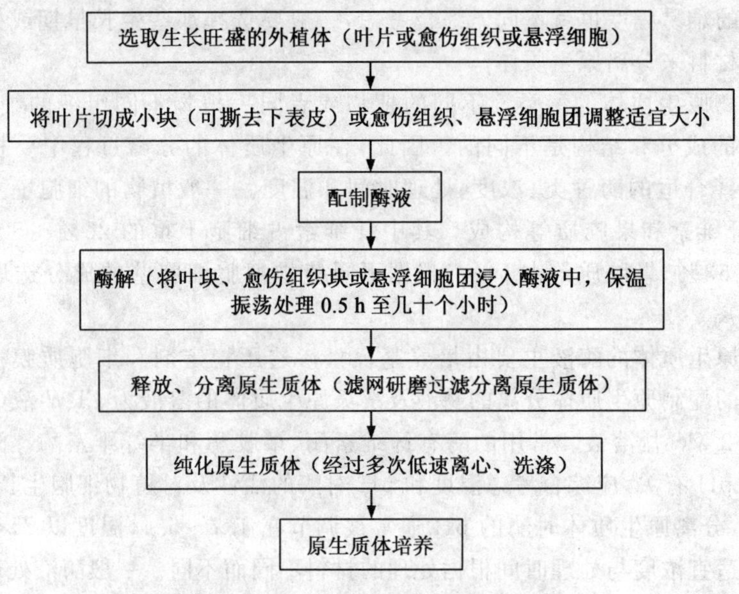

图 2-4　原生质体分离、纯化的步骤

2.1.4.2　原生质体纯化

将原生质体从酶液中净化出来，去除杂质和碎片即为纯化。常用的纯化方法有沉降法、漂浮法和界面法。

(1)沉降法

将原生质体酶解混合液过滤后进行低速离心，利用比重原理，完整的原生质体沉积于离心管底部，重复 2～3 次即可，最后收集管底部的原生质体。沉降法纯化原生质体操作比较简单。但由于原生质体沉积在离心管底部，容易造成细胞间的挤压，引起原生质体破碎。

(2)漂浮法

将原生质体酶解混合液过滤后加入比重大的高渗溶液中，低速离心后，原生质体漂浮在溶液表面。漂浮法纯化原生质体可以获得较为纯净、完整的原生质体。但高渗溶液会引起原生质体的破碎，因此完好的原生质体数量少一些。

(3)界面法

利用比重不同的溶液，经低速离心后，可以将完整的原生质体与细胞碎片分开(图2-5)，可获得较多完整的原生质体。

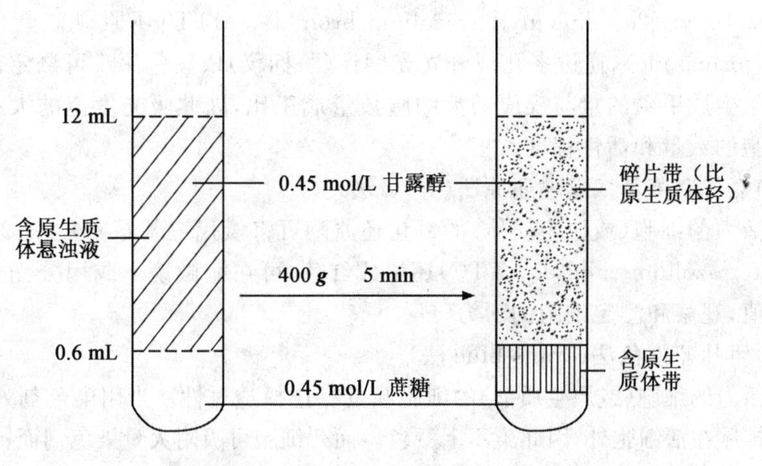

图2-5　界面法(引自周维燕，2001)

g 表示重力加速度

2.1.4.3　原生质体活力测定

原生质体活力的强弱是原生质体培养成功与否的关键因素之一。因此，分离、纯化原生质体后，有必要进行活力测定。原生质体活力测定方法与测定细胞活力方法相同，主要有形态观测法和染色测定法。

原生质体纯化后，可在显微镜下观测原生质体的颜色、形态、大小。颜色鲜艳、形态完整接近圆形、有活跃的原生质流的细胞则为有活力原生质体。也可以通过改变溶液的渗透压，如果原生质体的形态、体积能随着溶液的渗透压变化而变化，则为有活力的细胞。

染色法测定原生质体活力的方法有：荧光素二乙酸酯法(FDA法)、噻唑蓝法(MTT法)、氯代三苯基四氮唑还原法(TCC法)、伊凡蓝染色法(evans blue法)等。

(1)荧光素二乙酸酯法(FDA法)

荧光素二乙酸酯(fluoresceine diacetate, FDA)本身无荧光，非极性，可以自由透过细胞或原生质膜进入细胞内部。进入细胞后受到活细胞中酯酶的水解，而产生不能自由出入原生质膜的有荧光的极性物质——荧光素。在荧光显微镜下观察，有荧光的细胞表明该细胞是有活性的细胞。相反不具有荧光的细胞是无活力的细胞。

(2)噻唑蓝法(MTT 法)

有活力的细胞(或原生质体)中的脱氢酶能将淡黄色的噻唑蓝(3-(4,5-Dimethylthiazol-2-yl)-2,5-diphenyltetrazolium bromide, MTT)还原成蓝紫色的化合物甲臜(formazane)，通过多孔板分光光度计(酶标仪)依颜色深浅可测定出吸光度值。由于生成甲臜的量与反应的活细胞数量成正比，因此吸光度值的大小可以反映活细胞的数量和活性程度。

(3)氯代三苯基四氮唑还原法(TTC 法)

有活力的细胞(或原生质体)的氧化还原酶可将氯代三苯基四氮唑(2,3,4-triphenyl tetrazolium chloride, TTC)还原成红色，可在显微镜下或用分光光度计测定吸光值，观察和测定细胞的活力。

(4)伊凡蓝染色法(evans blue 法)

有活力的细胞(或原生质体)的细胞膜具有选择透过性。当用染色剂处理时，染色剂被排斥在活细胞外，因此染不上颜色。而死细胞可吸附大量染色剂而被染色。

2.1.4.4 原生质体培养

(1)原生质体培养基

用于原生质体培养的培养基种类较多，一般来说，适宜愈伤组织生长和悬浮细胞生长的培养基也可以用于原生质体的培养。随着原生质体的初始培养、细胞壁再生、细胞分裂等阶段的进行，要及时调节一些无机和有机营养含量，增加维持原生质形态的渗透压稳定剂和促进原生质体分裂的生长调节剂。目前，用于原生质体再生的培养基大多是从 MS 和 B_5 这 2 种最基本的培养基上发展而来的。经常使用的有 KM8p、NT、改良 MS 等。

原生质体培养基中无机盐浓度要比细胞培养时低，其中氮源对原生质体培养影响较大。有报道认为高浓度的 NH_4^+ 对原生质体的生长发育不利。除去铵盐而用有机氮，原生质体生长良好，能够持续分裂。因此，无机盐的浓度一般不宜过高，尤其是 NH_4^+ 浓度不宜过高，氮源以硝态氮为主。高浓度的钙离子可增强原生质体的稳定性，如前所述，钙离子能保持原生质体质膜的电荷平衡以防止细胞破裂。

原生质体培养时为了维持其形态稳定，需要在培养基中添加渗透压稳定剂，渗透压稳定剂的浓度应与酶解液中的稳定剂浓度一致，随着细胞壁的再生和细胞的分裂，稳定剂的浓度逐渐降低，最后降至细胞培养基中需要的渗透压。如前所述，常用的渗透压稳定剂有甘露醇、山梨醇、葡萄糖和蔗糖等，其中葡萄糖和蔗糖等糖类又可作为碳源。不同植物原生质体适宜的渗透压稳定剂的浓度不同。通常一年生植物所需要的渗透压稳定剂浓度低，变化范围在 0.3～0.5 mol/L；多年生植物，特别是木本植物要求较高的渗透压稳定剂浓度，变化范围在 0.5～0.7 mol/L。

生长素和细胞分裂素的种类和浓度配比，在原生质体培养中起着重要的作用。原生质体培养常使用的生长素主要有 NAA、IAA 和 2,4-D，细胞分裂素主要有 6-BA、KT 和 ZT。一般来说，2,4-D 是原生质体培养最常用的一种生长调节剂。在诱导细胞分裂分化中，生长素和细胞分裂素二者的浓度比值是一个重要的因素，而且通过内外源激素的共同作用，即二者总量的比值来调节细胞分裂生长。

(2)培养条件

培养条件对决定原生质体是否能持续分裂非常重要。不同植物细胞的原生质体对培养温度的要求不同，多采用(26±1)℃恒温培养。一般来说，接近植物材料起源地的温度是适宜的培养温度。原生质体初期培养不需要光照，强光对新分离出的原生质体是有害的，应在漫射光或黑暗中培养，当完整的细胞壁形成以后，形成的细胞团或愈伤组织需要进一步分化才转移到光下培养。

(3)原生质体培养方法

原生质体培养(protoplast culture)是指对分离的原生质体进行培养，使其分裂、分化直至再生完整植株的技术。原生质体培养方法主要有平板培养法、液体浅层培养法和固-液结合培养法。另外还有看护培养法和微滴培养法等。

①平板培养法。该方法是将原生质体悬浮液与经过高压灭菌冷却至 42～45℃的琼脂糖凝胶等量混合，使原生质体比较均匀地包埋于琼脂糖凝胶中进行培养。混合前，原生质体的密度和琼脂糖凝胶的浓度是混合后的 2 倍。原生质体与琼脂糖混合后，立即植板于培养皿中，铺成 2～3 mm 厚的薄层，封口后进行暗培养。该方法使原生质体分布均匀，避免了原生质体积聚，有利于原生质体细胞壁再生和细胞分裂，便于定点观察、追踪原生质体再生细胞的发育过程。但是在混匀原生质体悬浮液与培养基时，培养基的温度要适宜，温度太高会影响原生质体的活力，太低容易造成培养基过早凝固，原生质体分布不均匀。而且在继代培养操作过程中，将其转移到其他相应培养基的过程比较繁琐。

②液体浅层培养法。液体浅层培养法是目前原生质体培养中广泛采用的方法。将含有一定密度的原生质体培养液，在培养皿底部铺 2～3 mm 厚的薄层，封口后，静置暗培养。细胞分裂形成可见的细胞团后，将其转移到固体培养基培养，直至获得再生植株。该方法操作简单，对原生质体损伤较小，且易于添加新鲜培养物，但常会使原生质体分布不均匀，原生质体之间产生粘连，造成局部原生质体的

密度过高，影响生长与发育。

③固-液结合培养法。在培养原生质体时，为了促进细胞养分吸收、避免一些有害物质积累造成的毒害、促进细胞分裂，培养时可采用固-液结合培养法。在培养时可在培养皿底部铺一薄层固体培养基(可以是条件培养基)，然后将原生质体悬浮液铺于固体培养基上，固体培养基中的营养成分可以缓慢地释放，以补充上层营养物质的消耗，同时吸收培养物产生的有害物质，有利于细胞的生长。

固-液结合培养法还可以采用琼脂糖包埋培养，将原生质体与低熔点琼脂糖混合，凝固后切成小块放在液体培养基中进行振荡培养。由于原生质体是被包于琼脂糖小块之中进行培养的，其代谢产物更容易渗入周围培养物而被稀释。

④其他方法。除了上述的方法外，看护培养、液体微滴培养等方法也用于原生质体培养。看护培养是将能够促进原生质体分裂的组织或细胞固着于含有琼脂糖或琼脂的培养基中，其上放一层滤纸，滤纸上加入培养的原生质体(或悬浊液)。微滴培养是将原生质体悬浮液用滴管滴于培养皿底部或盖部，每滴 50～100 μL，液滴间不要互相接触，封口后进行培养。

原生质体培养应根据培养细胞基因型、密度、生理状态等不同，选择适宜的培养方法。

2.1.4.5 原生质体植株再生

原生质体培养后，在适宜的培养条件下，首先再生形成新的细胞壁，然后进行细胞分裂形成细胞团和愈伤组织，最后通过愈伤组织或胚状体途径获得再生植株。

一般情况下，原生质体培养 24 h 内就开始再生细胞壁。细胞由圆形变为椭圆形。第一次细胞分裂发生在培养后 2～10 d。再生细胞壁可以用荧光染色等方法鉴定。常用荧光素为卡氏白(calcafluor white，CW)。将原生质体液与染色液混合后，染色 10 min，410 nm 以上的滤光片镜检。如果有细胞壁存在，能看到蓝光(420 nm)。一般来说，原生质体只有形成完整的细胞壁后才能进入细胞分裂阶段。植物的基因型、供体细胞的生理状态、培养基成分和培养细胞的初始密度等均能影响细胞壁的再生。再生能力强的基因型，原生质体第一次细胞分裂的时间较早。甘薯叶肉细胞原生质体培养 5 d 后 50％的原生质体再生细胞壁，培养 7 d 细胞分裂。烟草叶肉原生质体培养 3 d 后进行第一次分裂。结球白菜下胚轴原生质体培养 4～5 d 后细胞进行第一次分裂。甘蓝型油菜子叶原生质体培养 3 d 后细胞进行第一次分裂。

原生质体细胞分裂形成细胞团后，其植株再生途径主要有两条。一是通过愈伤组织形成不定芽或不定根，进而形成完整的植株。大多数植物原生质体植株再生都是通过此种途径。另一途径是原生质体通过细胞分裂直接形成体细胞胚，由胚状体发育成完整植株，这种途径是较为理想的。

2.1.4.6 植物体细胞杂交

植物体细胞杂交（somatic hybridization）是指将植物不同种、属、科之间的原生质体通过一定诱导技术使质膜接触而融合在一起，随后导致两个细胞核物质融合，通过离体培养，使其再生形成杂种植株的技术。该技术又称为原生质体融合（protoplast fusion）。

（1）融合方式

①对称杂交。对称体细胞杂交是植物体细胞杂交最初采用的方式。它是指融合不经过任何处理的亲本双方原生质体，再经培养产生体细胞杂种植株的过程。通过对称融合的方式已在很多植物种中获得了成功，并在一些植物中实现了抗病、抗虫、抗逆等优良性状的转移。值得注意的是，由于对称体细胞杂交会把双方所有的基因带入后代中去，因此一般得到的体细胞杂种往往同时具有亲本的优良性状和不良性状，需要多次进行回交才能最终得到所需要的理想材料。

此外，在进行对称杂交时，亲本的倍性高可能会造成基因组间不协调，重组复杂，为选择具有目标性状的杂种后代增加难度。因此，对称体细胞杂交有时会与花药培养相结合，进行优良基因的组合。通过花药培养来降低双亲的倍性，有利于杂种中来源不同的染色体配对，使体细胞杂种及其后代能够比较稳定地遗传。若对野生亲本先进行花药培养再进行体细胞杂交，会使体细胞杂种在形态上更接近栽培种亲本，有利于得到价值高的体细胞杂种。

②不对称杂交。通过物理或化学方法处理亲本原生质体，使一方细胞核失活，或同时也使另一方亲本原生质体细胞质基因组失活，然后再用物理或化学方法进行原生质体的融合，获得只有一方亲本核基因的杂种，这种方法称为不对称杂交或不对称融合。

化学方法处理亲本原生质体，主要是使用纺锤体毒素、染色体浓缩剂等有毒试剂进行处理；物理的方法则是采用各种射线对供体细胞进行处理。由于毒素的去除较为困难且后代易受毒素的影响，因此，现在人们多倾向于使用物理方法进行体细胞杂交。X射线和γ射线是原生质体不对称融合早期使用较多的两种处理方式。

目前，已开展不对称融合的植物有烟草、胡萝卜、番茄、马铃薯、茄子、柑橘、油菜、小麦、水稻等。相对于对称融合来说，不对称融合有其独特的优点。不对称融合的供体亲本一方至少有部分染色体丢失，并且只有少部分染色体能够转入受体细胞，故更有希望得到保留受体性状而同时具有供体优良性状的杂种植株，这样可省去回交或通过较少的回交代数即达到作物遗传改良的目的，在很大程度上缩短了育种进程，提高了育种的效率。目前，利用这种方法已经获得了80余种科间、属间、种间或品种间的不对称杂种。虽然不对称融合有很多优点，但也有一些局限性，最大的不足之处就是供体染色体是随机丢失的，而且丢失的程度是不可预见和难以控制的。

(2)融合方法

植物体细胞杂交的方法主要有自发融合和诱发融合两种方法。自发融合是在植物原生质体制备、分离过程中，相邻原生质体通过胞间连丝彼此融合形成同核体的现象。自发融合多为同源融合，且融合频率较低。诱发融合是用诱导剂或其他方法促使原生质体融合的方法，分为化学诱导融合法和物理诱导融合法。化学诱导融合法是采用不同的化学试剂作为诱导剂促使原生质体融合的方法，主要有无机盐诱导融合法、高 pH/高浓度钙诱导融合法和聚乙二醇（polyethylene glycol, PEG）诱导融合法等；物理诱导融合法是指用电激、振动等机械方法促使原生质体融合的方法，主要有电融合法和超声波法等。目前植物体细胞杂交最常用的方法是 PEG 诱导融合法和电融合法。

①高 pH/高浓度钙诱导融合法。该方法由 Keller 等(1973)提出，利用此法将烟草原生质体加入含有 0.05 mol/L $CaCl_2 \cdot 2H_2O$ 和 0.4 mol/L 甘露醇的溶液中，用甘氨酸钠(Na-glycine)调节融合液的 pH 到 10.5，37℃下保温 30 min，原生质体融合率达 10%左右。采用这种方法已分别获得烟草属种内和种间的体细胞杂种。对于矮牵牛体细胞杂交来说，采用高 pH/高浓度钙诱导融合法比采用其他化学法处理效果更好。该方法的缺点是高 pH 对有些植物的原生质体系统可能产生毒害。

②PEG 诱导融合法。PEG 诱导融合法是目前植物体细胞杂交广泛采用的方法，是由 Gao 等 1974 年开创。他们将大豆＋大麦，大豆＋玉米等组合的原生质体用 50% PEG1540 溶液处理，然后再用培养基缓慢稀释 PEG 液，最后洗去 PEG，得到 10%的融合率。后来人们又把高 pH/高浓度钙诱导融合法与 PEG 处理法相结合使用，可提高融合频率，产生异核体的频率高达 4%～5%，同时增加原生质体的存活力。目前，对于 PEG 诱导融合法的真正作用机理并不是十分清楚。

③电融合法。电融合法开始于 20 世纪 70 年代末至 80 年代初，是一种借助于电场和电脉冲的作用使原生质体融合的方法。电融合法融合效率高、操作简单、对细胞毒害小，已成为最广泛使用的融合方法之一。从原生质体放入融合小室到结束，整个电融合过程可以在 5 min 内完成。影响电融合操作的物理参数有交变电流的强弱、电脉冲的大小以及脉冲期宽度与间隔，这些参数随不同来源的原生质体而有所改变。电融合产生体细胞杂种的频率最高。

(3)融合体类型

原生质体融合初期,会形成各种融合体,融合双亲亲缘关系的远近、细胞分裂的同步化程度及再生情况等均会影响到融合体的类型。其中包括含有双亲不同融合比例的异核体,同源融合的同核体,不同细胞质来源的异胞质体等。原生质体初期的融合体在继续培养中,细胞壁的再生、细胞分裂、分化、再生及再生植株的育性等都会受双亲亲缘关系远近的影响,亲缘关系越远,越难以得到异核体的杂种植株,育性越差。

(4)体细胞杂种的鉴定

原生质体经过融合处理后,群体中既有同核体、异核体和各种其他的核-质组合,也有未融合的双亲的原生质体,要想得到真正的杂种细胞,必须采取有效的方法对其进行鉴别和选择。根据选择阶段的不同,可分为杂种细胞的选择和杂种植株的选择。

①杂种细胞的选择主要有机械选择法和互补选择法。

机械选择法主要利用原生质体的物理特性差异进行选择。可利用双亲原生质体不同的物理特性,如大小、颜色以及漂浮密度等筛选杂种细胞。在形态上难以区分的原生质体,可以利用荧光素标记来筛选杂种细胞:即在融合前用不同的荧光染料标记不同亲本的原生质体,融合处理后在荧光显微镜下根据不同的荧光将异核体从融合产物中筛选出来。

互补选择法是利用融合亲本原生质体在生理和遗传特性上的互补来筛选杂种细胞。此法是将融合产物放在特殊的培养基上,只有具备互补特性的杂种细胞才能正常地生长发育,而其他细胞则不能生长。根据互补类型的不同,主要包括激素自养型互补选择法、营养缺陷型互补选择法、抗性互补选择法等方法。

激素自养型互补选择法又称生长互补选择法,利用双亲及杂种细胞生长或分化能力的差异,筛选杂种细胞。营养缺陷型互补选择法主要用于微生物的遗传研究,在高等植物中使用较少。抗性互补选择法是利用融合亲本原生质体和杂种细胞对药物不同的抗性来进行筛选。如果两种亲本的原生质体分别可以抗其中一种药物,杂种细胞则可以同时具备融合亲本的两个抗性,利用相应的培养基便可以把杂种细胞筛选出来。

②杂种植株的鉴定。杂种植株的鉴定可以从形态学、细胞学、生理生化和分子水平进行。

形态学鉴定是最基本的鉴定方法,通过比较杂种植株与双亲在表型上的差异来进行鉴定,包括叶形、叶色、茎色、株高、株形、花、种子、块根以及生长特性等方面。形态学鉴定一般应比较温室或大田中植株的形态,因为试管苗易受温度、适度等环境影响,在培养过程中易发生体细胞无性系变异。形态学鉴定要与其他方法结合,才能对体细胞杂种进行综合全面的评价。

细胞学鉴定方法包括经典细胞学鉴定、分子细胞学鉴定和流式细胞仪鉴定等。经典细胞学鉴定是通过对染色体的数目、形态和核型等方面的分析来鉴定体细胞杂种,是杂种鉴定的主要细胞学依据和必不可少的指标。融合后的染色体数目一般为双亲之和,但也有不少例外。目前最常用于体细胞杂种鉴定的技术是基因组原位杂交(genomic *in situ* hybridization, GISH)技术,GISH 技术是以其中一方亲本的基因组 DNA 做探针,用适量的另一方亲本基因组 DNA 做封阻,探针与杂种染色体以不同的颜色标记并杂交以后,便可以将亲本的染色体区分开来。GISH 技术是在 DNA 荧光原位杂交(fluorescence *in situ* hybridization, FISH)的基础上发展起来的一种染色体或染色质检测技术,一方面可以对体细胞杂种中两者亲本基因组之间的亲缘关系、基因组组成及起源进行研究;另一方面可以对体细胞杂种中的重组、易位等染色体重排现象进行有效的鉴定,还可以对体细胞杂种中的外源染色体或染色质的来源、数目、大小及插入位点进行检测和定位。GISH 技术已经在小麦、番茄、马铃薯、甘薯、柑橘、萝卜等多种植物的体细胞杂种鉴定中得到了应用。流式细胞仪鉴定方法是通过对双亲及杂种植株细胞总 DNA 含量的测定及比较,确定杂种细胞的染色体数量及倍性,从而对杂种细胞进行鉴定。

同工酶是指具有相同催化性质而分子结构有差异的酶,它在高等植物中普遍存在。体细胞杂种的同工酶谱往往是双亲酶谱的总和,有时可能具有双亲的特征酶带,也可能丢失部分亲本酶带,甚至出现新的酶带。同工酶鉴定在对称融合产物的鉴定时应用较多。经常使用的同工酶为过氧化物酶和酯酶,另外还有细胞色素氧化酶、淀粉酶、乳酸脱氢酶等也用于同工酶鉴定。

随着分子生物学的迅猛发展,分子生物学鉴定也成了体细胞杂种鉴定的常用手段。目前常用于体细胞杂种鉴定的分子生物学方法主要有:RFLP、RAPD、AFLP 和 SSR 等(具体方法参见第 6 章)。综上所述,对体细胞杂种的真实性鉴定,往往需要通过以上多种方法结合。

2.2 植物组织培养技术的应用

2.2.1 体细胞无性系变异

体细胞无性系变异(somaclonal variation)是植物组织培养中的普遍存在的一

种现象。无性系变异在实际中能否得到应用，取决于变异是否具有优良性状及优良性状能否遗传给后代。体细胞无性系变异的产生与组织培养中培养基的成分及添加物有关，同时也与培养时的环境条件有关。再加上组织培养过程中经过脱分化形成的细胞团比较幼嫩，对环境条件的敏感性强，这些原因是细胞无性系变异产生的主要因素。

体细胞无性系变异对于种性保持来说虽然是不利的，但是有些体细胞无性系变异会表现出一些自然界罕见的优良性状，这些变异资源不仅丰富了植物育种的物质基础，同时为开展相关功能基因研究提供了素材。体细胞无性系变异目前已成为育种工作和遗传学研究的重要内容之一。

2.2.2 次生代谢产物的生产

现代植物学根据代谢活动与细胞生命活动的关系，将植物代谢分为初生代谢和次生代谢。初生代谢是包括呼吸作用和光合作用在内的直接影响植物生长与发育的代谢过程。次生代谢是指不直接参与植物的生长与发育过程，是从初生代谢途径衍生出来的代谢，一般认为次生代谢并非细胞生命活动所必需。植物初生代谢途径的中间产物和终产物统称为初生代谢产物，而次生代谢途径的中间产物和终产物则称为次生代谢产物。次生代谢产物是一类分子质量较小的化合物，其分布具有种、属、器官、组织和发育阶段的特异性，主要包括酚类、黄酮类、香豆素、甾体类、酶制品、木质素、生物碱、有机酸、糖苷、萜类、皂苷和多炔类、天然色素等。每一大类的化合物都有数百种乃至数千种，它们在植物的生长发育以及与其他生物和环境的相互作用过程中起着十分重要的作用。许多植物的次级代谢物具有重要的经济价值，可用于医药（如人参皂苷、紫杉醇、长春花碱、秋水仙碱、奎宁和可待因等）、染料（如花青素、紫草宁、番茄红等）、香料（如香子兰醛、玫瑰油等）、杀虫剂（如除虫菊酯等）、兴奋剂、麻醉剂等诸多领域。表2-5列出了工业上常用的植物次生代谢产物。

表2-5 工业上重要的植物次生代谢产物

种类	次生代谢产物
医药	
生物碱	阿玛碱，阿托品，小檗碱，可待因，利血平，长春花碱，长春花新碱
甾类	薯蓣皂苷配基
卡烯内酯(cardenolide)	毛地黄皂苷配基(digitoxin)，地高辛(digoxin)

续表 2-5

种类	次生代谢产物
食品添加剂	
甜味剂	卡哈苡苷(stevioside),甜蛋白(thaumatin)
苦味剂	奎宁
色素	藏红花
化妆品	
色素	紫草宁,花色素苷,betalins
香精	玫瑰油,茉莉油,薰衣草油
农业化学与精细化学	
农业化学	除虫菊酯,salannin,印度楝素(azadirachtin)
精细化学	蛋白酶,维生素类,脂类,乳胶,油脂

(引自肖尊安,2005)

长期以来,人们获得这些有用次级代谢物的方法是从植株中提取。但是,对天然生长的植物资源,尤其是对一些稀有植物的过度利用会导致植物资源严重匮乏,遭受破坏。随着科技的进步,现在人们已经可以通过化学合成的方法来合成某些源于植物的化学物质。但化学合成方法往往工艺流程复杂、成本高,而一些结构复杂的物质(如人参皂苷)又很难合成。利用植物细胞组织的大规模培养技术,生产植物特有的次生代谢产物,已引起人们广泛的重视。近 60 年来,采用植物细胞组织培养方法,已经对 400 多种植物进行了研究,从植物培养物中分离到 600 多种次生代谢产物,其中 60 多种在含量上超过或等同于其整体植物。许多重要的药用植物,包括人参、西洋参、长春花、紫草和黄连等的植物细胞培养都获得了成功。有多种化合物在培养细胞中的含量超过 1%。其中,紫草素含量可达 23%,人参皂苷含量可达 7%,都超过了整株植物(表 2-6)。而且有的次生代谢产物是整体植物中没有的(表 2-7)。

表 2-6 细胞培养产生的有效成分量高于整体植物含量的部分实例

有效成分	植物种名	产量/%(以干重计)		作者
		整体植物	细胞培养	
阿玛碱 (ajmalicine)	长春花 (*Catharanthus roseus*)	0.3	1	Zenk et al. (1977)
蒽醌 (anthraquinones)	海巴戟 (*Morinda citrifolia*)	2.2	18	Zenk et al. (1975)

续表 2-6

有效成分	植物种名	产量/%(以干重计)		作者
		整体植物	细胞培养	
小檗碱 (berberine)	日本黄连 (*Coptis japonica*)	2.4	13.4	Murray(1984)
咖啡因 (caffeine)	小果咖啡 (*Coffea arabica*)	1.6	1.6	Anderson et al. (1986)
长春质碱 (catharanthine)	长春花 (*Catharanthus roseus*)	0.001 7	0.005	Kurz et al. (1981)
薯蓣皂苷配基 (diosgenin)	三角叶薯蓣 (*Dioscorea deltoidea*)	2.4	7.8	Tal et al. (1982)
人参皂苷 (ginsenoside)	人参 (*Panax ginseng*)	4.5	27	Misawa(1994)
迷迭香酸 (rosmarinic acid)	鞘蕊花 (*Coleus blumei*)	3	23	Ulbrich et al. (1985)
5-羟色胺 (serotonin)	骆驼蓬 (*Peganum harmala*)	2	2	Sasse et al. (1982)
利血平 (serpentine)	长春花 (*Catharanthus roseus*)	0.26	2	Deus-Neumann et al. (1984)
莽草酸 (shikimic acid)	拉拉藤 (*Galium mollugo*)	2～3	10	Amrhein et al. (1980)
紫草宁 (shikonin)	紫草 (*Lithospermum eiythrorhizon*)	1～2	15～20	Fujita(1988)
胡芦巴碱 (trigonelline)	葫芦巴 (*Trigomella foenum-graecum*)	0.44	5	Radwan et al. (1980)
tripodiolide	雷公藤 (*Tripterygium wilfordii*)	0.01	0.2	Hayashi et al. (1982)
vomilenine	印度萝芙木 (*Rauwolfia serpentina*)	0.004	0.214	Stockigt et al. (1981)

(改自肖尊安,2005)

表 2-7　整体植物中不存在而只在组织培养中产生的部分化合物

化合物	整体植物	作者
①epchrosine	古城玫瑰树(*Ochrosia elliptica*)	Pawelka et al. (1986)
②脱水二松柏-乙醇-γ-β-*D*-葡萄(dehydrodiconiferyl-alcohol-γ-β-*D*-glucoside)	*Plagiorhegma dubium*	Arens et al. (1985)

续表 2-7

化合物	整体植物	作者
③甜茅碱 A(paniculid A)	穿心莲(*Andrographis paniculata*)	Butcher et al. (1971)
④pericine	*Picralima nitida*	Arens et al. (1982)
⑤异羽叶芸香素(rutacultin)	芸香(*Ruta graveolens*)	Nahrstedt et al. (1985)
⑥tarennosid	栀子(*Gardenia jasminoides*)	Ueda et al. (1981)
⑦voafrine A 和 voafrine B	*Voacanga africana*	Stockigt et al. (1983)

(改自肖尊安,2005)

一般而言,无论在细胞培养还是整体植物中,细胞生长和次生代谢产物合成是负相关的。有利于细胞生长的条件往往抑制次生代谢物的合成。一些研究将细胞生长和代谢物合成在同一培养基中完成,称为一步培养法。对于一步培养法来说,次生代谢产物的形成发生在细胞生长的静止期后,生长的抑制伴随着细胞分化和诱导次生代谢产物合成有关的酶。有研究表明,利用细胞培养产生次生代谢产物的策略最好是采用"两步培养法",第一步在细胞增殖培养基(生长培养基)上获得细胞生物产量。第二步把生活细胞转移到产物合成培养基(生产培养基)上生产次生代谢物,细胞在生产培养基上生长速率低,几乎不进行细胞分裂,以合成次生代谢物为主。次生代谢物的生产量与培养基成分和培养条件有密切关系。与生长培养基相比,生产培养基最大的变化是:降低或去除 2,4-D 或其他植物激素;降低磷营养水平;增加蔗糖含量或碳氮比率(C/N)。同一细胞生产不同代谢产物的最适培养基很可能是不同的。

2.2.3 种质资源保存

种质资源是物种进化、遗传学研究及植物育种的物质基础。目前,一些珍贵、濒危的植物资源正日趋枯竭,植物种质资源保存的量在不断增加,而常规的种植和种子贮藏保存等方法已越来越不能满足种质资源保存的需求。因此,利用植物细胞组织培养进行低温或冷冻保存,使保存的材料不受季节的限制和病虫害的侵染,节省人力、物力和土地,可以更好地挽救濒危物种。目前,我国已经在多地建立了植物的种质资源离体保存设施。

2.2.4 植物脱毒与快繁

植物脱毒(virus-free)和离体快繁(in vitro propagation)是植物组织培养应用最广泛的方面之一。植物受病毒侵染后,品质变劣,产量下降,甚至绝产,造成品种退化。1943年White等研究发现，番茄受烟草花叶病毒(tobacco mosaic virus, TMV)侵染后，不同部位病毒分布不一样，根尖没有病毒，成熟组织器官病毒含量较高，未成熟组织器官病毒含量较低，即离根尖越远处病毒浓度越高。1949年Limasset进一步研究发现，病毒在幼嫩的及未成熟的组织和器官中含量较低，在生长点0.1～1.0 mm区域几乎不含病毒或病毒很少。1952年Morle等建立了茎尖培养脱毒方法。说明通过顶端分生组织培养，能够脱除植株营养体部分的病毒，获得无病毒植株。其原因是病毒在感病植物体内的分布不均匀，顶端分生组织一般是无毒的，或者携带有少量病毒。当然，用于脱除病毒的茎尖外植体，其大小因不同病毒和植株的要求不一样，并且这些外植体的大小还影响植株的再生。外植体越大，再生植株的频率越高，但清除病毒的效果越差。外植体越小，获得无病毒苗的比例越高。因此，在选取茎尖大小时，既要考虑到植物种类又要考虑病毒类型，才能高效率地获得无病毒试管苗。目前，利用这种方法生产脱毒种苗，已在马铃薯、甘薯、大蒜、香蕉、柑橘、苹果、葡萄、百合、草莓等多种植物大面积应用。经脱毒处理的作物产量都可以成倍增加。据报道，大蒜经组培脱毒后，蒜头可增产23.3%～114.3%，蒜薹增产58.3%～175.0%。用脱毒草莓苗进行生产，可提高果实产量20.7%～45.5%，果实可溶性固形物含量增加5.3%～15.3%。

植物离体培养的组织、器官在适宜的条件下能够快速生长，发育成完整植株。离体快繁要比常规繁殖方法快数万倍至数百万倍。许多观赏植物、园艺植物、经济林木等都可通过组织培养进行大规模离体快繁。目前，试管苗已在国际市场上形成产业化，获得了良好的经济效益。

2.2.5 人工种子

人工种子(artificial seed)最早于1978年由美国生物学家Murashige首先提出。人工种子是指体细胞胚胎包裹在具有水化或干燥外壳的胶囊中，胶囊的外壳具有机械保护作用，并能使体细胞胚胎像有性种子一样萌发，胶囊自身起人工胚乳的作用。除体细胞胚外，用不定芽和腋芽等营养繁殖体代替细胞胚制备人工种子，也取得了很好的结果。人工种子不仅能像天然种子一样可以贮存、运输、播种、萌发和长成正常植株，还具有许多独特的优点：①通过植物组织培养产生的胚状体具有繁殖速度快、结构完整等特点，便于贮藏与运输，可直接播种和机械化操作。②可对一些不能用种子繁殖的植物进行繁殖。③固定杂种优势，大大缩短育种年限。④可在人工种子中加入抗生素、农药、菌肥等成分，有效地控制作物生长发育，提高植物的抗性。

目前已在胡萝卜、芹菜、马铃薯、甘薯、苜蓿等植物人工种子的研制生产上取得了较大的进展。人工种子的研发还在经历不断完善和发展的过程，建立工厂化生产工艺程序和人工种子的质量标准，降低生产成本和销售价格，这项新兴的植物繁殖技术将会在植物良种推广中发挥重要作用，进一步推动植物生物技术的产业化发展。

思考题

1. 常用的灭菌方法有哪些？
2. 简述培养基的主要成分及其作用。
3. 常用的植物生长调节物质有哪几种？
4. 简述外植体选择的原则及灭菌的一般方法。
5. 植物单细胞培养有哪些主要方法？
6. 简述细胞悬浮培养的方法及影响因素。
7. 简述植物细胞培养的主要用途。
8. 原生质体培养的主要流程是什么？
9. 简述体细胞杂交的方式和方法。
10. 体细胞杂种的鉴定方法有哪些？

第3章 植物单倍体育种技术 >>>

要了解单倍体育种，首先必须明确什么是单倍体(haploid)。一般而言，单倍体是指一个生物个体的体细胞中的染色体数目与其配子的染色体数目相同，这样的个体称为单倍体。以玉米、水稻和小麦三大粮食作物为例，玉米体细胞含20条染色体，其配子含10条染色体，则玉米单倍体的体细胞染色体数目为10条。水稻体细胞含24条染色体，其配子含12条染色体，则水稻单倍体的体细胞染色体数目为12条。尽管普通小麦为异源六倍体植物，但我们仍可将其视为二倍体((diploid)，即普通小麦体细胞含42条染色体，其配子染色体数目为21，则单倍体小麦体细胞含21条染色体。明确了什么是单倍体，就容易理解什么是单倍体育种。单倍体育种(haploid breeding)就是通过单倍体培育形成纯系的育种方式。即利用各种手段(如植物组织培养、远缘杂交、单倍体诱导系、孤雌/雄生殖等)诱导产生单倍体植株，再通过某种方式(如秋水仙素加倍等)进行染色体数目加倍处理，使单倍体植株体细胞中染色体数目恢复正常。

3.1 单倍体

3.1.1 单倍体育种的意义

在叙述单倍体细胞培养之前，我们先要明确为什么要进行单倍体细胞培养。单倍体细胞培养的目的是获得单倍体，继而将单倍体用于育种。单倍体育种的意义在于其可以缩短育种年限，加快优良品种的获得。单倍体植株仅含一套配子染色体，此时每个位点上的基因处于单拷贝状态，经染色体加倍后，每个位点上的一对基因就是纯合的，由隐性基因控制的性状，经加倍后没有了显性基因的掩盖而容易显现出来，选出的优良后代就不会发生分离，这样在一个世代中就可出现纯合的二倍体，从而达到缩短育种年限的目的。为了进一步明确其原理，我们以小麦中2对基因为例进行分析。假定小麦两个亲本基因型分别为AAbb、aaBB。等位基因 A 控制条锈病抗性性状，为显性；等位基因 B 控制白粉病抗性性状，为显性。假定这两对基因位于两对同源染色体上。当两亲本杂交，我们希望快速获得基因型为 AABB 的后代植株，即同时含抗白粉病和条锈病的显性纯合基因的植株。杂交后的 F_1 植株基因型为 AaBb，通过减数分裂 F_1 植株产生 4 种配子 AB、Ab、aB 和 ab。如果我们将花粉或花药进行组织培养，就会得到含这 4 种配子基因型的单倍体植株，即单倍体植株基因型也为 AB、Ab、aB 和 ab 4 种，然后将获得的单倍体植株进行加倍，就会获得 4 种基因型的二倍体植株，即 AABB、AAbb、aaBB 和 aabb。这 4 种基因型植株的抗病性表现分别是：AABB 基因型植株既抗白粉病又抗条锈病，AAbb 基因型植株抗条锈病但感白粉病，aaBB 基因型植株感条锈病但抗白粉病，而 aabb 基因型植株既感条锈病又感白粉病。因此，通过四种截然不同的表型，我们很容易将 AABB 基因型植株与其余 3 种基因型植株区分开来，加以选择，而且选中的植株为显性纯合个体，其后代不会发生分离。这样，从做杂交开始算起，理论上最多两年时间就可能选择到所需要的植株。如果我们不通过花药培养获得单倍体植株，让 F_1 植株自交结实，然后再从 F_2 群体中去选择又是怎样一种情况呢？同样，F_1 植株通过减数分裂会产生 4 种配子 AB、Ab、aB 和 ab。自交过程中，4 种配子自由组合，每产生 16 个个体含 9 种基因型，这些植株中，AABB、AABb、AaBb 和 AaBB 基因型的植株都会表现出既抗白粉病又抗条锈病的性状，因此我们很难仅凭表型就从中一次性选择到 AABB 基因型的植株。为此，对目标植株需进一步自交选择若干世代。这样，育种周期就比单倍体育种长。而从选择效率上看，单倍体育种过程中选择效率为 1/4，杂交 F_2 代的选择效率为 1/16，这里假设的是两对基因，两者相差 4 倍。如果是 n 对基因，结果会是怎样呢？通过单倍体途径，选择到目标基因型的几率是 $(1/2)^n$，而通过常规育种途径，选择到目标基因型的几率是 $(1/4)^n$。因此，从这个事例来看，单倍体育种会加快育种进程。此外，通过花药或小孢子培养获得的加倍单倍体植株群体对于寻找重要农艺性状的连锁分子标记非常有效。对于单倍体的作用我们会在后面章节中更详细叙述。

3.1.2 单倍体细胞培养

自然界高等植物也存在单倍体，主要通过不正常的受精过程产生的。其中包括以下几种方式：①假受精。雌配子经花粉刺激后未受精而产生单倍体植株。②半受精。雌雄配子都参加胚胎发生，不发生核融合，产生嵌合体。③孤雄生殖。卵细胞不受精，卵核消失，或卵细胞受精前失活，精核在卵细胞内发育成单倍体。④孤雌生殖。精核参与受精，但进入卵细胞后不参与核融合而退化，卵核未经受精直接发育成单倍体植株。自然界中的单倍体出现频率低，要利用单倍体进行植物育种，必须通过人工途径进行诱导。目前已有多种人工途径可以获得单倍体植株，而用得最多的方法是进行花药或小孢子的培养。即通过花药、小孢子(花粉)培养，诱导愈伤组织，从而再生单倍体植株。

3.1.2.1　花药培养

花药培养在获得单倍体植株过程中应用最为广泛。严格来说，花药培养不属于单细胞培养，而应当归属于器官培养。但花药培养主要是以小孢子处于单核期的花药为外植体，通过诱导培养，使小孢子细胞脱分化后形成愈伤组织，继而转入分化培养基中诱导成苗，然后再转至生根培养基诱导生根，最终形成完整植株。因此这里也暂且将花药培养纳入单细胞培养一节来叙述。在花药培养过程中，大部分小孢子衰败，少部分小孢子发生分裂形成多核花粉粒，并进一步产生愈伤组织，这是花药培养产生单倍体的前提。小孢子能够通过诱导再生植株，其最主要的原理是细胞的全能性。小孢子虽然仅含有二倍体细胞一半的染色体，但也含有发育成完整植株的全套基因。

1966年，Guha和Maheshwari首次用曼陀罗(*Daturametel* L.)花药培养获得了单倍体植株，继而Bourgin和Nitsch于1967年用烟草(*Nicotiana tabacum* L.)花药培养诱导成功获得单倍体植株，从此花药培养引起了全世界科学家们的关注，相继出现了大量与花药培养相关的文章，涉及了油菜、马铃薯、黄瓜、玉米、水稻、小麦300多种高等植物。花药培养的胚胎发生途径有4种：第一种为小孢子发育，即小孢子通过有丝分裂形成与营养细胞相似的两个均等细胞，两个均等细胞继续分裂形成愈伤组织或胚状体；第二种为营养细胞发育；第三种为生殖细胞发育；第四种为生殖细胞和营养细胞都参加胚状体的形成。花药培养在大多数情况下，通过营养细胞和小孢子发育形成胚状体。然而，花药培养胚状体的形成还受众多因素的影响。通过长期的实践，人们总结出了影响花药培养的几个最主要的因素。

(1)基本培养基对花药培养的影响

培养基成分是影响花药培养成功与否的关键因素。可以采用液体培养基和固体培养基进行花药培养。研究发现，多种植物的花药在液体培养基中的出愈率较高，但多数愈伤组织会下沉而导致缺氧，严重影响绿苗再生。因此，花药培养多数采用固体培养基，即用琼脂对培养基进行固化。花药培养常用的基本培养基有MS、Nitsch、White、N_6、B_5、NLN、C及R等。不同的植物适宜的基本培养基不同。对草莓花药而言，MS、White、F及GN等培养基比较适合。西瓜、甜瓜及南瓜花药培养一般使用 MS 基本培养基，黄瓜和苦瓜的花药培养则选择 B_5 培养基。对于辣椒花药培养，往往采用两种或两种以上培养基连用的方式，即先在一种培养基中培养一段时间，再转入另一种培养基中培养，会获得很好的诱导效果。在林木的花药培养过程中，较为常用的是 MS、BN、H 和 MB。禾谷类花药培养适合的基本培养基有 MS、N_6、White 等。油菜花药培养中，常用的培养基为 B_5、Miller、M_5、N_6 和 Nitsch 等，而用得最多的是 Miller，其次是 B_5 培养基。一般认为 Nitsch 基本培养基对油菜花药的诱导效果最差。基本培养基种类及无机盐成分配比的变化对花药离体培养中愈伤组织的产生有决定性的影响。甚至用来固化的琼脂对花药培养也有一定影响，如琼脂中含有抑制物则会导致花药培养中胚状体不能形成。提高培养基中微量元素含量或降低大量元素含量有利于烟草花药愈伤组织形成。总之，在进行植物花药培养时，应根据不同植物选择合适的基本培养基，而且还应根据实际情况对基本培养基中的大量元素和微量元素等进行调节。

(2)糖类对花药培养的影响

在植物花药培养过程中，糖类是培养基中不可缺少的成分，它为组织培养过程中细胞的呼吸、代谢提供底物与能源，同时起着调节渗透压的作用，其类型和浓度影响胚状体的形成。蔗糖、麦芽糖、葡萄糖和果糖是在花药培养中可用的几种主要碳水化合物，蔗糖是常用的碳源，但不同植物种类所需的适宜碳源也不相同。除糖的种类外，不同糖浓度对花药培养影响也极大。人们比较了蔗糖、麦芽糖和葡萄糖对亚麻花药培养效果的影响，结果发现葡萄糖的效果要好于蔗糖，麦芽糖效果处于第三位。对草莓花药培养的研究结果表明，较高的蔗糖浓度可以提高花药培养效率，而 3.0%～5.0%乳糖效果明显优于蔗糖，一定浓度的葡萄糖也会获得较好效果。对于葫芦科植物而言，蔗糖是使用得较多且效果较好的碳源，而不同葫芦科的植物花药培养所需浓度也有差异。在甜瓜花药培养中，愈伤组织诱导培养基和分化培养基中使用的蔗糖浓度分别为 60 g/L 和 30 g/L。黄瓜中诱导胚胎形成时的蔗糖浓度为 85 g/L，分化培养时则为 30 g/L。由此可见，在葫芦科植物花药培养中，蔗糖的使用浓度较高。据报道，对于该科植物的花药培养，通常要求前期添加高浓度蔗糖，后期降低蔗糖浓度。这是因为在花培前期，高浓度蔗糖不仅可诱导花粉胚的形成，而且由于花粉细胞的渗透压比体细胞的渗透压高，在一定浓度范围内能降低花药壁等体细胞愈伤组织的发生，从而提高花粉愈伤组织的比例，获得高频率的单倍体植株。在后期降低蔗糖浓度，提高培养基水势，促进单倍体细胞的生长与繁殖，有利于愈伤组织和胚状体的发育和分化。油菜花药培养适宜的蔗糖浓度为 3%。蔗糖也是辣椒花药培养的适宜碳源，但和葫芦科植物相比，辣椒花药培养所需蔗糖浓度较低。研究表明，在蔗糖浓度为 3%的培养基上，胚状体发生率最高，随着蔗糖浓度递增，胚状体发生率递减。由此可见，糖类对于花药培养是不可缺少的，不同植物所需糖的种类和浓度不同，在实践中要根据具体植物种类选择合适的糖类和浓度。

(3)激素对花药培养的影响

激素可以促进花粉细胞的生长和分裂，对花药培养中诱导花药胚状体的发生起到关键作用。研究认为，植物激素如某些生长素可与染色质的组蛋白结合，使组蛋白脱离DNA链，从而使DNA链活化，导致大量DNA的复制，促使细胞重新启动分裂而改变其原来正常的发育途径，形成愈伤组织，在愈伤组织的基础上，细胞内基因再次发生差异表达，最终再生植株。花药培养常用的激素主要包括植物生长素和细胞分裂素。植物生长素包括2,4-D、IAA及NAA等。细胞分裂素包括KT和6-BA等。两种激素浓度的配比对花药胚状体的诱导形成具有极大的影响。在花药培养时，调节激素浓度配比一方面可以影响花粉发育的类型，决定花粉是形成胚状体还是简单地形成愈伤组织；另一方面以二倍体体细胞组织生长还是以单倍体花粉细胞生长增殖。较高浓度的细胞分裂素在一定程度上可抑制花丝产生愈伤组织。不同品种、不同基因型的植物花药对培养基中不同激素、不同激素浓度及不同激素浓度配比的反应不同。亚麻花药培养研究表明，培养基中不含细胞分裂素，只含植物生长素，结果是产生透明、松软而且极易生根的亚麻花粉愈伤组织；相反，如果培养基中只存在适量的细胞分裂素而不含植物生长素，则亚麻花粉不产生愈伤组织；在基本培养基中植物生长素(2,4-D、NAA、IAA)浓度在2 mg/L的条件下，含有2,4-D的基本培养基的愈伤组织产量要高于含有NAA、IAA的培养基；在细胞分裂素方面，玉米素优于6-呋喃氨基嘌呤；当培养基中的细胞分裂素的浓度超过4 mg/L，IAA超过10 mg/L时亚麻花药不产生愈伤组织。研究表明，在西瓜花药愈伤组织诱导过程中，2,4-D的浓度不宜超过0.5 mg/L，高于该浓度，产生的愈伤组织疏松，再生植株能力差。当2,4-D的浓度为0.4 mg/L时，可使甜瓜花药愈伤组织内部产生细胞核较大的胚性细胞和多细胞结构。激素除了对花药愈伤组织形成和植株再生有着重大影响之外，还对花药培养过程中再生植株的倍性分离起着特定的调节作用。有研究者发现，石刁柏花药培养中，较低浓度的2,4-D有利于单倍体细胞的产生，而较高浓度的2,4-D容易刺激染色体自然加倍，产生混倍体；在一定浓度范围内，随着分化培养基中IBA浓度的上升，单倍体产生频率下降。由此可见，再生单倍体频率的高低也直接受外源添加激素的影响。某种程度上说，植物组织培养过程中，激素对愈伤组织的诱导和植株再生起着至关重要的作用，外植体只有在添加外源激素的作用下，才能启动脱分化和再分化过程。尽管有报道认为，在天仙子和烟草的花药培养中，简单的无机盐和蔗糖培养基就足以诱导小孢子分裂，但这种情况的发生仍与接种到培养基上花药中内源激素的作用分不开。而多数植物花药的离体培养必须借助外源添加激素和内源激素共同作用，才能达到较好的效果。而不同种植物、同一植物的不同基因型，其花药所含内源激素不同，这也就决定了不同植物花药所需激素种类及激素配比不一样。因此，在植物花药培养过程中，对于不同植物的花药，要选择合适的激素和激素浓度配比。

（4）培养基中的附加成分对花药培养的影响

花药培养中，培养基中的附加成分是指在含有一定激素配比的培养基中添加的某些营养物质、吸收物质和抗氧化物质。其中，营养物质包括水解酪蛋白、水解乳蛋白、谷氨酰胺等，吸收物质主要以活性炭为主，抗氧化物质主要包括 $AgNO_3$、维生素 C 和 PVP 等。在草莓花药培养研究中发现，于培养基中加入脱乙酰古兰糖及小麦淀粉能够提高愈伤组织诱导率。在培养基中添加活性炭对植物的花药培养是有益的。普遍认为活性炭能吸附植物组织在培养过程中产生的有毒物质如酚类物质等，同时也能吸收培养基在高温、高压灭菌过程中糖类等成分产生的有毒化合物，从而促进花粉愈伤组织和胚状体的形成。对杨树花药培养研究发现，在培养基中添加酵母核糖核酸能显著提高花粉愈伤组织诱导率，其原因可能是酵母核糖核酸在重组细胞质过程中提供了丰富的物质基础，有利于花粉启动分裂。此外，在培养基中添加谷氨酰胺、核苷酸和活性炭，也可以提高杨树花药愈伤组织的诱导率。活性炭有防止愈伤组织褐化的作用，但也存在不利的影响。在辣椒花药培养研究中，一些研究者发现在培养基中添加活性炭的胚状体诱导率和成苗率显著高于不加活性炭的，而且活性炭能明显抑制二倍体体细胞愈伤组织的形成。然而，另一些关于辣椒花药培养的研究却表明，虽然在培养基中添加活性炭后胚状体的发生率显著提高，但同时活性炭也会抑制再生植株的发生，而且还会导致不正常胚的形成。这说明活性炭除了吸收有毒物质外，同时也吸收营养物质和生长激素等，从而影响花药培养。在丝瓜和西瓜的花药培养实验中发现加入活性炭对愈伤组织形成有抑制作用。由此，对于花药培养中是否添加活性炭要根据具体植物而定。目前已清楚植物的组织、细胞及器官在离体培养过程中会产生大量乙烯，会对愈伤组织的形成和分化产生不同程度的影响。多数研究者认为，在培养基中添加硝酸银对某些植物花药培养有利。硝酸银作为乙烯抑制剂，在组织及细胞培养中能够促进胚性愈伤组织的形成，进而提高愈伤组织分化率。硝酸银还能促进多胺的合成而提高胚性愈伤组织的形成。在马铃薯花药培养基中添加硝酸银会取得较好效果，在培养基中添加一定浓度的硝酸银可显著促进四倍体花药和双单倍体花药产生胚状体，胚状体出现的概率极高，同时还可提高胚状体的分化率。研究表明，在小麦花药愈伤组织分化培养基中加入硝酸银有利于提高愈伤组织分化率和绿苗率。在葫芦科植物花药培养基中添加硝酸银的报道不多见,但也有研究表明,在黄瓜子叶离体培养基中添加一定浓度硝酸银能显著提高子叶芽的再生概率,在厚皮甜瓜未受精胚珠的离体培养过程中,在培养基中添加一定的硝酸银对诱导单倍体植株再生有一定作用。

(5)基因型对花药培养的影响

植株基因型也是影响单倍体植株诱导的关键因素,不同基因型植株的花药对培养基的反应不同,主要表现在愈伤组织的诱导频率、胚状体诱导率和植株再生率等方面,某些植物基因型的花药在某些培养基上培养不会发生任何反应,各种植物的花药都存在受基因型影响的情况。在杨树花药培养中,不同种之间愈伤组织诱导率的差异可达65.0%,分化率的差异也可达49.1%。研究者对多个辣椒品种花药离体培养进行了研究,表明不同基因型诱导率不同,甜椒是容易诱导的基因型,而辣椒型品种的诱导较为困难。在辣椒花药培养研究中发现,大果型的花粉植株诱导率高于小果型和中果型的花粉植株诱导率。在葫芦科蔬菜中,研究人员对西瓜、甜瓜和黄瓜等进行了不同程度的研究,其中以西瓜花药培养技术较为成功,但基因型之间愈伤组织诱导率相差也很大,选择合适诱导品种是获得成功的关键。还有报道指出西瓜野生品种花药的愈伤组织诱导率要高于栽培品种花药愈伤组织诱导率。用诱导率较高的甜椒品种和诱导率较低的品种进行杂交,其杂交后代的花粉胚状体的诱导率也较高。葫芦科植物中,也会出现 F_1 代在花药培养中的愈伤组织产量高于亲本,甚至有个别组合的 F_1 代愈伤组织产量成倍地高于高产量亲本,表现出杂种优势。在林木的花药培养中,也会出现杂种优势的现象。这些研究结果表明,若亲本之一花药胚状体诱导率高,则杂种 F_1 代植株花药诱导也高,说明花药胚发生能力是基因型控制的遗传性状,而且是受多基因控制的数量性状,因基因型的不同导致花药诱导率差异很大。有学者还发现,在花药培养中,即使用同一材料,因年份、生长季节或栽培条件不同,花药培养效果也存在极大差异。推测这可能与花药中P型花粉存在的比例相关。P型花粉是指具有胚胎发生潜力的花粉,也称小花粉或不染色花粉,与愈伤组织的诱导和花粉植株再生有紧密关系,而花药活体内的P型花粉的比例在同一品种的不同花药间有差异。因此,在通过植物花药培养获得单倍体植株的研究过程中,不但要选择合适的基因型,还要选择花药生长的环境。亦即植物的生长状态对花药培养效果也有极大影响。为了稳定获得好的培养效果,花药供体植株应始终在优越的环境中,而且对每一种植物都应多试几种基因型。显然,在植株生长过程中,应防止病虫害发生。而适宜的光照、光周期、温度和营养条件也是保证花药处于良好状态的重要因素。

(6)小孢子发育阶段对花药培养的影响

上面提到选择合适的基因型是花药培养成功的关键因素之一，不同生长环境和花药生长状态对花药培养也有影响。事实上，花药生长状态影响花药培养效果的另一重要原因是小孢子所处的发育时期对花药培养也十分重要。小孢子发育时期一般分为四分体时期、小孢子时期和成熟花粉粒时期。小孢子时期又可分为单核早期、单核中期、单核靠边期和双核期四个时期(图 3-1)。

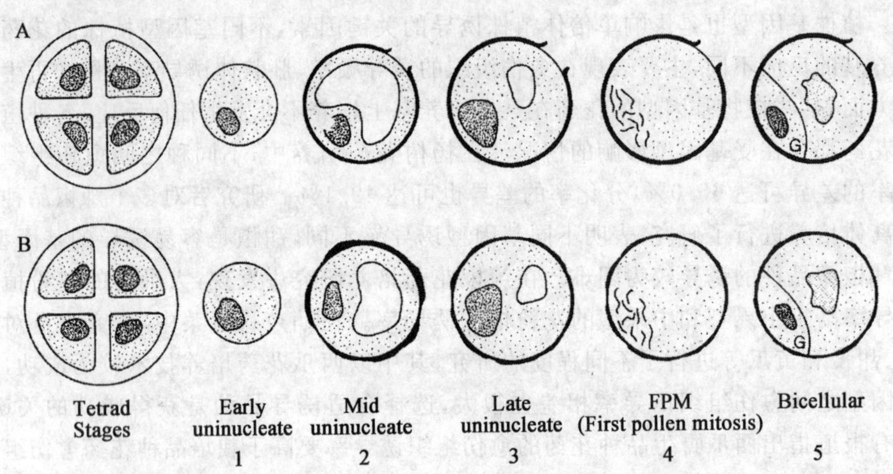

图 3-1　禾谷类植物(A)和双子叶植物(B)小孢子发育过程(引自 Huang and Keller,1989)

第 1 阶段，从四分体时期释放出来，为单核早期；第 2 阶段，伴随液泡膨大，形成花粉细胞壁，为单核中期；第 3 阶段，DNA 合成及细胞质变化，为单核晚期；第 4 阶段，第一次花粉有丝分裂(FPM)；第 5 阶段，二核花粉期。G 表示精细胞。

花药培养中，并不是任何发育时期的花粉都可以通过离体培养而诱导产生胚状体。只有当花粉发育到一定时期，离体刺激才最敏感。就多数植物而言，小孢子处于单核中期至单核晚期的花药最容易诱导花粉胚或愈伤组织。根据小孢子发育阶段来确定花药的取材时期是较准确的标准。但是，在实际操作中，我们往往需要进行大量的花药培养，如果每取一个花药都对小孢子发育时期进行鉴定，势必严重影响工作进度。因此，需要寻找与小孢子发育时期相关的直观性状，以便于实际操作。在辣椒花药培养研究中，研究者发现小孢子的发育与花蕾的外部形态有一定的相关性。在正常季节，当辣椒花药中的小孢子处于单核靠边期时，其花蕾具有一个相对固定的长度范围，花瓣与花萼等长，花药颜色为黄绿色或略带紫色。对甜椒花药培养的研究也发现，花药的颜色和长度及花瓣和花萼的长度都与小孢子的发育阶段有着密切的联系，当花瓣与花萼等长或花瓣稍长于花萼，花药为绿色，末端略带紫色时，小孢子处于单核晚期，这时取材最适于小孢子诱导发育。辣椒和甜椒的小孢子发育时期与其花蕾和花药的外部形态有密切联系，其他植物同样具有这样的联系。对双翼豆花药培养研究表明，其花药的颜色与小孢子发育时期直接相关，黄色花药是决定合适花药接种时期的可靠外部形态指标。所以，在花药培养中，可以先根据小孢子发育状态确定取材时期，再进行大量操作。然而，并不是所有植物都适合这个规律。研究者观察了杨树雄花芽外部形态特征与花粉发育时期的相关性，发现尽管不同品种花芽外部形态相似，但花粉发育时期却不同。所以，在花药培养过程中，要根据具体植物特点确定取材标准。

(7)培养方法对花药培养的影响

培养方法主要包括花药预处理、培养温度和光照条件等方面。从某种角度上讲，要想获得好的培养效果，预处理往往显得比其他因素重要。因为预处理得当，就会使花药中小孢子的发育途径发生改变，从而达到理想的培养效果。花药经过预处理后再进行培养是花药培养中极为常见的方法，主要包括低温处理、热激处理、高渗处理、饥饿处理以及离心处理等。大部分植物花药培养前都需要低温处理。不同植物所需低温处理的温度和处理时间不同，西瓜花药在4℃低温下处理72 h效果较好，黄瓜花蕾在4℃低温下处理2 d可以获得较好的培养效果。对于辣椒花药的培养多采用变温处理方式，其过程主要包括低温预处理、低温后处理和热激处理。辣椒花药低温处理一般采用4～7℃低温条件保存12～24 h。热激处理已成为辣椒花药培养过程中常用的处理方式，即将辣椒花药于32～36℃条件下处理2～8 d，再于25℃条件下培养，这样的处理可使辣椒花药植株再生率提高到12%。高温预处理对其他一些植物花药培养也会起到良好效果，研究者将西瓜花药在30℃条件下进行预处理，然后再置于25℃条件下培养，也能提高愈伤组织的诱导率。芦笋花药在32℃条件下经5 d的处理有利于提高花药愈伤组织的诱导率。小麦小孢子培养中，热激处理、低温处理、甘露醇高渗处理以及饥饿处理都会收到好的效果，但具体要根据基因型而定。油菜小孢子培养过程中，常用到热激或饥饿处理。林木花药预处理包括两种方式，一种是在0～4℃条件下经1～5 d的处理，另一种是在10～15℃条件下处理7～15 d。对于林木花药培养的预处理除低温处理外，有的研究还进行了离心预处理和激光照射处理。研究者对培养没有反应的杨树花药在接种前进行离心处理，结果发现离心后的花药能形成愈伤组织。研究者用激光对杨树花药进行照射，结果表明，激光能促进花粉愈伤组织的芽分化。对油茶花药培养研究表明，低温预处理10 d左右效果较好，并且花药采回后用一定浓度的$CaCl_2$溶液浸泡15 min会收到较好效果。低温预处理对某些植物花药培养并不适用，青蒿花药培养在培养基及激素浓度配比选择适当时，可不需低温前处理和高温后处理，也可达到较好效果，低温前处理和高温后处理对青蒿花药培养反而存在负面影响。

此外，花药培养中，培养温度和光照对愈伤组织和胚状体的形成都有重要作用。大部分葫芦科植物花药的培养温度在25～28℃，对于光照条件，葫芦科植物花药培养一般要求先黑暗后光照培养。杨树和橡胶的花药培养要求在花药脱分化时，一般先在黑暗条件下进行，温度一般为20～28℃，而诱导植株再生时，需要每天8～16 h的光照。但有些树种的花药培养全过程要求持续的光照条件。辣椒花药培养中，一般30℃以上高温热激处理时，采用黑暗培养方式，当转入25～28℃持续培养时，其光照强度要求在1 500～2 000 lx，光照时间通常为10～12 h。多数植物花药培养过程中通常采用白色荧光。

综上所述，利用花药诱导单倍体要获得成功，首先要保证供体植株的良好生理状态，要具备方便的供体植株的种植设施，防止供体植株受到病虫害的侵扰，光照强度和光的质量、肥水条件、二氧化碳浓度等都是影响供体植株生长状态的重要因素，从而间接影响花药培养效果。小孢子的发育阶段是决定取材的重要标准，它直接影响花药培养效果。预处理是直接影响花药培养效果的另一重要因素。

3.1.2.2 小孢子(花粉)培养

(1)小孢子培养的优点

正如前面所述，花药培养产生单倍体植株的原因是小孢子细胞脱分化后形成愈伤组织，继而再分化为植株。花药培养获得单倍体植株过程中，不仅有小孢子参与愈伤组织的形成和植株再生，还有像花药壁这样的二倍体体细胞参与愈伤组织的形成和植株再生。因此，虽然通过花药培养可以获得单倍体植株，但花药培养存在较多的缺陷。主要包括以下两个方面，一是花药壁、绒毡层组织干扰单倍体的形成，尽管可以在培养基成分和添加的激素配比等方面进行调整，以抑制二倍体体细胞的脱分化和再分化，但花药壁、绒毡层细胞不可避免地通过愈伤组织阶段形成胚状体，最终再生植株。因此，经花药培养产生的再生植株倍性复杂，有单倍体，也有二倍体、多倍体和混倍体，这就增大了鉴定单倍体植株的工作量；另一个原因是花药壁细胞对胚状体的发生有阻碍作用，使花药产胚率降低。为了解决单倍体育种中花药培养存在的局限，又产生了另一条获得单倍体的途径，即游离小孢子培养。游离小孢子培养才是真正意义上的单倍体细胞培养。小孢子培养过程中植株形态发生的途径与花药培养成苗的途径相同，一是胚状体发育途径，即小孢子经历胚发生的各个阶段，最后形成花粉植株；二是愈伤组织发育途径，即小孢子先脱分化经多次分裂形成愈伤组织，然后再分化形成花粉植株，通过这种途径产生的花粉植株会出现倍性复杂的情况。与花药离体培养相比,小孢子离体培养的优点在于:小孢子主要通过胚胎发生途径发育成植株,越过了愈伤组织阶段,减少了因孢子体变异而引起的农艺性状的变异;小孢子具有单倍体和单细胞两方面的特点,小孢子培养除在产生单倍体方面具有花药培养所没有的优势外,还是研究胚胎发生和形态发生机理较为理想的工具;小孢子培养可为遗传工程研究提供受体;通过小孢子培养,可研究植物细胞间生理和遗传上的差异,可筛选出具有抗逆性、抗病性及其他优良性状细胞再生植株;小孢子培养具有周期短等优点。

(2)分离小孢子的方法及培养方式

小孢子培养首先必须从预培养的花药中分离小孢子。小孢子分离方法有多种:①挤压法,即用平头玻璃棒之类的工具,将置于液体培养基中的花药挤压破碎后去掉残片,或将经过预培养的花药置于一定浓度的蔗糖溶液中压碎,用孔径大小适合的尼龙网筛过滤,最后在500～1 000 r/min离心1～2 min,重复2次,收集沉淀;②自然散落法(也叫漂浮释放法),是将预处理后的花药接种于液体培养基上,进行漂浮培养,数天后花药开裂,花粉散落到液体培养基中,1 000 r/min离心1～2 min,收集沉淀;③机械游离法,可以通过磁力搅拌器搅拌培养液中的花药,使花粉游离出来;也可通过搅拌器中的高速旋转刀具破碎花蕾、穗子或花药,使小孢子游离出来。对以上方法获得的小孢子混合物,都必须进行分级过筛和梯度离心处理以纯化小孢子。常用的小孢子培养方法有看护培养、微室培养、平板培养、液体培养、双层培养和条件培养等方式。

以上介绍了小孢子分离方法和培养方式,尽管在这两方面小孢子培养和花药培养不同,但小孢子培养效果也受基因型、基本培养基类型、碳源类型、激素种类和浓度、添加到培养基中的附加成分、取材时植株的生理状态、小孢子发育时期、预处理条件和培养方式等诸多因素的影响。这些因素对小孢子培养效果的影响与花药培养相似。花药培养的实质也是诱导小孢子再生植株。因此,对花药培养存在的影响因素同时也影响小孢子培养。这些因素对花药培养效果的影响前面已作了详细叙述,这里就不再赘述。不管是花药培养还是小孢子培养,其目的是改变小孢子的正常发育途径,使小孢子由配子体途径转向孢子体发育途径。我们研究小孢子培养技术,目的就是使这种转变的频率增加。所以,有必要对小孢子胚胎发生过程中的细胞和分子机制进行了解,便于对小孢子培养技术的掌握,这有利于对不同植物小孢子培养进行各种条件的控制和调整。尽管目前花药培养和小孢子培养技术在多种植物中已比较成熟,但对多数植物而言,小孢子培养仍然存在植株再生率低和白化苗严重的现象,对小孢子胚胎发生过程中的细胞及分子机理进行深入了解,有利于小孢子培养技术的进一步发展。植物小孢子培养过程中，关于从配子体到孢子体转化的细胞和分子机制方面的研究主要来源于油菜、烟草、小麦和大麦等植物的小孢子培养。在这些植物中，小孢子培养效率高且较稳定。因此，这些植物为小孢子培养的细胞和分子机制研究提供了很好的模式。

(3)对小孢子进行预处理的原因

前面已经提到，在花药和小孢子培养过程中，要获得好的培养效果，对花药和小孢子进行低温、高温或饥饿的预处理是必要的。这是因为，植物细胞在受到外界刺激时，为了在改变的环境中继续存活，它会改变发育途径来对外界刺激做出反应。在正常情况下，单核花粉经过第一次有丝分裂后，形成一个营养核和一个生殖核，生殖核再分裂一次形成三核花粉，这个过程的细胞分裂是不均等的。但当经受低温、高温、饥饿等压力处理时，小孢子就会优先向着胚的方向发育。这是因为外界压力作为一个信号，指示小孢子终止配子体的发育，而恢复到孢子体发育途径。为了对不同植物小孢子采用合适的预处理方法，有必要了解花粉发育过程中生理生化反应。比如，禾谷类小孢子发育后期，伴随着淀粉的积累。如果对其进行饥饿处理，淀粉的生物合成途径就受到影响，从而不能积累淀粉，这就会终止花粉正常发育而向着胚状体方向发展。另外，微管在细胞中起着多种作用，在小孢子培养过程中，如果用微管抑制剂对其进行处理，也会影响其正常的发育途径，从而终止花粉的形成，转而向孢子体方向发展。对这些生理生化特性的了解，有利于小孢子培养技术的改进。

(4)小孢子诱导过程中细胞结构变化

对油菜小孢子进行热激处理后，小孢子会发生一系列细胞学上的变化。热激24 h后，细胞极性丧失，细胞器排列混乱，均等分裂细胞增加。细胞均等分裂出现之前，细胞中会有早前期带(preprophase band，PPB)的出现。PPB是指在高等植物细胞分裂前期暂时出现的由微管形成的带层(图3-2)，这个带层在细胞分裂中期前就会消失。因为在热激处理后的非胚胎发生途径的小孢子中没有PPB的出现，所以PPB的形成可以作为小孢子胚胎发生的标志。此外，热激预处理后小孢子细胞质中会出现细胞质颗粒，这些颗粒很可能是热激蛋白，但这些细胞质颗粒不能作为小孢子胚胎发生途径的可靠标志。

(5)小孢子胚胎发生途径的第一次有丝分裂

第一次有丝分裂被认为是小孢子诱导过程中向胚发育的信号点。研究表明，处于胚胎发生途径的小麦小孢子的第一次有丝分裂是对称的，对于芸薹属植物也是如此。通常认为均等分裂是小孢子胚胎发生的转折点，因此有必要对这一问题进行讨论。不对称分裂是植物细胞的一个独特过程，它会引起细胞质的极性化，产生的子细胞向着不同的方向发展。既然通过预处理后，处于胚胎发生途径的小孢子分裂通常是均等的，那么不均等分裂对预处理应当是敏感的。植物细胞中的对称分裂很可能代表植物中一种默认的细胞分裂途径。在芸薹属小孢子诱导过程中，对称分裂的改变被看做是与孤雄生殖相关的过程。然而，值得注意的是，在烟草小孢子培养过程中，即使在细胞对称分裂后，小孢子仍然朝着配子体方向发展，这表明仅仅细胞分裂的变化还不足以引起小孢子发育途径的改变。另外，有研究报道指出，小麦小孢子经甘露醇预处理后，细胞进行均等分裂，而经冷处理后细胞进行不等分裂。因此，不同预处理方式会引起小孢子不同的反应。细胞骨架成分对细胞的分裂过程是必须的。在芸薹属的正常花粉发育过程中，微管和微纤层都是存在的，而在小孢子胚诱导过程中，微管表现出了新的排列。高温预处理会扰乱微管的合成，从而导致第一次分裂前小孢子核移位。微管的 PPB 也是出现在第一次分裂前，而 PPB 决定细胞分裂面的位置。所以，影响细胞骨架活动的因素，也会决定小孢子的发展方向。进一步研究影响微管等细胞骨架活动及功能的因素是有必要的。从前人的研究结果看，细胞的分裂方式可能不是决定小孢子发展方向的唯一因素，而且在烟草和芸薹属植物中都有报道指出进行均等分裂的小孢子细胞也不会经历胚胎发生，但均等分裂仍然是预示小孢子是否向胚胎途径发展的第一个细胞学标志。

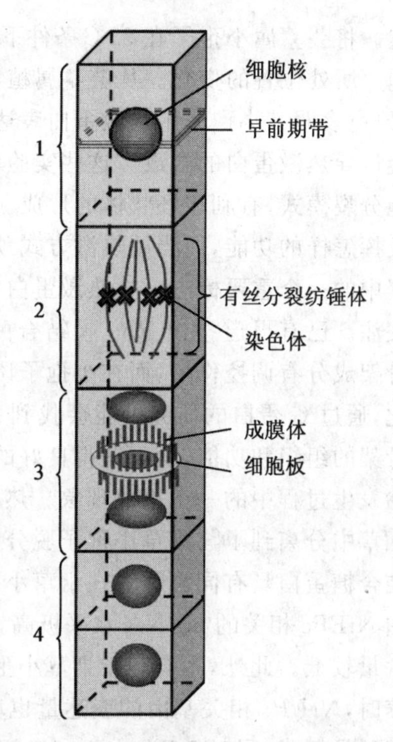

图 3-2　细胞分裂中的早前期带(preprophase band)示意图

(引自 http://en.wikipedia.org/wiki/File:Preprophaseband.png)

1. 细胞分裂前期，PPB 出现；2. 细胞分裂中期；3. 细胞分裂后期；4. 细胞分裂末期

(6)预处理对小孢子细胞内蛋白质合成的影响

压力处理引导小孢子发育转向只是表现出来的现象，其实质是压力处理引起了一些高分子物质的合成，这些高分子物质对启动胚状体发生和早期胚胎发育是必需的，某些蛋白质的合成就是典型的例子。对芸薹属植物小孢子进行热激处理过程中检测到了一些热激蛋白的合成，以 HSP20 和 HSP70 家族的热激蛋白最为

普遍。将芸薹属小孢子在32℃条件下处理8 h后，观察到了热激蛋白表达量和在细胞内所处位置的变化。从芸薹属植物中获得一个突变体，其小孢子培养效果极差，研究表明其小孢子中热激蛋白表达量也很少。除热激处理外，秋水仙素的处理也会诱导热激蛋白的合成。这些实验明确了热激蛋白会改变小孢子发育过程中的细胞分裂模式，有利于胚状体的形成。不管热激蛋白在小孢子胚状体发生过程中能发挥怎样的功能，但当用热激方式预处理小孢子时，HSPs无疑是小孢子胚发生过程中的一个重要标志。除热激蛋白外，在信号传导中起重要作用的G蛋白也值得关注。已有报道指出Rho膜结合酶(guanosine triphosphatase, GTPase)对细胞骨架成分有调控作用，而在小孢子诱导过程中也观察到了细胞骨架成分的变化。因此，通过G蛋白的研究可能会找到一种合适的方法，通过此方法影响微管等细胞骨架的组织和功能，从而获得良好的培养效果。此外，蛋白质磷酸化也是小孢子胚胎发生过程中的一个重要现象。热激蛋白的磷酸化是调节其功能的重要形式。从烟草中分离到了与烟草小孢子脱分化相关的磷酸化蛋白质NtEPs，这类蛋白和铜结合糖蛋白具有同源性。在烟草小孢子脱分化阶段和胚胎发生早期，与磷酸化蛋白NtEPc相关的mRNA水平极高，而向花粉方向发育的小孢子中，这类mRNA的含量较低。此外，用有利于烟草小孢子脱分化的酸性培养基对烟草小孢子进行培养时，*NtEPc*相关基因的表达量也增加，而当有6-BA存在时，*NtEPc*相关基因的表达量下降，同时6-BA也不利于烟草小孢子的脱分化。由此可见，*NtEPc*基因与烟草小孢子脱分化有密切关系，可以作为反映烟草小孢子培养效果的标记蛋白。然而，目前对于蛋白质磷酸化在小孢子培养中的重要作用机理仍不是很清楚，还需进一步的研究。对小孢子培养中蛋白质磷酸化作用机理的深入研究有利于小孢子培养技术的发展。

(7)小孢子胚胎发生相关基因克隆

伴随着基因分离技术和扩增技术的不断发展，分离克隆与小孢子胚胎发生相关的基因已变得非常容易。从芸薹属植物中分离到了一些和小孢子胚胎发生相关的基因，这些基因主要是激酶类基因和转录因子类基因。从大麦中分离到了三个与小孢子胚胎发生相关基因*ECA*1、*ECGST*和*ECLTP*。*ECA*1基因在大麦小孢子胚胎发生早期起作用，*ECGST*基因属于谷胱苷肽转移酶类基因，可能对防止培养过程中细胞氧化起作用，*ECLYP*基因属于脂质体转移蛋白类基因。这些基因的发现为大麦小孢子胚胎发生途径过程中的分子机理研究提供了工具。*ECA*1基因也可以作为诱导小孢子胚胎发生早期阶段的分子标记。从普通小麦中克隆的*EcMt*基因可作为小麦小孢子胚胎发生的分子标记。该基因在小孢子到花粉的正常发育途径中没有表达，而在小孢子胚胎发生的6 h内表达量增加，到24 h时其表达量达到顶峰。另外，Ca^{2+}也影响该基因的表达，说明Ca^{2+}在小孢子胚胎发生的信号转换中起着重要作用。烟草小孢子培养中，饥饿处理会促进新的mRNA产生，这些mRNA和蛋白激酶有关，这也表明了蛋白质的磷酸化对于小孢子的胚胎发生是重要的。

(8)小孢子胚胎发生过程中功能基因组学研究

以上这些研究都主要集中在分离鉴定个别与小孢子胚胎发生相关的基因，这有助于对小孢子培养中胚胎发生分子机理的了解。近年来，人们利用转录组学的方法，将注意力转向了小孢子胚胎发生的功能基因组学的研究。前面已提到，各种预处理如低温、高温、饥饿和高渗等处理会促进小孢子由配子体发生途径向孢子体发生途径的转变，提高小孢子胚胎发生概率。另外，现在利用细胞分离技术可以将处于胚胎发生途径的小孢子和非胚胎发生途径的小孢子区分开来，这就为深入了解小孢子胚胎发生的分子机制提供了丰富的材料。研究者对大麦小孢子发育不同时期的表达序列标签(expressed sequence tags, EST)进行了比较分析，这些时期的小孢子包括临近第一次有丝分裂的单核期小孢子、双核花粉以及经甘露醇高渗处理的处于胚胎发生途径的小孢子。结果表明，ESTs在各阶段表现出极大差异，表达量差异最高达到52倍。在小孢子单核期的表达主要涉及有丝分裂和脂质体合成相关的基因，双核花粉期大量表达的基因与碳代谢和能量代谢相关。而处于胚胎发生途径的小孢子表达谱与正常发育小孢子表达谱差异极大。在胚胎发生途径小孢子中表达的基因，涉及蛋白质降解、糖类水解、压力反应、代谢、细胞程序化死亡抑制以及细胞信号传导等功能。*ADH3*和蛋白质水解基因的表达与小孢子胚胎发生潜力有关。小孢子胚胎发生过程中，*ADH3*基因的表达预示着醛或酮向着酒精的转化，这种代谢的改变是小孢子胚胎发生途径中脱分化阶段的一部分。小孢子胚胎发生过程中蛋白质水解是值得研究的一个领域，蛋白质水解在细胞分化和细胞周期中是一个重要的调节机制，其作用主要表现在体细胞和合子的胚胎发生、种子萌发、组织重构和细胞程序化死亡等方面。此外，利用基因芯片对三个遗传背景一致但具有不同小孢子胚胎发生能力的大麦双单倍体(doubled haploid, DH)群体进行了研究，共发现了213个差异表达基因，这些基因涉及了细胞拯救、防御、代谢、转录和运输等功能，这些基因中，影响小孢子分裂和胚形成的基因主要涉及膜结构和功能以及能量利用效率等方面，压力反应、转录和转录调节以及花粉特异蛋白质水解相关的基因可能影响绿苗的再生。研究者用抑制差减杂交(suppression subtractive hybridization, SSH)的方法对分离的新鲜小麦小孢子和经饥饿高温处理的小麦小孢子中的基因表达差异进行了研究，从900个筛选的克隆中，有200个存在差异表达，这些基因与代谢、RNA转录和蛋白质翻译相关，同时也包含了几个转座子、信号传导、细胞骨架重构相关基因，这表明小麦小孢子由配子体发育途径转向孢子体发育途径也伴随着复杂的代谢和基因表达调控。同样，SSH方法也被用来分析经饥饿和非饥饿处理的两种烟草小孢子基因表达情况，经饥饿处理的处于胚发生途径的小孢子中某些基因表达明显上调，进一步分析表明这些基因也涉及代谢、染色体重构、转录和翻译等功能。对芸薹属植物小孢子胚胎发生的基因表达情况也进行了研究。在胚发生途径中，筛选到5个上调表达基因，命名为*BNM*(Brassica napus microspore-derived Embryo)。其中*BNM2A*和*BNM2B*编码BURP蛋白，该蛋白具有一个膜结构和保守的C-末端基序，其功能未知。*BNM3*基因编码AP2/EREBP转录因子，后来该基因被重命名为*BBM*。*BNM4*基因编码一个与拟南芥同源的AKT1 K^+通道蛋白，而*BNM5*还没找到开放阅读框。生物信息学分析和功能验证表明，*BNM2*和*BBM*基因在植物胚胎发生过程中起着重要作用。在油菜中，*BNM2*基因的表达一直贯穿小孢子胚胎发生的整个过程。*BBM*基因在小孢子胚胎发生早期优先表达，而且在根和花芽中的表达量极低。*BBM*基因过量表达会导致体细胞胚诱导异常，也会诱导拟南芥和油菜幼苗组织出现子叶状结构，同时提升拟南芥外植体植株再生能力。这些研究结果都表明*BBM*基因促进细胞分裂和形态建成。然而，*BBM*基因是否在诱导小孢子胚胎发生过程中起关键作用还有待进一步证实。对这些基因的进一步研究，可能会对小孢子胚胎发生机理有更深入的理解，从而加快小孢子培养技术的发展。

(9)功能基因组学预测小孢子胚胎发生机制

尽管对小孢子培养分子机理的研究获得了一些数据，但对小孢子从配子体途径转为孢子体途径的复杂调节的整体描述还不清楚。不过，从已得到的证据中，我们不难发现，几种植物的小孢子向胚胎转化过程中，都受到几个共同的因素控制。从以上几种植物小孢子胚胎发生途径中参与表达的功能基因来看，几乎都涉及代谢相关基因、信号传导相关基因及影响细胞骨架或染色体结构基因相关。根据这些结果，可以推测染色体重构可能是小孢子胚胎早期发育的关键点。伴随染色体的变化，细胞骨架的重建可能参与从幼嫩花粉到胚胎细胞的形态改变过程中的调节。在小孢子胚形成的一些阶段，推测存在蛋白质的选择性破坏以利于蛋白质的合成，这些新合成的蛋白质使得小孢子细胞能很好地适应给定的诱导条件，从前面叙述的油菜、大麦、小麦、烟草等植物中分离到的蛋白酶、蛋白酶相关基因以及泛素相互作用基因就可以证明这个观点。

3.2 单倍体诱导的其他途径及选择鉴定

尽管自然界中通过假受精、半受精、孤雌生殖、孤雄生殖和远缘杂交等途径产生单倍体，但其频率太低，不足以为人类利用。因此，本节重点叙述除花药和小孢子培养外的其他人工获得单倍体的途径。

3.2.1 单倍体植株的诱导

3.2.1.1 化学药剂获得单倍体

化学药物诱导孤雌生殖是在人工控制条件下不经过受精方式，利用化学药剂刺激卵细胞，诱导其分裂发生孤雌生殖。硫酸二乙酯、KT、2,4-D、马来酰肼(maleic hydrazide, MH)、NAA、肌醇、烟酸、6-BA、GA_3、矮壮素、己烯雌酚、炔诺酮、甲地孕酮、PEG、秋水仙素和二甲基亚砜(dimethyl sulfoxide, DMSO)等都有诱导孤雌生殖的作用。自从1943年日本人用NAA诱导水稻获得纯合二倍体以来，国内外研究者已经进行了上百种药剂在不同植物上诱导孤雌生殖的实验。该方法已在玉米育种中取得了较好的效果。利用PEG和其他诱导剂配合，玉米单倍体诱导率可达0.22%，获得了多份孤雌生殖自交系。利用复合诱导剂TAM可使孤雌生殖诱导频率达0.47%，用该方法处理玉米F_1雌穗，经过短短3年就选育出了优良自交系。利用药物诱导玉米远缘杂种孤雌生殖，在2～3年内就可选育出异源种质纯系，其组配出的优良品种得到大面积推广。在小麦中，利用多种药剂配合，诱导小麦品种孤雌生殖，成功获得了单倍体。用0.5%DMSO水溶液在小麦母本去雄后4～10 d，于早晚对幼穗进行喷雾处理，诱导产生纯合二倍体，成功率可达2.9%。研究者用多种化学药剂诱导“矮败”小麦不育株孤雌生殖，发现晚上7点以后处理效果最好。用化学药物处理过的花粉给小麦授粉来诱导孤雌生殖产生单倍体也获得了一定成功。研究者采用玉米花粉和化学诱导剂相结合的方法，诱导六倍体小黑麦发生孤雌生殖，成功获得了单倍体。尽管化学药剂诱导孤雌生殖获得单倍体有成功报道，但这种方法的诱导率仍然偏低。另外，此方法在获得二倍体的同时，也有多倍体和混倍体出现。该方法的单倍体诱导率受材料基因型、诱导剂种类、处理方法、处理时期和环境等因素的影响，因此该项技术的应用也受到这些因素的限制。

3.2.1.2 单倍体诱导系诱导单倍体

单倍体诱导系是指用该系作为父本进行杂交时，能够诱导产生显著高于自然频率的单倍体。1949年美国的Northrup King种子公司发现了一个高频诱导单倍体的材料，为早熟、白色、粉质、硬粒型的玉米。后来，Nanda和Coe将控制籽粒性状和植株性状的*R-nj*和*ABPl*两种显性标记基因导入了这份有利用价值材料，又经过两次回交和两次自交，然后定名为Stock6。Stock6是玉米中发现的第一个孤雌生殖诱导系，它是目前所有孤雌生殖诱导系的原始祖先，以其作为父本与任何玉米杂交，后代都可出现1%～2%的孤雌生殖单倍体。然而，Stock6存在许多严重的缺陷，如花粉量很少或者不散粉、自交结实性很差、穗粒腐病严重、籽粒Navajo遗传标记表达较弱等，因此无法直接利用。国外通过杂交改良的方法已经从Stock6中衍生出了一些新的诱导系，如法国的SW14、俄罗斯的KEMS和摩尔多瓦的ZMS等，这些诱导系的利用价值已经大大超过Stock6。遗憾的是，一些改良成功的高频诱导系已经申请了专利权，限制了材料的自由交换。因此，为了获得有自主知识产权的玉米单倍体诱导系，我国玉米育种家也对Stock6作了改良，从单倍体诱导系Stock6与高油玉米群体BHO的杂交后代中经多代测交和选育，育成了我国第一个玉米孤雌生殖单倍体诱导系农大高诱1号，平均单倍体诱导率为5.34%，较Stock6高出5倍，同时籽粒Navajo标记比Stock6更加明显，还结合了ABP1紫色植株标记和独特的大胚面标记。农大高诱1号花粉量大、繁殖容易和油分具有花粉直感等，是用于诱导孤雌生殖单倍体的优良授粉者。此外，我国玉米育种家还育成了诱导频率高、遗传标记明显而稳定、花粉量大、结实性好、抗病性强的优良单倍体诱导系吉高诱系3号，单倍体诱导率在5.50%～15.94%，平均单倍体诱导率为10.40%，是Stock6的10倍。据文献报道，目前已用于商业化的玉米单倍体诱导系已有十多个，主要包括Stock6、ZMS、WS14、ACR/AC^{I}R、KEMS、MHI、RWS、农大高诱1号、吉高诱系3号、H01、H02、H03、H04和H05等。其中，KEMS和MHI的单倍体诱导率可达6.0%左右，ACR/AC^{I}R和RWS的单倍体诱导率可达8.0%左右，H04的单倍体诱导率可达10.0%左右，而H05的单倍体诱导率竟高达18.5%。国外一些文献报道RWS的诱导效果最好，RWS诱导系的亲本是俄罗斯诱导系KEMS和法国诱导系WS14。但是，单倍体诱导率除和诱导系自身的诱导能力有密切关系之外，还要取决于母本的基因型。不同来源的杂交种对诱导系的反应不同，其实际诱导率差异较大。比如用农大高诱1号和多种玉米材料杂交，尽管在诱导单倍体方面农大高诱1号对各种材料均具有诱导孤雌生殖单倍体的能力，但诱导频率相差极大，最高诱导率与最低诱导率相差4倍之多。显然，母本基因型对于单倍体诱导率具有重要影响。

对于用单倍体诱导系诱导玉米孤雌生殖产生单倍体的原理目前还不清楚。张志军等对此机理进行了简单总结，认为关于诱导原理有三种观点：①精核异型，在成熟的花粉细胞中，大部分表现正常，只有小部分异常，在这部分的两精核中，一个正常，另一个要么偏大没成熟要么偏小衰老。如果一个正常的与卵细胞结合成胚，异常的与极核结合不能形成胚乳，不能育成正常的种子。反过来由于成功形成胚乳，而不能正常形成胚，这种单受精可能诱导卵核发育成单倍体胚。②精核生殖单位的破坏，从花粉萌发到双受精之前也会产生使卵细胞不能受精的异常情况。在这个过程中，两个精细胞需要通过运输、释放、精卵识别和融合等一系列环节。其中运输可能是重要的一个环节。花粉管的作用就是为两个精子提供一条通往胚囊助细胞的细胞通道，这是一个漫长的距离。两个精细胞结伴而行或者形成雄性生殖单位是保证同步转运的重要条件，才能保证双受精的同时性。如果两个精子分开来运，落后的精子可能没有到达胚囊，结果一个精子参与受精，它与极核融合后，可能发育为单倍体籽粒。③受精后染色体排除，有研究认为染色体排除是单倍体产生的主要机制，同时认为染色体排除是一个持续的过程。研究发现大量单倍体表现出胚乳和胚都具有紫色，这有力地证明了父本精子参与了卵子的结合，胚中的紫色就是父本基因表达的结果。单倍体形成过程中父本基因参与表达这一试验现象暗示了染色体排除很可能是单倍体形成的一个原因。但是最新研究表明，并不是所有的单倍体完全来源于母本的基因型，可能含有部分的父本 DNA 片段。由此可见，尽管单倍体诱导在诱导玉米单倍体育种过程中已非常普遍，但也存在复杂的因素，在一定程度上限制了该技术的更广泛应用。用诱导系诱导玉米单倍体的流程如图 3-3 所示。

对于玉米而言，可以利用单倍体诱导系对雌核进行诱导产生单倍体。此外，还可以用其他方法对花粉进行处理，然后诱导单倍体产生。在西瓜单倍体诱导中，可以用经 γ 射线照射过的花粉，对新开放的雌花进行人工授粉，在授粉后 2～4 周从幼果中取出球形胚和心形胚在培养基上培养，再经几次转接培养，可以获得西瓜单倍体植株。采用辐射花粉诱导甜瓜孤雌生殖产生单倍体的研究表明，不同辐射剂量对植株再生率和单倍体诱导率都有明显的影响。在利用辐射花粉诱导黄瓜孤雌生殖产生单倍体植株方面的研究也较广泛，主要从授粉组合、辐射剂量、品种基因型、环境条件等方面进行了研究，结果表明，杂交种比自交系更容易产生单倍体植株，夏季黄瓜的胚胎形成能力要高于春季。综合相关文献报道，瓜类的花药和花粉小孢子培养难度较大，而通过辐射花粉授粉诱导孤雌生殖的途径则较易获得单倍体植株。除了辐射花粉可以诱导葫芦科植物孤雌生殖产生单倍体外，外源正常花粉也可诱导葫芦科作物的雌核发育。早在 1954 年，就有报道从笋瓜（*Cucurbita maxima* L.）×中国南瓜（*Cucurbira moschata* L.）的杂交果实中得到了单倍体植株，但这一途径单倍体植株诱导频率低且不稳定。

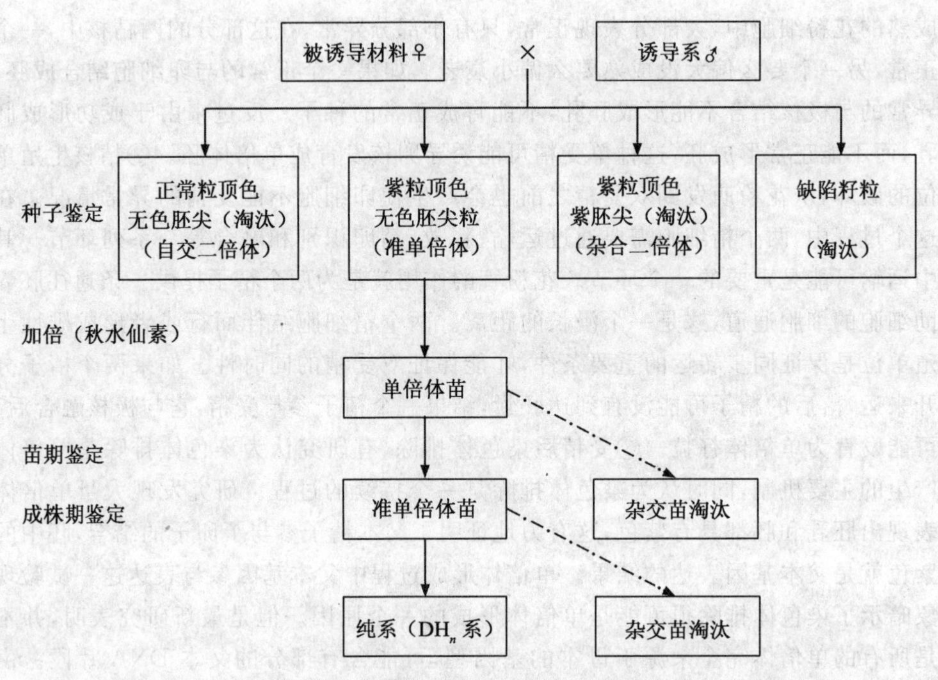

图 3-3 用单倍体诱导系诱导玉米孤雌生殖产生单倍体流程示意图(引自张志军等,2011)

3.2.1.3 远缘杂交获得单倍体

通过远缘杂交途径,也可以诱导单倍体产生。远缘杂交能诱导单倍体的主要原因可能是亲缘关系较远,细胞中双亲染色体行为不一致,导致某一亲本染色体丢失,从而引起单倍体的发生。远缘杂交诱导单倍体的具体机制还不清楚,但多数情况下,远缘杂交过程中正常的双受精能够发生,从而形成杂合的受精卵和胚乳。目前通过远缘杂交获得单倍体的研究主要集中禾谷类植物中,这里我们重点讲述小麦玉米远缘杂交方面应用。

Zenkteler 等于 1984 首次报道用玉米花粉与普通小麦授粉,发现胚的形成。随后,剑桥大学对此进行了系统研究,结果发现玉米花粉在小麦雌蕊柱头上能正常萌发花粉管并进入小麦的胚囊,小麦的卵细胞与玉米的精核进行受精作用,形成一个含有 21 条小麦染色体和 10 条玉米染色体的杂种受精卵。然而这种受精卵在细胞分裂过程中很不稳定,授粉 2 d 后,杂种胚中就出现玉米染色体逐渐消失的现象。6 d 后玉米的染色体迅速消失因而形成 1 个具有 21 条小麦染色体的单倍体胚。胚乳细胞分裂同样出现染色体快速消失的情况,因此在种子形成过程中胚乳往往夭折,通常要用组织培养方法进行幼胚拯救。进一步利用小麦品种间代换系进行研究，发现小麦和玉米的可交配性不受 *Kr* 基因影响，这对利用此方法诱导小麦单倍体十分有利。为加快小麦育种进程，玉米作为中介的单倍体育种技术已经被广泛利用。

不少学者对小麦与玉米杂交诱导单倍体技术进行了广泛研究，创立了简单高效的杂交和激素处理方法。研究表明，用新鲜的玉米花粉为去雄小麦授粉会得到更好的效果，重复授粉能有效的克服远缘杂交不亲和特性，可以提高结实率。小麦玉米是不同季节生长的植物，开花时间完全不同，为了达到花期一致，不得不借助温室进行种植。有报道指出可以将玉米花粉干燥处理后于 80℃低温保存，也可以成功地为小麦花授粉，但胚形成率低。另外，也可以利用异地种植的策略解决此问题。比如在我国，可以于5、6月份在云南进行小麦夏繁，不用温室也可让玉米和小麦花期相遇。玉米花粉与小麦授粉完后，通常要进行激素处理，目的是促进细胞分裂和发育，常用的激素为2,4-D。可以用喷洒柱头、节间注射、整穗浸渍、小花滴注等方法。为减少去雄和反复激素处理的繁琐过程，研究者又提出了一个有效简化的杂交技术，即在小麦扬花散粉前1～2 d不去雄，直接用玉米花粉授粉，授粉后5 h将麦穗浸入适当浓度的2,4-D溶液10 s，同样会有较高频率的胚形成，而且籽实比去雄处理的更饱满。前期胚如果在植物体内发育，会因为缺乏胚乳导致营养缺失而夭折。因此，授粉和激素处理一定时间后，必须将胚进行离体培养，即进行胚拯救。研究者还建立了一套普通小麦与糯玉米远缘杂交的单倍体诱导系统，以小麦玉米杂交后套袋，然后剪下杂交穗将茎秆插入含 40 g/L 蔗糖，8 mg/L 亚硫酸，100 mg/L 2,4-D 混合营养液中，放至(22±1)℃ 培养箱(光照 3 000 lx)每天12 h，相对湿度70%进行离体培养，每3 d更换营养液1次，离体培养14 d后取出杂交穗剥胚，消毒灭菌后接种于1/2 MS培养基上，4℃冷藏2 d，25℃ 暗处理使幼胚分化出根和芽，再揭去覆盖物，光照培养至出苗。据报道该再生系统的成胚率和一次成苗率可达20%～30%。

小麦玉米杂交产生单倍体的效率也受基因型的影响。尽管一些研究表明小麦×玉米远缘杂交对于小麦基因型是较不敏感或特别不敏感，但已有不少报道指出小麦和玉米基因型对单倍体胚的形成、苗的再生是有显著影响的。研究者曾评价了来自世界不同区域(包括亚洲、欧洲、北美和澳大利亚)的47个小麦基因型和55个玉米材料，结果表明在产生胚的能力上不同基因型间存在显著差异。同时该研究还指出小麦与玉米间基因型的交互作用极大地影响了单倍体胚的形成和再生。而另一些研究又发现，仅仅是玉米基因型影响着胚形成和发育，他们使用的许多小麦栽培品种对于可交配性障碍是不敏感的，玉米基因型对单倍体胚的形成和小穗再生的效率具有惊人的差异，因此这些研究者指出，玉米基因型的作用大于小麦。

不同研究者得出了不同结果,但总体看来玉米基因型对小麦玉米杂交产生单倍体是有影响的。

Barret 等于 2008 年通过诱导系和非诱导系杂交,对单倍体诱导系诱导单倍体产生的机理进行了遗传分析,结果在玉米 1 号染色体上找到了控制孤雌生殖的主要位点,命名为 *ggi1*。另一个和玉米孤雌生殖诱导相关的基因 *ig* 被定位在第 3 号染色体上,该基因主要编码 LOB 蛋白。在大麦中也存在这样的基因,被称为单倍体诱导基因 *hap*,该基因的作用是阻止卵细胞受精,但是不影响极核的受精和胚乳的发育。因此,单倍体胚的形成不需要组织培养,因为胚乳发育正常可以给单倍体胚的发育提供营养。这种单倍体诱导机理在马铃薯远缘杂交诱导单倍体中也存在。

小麦玉米杂交的目的主要是获得 DH 群体,DH 植株的稳定性决定了其使用价值。研究人员评价了 110 个小麦×玉米远缘杂交的小麦 DH 系,发现 15 个 DH 植株后代性状发生了变异,出现了生育力低、穗型改变和植株变得矮小等现象。推测在 DH 系中检测到的这些变异可能是秋水仙素处理的结果,但也有研究者报道小麦玉米杂交 DH 系通过世代交替是稳定的。这些结果的差异可能是因为单倍体诱导过程中各个环节处理不同的结果。但值得注意的是,在利用小麦玉米杂交途径获得单倍体的过程中,必须保证 DH 植株的遗传稳定,这是利用 DH 群体进行下一步工作的基础。此外,DH 群体要成为一个稳定的作图群体,必须要保证获得一定规模的单倍体植株。对于小麦玉米杂交获得单倍体而言,还得保证单倍体植株群体必须是只含有 21 条小麦染色体的单倍体。根据 Laurie 等(1989)提出的小麦玉米杂交过程中可发生玉米单亲染色体消失的孤雌生殖理论,小麦×玉米产生的杂交后代理论上应该是真正的仅含有 21 条小麦染色体的单倍体,而无需对其后代进行单倍性鉴定。但实际上,人们在杂交子房内获得的往往不全是没有胚乳的幼胚,还有较低频率的含有发育不完全胚乳的胚,而且已有研究表明,由小麦×玉米诱导产生的杂种经染色体加倍后获得的 DH 植株与理论上预期应完全同质的遗传表现不相符,并有较低比例的 DH 植株发生了形态变异,而且,玉米染色体不一定在合子胚发育早期完全消除。还有研究表明玉米 DNA 片段有可能插入小麦基因组。因此有研究者认为,以上研究结果意味着在某些小麦玉米杂交组合中,两个远缘种可能发生了不同程度的双受精作用,而不是 Laurie 等提出的孤雌生殖。更为重要的是,这些可能不完全由孤雌生殖发育的幼胚,其染色体倍性是否为单倍,将直接影响后期 DH 植株的真实性和遗传稳定性。因此,在实际操作中,针对不同的小麦玉米杂交组合,对其杂交后代进行单倍体鉴定是不可或缺的。

人们也曾尝试用玉米和燕麦杂交获得燕麦单倍体,尽管得到一些燕麦单倍体,但频率很低。而且后来的研究也表明经胚拯救后会产生不正常的植株，这些植株往往仍含有玉米染色体。通过这种方法还获得了全套的燕麦-玉米附加系，然而这些材料在研究中也无多大用处。

除小麦玉米杂交获得单倍体外，利用球茎大麦进行远缘杂交也可获得单倍体，该方法也可称为球茎大麦法，由 Kasha 和 Kao 在 20 世纪 70 年代建立。他们用球茎大麦与栽培大麦进行杂交而得到大麦单倍体。和玉米与小麦杂交一样，在最初几天里，杂合受精卵中的球茎大麦染色体很快就消失。随后该方法被进一步改进，如在授粉前后用不同的生长调节剂进行处理，这样可以提高获得单倍体的效率。授粉后胚乳发育也会夭折，通常在授粉 12～14 d 后，将幼胚转移到适宜培养基上进行幼胚拯救。在大麦育种中，球茎大麦法诱导单倍体相对简单经济，且存在较小的基因型依赖，因此在大麦育种中起着重要作用。通过球茎大麦法培育的大麦品种已超过 50 个。用球茎大麦也可以和小麦或小黑麦杂交而获得小麦单倍体。然而，球茎大麦和小麦、小黑麦杂交受基因型限制大，因此在诱导小麦单倍体中，玉米杂交更普遍。在马铃薯单倍体诱导中，也可用远缘杂交的方法。利用四倍体栽培马铃薯作母本，其近缘二倍体作父本进行杂交，可以产生双单倍体。

通过远缘杂交获得单倍体有许多优点，从方法上看，主要用到的方法包括去雄、杂交、组织培养进行胚拯救，这些技术简单易行，通常为多数作物育种者掌握，所以可以普及使用。从诱导单倍体频率上看，多数情况下远缘杂交受基因型因素限制的情况较少，只要育种者有能力，可以尽可能多地做杂交，获得更多单倍体。最后，通过远缘杂交方法获得的单倍体植株中白化苗极少，成活率也较高。但远缘杂交方法最大的缺点是参与杂交的植物花期相遇困难，往往需借助温室控制，使其成本增加。此外，对除谷类作物之外的物种而言，将单倍体加倍成二倍体通常比较困难。

3.2.1.4 通过延迟授粉方法诱导单倍体

延迟授粉诱导单倍体的原理在于通过延迟授粉，一方面可以通过花粉刺激卵细胞的发育，另一方面当花粉管到达胚囊内时，卵细胞已丧失受精能力而不能受精，但受花粉管刺激后仍能引起分裂，进而进行孤雌生殖形成单倍体。去雄后延迟授粉可以大大提高孤雌生殖的诱导率，授粉促进胚乳的形成，也保证了孤雌生殖幼胚的顺利发育。研究表明，去雄后授粉延迟的天数对诱导效果有很大影响。对一粒小麦雄性不育系的延迟授粉诱导孤雌生殖的研究发现，延迟 9 d 授粉的诱导效果最好，用黑麦和硬粒小麦给普通小麦品种间杂种 F_1 授粉，发现去雄后 8 d 授粉效果较好。对多种植物研究表明，去雄后延迟授粉可以大大提高孤雌生殖的诱导率，可能因为授粉促进胚乳的形成，从而保证孤雌生殖幼胚的顺利发育。

3.2.1.5 雌穗、子房或胚珠培养获得单倍体

从雌穗、子房或胚珠培养获得单倍体，仍然主要是利用了孤雌生殖的原理获得单倍体。但与以上所介绍的方法不同。前面介绍的方法都是通过各种途径对雌核进行先期刺激诱导，如使用化学药剂、进行杂交等。这里所提到的雌穗、子房或胚珠培养仅仅是指将未授粉的雌穗、子房或胚珠在合适的诱导培养基上进行离体培养，从而再生单倍体植株。20 世纪 70 年代国内外在未受精子房和胚珠培养方面做了许多工作，国际上首例报道未授粉子房培养出单倍体植株的是大麦。我国老一辈科学家率先利用小麦或烟草开展离体培养未授粉子房并获得了单倍体植株，还建立了单倍体植株无性系保存与繁殖技术体系。利用多种玉米材料，将未授粉的雌穗进行整个直插或切段直插培养，成功获得结实。利用番茄胚珠作外植体进行离体培养，也获得了再生植株。西瓜或甜瓜的子房培养一般选用授粉前直径为 4～8 mm 的子房作为外植体进行离体培养。有报道指出，从子房诱导甜瓜单倍体要比从花药培养单倍体相对容易一些。同样，黄瓜未授粉子房培养可能也比花药培养再生单倍体的频率高。目前国内外都已获得通过雌核诱导形成的黄瓜单倍体。我国在这方面的工作进展较引人瞩目。我国研究者已建立起了黄瓜未授粉子房再生体系，且已获得多个较为优良的育种材料。对黄瓜未授粉子房进行热激处理，也会得到较好的诱导效果。研究表明，对黄瓜子房进行 35℃热激处理 3 d 会获得较好的培养效果，在诱导培养基中添加 TDZ 对胚形成有利，添加硝酸银尽管对胚的诱导频率无显著影响，但能缩短胚萌发周期，提高每个子房形成胚的数量。通过组织培养在离体条件下诱导雌核发育是单倍体育种的重要途径之一，也为研究孤雌生殖或无配子生殖的细胞胚胎学提供了稳定的实验体系。但对于小麦这样的植物，其培养体系比较复杂，且效果与其他方法相比，不太稳定，因此通过小麦子房或胚珠培养获得单倍体在实际应用中并不普遍。而对于葫芦科植物，通过子房培养诱导单倍体的效果优于花药和小孢子培养的效果。就马铃薯而言，与花药培养和小孢子培养相比，未受精子房培养更有希望。Bal 和 Abak 于 2003 年第一次报道用未受精马铃薯子房培养获得单倍体，他们的报道与前人的研究结果相反。在他们之前的研究结果表明利用马铃薯子房诱导单倍体时，优先形成愈伤组织的是体细胞组织，从而阻止了孤雌生殖的发生。Bal 和 Abak 采用的方法是：当小孢子处于单核期的时候，将子房从花芽中取出，用含甘露醇和其他物质的培养基进行预处理，刺激卵细胞向孢子体途径发展，预处理在 10℃黑暗中进行，处理 7 d，预处理结束后，在含有生长调节物质和氨基酸的 1/2 MS 培养基上进行培养，再转接到含水解酪蛋白和其他物质的 NLN 培养基上培养，这个过程中，体细胞愈伤组织始终不能形成，实际上是包在子房外的体细胞发生了退化，所以保证了子房向孤雌生殖

发展。对于此种方法,人们仍有争论,但认为这是一个有希望并值得进一步研究的方法。从以上所叙述内容来看,对于不同植物,采用什么样的方式诱导单倍体要根据实际情况而定。

3.2.1.6 半配合途径诱导单倍体

半配合途径诱导单倍体是指通过一种异常型的受精,一个减数分裂或未减数分裂的精核进入卵细胞,但精核与卵核未融合,彼此独立分裂,形成嵌合的单倍体。此方法主要在棉花单倍体诱导中应用。早在1963年,从海岛棉的一个加倍单倍体中筛选出一个能够高频产生单倍体的株系,经秋水仙素处理获得了加倍单倍体纯系,并将隐性的芽黄标记基因转入半配生殖材料,获得了带芽黄标记基因的半配生殖品系vSg。利用vSg诱导单倍体并进行加倍,获得了各种棉花杂交组合的加倍单倍体。

3.2.1.7 双生苗产生单倍体

双胚或多胚现象在多种植物中都会发生,而在裸子植物中比较普遍,被子植物中的柑橘属中也常发生双生苗。由双胚种子长成的双生苗中就有单倍体,出现的频率比正常单生苗高。在棉花中双生苗中的单倍体频率可达87.5%。因此,在一些植物中,双生苗也是产生单倍体的一种途径。

3.2.2 单倍体或加倍单倍体植株的鉴定

花药培养中产生多倍体是普遍存在的现象。在玉米、草莓、石刁柏等植物花药培养中都发现了倍性分离的现象。在白菜花药培养试验中,愈伤组织中存在一倍体、二倍体、三倍体和四倍体细胞。在金丝枣、石刁柏花药再生植株中,同样检测到有单倍体、二倍体、四倍体及非整倍体植株。在草莓花药再生植株中,还发现了五倍体、六倍体和七倍体植株。花药培养中多倍体的产生可能源于小孢子的不正常有丝分裂。除花药和小孢子培养会出现单倍体以外的倍性植株外,其余诱导单倍体植株的方式仍然也会发生这种情况。通过前面的叙述,不难看出,不管是哪种技术,要么必须结合组织培养,要么经过药剂处理,这些因素都会造成单倍体以外的倍性植株出现,只是出现频率的高低不同而已。另外,在利用各种途径产生单倍体的过程中,也会出现自发加倍的情况,这样也可以获得纯合的加倍单倍体,这些加倍单倍体正符合我们的需要。因此,不管是用哪种方法诱导单倍体,都要进行鉴定。不同植物所需的鉴定方法不同,总体而言,单倍体植株鉴定方法主要包含以下几种。

3.2.2.1 形态学鉴定

通常认为,单倍体植株的主要植物学特征是植株细弱。玉米单倍体成株高度约为同基因型纯合二倍体植株高度的70%。有学者认为，玉米株高鉴定是鉴定单倍体植株最快速的方法。葫芦科植物中，研究者比较了几个西瓜品种二倍体和其同基因型的单倍体植株的田间表现，发现单倍体植株的叶面积、茎长、茎粗显著低于二倍体，单倍体植株的雌、雄花也明显小于二倍体，单倍体雄花中没有花粉粒，而二倍体则有。西瓜和甜瓜的单倍体、二倍体、三倍体和四倍体在植株形态上都有较明显的差异，主要表现在子叶、真叶、花的形状和颜色、果实形状以及种子的形态。同样，黄瓜单倍体一般叶片较小、植株长势弱、雄花败育，单倍体雄花花冠明显深裂。在菘蓝单倍体诱导中，经花药培养获得的单倍体植株弱小，且生长缓慢。用球茎大麦与栽培大麦杂交诱导出的单倍体在形态上与母本栽培大麦相似，但植株矮小，叶片狭窄，色泽浅淡，花期提早，延续时间较长，基本不育。从以上研究报道可以看出，和二倍体植株相比，单倍体植株总体特点是植株弱小。

在玉米单倍体鉴定中，最常用且较成功的一个形态标记是Navajo标记。即根据胚乳和胚的颜色来进行单倍体的判断。玉米胚和胚乳颜色由R-navajo(*R*1-*nj*)基因控制。在任何玉米杂交后代中，只要含有该基因，在正常的三倍体胚乳中就会表达，使得胚乳呈现出紫色，但是在单倍体的胚中，因为没有正常受精而不带有*R*1-*nj*基因，单倍体胚就不会表现出紫色性状。将*R*1-*nj*基因导入玉米单倍体诱导系中，其杂交后代就可以通过胚乳和胚的颜色进行选择。玉米单倍体诱导系Stock6中就带有这种基因，当用Stock6作父本，以黄色或白色籽粒玉米作母本时，杂交后代会出现几种情况：①胚和胚乳都呈现紫色，出现这种情况的原因是卵细胞和极核都成功受精，后代就为杂合二倍体。②胚乳呈现紫色，但胚不呈现紫色，这种情况表明极核受精成功形成胚乳，卵细胞没有受精呈单倍体状态，这种情况是我们需要的。③胚和胚乳都不带有Navajo标记，这种情况可能是由其他花粉授粉造成的。因此，可以根据籽粒表型性状(籽粒顶部和胚芽颜色)对单倍体作初步判断，其中胚乳糊粉层为紫色，胚芽无色的为单倍体籽粒，胚乳糊粉层与胚芽均为紫色或无色的为杂交二倍体籽粒。尽管*R*1-*nj*基因反映出的籽粒颜色是选择单倍体的关键性状，但籽粒Navajo标记的遗传非常复杂，存在显性互补基因、修饰基因和基因剂量效应，最新研究表明，该性状受表观遗传机制调控，因此籽粒颜色深浅还受栽培环境条件和发育情况影响。所以Navajo标记在玉米单倍体鉴定中并不是百分之百可靠的形态标记。为了弥补Navajo标记的缺陷，研究者又将*ABP*1基因引入玉米单倍体诱导系，如Stock6。*ABP*1基因为显性基因，可控制不定根、叶鞘、茎秆色素的形成，使植株呈现紫色。因此，玉米单倍体诱导系中同时含*R*1-*nj*基因和*ABP*1基因，杂交后代就具有籽粒和植株双显性标记，这是目前鉴定玉米单倍体最为有效的方法之一。利用这种双显性标记，初步筛选出胚乳为紫色，胚为非紫色的种子，进一步在田间根据植株 *ABP*1 紫色标记对单倍体作进一步判断，凡幼苗叶鞘绿色者为单倍体或双单倍体，紫色者为杂交二倍体，这种植株应被淘汰。但是，*ABP*1 紫色标记在实际应用中也不方便。此外，研究者在玉米中引入幼苗光叶基因，在一定程度上有助于单倍体植株的识别。还有研究者利用高油分的花粉直感效应鉴别玉米单倍体，准确率明显高于籽粒 Navajo 标记法。

利用形态标记的方法进行单倍体植株的鉴定具有简便、直观的优点。然而，形态标记受多种因素影响，笔者认为，仅通过形态学的鉴定是不可靠的。特别是根据植株生长大小来进行判断更应该慎重，因为植株生长的大小往往受生长环境的影响，包括种植植株的水肥条件、光照和病虫害等，都会影响植株的形态。因此还必须通过其他方法加以确认。

3.2.2.2 细胞学鉴定

细胞学鉴定单倍体主要是利用染色体计数或流式细胞仪的方法进行鉴定。流式细胞仪主要是通过测定细胞核中 DNA 含量来确定植株倍性。研究者利用流式细胞仪对小孢子培养诱导的小麦植株进行了倍性鉴定，结果显示，单倍体植株核 DNA 含量平均为 15.44 pg，双单倍体植株核 DNA 平均含量为 30.56 pg，九倍体植株核 DNA 含量平均为 45.57 pg，十二倍体植株核 DNA 含量平均为 60.27 pg，这几种倍性植株的 DNA 含量比率为 1∶1.98∶2.99∶3.90，在鉴定的植株中，单倍体植株和双单倍体植株的比例分别为 43.6%和 43.0%，远高于其他倍性的植株。在油菜小孢子培养再生植株的单倍体鉴定中，同样用流式细胞仪成功鉴定出了单倍体植株。在梨子单倍体植株鉴定中，该方法也被验证可行。利用流式细胞仪可以快速鉴定小孢子培养再生植株的倍性，是一个鉴定单倍体的好方法。染色体倍性鉴定通常采用根尖压片法计数染色体数目。笔者认为，染色体计数法是确定染色体倍性最基本、最直接、最可靠的方法。如果利用染色体计数法对种子进行单倍体鉴定，则可以通过种子发根获得根尖进行染色体计数。对种子根尖的处理是必需的，其目的是尽可能让更多的根尖分生细胞处于有丝分裂的中期，以便染色体计数。让种子根尖细胞集中于细胞分裂中期的常用方法是化学药剂处理和物理方法处理。化学药剂处理即是用 8-羟基奎林或秋水仙素对根尖进行处理，其效果虽然好，但毒性太大，应尽量避免使用。物理方法在效果上虽然差一些，但简单安全。物理处理主要对根尖进行冰水处理，其原理是通过低温引起微管活动混乱，从而导致细胞分裂周期中染色体不能分向细胞两极而停留在中期。对于像小麦这样的植物而言，该方法已比较成熟。四川农业大学任正隆教授等创造了一套效果较好的小麦根尖处理方法。该方法要点如下：用升汞将种子表面消毒洗净后，放置在特制的发芽板上（由发芽梳子、适宜大小的玻璃板和吸水滤纸构成）。将带种子的发芽板置于盛有蒸馏水的发芽盘中，在22℃培养箱内放置24 h，然后转至4℃冰箱放置24 h，再转至22℃培养箱放置24 h后剪根，刚剪下的根尖置于冰水中至少再处理24 h，最后固定根尖置于冰箱中备用。根尖用盐酸或酶解离后，制片观察，进行染色体计数。然而，当植株长成以后，再取根尖用此方法处理效果却不理想，另外该方法的周期较长。所以，用这种发根方法鉴定单倍体也有局限性。一种基于一氧化二氮(N_2O)处理根尖的方法可以在短时间内高频率地将根尖分生细胞集中在细胞分裂中期，而且该方法不仅适用于小麦，还适用于玉米、花生等多种植物，不仅适用于种子根尖，也适用于成熟植株的根尖。因此，该方法在植物单倍体鉴定上无疑是一个好的方法。西瓜单倍体鉴定也常用根尖细胞染色体计数(flame drying barium hydroxide-saline-giemsa, F-BSG)方法、去壁低渗法。此外，也可以在离体培养过程中利用不定芽叶尖染色体计数，可以在组织培养早期检出倍性。除了对根尖处理进行染色体计数以外，也可以取叶片制片进行染色体计数。在菘蓝花药培养诱导单倍体的过程中，对获得的植株进行单倍体鉴定时就可以取植株的叶边缘进行染色体制片并计数。用这种方法对菘蓝小孢子再生植株进行鉴定时，发现同一植株中部分细胞的染色体数目不等，说明在愈伤组织诱导过程中，出现了嵌合体。

染色体计数法虽然直接可靠，但要求较高的专业技术。此外，对根尖、叶片等的处理，任何方法都不能保证百分之百有效。所以，在用根尖判断不成功的情况下，还得借助其他方法。另外，也可以通过结实的情况来鉴定单倍体，单倍体往往没有正常的花粉形成，所以也就不能正常结实。然而，这种方法只适用于无性繁殖的植物、多年生植物或容易通过组织培养再生的植物，而对于一年生的有性繁殖植物而言，却不适合，如小麦、玉米、水稻等。当通过结实情况判断出单倍体以后，已经完成了一个生命周期，加之这个时候对它们进行组织培养也很难再生植株，所以鉴定出的单倍体也会丢失。

3.2.2.3 利用叶片保卫细胞的长度和保卫细胞中叶绿体的数量鉴定

叶片保卫细胞大小、单位面积上的气孔数以及保卫细胞中叶绿体的大小和数目与植株倍性都有密切关系。对西瓜的研究表明，四倍体西瓜的保卫细胞一般长30～40 μm，保卫细胞中叶绿体大而圆，数目多；二倍体的西瓜保卫细胞一般长20～30 μm，保卫细胞中叶绿体小且数目少。二倍体西瓜和四倍体西瓜的每对保卫细胞的叶绿体数目平均为9.7和17.8。在烟草花药培养单倍体植株鉴定中，也尝试了用保卫细胞内叶绿体数目的方法进行判定。实验表明，单倍体植株气孔保卫细胞中叶绿体数目多为6～13，二倍体植株叶绿体数多为12～26，而多倍体植株保卫细胞中叶绿体数大多为21～28，由此可以看出，烟草花药再生植株中气孔保卫细胞叶绿体数目随倍性增加而增加。方差分析表明，不同倍性烟草植株气孔保卫细胞叶绿体的平均值差异极显著，不同组合同一倍性之间差异不显著，因此可以用气孔保卫细胞中叶绿体数目差异进行烟草单倍体植株的鉴定，而且鉴定准确率可达93.0%。利用保卫细胞中叶绿体数目进行单倍体鉴定时，要用叶片作为材料，而植株不同位置的叶片可能对鉴定准确性有影响。研究者对1、4、7、10和15叶不同叶位的烟草气孔保卫细胞叶绿体数目进行了测定，结果表明，除第1叶外，第4、7、10和15叶气孔保卫细胞叶绿体数的平均数十分接近。因此研究者指出，采用保卫细胞中叶绿体数目方法对于烟草花药培养单倍体植株进行鉴定时，应取第4叶或以上叶片进行鉴定，其结果稳定可靠。取第4叶以下叶片进行鉴定，同一倍性单株间差异显著，鉴定误判率达45.0%。保卫细胞中叶绿体数量和气孔长度指标也被用于胡椒花药单倍体植株鉴定，实验表明，与二倍体相比，单倍体胡椒保卫细胞中的叶绿体数目明显减少，且气孔变短。尽管保卫细胞中叶绿体数目和气孔长度都与倍性相关，但用保卫细胞中叶绿体数目作为判断标准更可靠。此外，在玉米中，也发现保卫细胞中叶绿体数目与倍性水平呈正相关，四倍体植株保卫细胞中叶绿体数目是二倍体植株中的2倍，单倍体植株保卫细胞叶绿体数目与二倍体植株中保卫细胞数目相差显著。

尽管许多报道指出通过保卫细胞叶绿体数目或长度可以鉴定单倍体，且此种方法简单易行、快速、成本较低。但这种方法也会受环境因素的制约，保卫细胞内叶绿体数目会受植株生长环境如光照的影响。所以，用这种方法鉴定时，应当考虑到环境因素。

3.2.2.4 利用生理生化特性鉴定

研究发现，当玉米由二倍体转变为单倍体水平时，组织化学成分会发生改变，如无机水的含量减少，有机水和抗坏血酸的含量增加。这些生理生化方面的指标变化可以用来作为判断单倍体的标准之一。除此之外，同工酶也作为一种生化标记用来进行加倍单倍体植株的鉴定。有研究者利用9种同工酶对梨子加倍单倍体进行鉴定，表明同工酶分析可以作为一种有效的工具对梨子加倍单倍体的纯合性进行评价，而且同工酶所表现出来的多态性水平足以用来确证单倍体的来源。在马铃薯远缘杂交诱导单倍体过程中，同样也用到了同工酶来区分杂合个体和单倍体，研究表明，80.0%的杂合个体可以用此方法鉴定出来，将同工酶分析和外观形态观察相结合，鉴定效率可以达到90.0%以上。尽管在以上描述的植物中，同工酶可以用来进行单倍体的鉴定，但和其他方法相比，同工酶分析方法用得较少。

3.2.2.5 分子标记鉴定法

目前分子标记发展已相当成熟，其中应用最为广泛的是微卫星标记，即SSR

标记。SSR 标记是 2～6 个核苷酸的寡核苷酸串联重复序列，在动植物中广泛存在并具有丰富的多态性，并且 SSR 标记是共显性的，因此被广泛用于遗传多样性、分子标记和基因定位等方面的研究。科学家们通过研究发现，微卫星标记在各种方法诱导出的单倍体植株、双单倍体植株及二倍体植株中也存在丰富的多样性，可以用来进行单倍体植株和双单倍体植株的鉴定。此外，像微卫星这类标记方法简单快速、只需引物序列和样品 DNA 就可以进行，而且结果可靠、成本低廉，是其他单倍体鉴定方法不可比拟的。因此，利用微卫星这类标记进行单倍体的鉴定在各类植物中都开始应用。在玉米单倍体鉴定中，用单倍体诱导系与单交种 BRS1010 杂交，并结合 SSR 标记对后代进行指纹图谱分析，建立起了一套微卫星标记选择与单倍体诱导相结合的、并适合热带玉米单倍体诱导鉴定体系。利用 SSR 标记并结合农艺性状表现，对玉米"178×黄 C"杂交种子房培养的再生植株后代进行遗传分析，结果证明，两个株系在随机检测的 20 个位点上均表现纯合，为自发加倍的双单倍体。这些研究报道证明利用微卫星标记进行玉米单倍体或双单倍体鉴定是可行的。在棉花单倍体诱导中，利用棉花半配生殖品系 vSg 诱导棉花单倍体是常见的方法，其过程中尽管可利用芽黄标记进行选择，但是在 vSg 与目标组合杂交的 F_1 群体中绝大多数个体是杂合的，在苗期很难利用形态性状准确地鉴定出单倍体个体。因此，研究者利用微卫星标记在苗期准确鉴定出了由 vSg 诱导的含 *Bt* 基因的优良抗虫棉杂交组合单倍体。在黄瓜子房培养诱导单倍体的过程中，也利用了 SSR 标记对加倍单倍体的鉴定。在马铃薯远缘杂交花药培养再生植株的鉴定中，寻找到了区分杂合二倍体和纯合二倍体的 SSR 位点，并利用找到的 SSR 标记成功地鉴定出了纯合二倍体。除利用 SSR 标记以外，其他简单易行的分子标记也被用来进行单倍体植株的鉴定。在芦笋花药培养过程中，开发出了有效的 RAPD 分子标记用以区分小孢子再生植株和体细胞再生植株，但在检测过程中，PCR 反应条件与通常使用 RAPD 反应条件不同。其反应程序是：第一步，95℃ 5 min；第二步，95℃ 1 min 45 s；第三步，72℃ 2 min，第二、三步循环 38 次。最后 72℃ 5 min。这样的 RAPD 扩增反应保证了鉴定的稳定性和准确性。随着分子标记技术的进一步发展，会有越来越多的标记被开发出来用以单倍体植株的鉴定。

3.3 单倍体加倍

通过多种途径获得单倍体以后，要使单倍体最终在植物育种、遗传研究、突变体和遗传转化研究中得以应用，必须对其染色体进行加倍以使其成为二倍体，这样才能让植株稳定遗传。加倍后的二倍体植株成为加倍单倍体即双单倍体(DH)，可以通过以下途径使单倍体加倍。

3.3.1　单倍体诱导过程中自然加倍

在组织培养过程中，会出现单倍体自发加倍的情况。在禾谷类植物中，通过花药和小孢子再生的单倍体植株都存在自发加倍的情况，不同植物出现的频率不同。据报道，在某些情况下，大麦染色体自发加倍的几率可高达60.0%，水稻可达50.0%，小麦为27.0%，小黑麦为17.0%，玉米为10.0%，而黑麦可以达到70.0%的自然加倍率。这些自然加倍的植株中往往还含有多倍体的情况。在花药培养过程中，影响自然加倍的因素很多，如预处理的方式以及处理时的压力程度高低、碳源的种类和浓度、培养基中的激素浓度等。

3.3.2　药剂加倍

秋水仙素加倍是人们常用的方法。秋水仙素加倍的原理在于当它与正在进行分裂的细胞接触时，作用于微管，阻止细胞有丝分裂中期纺锤丝微管的收缩，使得分生细胞染色体在细胞分裂时不能分向细胞两极，最终达到染色体加倍的目的。研究者用秋水仙素对获得的大麦单倍体进行加倍过程中，待植株生长至3～4个分蘖时，选壮苗洗净根部泥土，剪去离根茎3 cm下的须根，然后将植株置于容器中，加入含0.04%秋水仙素、2%DMSO及几滴Tween-20的Knop溶液，浸没根部和部分叶片，植株在温室内处理2 d，然后移栽入盆钵中，报道称这种方法的加倍成功率可达90%以上。对于西瓜的加倍也常用秋水仙素处理。可以在培养过程中诱导，也可在植株水平上诱导。在培养过程中，用秋水仙素处理培养材料，外植体第一次离体培养时，直接接种在含秋水仙素的诱导培养基上，诱导一段时间再依次转入分化培养基和成苗培养基上再生植株。在用秋水仙素诱导过程中，会干扰和破坏愈伤组织的代谢和分化，材料死亡率高。研究人员比较了秋水仙素和二硝基苯胺(oryzalin)的效果，发现二硝基苯胺毒性较秋水仙素小，与纺锤丝蛋白结合专一，诱导效率较高，因此认为二硝基苯胺是诱导西瓜染色体加倍的理想诱导剂。此外，也有研究者用二硝基苯胺对梨的单倍体植株进行加倍。Bouvier等在前人的基础上，提高了二硝基苯胺的用量，得到了较好的加倍效果，报道者认为当二硝基苯胺的浓度为200 μm时效果最好，染色体加倍成功率达到39.7%，但效果受品种材料影响较大。在西瓜单倍体培养诱导过程中，还可用间接诱导法进行加倍。将经外植体诱导的细胞、胚状体、愈伤组织、不定芽等转入含有秋水仙素的诱导培养基中，经一定时间处理后，再转入分化培养基、成苗培养基，培养成再生植株。在植株水平上用秋水仙素诱导西瓜和甜瓜加倍有几种方式:对种子进行浸泡,该方法虽然简单,但成苗率很低,诱导效果差;浸芽法,此法也简单,胚和根不受药液危害,能正常出土成苗,诱导效果较好;滴苗法,此法容易出现嵌合体,但诱导效果好。滴苗时,可以剥去生长点外幼叶后用秋水仙素滴苗或涂抹,这样会获得更明显的效果。用哪种方法处理,要视品种、季节和当时的气候条件而定。

用秋水仙素对玉米进行加倍时,有几种方式可以采用。第一种方法是浸根,在幼苗时期,对幼苗的根进行浸泡,该方法与前面描述的大麦单倍体加倍方法类似。这种方法对玉米单倍体加倍效果较好,但需要育苗、移栽,移栽过程会降低苗的成活率。第二种方法是注射法,用注射器将适当浓度的秋水仙素注射到单倍体植株体内,注射法可以直接在田间生长的单倍体植株上进行,不用移栽,适于大量材料处理,但秋水仙素浓度、剂量和注射时期对加倍效果都有影响。第三种方法是浸种法,这种方法在其他植物如西瓜等的单倍体加倍中也被采用,即用适当浓度秋水仙素对种子进行适当时间的浸泡,这种方法简单。此外,对玉米单倍体也可采用浸芽的方法进行加倍,即将种子在室内发芽后,用一定浓度的秋水仙素涂抹幼芽的生长点。

用秋水仙素进行加倍,其效率受多种因素影响。首先是植株或外植体的生长状态,不同植株或外植体所处的生理生化状态不同,尤其是内源激素水平存在差异,必然影响不同外植体染色体的加倍频率。研究人员用秋水仙素对黄花菜不同外植体诱导出的球状体进行染色体加倍时发现,来自花茎的球状体,经加倍后染色体数目稳定,而来自花柄诱导的球状体,加倍后的染色体不稳定。由此可见,外植体的来源对诱导效果十分重要。此外,秋水仙素的浓度、处理时的温度和处理时间都对加倍效果有影响。浓度过高,会杀死细胞,得不到加倍植株;浓度过低,起不到加倍的作用。在一定浓度范围内试剂浓度和处理时间与加倍效果成正相关。处理温度对药剂的水解速度影响较大,在低温条件下,药剂的水解速度缓慢,诱导能保持一定的稳定性,但加倍效果却减弱。提高温度,有效作用增强,可促进细胞分裂,有利于染色体加倍,但同时对细胞毒害也加重。现在普遍采用变温处理解决这个问题,即先在低温下进行秋水仙素处理,然后恢复到常温条件,可以在一定程度上减轻药害,提高加倍效率。此外,有研究者认为,用 DMSO 与秋水仙素配合使用,能有效地提高加倍效率,因为 DMSO 能促进秋水仙素快速浸透到植物组织中,同时还能减轻秋水仙素的毒害作用,并能降低嵌合体发生的几率。在用秋水仙素进行处理加倍时,应根据不同植物不同外植体选择合适的浓度、处理温度和处理时间。秋水仙素对人的毒性较大,需要开发一些毒性较小的抗微管类药物。抗微管类药物较多,如戊炔草胺、安磺磷和氟乐灵等都值得我们去进一步研究并加以利用。

除了用像秋水仙素这样的作用于微管的药物对单倍体植株进行加倍外，还可用气体进行加倍。在前面已提到过，N_2O 也可以使分裂期的细胞停留在中期，阻止细胞分裂，从而使单倍体植株达到加倍的目的。

3.4　单倍体育种技术的发展与应用

单倍体育种在实际植物育种中已发挥了重要作用，随着对单倍体培育技术的进一步研究，相信其在植物育种中的应用会越来越广泛。从前面的叙述来看，诱导单倍体的技术种类繁多，但究其实质，主要是两个途径：孤雄生殖和孤雌生殖。不管是哪种方法，其目的就是让未受精卵细胞或小孢子脱离原先的正常发育轨道而转向形成植株。与单倍体诱导相关的工作基本上都围绕这两个中心进行。当然，在具体的外植体选择、操作步骤和处理方式上，对于不同植物有不同的方法。对于玉米来说，利用单倍体诱导系来诱导单倍体可能在实际应用中更普遍，对于葫芦科等植物可能通过子房诱导获得单倍体效率更高，而对于小麦、大麦等植物，远缘杂交和小孢子培养可能是首选的方式。然而，在这些单倍体诱导方法中，利用孤雄生殖的途径（花药和小孢子培养）再生单倍体或加倍单倍体植株适用于更多的植物种类和基因型。自从人们认识到单倍体在育种研究和遗传研究中的重要性后，就开始了对单倍体诱导及相关技术和原理进行了大量研究，同时也将单倍体和加倍单倍体应用于基础研究和育种研究。

3.4.1　单倍体育种技术的发展

在过去的几十年中，对 DH 群体的研究得到了迅速发展，成功的事例日益增多。关于一些新物种的单倍体诱导成功的报道也呈稳步增长趋势。在 20 世纪 70 年代以前，只有寥寥的几篇关于 DH 群体的报道，到了 70 年代大约出现 50 篇关于这方面的报道，而到了 80 年代猛增到 185 篇，90 年代增加到 200 余篇。由此可见，对于单倍体及 DH 群体的研究发展速度极快，反映了人们对该项技术越来越重视。现在单倍体技术领域已涉及 200 多个物种，在培养方案上也多种多样，对培养基的修饰和培养条件的改变涉及了各个方面。然而，在花药和小孢子培养过程中，很少出现适合一种基因型的培养方案同时又适合其他基因型的情况。要制定一个新兴物种的单倍体培养方案，往往得参考一个单倍体培养技术体系较成熟的物种的培养方案，而这个过程需要和原方案进行比较后，根据经验来进行修饰，这就需要不断地进行实验。对单倍体技术的改进所面临的困难在于影响培养效果的因素和控制条件太多,通常不知道从何处下手进行改进。即使获得了成功,这也仅仅只能帮助我们了解这个复杂过程中的第一步。这种情况在子房单倍体诱导体系中仍然存在。尽管通过远缘杂交途径诱导单倍体不需要太多的修饰,但该技术的应用范围较窄,只适用于少数几种作物。所以对单倍体育种技术还需进一步探索。

孤雄生殖方式(包括花药培养和小孢子培养)诱导单倍体或加倍单倍体已成为禾谷类作物和油菜育种中的一个常规方法。花药和小孢子培养技术在林木单倍体诱导中也发展迅速。在所报道的关于小孢子培养的文献中,烟草是涉及较多的一种植物。对于花药和小孢子培养诱导单倍体而言,烟草是最早研究的模式植物。早在 20 世纪 70 年代,就对影响烟草花药和小孢子培养的温度条件、环境因素、培养条件以及花药和小孢子发育到何种阶段最适合进行培养都做了细致研究。现在大量关于花药和小孢子培养方面的知识,如花药和小孢子培养受基因型的影响、温度和饥饿等预处理对花药和小孢子培养效果的影响,都来自对烟草花药和小孢子培养研究的结果。现在,油菜也成了研究花药和小孢子培养的模式植物。利用油菜花药和小孢子培养进行的研究主要集中在细胞分裂和小孢子胚胎发生早期的基础研究。单子叶植物的花药和小孢子培养也被广泛地研究,其中对大麦花药和小孢子培养研究比较成熟。孤雄生殖方式诱导单倍体在小麦、黑麦、玉米、燕麦和水稻上也被成功应用。尽管在单子叶植物中花药和小孢子培养获得较大成功,但该方法受基因型影响严重。虽然在多方面都做了努力,但仍没有一个适合于各种基因型的通用培养方法。因此,对孤雄生殖诱导单倍体培养方法的研究仍是一个需要攻克的难题。

目前,对于孤雄生殖诱导单倍体产生的相关技术的研究主要集中在预处理、氮源种类、碳源种类以及生长调节剂等对培养效果的影响。但更多的注意力是集中在胚发生的诱导阶段,而往往忽视苗的再生阶段的研究。对于单子叶植物而言,白化苗的比率较高仍然是限制单子叶植物加倍单倍体在育种中应用的"瓶颈"。尽管前面我们已对影响花药和小孢子培养效果的因素进行了较详细的举例叙述,这里仍值得对其进行综述,以便了解孤雄生殖方式诱导单倍体产生的发展进程。

我们已经知道,对花药和小孢子进行预处理是获得良好培养效果的关键。其中低温和高温预处理在大多数单子叶植物和双子叶植物的花药或小孢子培养方案中都被用到。早在 20 世纪 90 年代早期,研究者就认识到对大麦幼穗在 4～7℃条件下预处理 3～4 周,是成功诱导大麦小孢子胚胎发生的先决条件。自 20 世纪 90 年代以来的相关文章多数都指出应当对小麦、小黑麦、黑麦幼穗进行至少 1 周的低温预处理,才能获得好的效果。温度预处理对芸薹属小孢子培养的效果同样有明显的影响，其小孢子在25℃条件下进行悬浮培养时，会继续形成花粉，而在32℃条件下8 h的处理就足够引起孤雄生殖发生。然而也有研究证据表明在单子叶植物孤雄生殖诱导过程中，长时间的低温诱导处理会导致白化苗的增加。后来人们发现低温处理也可以被其他预处理方式所代替或相结合，获得的培养效果优于以前的方案。因此，现在低温结合高渗和饥饿处理成为禾谷类花药和小孢子培养中常用的预处理方法。此外，热激处理作为一种新的预处理方法应用于小麦花药和小孢子培养。而对于油菜花药和小孢子培养而言，热激处理却是常规的方法。在油菜花药和小孢子培养中，仅热激处理就可以不可逆转地改变小孢子的发育途径。还有报道用秋水仙素代替高温对悬浮培养的小孢子进行预处理，植株再生频率明显提高，而且得到加倍单倍体的频率也高，因此显得更有实用价值。在林木和豆科植物的花药和小孢子培养中，低温预处理也是有效的。总之，各种预处理方法在植物孤雄生殖诱导中被广泛应用。从以上可以看出，目前人们在对花药和小孢子的预处理过程中，都将注意力集中在利用压力条件进行预处理的研究方面，而对花药和小孢子的预培养方面的研究却很少关注，应当对这方面进行研究。

培养基也是影响花药和小孢子培养效果的重要因素。多数研究者对于培养基的调配主要从氮源、碳源和生长调节剂这几个方面入手。研究表明，在大麦花药培养的培养基中添加高浓度的谷氨酸会获得较好的效果，其培养效果优于添加铵态氮。大多数研究者推荐在大麦花药培养基中添加500 mg/L以上浓度的谷氨酸。在小黑麦和黑麦的花药培养基中，多数情况下添加了高浓度的谷氨酸和天冬氨酸。在芸薹属花药和小孢子培养基中添加相对高浓度的谷氨酸和丝氨酸也会取得好的效果。总结这些研究结果可以看出，和无机氮相比，氨基酸在花药和小孢子培养中是一种较好的氮源，对诱导胚状体有利。碳源在花药和小孢子培养中的重要性前面已经提到。在碳源的使用方面，人们也进行了多种尝试。在大麦孤雄生殖单倍体诱导过程中，用麦芽糖代替蔗糖获得了极好的效果，而且多数文献报道推荐在诱导培养基中使用62 g/L的麦芽糖，植株再生培养基中使用浓度减半。在小麦、小黑麦、黑麦和水稻花药和小孢子培养中，许多报道在诱导培养基中使用60.0～90.0 g/L的麦芽糖，在植株再生培养基中使用的麦芽糖浓度通常为20.0～30.0 g/L。这些带有普遍性的结果可以作为其他花药和小孢子培养方案的参考标准。然而，对于油菜花药和小孢子培养而言，蔗糖却是常用的碳源。在众多的相关文献报道中，蔗糖和麦芽糖是首选的碳源，而涉及其他碳源的文献相对较少。我们添加到培养基中的多数生长调节物质都是类似于植物激素的合成物。生长调节物质的作用主要是刺激外植体重新分裂和再分化。在人们印象当中激素在植物组织培养过程中是不可缺少的，然而在某些植物小孢子培养过程中，诱导培养基中往往不需添加生长调节物质，尤其是在采用条件培养的方法中，生长调节物质可以被忽略。不同植物需要的生长调节剂的种类和浓度很不一致。大麦孤雄生殖诱导中，多数研究者添加6-BA、IAA或NAA，而各物质使用浓度差异较大。在小麦、小黑麦和黑麦花药和小孢子诱导过程中，诱导培养基中通常使用2,4-D和KT，在分化培养基中通常使用NAA和KT，还有研究者使用了ABA获得了好的效果。然而，条件培养的方式值得我们注意。在条件培养方式中，可能存在不为人知的物质，这些物质起着生长调节剂的作用且其效果比目前所使用的生长调节剂好。

相对于胚状体诱导来说，研究者将较少的注意力放在植株再生培养基和再生条件的研究方面。因为多数人认为决定植株再生频率的高低取决于胚状体诱导频率的高低。因此，在再生培养基的研究方面，研究者用的精力较少，通常是在诱导培养基的基础上进行一些简单的调整，比如改变碳源和生长调节剂的浓度和组成等。然而，事实可能并不如此。对油菜小孢子诱导培养结束后，开始进行植株再生培养的时候，对诱导的胚状体进行低温处理，植株再生率可明显提高。在其他芸薹属植物的小孢子诱导培养中也验证了这种情况。因此，花药和小孢子培养过程中，植株再生也会受到很多物理化学因素的影响，在今后的研究中，应对这方面进行深入研究。

在花药和小孢子培养再生单倍体植株过程中，出现白化苗的频率往往较高，几乎所有禾本科植物的花药和小孢子培养都会受到白化苗现象的困扰。在大麦、小麦和水稻中，白化苗现象可能更为严重。因此，白化苗现象也是限制单倍体技术在实际应用中的“瓶颈”。用小麦作实验材料进行研究表明，白化苗产生的频率是一个可以遗传的、由核基因控制的性状，有报道称小麦中控制白花苗产生的数量性状基因座位(quantitative trait locus, QTL)位点位于1BL/1RS染色体以及2AL、2BL和5BL染色体臂上。应用分子生物学方法对小麦和水稻的白化苗进行研究发现，在这些植物的白化苗中，其质体中的基因组发生了大规模的丢失和重排。这些研究结果表明，小孢子培养过程中，白化苗的产生可能和质体中的某些基因控制有关。虽然白化苗的产生受遗传控制，但是改变培养条件仍然可以降低白化苗发生的几率。比如，饥饿结合低温处理在提高小孢子存活率的同时也能有效地降低白化苗的产生。在培养基中添加甘露醇和$CuSO_4$再结合饥饿处理同样可以减少白化苗的出现。在大麦小孢子培养中，用甘露醇进行预处理可以维持细胞器的正常结构，绿苗再生率也大大提高。在黑麦和小黑麦小孢子培养过程中，低温预处理更适合绿苗的再生。在小麦小孢子培养的起始阶段，在培养基中添加适当的秋水仙素可以提高绿苗和白化苗的比率。尽管有这样的报道，白化苗现象仍然是单子叶植物小孢子培养中的一大难题，而在双子叶植物中，这种情况要少很多。有观点认为，白化苗现象与细胞程序化死亡有关。在小孢子培养过程中，细胞程序化死亡导致叶绿体DNA受损，从而引起植株白化现象。

从以上综述来看，花药和小孢子培养再生单倍体植株的各个环节中，始终贯穿着高温、低温、高渗和饥饿等处理，因为这些处理对诱导胚状体和再生苗有正向效应。然而，要建立一个对某一种植物多数基因型都通用的培养体系仍十分困难，因为就目前知识来看，不同基因型对培养条件的不同反应决定了培养基和培养条件的不确定性。尽管前人以烟草、油菜、大麦和小麦等植物作为模式进行了多方面的尝试，但花药和小孢子的培养研究仍然缺乏一个通用模式物种用以更好地改进单倍体诱导技术。今后的研究应当集中探索小孢子胚胎发生过程中的遗传控制以及分子和生物化学机制。分子生物学及其相关技术的发展已使人们在这方面取得了不少进展。反义RNA技术已被用来研究小孢子胚胎发生的机制。通过功能基因组学方法已在芸薹属植物中找到了小孢子胚胎发生相关的转录因子。在大麦中也发现了与小孢子胚胎发生相关的基因。这些结果表明目前对小孢子胚胎发生的分子机理研究已经取得了初步的进展。进一步对这些基因功能进行研究将在小孢子胚胎发生过程中有重要的发现。总之，随着功能基因组学研究的发展，有望在不久的将来揭开小孢子胚胎发生的神秘面纱，清楚地了解不同物种在不同培养条件下的小孢子胚胎发生的遗传调控机制。

对于某些花药和小孢子培养效果不好的谷类植物而言，可以考虑用子房培养途径获得单倍体。但子房培养途径获得单倍体在禾谷类植物中的应用有限，尽管有报道通过此途径在几个基因型小麦、大麦、水稻中已获得单倍体植株。对子房培养胚胎发生机制的了解有利于提高子房培养获得单倍体的技术。对控制子房胚胎发生起始相关的基因进行克隆和研究，有利于为子房培养获得单倍体打开新的局面。

3.4.2 单倍体在育种中的应用

获得单倍体是单倍体育种的第一步，单倍体植株经加倍后成为双单倍体植株即DH植株。DH植株群体的建立对植物育种用处极大。DH植株在遗传基础上是纯合的，因而通过DH植株能够一个世代就得到纯系；在二倍体植株中不能表现出来的隐性性状在DH植株中能够表现出来，这对于诱变育种和诱导突变机制的研究非常重要；配子基因型在DH植株中能充分地表现出来，因此重组配子很容易被识别，性状的选择也变得容易；DH植株群体是一个能稳定遗传的重组群体，对于遗传作图、基因定位和寻找重要农艺性状的分子标记极其有用。要建立一个好的方便使用的DH群体，必须满足几个条件：DH群体在遗传上应当稳定；DH群体应当随机包含来自亲本配子的样本；应当较容易持续获得大量各种基因型的DH植株。DH植株除了用于育种外，还可以作为遗传材料进行基础研究。

3.4.2.1 用于突变体的分离

增加作物育种材料的遗传变异是作物育种获得成功的重要基础。有些植物突变体在二倍体状态下其表型会被掩盖，而单倍体条件下，经染色体加倍后基因处于纯合状态，可以获得各种显性和隐性的纯合材料，突变性状就容易显现出来。特别是多倍体来源的单倍体，更有可能获得在原始多倍体中不可能表达的隐性性状，从而丰富作物的遗传种质，增加了育种亲本的遗传基础。此外，将单倍体技术与远缘杂交相结合，可以直接产生各种异源非整倍体，比如该方法用于小麦育种过程中，就可以获得附加系、代换系等重要育种材料。因此，单倍体也是创制种质资源的重要途径。利用单倍体在作物中分离有利突变体已有成功报道。从烟草单倍体中选择到了具高光合效率的突变体，利用西瓜单倍体突变体培育出抗病的西瓜。通过花药培养诱导的马铃薯单倍体中，获得了不能进行赤霉素生物合成的矮化突变体。水稻中的大量突变体也是通过花药培养诱导的单倍体植株发现的。在花药和小孢子诱导培养过程中，添加压力以获得突变体。在小麦耐铝材料选择中，进行花药或小孢子培养时施加铝盐压力，从而可以诱导耐铝能力增强的突变体，染色体加倍后很快获得纯合突变体。然而，在实际应用过程中利用单倍体分离有利突变体的效果也并不是非常理想，主要是因为多数情况下不利突变与有利突变并存，突变体整体农艺性状不优良，难以在实际育种中加以利用。

3.4.2.2 DH群体用于作图

遗传作图在作物育种中的应用十分广泛，通过遗传作图，建立分子标记和重要农艺性状的连锁关系，以便于分子标记辅助选择。在遗传作图过程中，需要建立合适的分离群体，这些分离群体包括F_2群体、F_3群体、回交群体、重组自交系（recombinant inbred lines，RIL）群体以及DH群体。F_2和F_3群体属于不稳定群体，不能连续使用。因为F_2和F_3群体自交后代仍然发生分离，群体会越来越大，作图中为了不遗漏各种重组类型，工作量和各方面成本都会增加，而且在实际研究操作中可能也不现实。回交群体和重组自交群体的建立所需时间太长。而DH群体作为稳定的分离群体，可以在短时间内获得，该群体一方面可以代表F_2群体中的重组类型；另一方面群体上的等位基因都是固定的，可以无限地用于新标记作图，群体自交的种子可以繁育多次，也便于对作图结果进行重复检验。特别是对于QTL作图，DH群体的利用价值更加突出。因为数量性状受环境影响极大，因此对数量性状的定位必须要多年多点进行，为了实验的准确，就要求有一个统一且稳定的群体用以反复实验，而DH群体就符合这样的要求。因此，DH群体在遗传作图中就避免了F_2和F_3群体所遇到的麻烦。DH群体在作物中的QTL作图起了极大作用，在大麦、小麦、水稻和玉米中，至少有43个DH群体被用来进行遗传图谱的构建和QTL作图。利用DH群体，对多种作物的重要农艺性状相关基因进行了QTL定位，如抗病虫基因、耐受非生物胁迫基因、抽穗时期相关基因、光周期反应相关基因、品质基因和产量相关基因等。在有些时候，会遇到没有遗传连锁图谱可以利用。这种情况下可以利用集团分析法（bulked segregant analysis，BSA）寻找目标基因的分子标记。因为BSA方法要求两个在某一性状上呈现极端表现的群体，然后对来自这两个群体的个体进行比较。这就要求两个群体中的个体在这一性状上的表现要非常明显。而DH群体的个体因为基因型纯合，从而具备这样的特点，加之DH群体可用于反复实验验证，所以DH群体也适合用于BSA法寻找某一性状的连锁标记。利用此方法，在大麦中寻找到了与杆锈抗性基因*rpg*4连锁的RAPD和RFLP分子标记。现在，BSA分析法结合DH群体已被成功用来对某些作物重要农艺性状进行分子标记辅助选择，这些性状主要包括抗病虫和品质性状。

随着表达序列标签（EST）测序的发展，已经获得了大量的EST序列，这对作物功能基因组学的研究起了很大的促进作用。因为EST序列代表了表达的基因，因此可以将EST序列和某些功能联系起来。此外，从已测出的EST序列中，发现存在丰富的多态性，如为大家所熟知的EST-SSR和SNP等。EST-SSR的变异和单核苷酸多态性都可以用PCR的方法检测出来。DH群体的出现使得EST-SSR和SNP的应用变得更加简单。利用DH群体将EST-SSR和SNP这类分子标记整合到遗传图谱中，将对重要农艺性状相关基因的利用起到十分重要的作用。

以上叙述了DH用于遗传图谱构建和基因定位作图的优点，但必须记住的是，利用DH群体进行这方面研究的前提是要大量获得DH植株，构建足够数量的群体，这样才能尽可能包含各种重组类型。

3.4.2.3　DH群体用于基因克隆

在作物育种中，育种家们都想从各种作物中分离重要农艺性状相关基因加以利用。然而，这个目标对有些作物而言，比较容易，但对有些作物却较困难。对于水稻而言，因为其全基因组已经测序，加之其基因组相对简单，因此从水稻中分离克隆基因相对容易。而对于小麦而言，这项工作却没有这样简单。因为小麦为异源六倍体，基因组大且复杂，而且全基因组测序尚没有完成仅绘制出基因组草图。所以，从小麦基因组中分离克隆重要农艺性状相关基因还比较困难。对于小麦这样的作物，我们可以利用分离群体进行基因定位，找到与目标性状紧密连锁的分子标记，然后利用图位克隆的方法分离目标基因，这就要求对目标基因进行精确和精细定位。这项工作可以利用 F_2 和 F_3 等分离群体进行，人们利用 F_2 和 F_3 分离群体可以进行单一基因的分离，但要反复使用这样的群体分离多个基因却不现实。而利用 DH 群体就可以进行多个基因的分离。因为 DH 分离群体稳定，可以用它进行目标基因定位准确性的反复验证，以确证与目标基因紧密连锁的分子标记。正因为 DH 分离群体具有稳定和可反复使用的特点，所以用同一群体可以进行多个基因的分离克隆。

3.4.2.4 单倍体在基因转化中的应用

转基因技术已成为作物改良的重要生物技术手段。尽管目前对转基因的安全性仍存疑虑，但作为一种快速、直接改良作物的有效方法，仍然吸引众多研究者从事这一领域的研究。通过转基因的方法可以将单个或几个有利基因导入受体植株细胞，让有利基因整合到植物基因组中，只要基因能正常表达，则获得的植株就会表现出相应的优良性状。然而，在从事转基因过程中，我们不能控制外源基因整合到植物基因组中的位点，不能保证获得的 T_0 代植株中，外源基因恰好在一对同源染色体的同一位点进行整合而成为纯合个体。通常情况下，对获得的转基因植株还要自交纯合，而在这个过程中又存在很多变数，特别是对于小麦这样的大基因组作物，更是如此。因此有必要寻找一种受体，在 T_0 代植株中就得到转基因纯合个体。而单倍体技术中的小孢子培养就可以满足这个目的。小孢子处于单倍体状态，不管外源基因整合到染色体的哪个位置，再生植株一经加倍，得到的加倍单倍体中，外源基因整合位点就是纯合的，这样就缩短了转基因植株进入应用阶段的周期。然而，尽管利用小孢子培养技术获得转基因植株前景极好，但进展缓慢。

在利用小孢子培养进行转基因过程中，所用的转化方法主要是 DNA 直接导入法和农杆菌介导法。早在 1987 年，研究者就用显微注射的方式将 DNA 注射到油菜小孢子诱导的细胞团中，后来对再生植株进行检测，发现一半的再生植株都含有 *Npt*Ⅱ选择标记基因。然而多数为嵌合体。随后继续在油菜、大麦和玉米中尝试这种方法，结果收效甚微。后来很少有研究者再在这方面进行尝试，该方法目前基本上无人关注。人们也尝试了用 PEG 和电穿孔法将外源 DNA 导入小孢子细胞或小孢子原生质体。尽管在细胞中检测到了报告基因的瞬时表达，但多数情况下没有得到再生植株。后来，人们利用基因枪轰击的方法将外源基因导入小孢子，并借助小孢子培养获得了再生转基因植株，这些植株包括大麦、小麦、烟草和油菜等。研究者对基因枪轰击小孢子的方法也作了多方面改进。然而，借助基因枪的转化方法效率仍然很低。轰击 10^6～10^8 个小孢子可能会得到一颗再生转基因植株。除了直接将目的基因片段导入小孢子外，也可以借助农杆菌将外源基因导入小孢子细胞。研究者在这方面也进行了探索性的尝试,将油菜小孢子形成的胚与农杆菌共培养,得到了转基因植株,用同样的方法也在烟草中获得了转基因植株。同样,这些结果也没有了进一步的研究。尽管不少报道称利用基因枪轰击法获得了小孢子再生转基因植株,但对这些植株的后续研究却再无音讯。总之,在用小孢子作受体进行基因转化研究中,人们尝试了多种方法,虽然也获得了一些结果,但技术障碍仍然存在。需要考虑的因素主要包括两个方面:小孢子的细胞壁是外源基因进入小孢子的一大障碍;在转化过程中,不管用哪种方法,小孢子的活力都会受到严重的影响,导致小孢子死亡。因此,基因枪转化方法在小孢子转化方面的发展会受到极大的限制,主要是因为该方法不能避免高速运动的金粉对小孢子造成损伤。小孢子发育时期对遗传转化也很重要,通常认为小孢子或双核花粉都适合用作转基因受体。理想情况下,基因转化过程应当发生在细胞周期中的G1期,因为外源基因在G1期整合进基因组后,通过S期的复制,形成两个相同染色单体,且都带有一个外源基因拷贝,容易形成纯合转基因个体。然而,G1期的小孢子不是培养的最佳时期,影响胚状体的形成和植株再生。人们试图在这两者之间找到平衡,然而结果也不容乐观。不少研究者在小孢子培养过程中的多细胞阶段进行转化,效果有一定的改善,但嵌合体现象严重,因为转化细胞和非转化细胞都会参与植株再生。小孢子遗传转化过程中最重要的一点是在基因组自然加倍之前实现外源基因的整合,以便获得纯合的转基因植株,不过也可以用流式细胞仪来鉴别单倍体转基因植株,然后再进行染色体加倍。

由此看来,借助小孢子培养进行遗传转化还有很长的路要走。不过,随着植物小孢子培养技术的不断发展,终将会为小孢子的遗传转化铺平道路,这项技术也会成为植物转基因中的常规技术。

3.4.2.5 单倍体在植物育种中的应用

单倍体技术在植物育种中的应用前景非常诱人,在育种策略中,可以通过杂交将某一特定优良性状导入目标诱导材料,对目标诱导材料进行重组与改良,使其积累足够的有利基因,然后利用单倍体技术使优良的基因组合快速纯合,获得优良的纯系,这将会极大地发挥单倍体育种的优势,提高植物育种的效率。在作物育种中,通常会遇到这样的情况,某一材料除一个特定性状表现较差外,其他农艺性状都表现优良。因此,我们常采用回交转育的方法对这份优良材料进行改良。其方法是选用一份能弥补优良材料缺陷的植株作供体亲本与优良材料杂交,然后 F_1 植株再和优良材料回交,多次回交后供体亲本的基因组成分就会越来越少,从后代中可以选到大部分供体亲本的基因组成分消失,但又含有供体亲本优良性状的植株,这种植株和母本优良材料相比,已经没有了缺陷。这种方法在育种中非常有效,但是耗费时间很长，需要多个轮回的杂交和染色体重组。在回交转育过程中，如果通过花药、小孢子培养途径或其他途径获得加倍单倍体，然后再借助分子标记辅助选择(MAS)，选到目标植株的过程就会大大缩短。因为通过加倍单倍体可以缩短获得纯系的时间，而分子标记辅助选择则加强了选择的目的性。但是，加倍单倍体借助分子标记的方法也受加倍单倍体诱导效率的限制，如果能稳定获得大量加倍单倍体，就能在较短时间内选到目标植株，否则可能也要较长时间。加倍单倍体借助分子标记辅助选择的方法在大麦育种中已被成功利用，通过该方法将条锈病抗性基因转入了大麦。总之，借助加倍单倍体进行育种，可以在一个世代内就获得纯合个体，减少了育种中多次杂交的过程。事实上，通过传统的杂交育种方法是很难得到真正意义上的纯系的。

目前DH植株已用于植物商业化育种，尤其在玉米中应用效果最佳。据文献报道，目前国外大约60%的马齿型自交系，30%的硬粒型自交系是利用单倍体技术选育出来的。德国KWS公司、美国孟山都公司等一些国际玉米种子公司都在利用单倍体诱导系进行自交系选育。据报道，美国在利用单倍体技术进行玉米育种方面技术已非常成熟，已育成了一批优良的玉米单倍体诱导系。德国KWS公司利用单倍体诱导技术每年可产生1 500～2 000个纯系。国内多家科研育种单位也相继开展了玉米单倍体育种的研究，目前也都育成了一些性状较优良的加倍单倍体和一些诱导效果极好的单倍体诱导系。我国于1960年开始单倍体育种工作，先后选育出烟草、油菜、大白菜、甘蓝、甜椒、小麦和水稻等新品种。小麦品种“京花1号”是我国首次育成国际上第一个小麦花培品种。据报道，一些DH小麦品种已成为世界上某些特定地区的主导栽培品种。比如在加拿大，2007年某些地区主栽的5个小麦品种中有3个为DH系。由DH植株选育的品种在许多作物中都存在。有报道称，在欧洲目前栽培的大麦品种中，大约50%的品种都通过加倍单倍体培育。在蔬菜育种中，DH植株主要用来作为生产F_1杂交种子的亲本。

通过网址(http://www.scri.sari.ac.Uk/assoc/COST851/default.htm)可以查到当前各种作物中DH来源的品种。包括茄子、油菜、胡椒、甘蓝、大麦、小麦、玉米、水稻及小黑麦等近300个品种都是通过加倍单倍体产生的，而且这种来源的植物品种数目还在增加。目前，在DH技术的研究方面，人们将注意力投向了以前被研究者忽视的植物上，特别是那些具有很高商业价值的药用植物和香料植物，通过对这些植物的单倍体技术进行研究，可以在短时间内获得利益回报。这些植物在单倍体技术领域还属于新兴植物，对它们的培养技术研究主要参考了烟草、油菜及大麦等这类单倍体技术领域的模式植物。用DH群体来生产药用植物和香料植物的F_1种子是育种者关注的焦点。对于像黑麦和牧草这类通过自交难以获得纯系的植物而言,获得可育的DH系是非常重要的,对这类植物而言,获得新的纯合DH群体就有可能培育出新的品种,同时还可以从事遗传研究。单倍体技术虽然在以玉米、大麦等为代表的作物育种中获得了成功,但是稳定地获得大量单倍体植株,提高绿苗再生率,提高染色体加倍效率以及单倍体和双单倍体的快速准确鉴定仍然是DH植株用于育种所遇到的几大难题。

3.4.2.6 单倍体诱导过程中多倍体变异的利用

我们的叙述一直集中在单倍体的利用上,却忽视了在单倍体诱导过程中所产生的一些副产物的作用。前面已经提到,在花药和小孢子培养过程中,除了产生单倍体,其他倍性的植株也会产生。人们在用曼陀罗植物花药培养时就已经发现从单倍体到六倍体植株都会出现。一些非单倍体再生植株来源于非单倍体的小孢子,而三倍体的形成是由在小孢子分裂早期发生的核内复制事件引起的。而这些多倍体变异植株往往具有潜在的应用价值。比如在番木瓜中,利用花药培养获得了三倍体植株,这种三倍体植株和正常植株相比变矮,而且产生大量的无核果实。这样的三倍体番木瓜在育种或商业生产上都有巨大的潜在应用价值。除此之外,在其他果树育种中,可能也会遇到这样的情况。比如在枇杷育种中,无核枇杷是一个重要的商业性状,通过花药和小孢子培养诱导也是生产无核枇杷的重要途径。

思考题

1. 什么是单倍体育种?有何意义?
2. 花药培养和小孢子培养有何区别?
3. 影响花药和小孢子培养效果的因素有哪些?
4. 植物单倍体产生的途径有哪些?
5. 鉴定单倍体的方法有哪些?
6. 简述单倍体技术的应用。
7. 简述单倍体技术存在的问题。

第4章

植物染色体工程技术 >>>

生物体的遗传性状由基因控制，基因主要位于染色体上，染色体在数量、结构等方面的变异都会导致生物遗传性状的改变。染色体工程（chromosomal engineering）最早由 Rick 和 Khush 于 1966 年提出，也被称为染色体操作（chromosomal manipulation）：是指按照人们的预先设计，有目的地进行染色体组、染色体、染色体片段或染色质的操纵，通过添加、代换、消减和易位等染色体操作方法和技术改变物种染色体组成，进而定向改变其遗传特性的技术。植物染色体工程，有狭义和广义染色体工程之分。

狭义的染色体工程则是指严格意义上的染色体人工操作，即人工分离染色体或染色体区段，将分离出的染色质导入原生质体，经原生质体培养再生子细胞、愈伤组织，最后再生出完整的植株。人工分离染色质的方法包括利用流式细胞仪（flow cytometry）分拣染色体或染色体臂（chromosome sorting）和利用显微切割技术（micro-dissection）分离染色体或染色体区段。导入原生质体的可以是完整的染色体，也可以是经过理化因子如激光、射线、酶解等切割成的片段。此外，也可以在对基因进行物理定位的基础上，通过染色体分拣或染色体显微切割，建立特定染色体或染色体区段的基因文库，筛选出携有目的基因的小片段 DNA 克隆，用它组建成人造染色体（artificial chromosome），再通过显微注射（micro-injection）等方法导入受体原生质体，最后培养出新的染色体工程植株。

本章将重点介绍在植物中广泛应用的广义的染色体工程。广义的植物染色体工程是通过改变栽培物种的染色体组成，创造新物种、新材料的系统工程。具体是指利用远缘杂交、组织培养、染色体加倍和染色体结构变异诱导技术，将近缘物种的优良基因通过染色体组、染色体或染色体片段的导入而转入栽培物种，并结合分子、细胞遗传学等多种方法鉴定远缘杂交后代染色体组成的技术体系。利用染色体工程创制作物新种质，可以丰富栽培物种的基因库，提高其遗传多样性，为作物遗传改良提供新的基因资源；还可以为研究物种的起源进化、基因组结构和比较基因组学提供有用的遗传材料。

4.1　染色体组工程

染色体组工程是指针对整组染色体的操作，主要包括异源多倍体和同源多倍体的培育。自 1930 年第一次利用秋水仙素进行植物染色体加倍以来，加倍技术被广泛应用植物倍性育种，同源多倍体育种被广泛应用于以营养器官和特殊化学成分为主要产品、可以无性繁殖的物种。

4.1.1　同源多倍体

同一物种经过染色体加倍形成的多倍体，称为同源多倍体(auto-polyploid)。同源多倍体增加的染色体组来自同一物种，一般是由二倍体的染色体直接加倍产生的。同源多倍体在植物界比较常见，这是由于大多数植物都是雌雄同株的，两性配子可能同时发生异常减数分裂，产生未减数的配子，通过自交而形成了多倍体。

同源多倍体中最常见的是同源四倍体和同源三倍体。同源四倍体是正常二倍体通过染色体加倍形成的，马铃薯是一个天然的同源四倍体。利用秋水仙素等处理发芽的水稻、大麦等种子，可以获得人工同源四倍体。在同种植物中将同源四倍体与正常二倍体杂交，则可以人工获得同源三倍体。三倍体植物由于减数分裂中染色体配对紊乱，产生的配子绝大多数遗传上不平衡，不能正常地受精结实。因此，三倍体是高度不育的，利用该技术可以生产无籽西瓜。

由二倍体栽培植物多倍体化产生的同源多倍体遗传稳定性好，由于基因的剂量效应，使得多倍体植株可能表现出营养体变大或某些代谢产物的含量增加，如同源三倍体甜菜的产糖量增加；三倍体橡胶产胶量增加并提早开割期；三倍体香蕉果大无籽；三倍体西瓜无籽味甜、口感好、易贮藏；四倍体多花黑麦草产量高且品质好。

采用人工诱导多倍体的方法如秋水仙素处理，使普通二倍体西瓜染色体组加倍而得到四倍体西瓜植株，然后与二倍体西瓜植株(作为父本)杂交，从而得到三倍体种子(图 4-1)。三倍体的种子发育成的三倍体植株，由于减数过程中，同源染色体的联会紊乱，不能形成正常的生殖细胞。再用普通西瓜二倍体的成熟花粉刺激三倍体植株花的子房而成为三倍体果实，因其胚珠不能发育成种子，因而成为三倍体无籽西瓜。

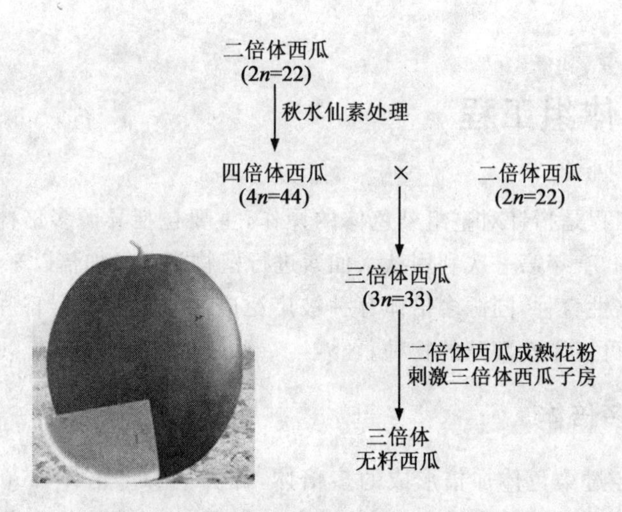

图 4-1 三倍体无籽西瓜的产生和生产过程

4.1.2 异源多倍体

指不同物种杂交产生的杂种后代经过染色体加倍形成的多倍体称为异源多倍体(allo-polyploid)。常见的多倍体植物大多数属于异源多倍体,例如,小麦、燕麦、棉花、烟草、苹果、梨、樱桃、菊、水仙和郁金香等。

异源多倍体可以人工培育。将具有不同染色体组的双亲杂交产生的 F_1 进行染色体数目加倍创造异源多倍体是染色体组工程的主要内容。远缘杂交获得的远缘杂种 F_1 包含来自双亲配子的不同基因组的染色体,它们在减数分裂中不能正常配对,导致大量单价体的存在,育性普遍较低甚至高度不育。

自然界广泛存在受遗传控制不减数或近乎不减数配子产生的机制,在小麦与山羊草、黑麦、簇毛麦等远缘杂种后代中均发现通过 F_1 未减数雌雄配子融合自发产生双二倍体的现象。用秋水仙碱处理,结合组织培养的人工染色体数目加倍技术可以大大提高植物多倍体化的效率。1927 年 Karpechenko 首次合成了异源多倍体,他在获得十字花科中不同属的萝卜和甘蓝杂种 F_1 的基础上,用秋水仙素处理人工诱导染色体数目加倍,得到异源四倍体。在该异源四倍体中,两个种的染色体各具有两套,因而又叫做双二倍体(amphiploid)。这种双二倍体既不是萝卜,也不是甘蓝,它是一个新种,叫做萝卜甘蓝。尽管萝卜甘蓝的根像甘蓝,叶像萝卜,没有经济价值,但是,却提供了种间或属间杂交在短期内(只需两代)创造新种的方法。

经染色体数目加倍产生的双二倍体在合成初期，虽然结合了来自双亲的整套染色体，各染色体均有其同源伙伴可进行配对，但由于二倍体化（diploidization）机制尚不完善，来自双亲的染色体之间在复制时间、染色体定向、着丝粒分裂、子染色体向两极移动等方面表现出某种程度差异，在减数分裂中期Ⅰ经常可见到单价体和多价体，引起染色体丢失或减数分裂不稳定。但通过对细胞学稳定性和结实性的观察和连续选择，二倍体化机制可日趋完善，并逐步成为细胞学上稳定的新物种。

据 Maan 和 Gordon（1988）统计，仅小麦及其亲缘物种的双二倍体就有 267 种。异源多倍体中包含了双亲染色体，将双亲的优点结合的同时但又不可避免地将双亲的缺点结合在一起。因此，尽管已人工合成了许多栽培物种与野生种的双二倍体，但除了小黑麦（Triticale）之外（图 4-2），没有一个能在生产上直接应用。即使是小黑麦，由于减数分裂不稳定、核质互作和染色体组间不协调而降低育性，影响了籽粒饱满度和产量。Gupta 和 Priyadarshan（1982）等用“八倍体小黑麦×六倍体小黑麦”及“六倍体小麦×六倍体小黑麦”培育具有六倍体小麦细胞质的六倍体小黑麦，并获得了一批以 D 组染色体或染色体臂代换 R 组某些染色体或染色体臂的次级小黑麦和三级小黑麦，显著改善了籽粒饱满度和面粉烘烤品质，在产量等其他农艺性状方面也有显著提高。

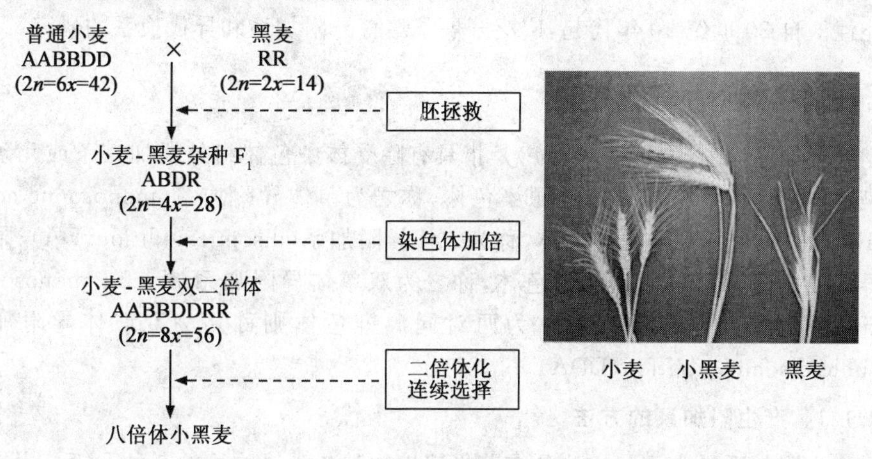

图 4-2　八倍体小黑麦的培育过程（左）和八倍体小黑麦（右）

我国对小黑麦的育种研究始于 1951 年，鲍文奎（1986）认为八倍体小黑麦比六倍体小黑麦更具有广泛的应用前景。用易与黑麦杂交的小麦品种“中国春”作为

"桥梁"与各种普通小麦品种杂交,再以杂种 F_1 或 F_2 作母本与黑麦杂交,以杂种配子代替纯种配子,不但克服了属间杂交的障碍,而且可使获得的每粒杂交种子经染色体加倍后都成为潜在的小黑麦原始品系,极大地丰富了小黑麦的人工资源和可能配组的杂交组合。1964 年,从八倍体小黑麦杂交组合后代中已能选出结实率达 80%左右、种子饱满度达 3 级水平的选系。1973 年小黑麦 2 号、3 号等试种成功,并在中国西南山区一带推广。由于小黑麦导入了黑麦抗旱、耐涝、耐瘠薄、耐酸性土壤及抗多种病虫害等方面的突出优点,已经在非洲、南美、澳大利亚的贫瘠干旱土壤、波兰的低涝酸性土地以及我国贵州的贫瘠高寒山地推广种植。但由于其总体农艺性状较差,仍局限于少数生产条件低劣的地区种植。其他亲缘品种虽然有许多突出优点,但远没有达到黑麦这样已经过长期改良和人工栽培的程度,因而它们与栽培植物的双二倍体要在生产中直接应用就更加困难。

4.2 整条染色体工程

培育携有控制目标性状基因的亲缘物种个别染色体的异附加系(或异添加系)、代换系,可大大减少因整组染色体的导入而伴随导入太多的外源不利基因的可能性。自 20 世纪 40 年代起,广泛开展了培育异附加系和异代换系的研究。

4.2.1 染色体异附加系

异附加系(alien addition line)是指具有除受体染色体组外增加一条或几条异源染色体的个体。附加一条异源染色体,称之为单体异附加系(monosomic addition,MA);附加一对异源染色体,称为二体异附加系(disomic addition,DA);附加的异源染色体为两条非同源染色体,称之为双单体异附加系(double monosomic addition,DMA);附加的染色体为两对同源染色体则称之为双二体异附加系(double disomic addition,DDA)。

4.2.1.1 产生附加系的方法

产生附加系最常用的方法是在获得栽培物种与亲缘物种的杂种 F_1 后,用受体种与 F_1 或由 F_1 加倍成的双二倍体回交一至数次,从回交后代中选择附加单体,再经自交产生二体异附加系(图 4-3 和图 4-4);对于难以直接杂交的种属间,可先用桥梁亲本与亲缘物种杂交,再用受体物种与所获得的 F_1 或双二倍体回交数次,从回交后代中选附加单体和二体异附加系(图 4-5)。

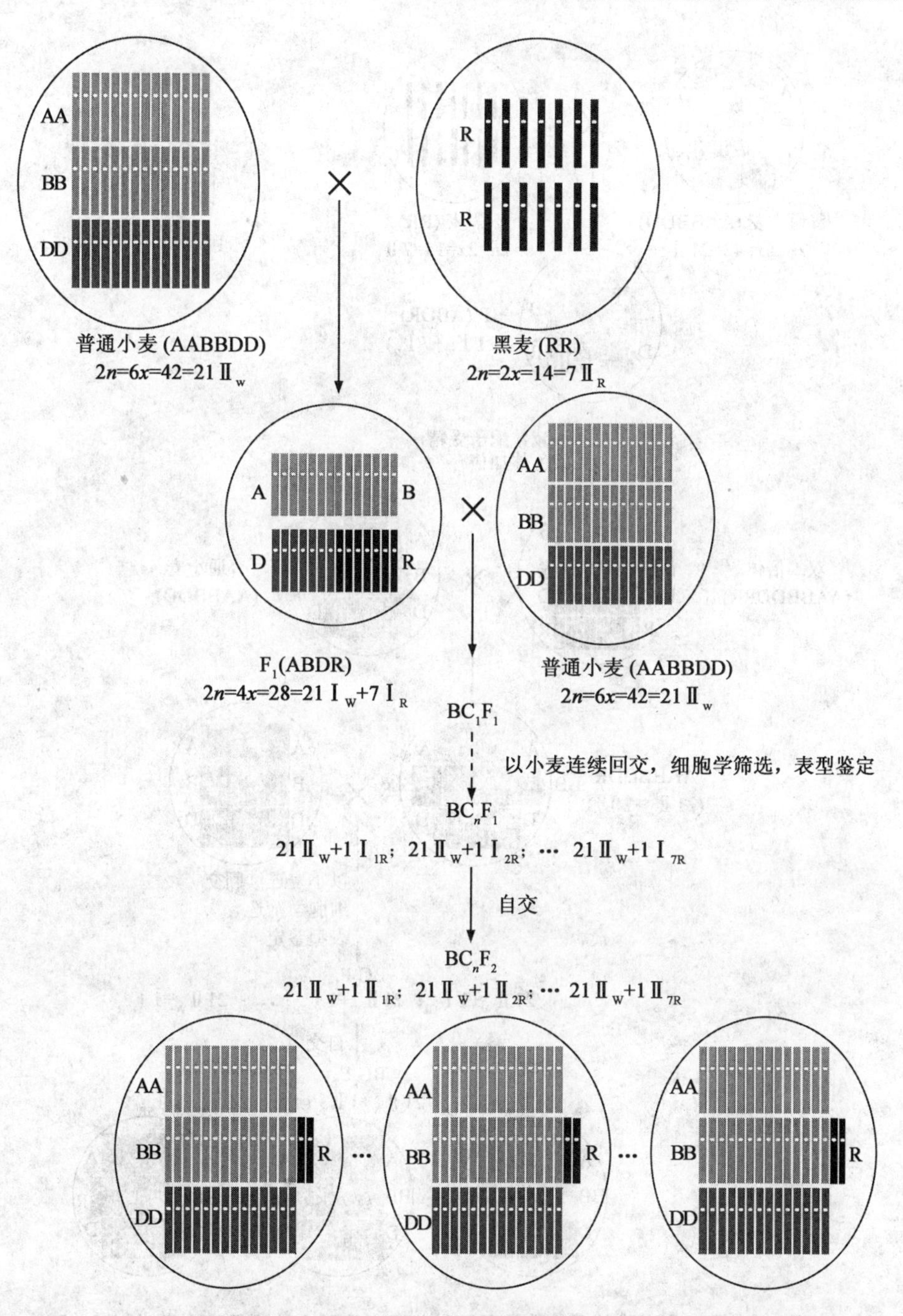

图 4-3　直接用普通小麦与普通小麦-黑麦杂种连续回交产生异附加系

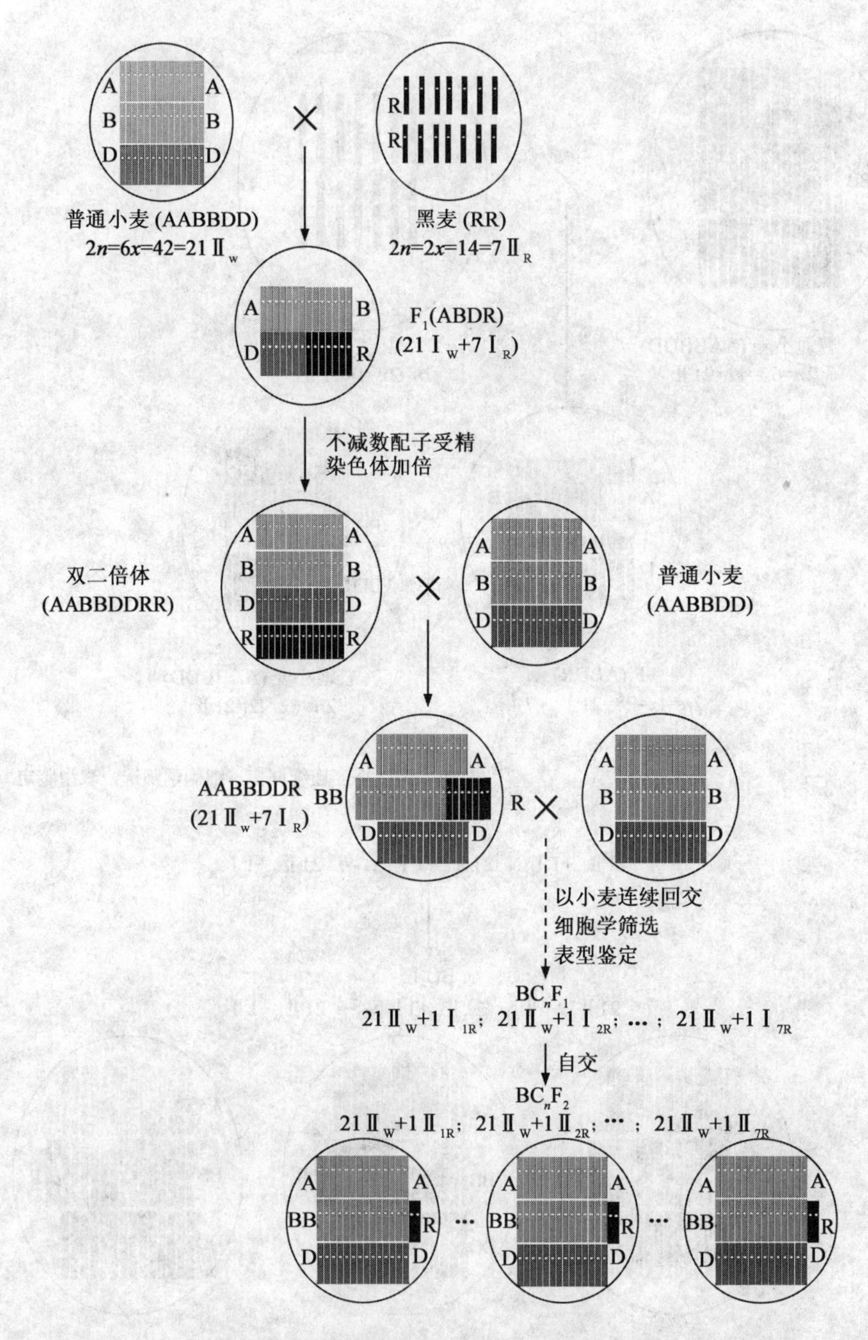

图 4-4　通过先合成的双二倍体后再与普通小麦回交的途径产生异附加系

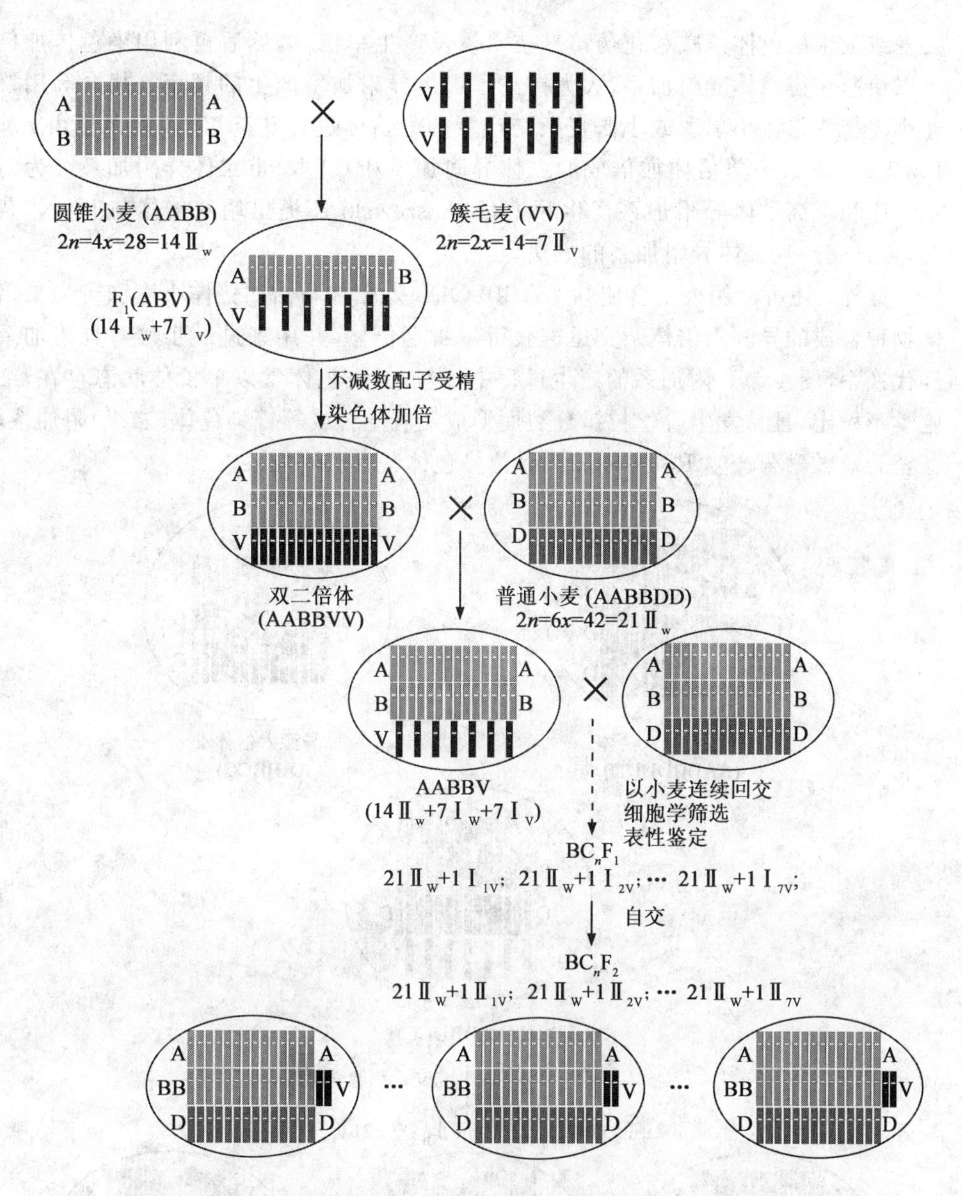

图 4-5 利用圆锥小麦作“桥梁亲本”培育普通小麦-簇毛麦异附加系

由于 $n+1$ 雄配子在选择受精过程中传递率很低，因此由附加单体自交产生二体异附加系的频率很低。Islam 和 Lukaszewski 观察到附加双单体或多重单体附加系自交产生二体异附加系的频率比单体附加系自交时的频率高得多。利用球茎大麦或玉米染色体消减和花药培养技术诱发产生单倍体，然后再利用染色体加倍可以快速获得二体异附加系，大大提高了二体异附加系产生的频率。胡含等用普通小麦与八倍体小黑麦或小偃麦杂交产生的七倍体进行花药培养，获得了由 $n+1$、$n+2$、$n+3$、…单倍体加倍成的二体异附加系和双（多）重二体异附加系。为简化程序和提高二体异附加系产生频率，Lukaszewski 还提出用八倍体与七倍体杂交，再自交产生二体异附加系的方法。

此外，还可以用人工合成的 AABBDDDD 八倍体与由四倍体小麦和野生二倍体物种合成的异源六倍体杂交迅速获得一批七倍体，并用来进一步培育异附加系和代换系（图 4-6）。附加系的产生过程中，附加的染色体常以单价体状态存在，细胞学不稳定，且易发生着丝粒错分裂而形成端着丝粒或等臂染色体（二级）附加系，甚至着丝粒融合产生 Robertson 氏易位染色体（三级）附加系。

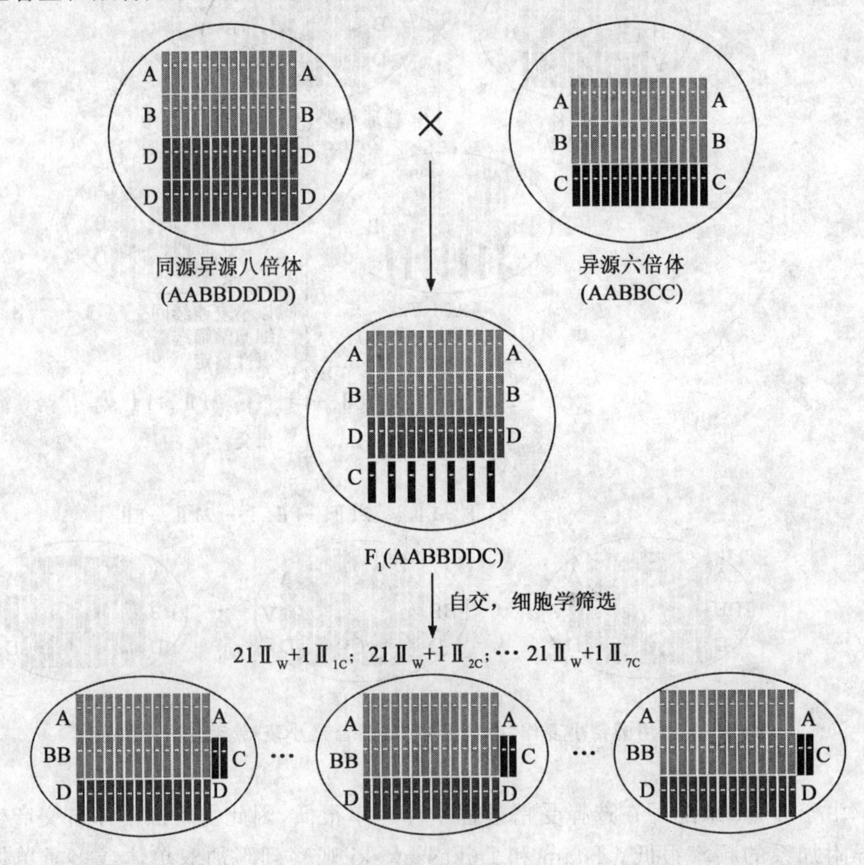

图 4-6 通过人工合成的同源异源八倍体与异源六倍体杂交培育异附加系

4.2.1.2　异附加系的鉴定方法

异附加系鉴定的传统方法主要利用基于染色体制片的经典细胞遗传学技术进行染色体计数和染色体配对构型分析，可以通过染色体数目的变化初步推测异附加系及其类型；20 世纪 70 年代开始利用染色体分带技术进一步确定添加的外源染色体的具体身份；基于蛋白质电泳或同工酶的鉴定技术可用于鉴定携带这些蛋白质编码位点的外源染色体；基于 DNA 序列的原位杂交和分子标记技术自 20 世纪 70 年代末期建立以来，不断发展，由于其快速性和准确性，目前在染色体工程中广泛应用于外源染色体（质）的鉴定。

（1）染色体计数和核型分析

利用根尖体细胞有丝分裂中期制片进行染色体计数，单体异附加系的体细胞染色体数目为 $2n+1$，二体异附加系的体细胞染色体数目为 $2n+2$。

（2）染色体构型分析

在单体附加系的花粉母细胞（pollen mother cell，PMC）减数分裂中期Ⅰ（MⅠ），$2n+1$ 条染色体配成 n 个二价体和 1 个单价体（nⅡ+1Ⅰ），一般不出现三价体（Ⅲ），而染色体数目同样为 $2n+1$ 的三体中通常出现[（$n-1$）Ⅱ+1Ⅲ]的构型；二体附加系在 MⅠ染色体构型为（$n+1$）Ⅱ，双单体附加系在 MⅠ染色体构型为[nⅡ+2Ⅰ]，虽然它们的体细胞染色体数与四体相同，但四体在 MⅠ常出现[（$n-1$）Ⅱ+ 1Ⅳ]构型，因此可以与之区分。

（3）染色体带型分析

当受体亲本与外源供体的染色体可以显带并具有彼此不同的带型时，可以准确地检测出导入受体亲本背景中的外源染色体。根据其带型特征，还可以确定导入的是哪一条或哪一对染色体。染色体分带既可以利用根尖细胞有丝分裂中期染色体，也可以用花粉母细胞减数分裂中期Ⅰ和后期Ⅰ染色体，借助染色体之间的配对，还可以显示出外源染色体在受体背景中的细胞学行为。

（4）生化标记分析

在进化过程中形成的同工酶结构基因差异使来自同一祖先的亲缘物种之间具有很大的相似性，但又会必然地出现某种变异。同工酶谱特征在物种中的遗传稳定性和多态性，可以清楚地显示出该同工酶基因所处染色体的存在和缺失。利用某一染色体上多个同工酶基因进行检测，可以提高鉴定的可靠性。由于各部分同源群的同工酶基因在不同染色体组之间常常有对应关系，因此同工酶不仅可以用来检测外源染色体的染色体组归属，还可以确定其部分同源群归属。

（5）分子标记分析

早期主要利用第一代分子标记如 RFLP，近年来更多地利用基于 PCR 技术或基于基因表达序列的分子标记技术，如 SSR、EST 等进行鉴定。分子标记直接反映DNA水平上的差异，因而比同工酶、蛋白质电泳的检测更稳定，更少受其他因素干扰。利用RFLP标记在染色体组之间的多态性，可以检测导入受体中的外源染色体属于哪个染色体组；由于RFLP标记在部分同源群内分布的相似性，又可以检测出外源染色体的部分同源群归属。此外RFLP标记还可以研究进化过程中所发生的易位、倒位等结构变异。SSR标记多态性丰富，操作简便，通用性高，特别是开发和利用基于EST的SSR标记，不但可以快速鉴定外源染色体，还可以确定外源染色体的部分同源群关系，鉴定进化过程中小麦染色体与外源染色体或染色体区段间的同线性关系。

(6)分子原位杂交分析

利用染色体组特有的重复序列作探针，可根据该染色体组中各染色体间杂交信号位点的特异性，来检测导入受体亲本中的外源染色体是哪个染色体组的哪一条。用供体亲本的基因组DNA作探针，用受体亲本的DNA作遮盖进行分子原位杂交，不仅可以清楚地显示出导入的外源染色体，而且还可以清楚地显示出易位染色体的断裂点位置。由于用总染色体组DNA作探针不能确定特定染色体的具体身份，所以常常将它与染色体分带技术相结合，这种方法在检测异易位系时效果显著。普通小麦-纤毛鹅观草(*Roegneria ciliaris*，$2n=28$，genome SSYY)二体附加系染色体C—分带和基因组原位杂交(彩图4-1)。

(7)利用形态标记性状鉴定异附加系

生物学上把提供目标性状基因的一方称为供体，而接受目标性状基因的一方称为受体。供体中各染色体上所携基因决定的标记性状可用来鉴定异附加系，反过来，利用标记性状与各附加系之间的对应关系，又可将外源基因定位于相应的染色体上(彩图4-2)。但有时外源基因在新的遗传背景中不一定都能正常表达。例如大麦染色体附加在普通小麦遗传背景中后，绝大多数性状不能表达，因此不仅不能用标记性状来鉴定异附加系，而且还限制了它在育种中的利用。

据Shepherd和Islam(1988)不完全统计，已育成了附加有黑麦、山羊草、冰草、大麦、偃麦草、披碱草、鹅观草等24个物种染色体的普通小麦异附加系176个；还育成了附加有*Agropyron strigosa*、*A. hirtula*和*A. barbata*染色体的栽培燕麦附加系；附加有*Tripsacum*染色体的玉米单体异附加系；分别附加有异常棉(*Gossypium anomalum*)8条染色体和阿拉伯棉(*G. stocksii*)6条染色体的14个陆地棉异附加系。在水稻上，通过对栽培稻×药用野生稻杂种F_1进行胚培养，选育出一套附加有各条药用野生稻染色体的全套栽培稻单体异附加系。

4.2.1.3 异附加系的稳定性和利用价值

尽管已经培育出附加系，并将外源物种有利基因以整条染色体的方式导入了栽培物种，但由于异附加系常表现出细胞学上的不稳定性和遗传不平衡，而且在导入了有利基因的同时伴随导入了大量不利性状基因，因此异附加系很难直接应用于育种。但异附加系是进一步培育代换系和易位系的有效中间材料，利用已经培育的二体异附加系与小麦缺体材料杂交，可以定向选育异代换系；利用单体异附加系与小麦单体杂交，结合利用控制部分同源染色体配对的 *Ph* 基因突变体，可以定向选育染色体易位系；利用异附加系结合辐射等理化诱变也可以选育涉及特定外源染色体的异易位系。此外，整套附加系是研究染色体组亲缘关系、物种起源、进化、基因互作、基因表达的理想遗传材料。特别是近年来，利用异附加系进行外源染色体分拣，构建小麦近缘物种染色体特异的基因组文库，为小麦近缘物种基因组研究提供了丰富的遗传材料。

研究还发现，一些野生小麦的染色体（如 *Aegilops longissima* 的染色体 2S 和 4S、*Ae. caudata* 的染色体 3C 和 *Ae. cylindrica* 的染色体 2C 等）上携带杀配子基因（Gametocidal gene，Gc），这些外源染色体附加到小麦背景中能引发受体物种染色体的断裂、融合、诱发缺失、重复、易位等结构变异，利用该体系已经诱发和鉴定了涉及普通小麦品种中国春的全部 21 条染色体的不同区段的一系列染色体缺失系，被广泛用于小麦基因或 DNA 序列的染色体区段物理定位。

4.2.2　染色体异代换系

染色体异代换系是整条染色体转移的另一种方式。以一条外源染色体代换了一条受体亲本染色体的个体称单体异代换系（monosomic substitution line），涉及一对外源染色体代换的个体称二体异代换系（disomic substitution line）。

自发产生的代换一般是特异性的，即只发生于具有部分同源关系的不同染色体之间，它们具有相似的遗传功能而又有补偿性。而不同部分同源群间的染色体代换即使发生往往也会由于缺乏遗传补偿性，而使这类个体不能正常存活。

4.2.2.1　代换系的产生

在远缘杂交、回交后代中，除了可产生附加系外，同时也会产生异代换系（图 4-7 至图 4-9）。通过单体或缺体与异附加系杂交再自交的方法，可有目标地产生

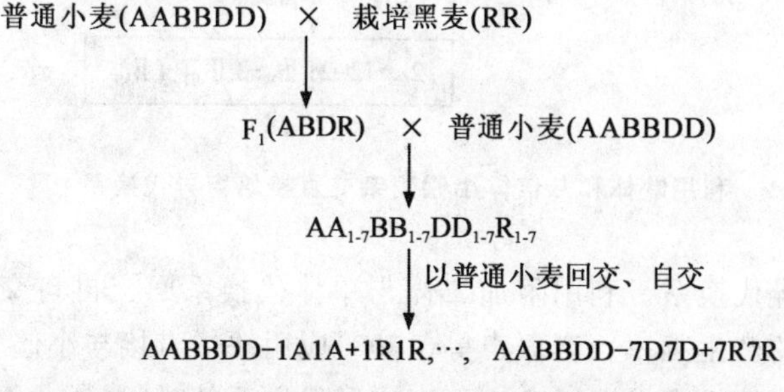

图 4-7　用受体亲本与远缘杂种 F_1 连续回交和自交产生异代换系

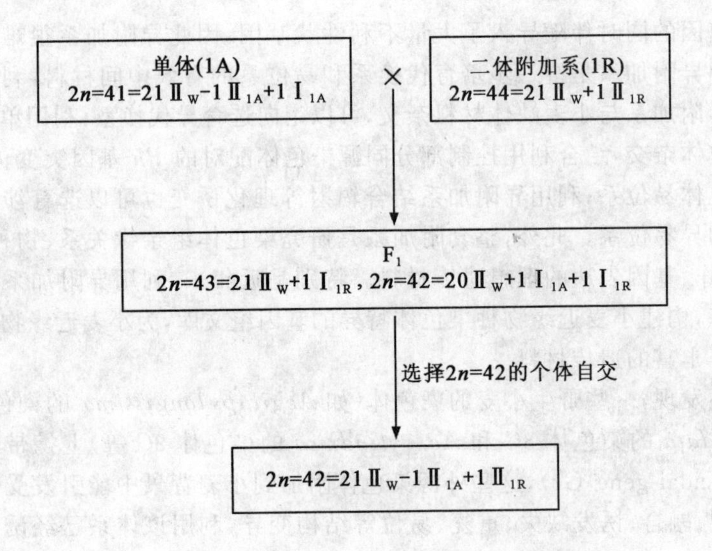

图 4-8 用小麦单体与附加二体杂交产生异代换系

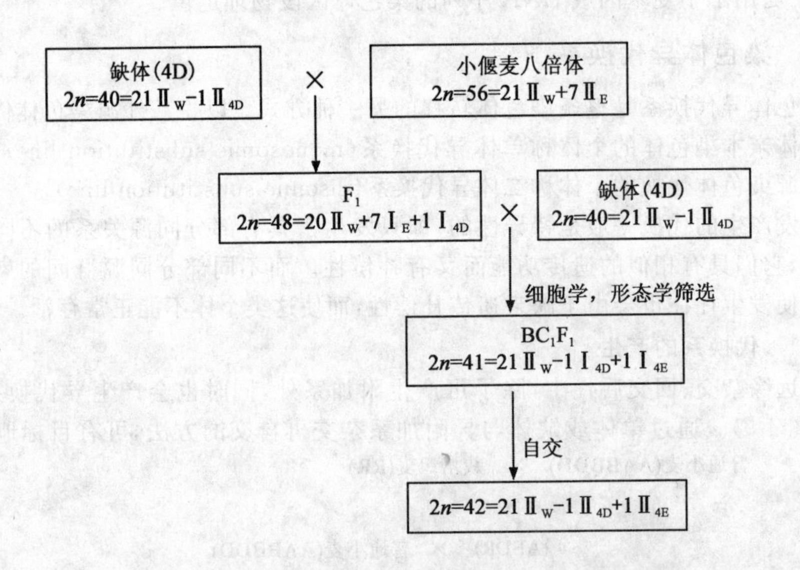

图 4-9 利用缺体和八倍体小偃麦杂交直接培育异代换系

涉及特定染色体的异代换系。利用附加二体与单体代换系回交再自交的方法，可以提高二体代换系的产生频率。李振声等(1990)应用缺体直接与小偃麦八倍体杂交、回交的方法，大大缩短了从远缘杂交至育成异代换系的时间。

4.2.2.2 异代换系的鉴定和利用

异代换系的鉴定方法与异附加系鉴定基本相同。但要确定是哪条外源染色体代换了哪条受体亲本染色体，除了借助于有丝分裂中期和减数分裂中期Ⅰ或后期Ⅰ的染色体带型分析，还需要利用已经定位于小麦特定染色体上的分子标记进行分析。由于同一部分同源群内的染色体之间有较好的补偿性，因此小麦远缘杂交后代中自发的染色体代换常发生在部分同源染色体之间。依据部分同源群内同工酶结构基因和核酸限制性内切酶点的相似性，可以利用同工酶和核酸限制性片段长度多态性来检测导入受体亲本的外源染色体乃至染色体片段，并据此确定导入的外源染色体与被代换的受体亲本染色体之间的部分同源关系。由外源染色体上基因所决定的形态标记性状也可用来鉴定异代换系。反过来，根据标记性状与异代换系之间的对应关系，也可将控制特定形态标记性状的基因定位于特定的外源染色体上。刘大钧等鉴定了普通小麦—簇毛麦6V(6A)异代换系，并将簇毛麦的抗白粉病基因*Pm*21定位于6V染色体上(彩图4-2)。

异代换系的染色体数目未变，且染色体代换通常在部分同源染色体之间进行，由于栽培植物与亲缘物种部分同源染色体间有一定的补偿能力，因此异代换系在细胞学和遗传学上都比相应的异附加系稳定。如小麦Lovrin13(1B/1R代换系)综合性状较好，兼抗秆锈、叶锈、条锈和白粉等多种病害，可在生产上直接利用。山东农业大学创制的著名冬小麦种质"矮孟牛"源于三交组合[矮丰3号×(孟县201×牛朱特)]，其中牛朱特即是源于Petkus的1B/1R代换系。

用异代换系来转移有用基因培育易位系比用异附加系优越。异代换系与栽培品种杂交产生的F_1中，外源染色体与它代换掉的小麦染色体均呈单个存在，更容易发生部分同源配对，因而有可能通过重组将有用性状基因导入小麦背景之中。同一栽培品种遗传背景中的整套异代换系在用于基因定位和研究基因效应、基因互作方面具有特殊的优越性。Joppa培育出一套D组染色体对A组和B组染色体的代换系，为研究D组染色体的基因效应和基因定位以及各部分同源群中D组与A组、B组染色体之间的互作提供了有用的工具材料。采用同样方法，Endrizzi等和White等在棉花中培育异代换系，并用来研究个别染色体对植株性状的遗传效应，确定控制重要经济性状基因的数目、互作及连锁关系。据Shepherd与Islam(1988)不完全统计，人们已获得涉及山羊草属、冰草属、大麦属、黑麦和鹅观草等染色体的普通小麦代换系80余个。

4.3 染色体片段工程

通过培育异附加系和异代换系的途径转移整条外源染色体，在导入有利基因的同时还是不可避免地伴随导入了许多不利基因；整条染色体的导入还常常导致细胞学不稳定和遗传不平衡，从而影响背景物种的农艺性状。因此，创制携带有用基因的染色体片段的异源易位系即染色体异易位系，是转移外源基因的理想方法，而且导入的目标外源染色质或染色体片段要尽量地小。

在远缘杂交后代中，常常可以自发产生异源易位。这类自发产生的易位多发生于部分同源染色体间，遗传平衡性较好，但频率低，类型单一，多为整臂易位。为了提高易位频率，创造丰富多样的易位类型，一般采用不同的方法人工诱发异源染色体易位。

4.3.1 诱导异源染色体易位的方法

4.3.1.1 利用电离辐射诱导染色体易位

电离辐射是人工诱发染色体易位最常用的方法。辐射能使染色体随机断裂、重接产生丰富的染色体结构变异类型。用射线照射携有目标基因的异代换系、附加系或双二倍体的花粉或植株可产生插入易位或末端易位。Sears 利用 X 射线辐射小麦-小伞山羊草(*Aegilops umbellulata*)的 6U 染色体长臂等臂染色体的单体附加系后，用作父本与小麦回交，创制了第一个异源易位系，并且将小伞山羊草的抗叶锈基因 *Lr*9 以 6B/6U 易位系的形式导入小麦而未带入其他野生物种的不利性状。此后，通过辐射成功地将长穗偃麦草中的抗病基因导入了普通小麦。

另外，也可利用携有目标性状的异代换系和附加系先与综合性状优良的受体亲本杂交，将杂交当代种子进行辐射处理，定向诱发携带目标基因染色体区段的易位，从而较快地将目标基因导入优良的遗传背景中。

辐射产生的易位可以发生在部分同源染色体之间或部分非同源染色体之间，尽管发生在部分同源染色体间的易位由于具有补偿作用而表现出较好的遗传效应，但利用辐射诱发产生这种易位的概率很低。

4.3.1.2 细胞、组织培养诱导染色体易位

种间和属间杂种经细胞、组织培养可增加亲本染色体间的遗传交换，再生植株

中出现包括易位在内的各种染色体结构变异。Orton 等在栽培大麦与野生大麦(*H. jubaticum*)杂种愈伤组织再生植株中观察到多价体和部分同源配对频率增加,证实两物种染色体间发生了遗传交换。在普通小麦与小黑麦、小偃麦杂种花药培养产生的愈伤组织再生植株中,观察到广泛的遗传变异,其中包括染色体易位。在细胞培养中产生体细胞变异的原因尚不清楚,源发于外植体体细胞组织中的固有变异是可能原因之一。例如,在同一条根尖的染色体分带制片上可看到细胞之间在带型上的差异,通过细胞培养和多次继代这些变异细胞可衍生出变异植株。改变培养条件可诱发断裂和重接事件,在小麦组织培养后代中经常会出现染色体断片和染色体重接。组织培养结合理化诱变可大大提高结构变异,特别是易位产生的频率。用携有目标性状的代换系、附加系、双二倍体与农艺亲本的杂种 F_1 进行细胞、组织培养并结合诱变和筛选,有可能提高目的基因转移的效率。

4.3.1.3 利用遗传控制体系诱导染色体易位

在小麦、玉米、棉花等作物中都存在一种能控制染色体配对的基因或基因体系。在小麦 5BL 上的 *Ph*1 基因可抑制部分同源染色体之间配对(在 5BS 上存在这种促进配对的基因)。在 *Ph*1 基因的突变体(*ph*1*ph*1)和 5B 缺体中,部分同源配对频率的提高可促进小麦和亲缘物种部分同源染色体之间的配对和重组。在 3DS 上的 *Ph*2 基因抑制部分同源配对的能力较 *Ph*1 基因弱,但是 *Ph*2 基因的缺失可用于诱发亲缘关系较近的部分同源染色体间配对(如 S 组与 B 组染色体间的配对)。此外,在拟斯卑尔脱小麦(*T. speltoides*)和无芒小麦(*T. multicum*)中还存在 *Ph* 基因的抑制基因(Ph^I)。Riley 等通过拟斯卑尔脱小麦与一个附加有一对顶芒小麦(*T. comosom*)2M 染色体的普通小麦附加系杂交,将顶芒山羊草的抗锈病基因以 2D/2M 易位的形式导入小麦。

在育种中,有用的易位最好是携带目的基因的小片段中间插入易位,它们在细胞学和遗传学上比较稳定,且容易通过基因重组转入栽培品种并遗传给后代。辐射、组织培养和杀配子基因诱导的易位在染色体上所处位置随机性很大,Sears 提出了一种遗传方法,即利用染色体配对控制体系(*Ph*1 缺失的 5B 缺体 5D 四体,*ph*1*bph*1*b* 突变体)和端着丝粒染色体(外源端体 3AgL 和小麦端体 3DL),将携有抗叶锈病基因 *Lr*24 的短片段插入小麦染色体 3D 中去。由于携带有目的基因的染色体片段被插入其同源染色体中且伴随的额外染色质很少,因此这种材料在育种上的利用价值较高。

在原属于山羊草属拟斯卑尔脱组(*Ae. Sitopsis*)的野生小麦(*T. speltoides*,*T.*

longissimum, *T. sharonense*)和离果小麦(*T. triunciallsum*)中的 *Gc* 导入小麦后会引起小麦染色体的断裂和融合,将这些基因导入种间和属间杂种可大大提高外源染色体与小麦染色体间发生易位的频率。这种易位与辐射产生的易位具有某种相似性,即既可发生于部分同源群内,也可发生于部分同源群间,并无特异性限制。

4.3.1.4 利用染色体微切割技术创造小片段易位

随着显微操作技术的发展,现在已有可能在显微镜下对人类和一些动、植物染色体进行切割。首先,利用染色体荧光染色、分带或端着丝粒染色体以鉴定特定染色体、染色体臂和染色体区段。其次,在显微操作仪上用显微刀将所需要的染色体区段切下来,提取 DNA 并用多聚酶链式反应(PCR)技术扩增,构建该区段或该区段克隆并以此鉴定出含有相应染色体区段的酵母人工染色体(yeast artificial chromosomes, YAC)或细菌人工染色体(bacterial artificial chromosomes, BAC)克隆,然后再通过转基因途径将 YAC 或 BAC 转移到受体基因组中。

染色体微切割在技术上的难度较大。首先,要获得很好的染色体制片,并能准确地识别各条染色体;其次,要有准确的基因物理定位资料,以确定切割部位;三是要解决微量 DNA 的提取、扩增技术;四是要构建并鉴定携有目标基因的 YAC 或 BAC 文库;第一、二两项对染色体较小的物种难度就更大;最为困难的则是将 YAC 或 BAC 整合到受体基因组中,并使其在受体遗传背景中表达。尽管难度很大,但这种途径在植物上的探索已在进行之中。

4.3.2 异易位系的鉴定

鉴定外源易位系的方法与鉴定异附加系和代换系的方法类似,异易位系的鉴定涉及的不是整条外源染色体而是外源染色体的一条臂或某个片段,不仅要检测外源染色体片段的大小,而且还要确定易位所涉及的受体染色体和易位断点位置,因此技术难度更大。异易位系鉴定方法主要包括以下五种。

4.3.2.1 外源标记性状示踪

在远缘杂种后代中,如某一个体出现供体种所特有的标记性状(质量性状),即可推测其携有该标记性状基因的外源染色体片段存在。

4.3.2.2 染色体分带

虽然一些特殊的染色体形态特征(如随体)可用来鉴定某些染色体,但因只有少数染色体有特别明显的形态特征,并且还要看它在受体品种的遗传背景中是否表达,因此很难用一般的染色体制片技术判别是否发生了易位。染色体分带技术可使染色体分区染色，利用各个物种各染色体带型的多态性和相对稳定性，可以彼此区分开来。经染色体分带后，可以发现一些明显涉及带型变化的染色体结构变异。例如具有很深端带的黑麦 1R 短臂与小麦 1B 长臂的易位，以及具有明显末端 C 带的簇毛麦 6V 短臂与小麦 6A 长臂的易位(图 4-10)。但是，对那些带型没有明显差异的染色体臂和染色体区段间的易位，单一利用染色体分带技术则很难鉴定。

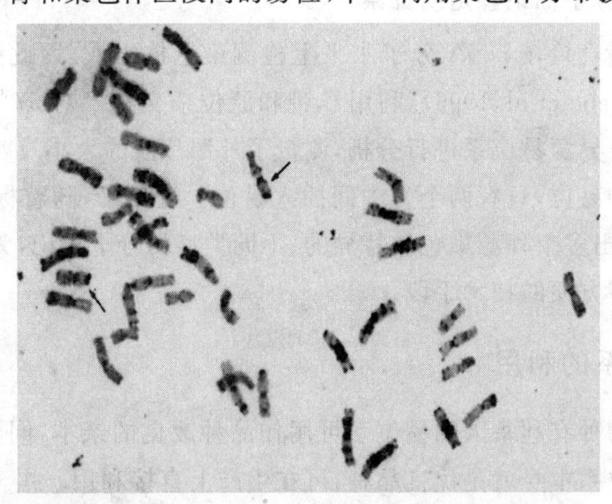

图 4-10 普通小麦-簇毛麦 6VS/6AL 易位系的染色体 C 分带(箭头所指为易位染色体)

4.3.2.3 端体测交分析

为确定易位涉及的是哪条染色体，可以用已知的小麦端体材料与异易位系测交，观察测交后代花粉母细胞减数分裂中期Ⅰ的染色体构型，结合染色体分带和原位杂交，可以获得更为清晰和准确的结果。例如中国春“双端二体”1B 与 1RS/1BL 易位系的测交后代减数分裂中期Ⅰ，在大多数花粉母细胞中观察到端着丝粒染色体 1BL 与易位染色体配成异型二价体，1BS 不参与配对呈单价体；而在双端二体 1A 与异易位系的测交后代中，在 MI 常观察到来自中国春双端二体 1A 的 1AS 和 1AL 与易位系中的 1A 配成异型三价体。Wang 等(2009)将端体分析与原位杂交技术相结合，鉴定了 3 个普通小麦-大赖草易位系中所涉及染色体的具体身份。

4.3.2.4 生化标记

如前文所述，同工酶在同一部分同源群内的不同染色体之间具有相似性和多态性，并且它们所携带的多种同工酶基因在染色体上的排列具有一定的次序。在小麦中，利用非整倍体系列（尤其是利用端体和缺体—四体补偿体）和异附加系、代换系已经将许多同工酶基因定位于相应的染色体和染色体臂上，并绘制出同工酶基因的染色体图。因此，可以利用同工酶分析检测导入受体中的外源染色体和染色体片段，同时利用多个生化标记，可进一步确定易位片段的大小和断点位置。

4.3.2.5 利用分子标记鉴定易位系

分子标记可直接在DNA分子水平上检测染色体组成，因此更加准确、可靠。有研究报道(Friebe et al. 1996)，利用C带和原位杂交技术对57个携有外源抗病抗虫基因的小麦异源易位系进行分析，测量了外源片段的大小及断裂点位置，结果表明多数为末端易位，只有两个为中间插入易位。近年来，随着标记技术的发展，已经开发、筛选出多个外源染色体特异的、不同类型的分子标记，为易位系的快速、准确鉴定提供了方便的技术手段。

4.3.3 易位系的利用

携有亲缘物种有利基因的易位系可用作品种改良的亲本，同时具有优良遗传背景的一些易位系本身就是优良品种，可在生产上直接利用。黑麦1RS上具有抗4种小麦病害的抗性基因(*Pm*18、*Lr*19、*Sr*31、*Yr*9)，许多具有1RL/1BS易位的小麦品种（如无芒一号、高加索、阿芙乐尔、Veery、Alondra S. 及其衍生品种）曾在世界范围内大面积种植。具有小麦与长穗偃麦草易位的小偃6号在我国黄淮麦区表现高产稳产，使其在大面积种植中经久不衰。南京农业大学选育的高抗白粉病、兼抗条锈病的小麦-簇毛麦6VS/6AL易位系，近年来被育种家广为应用。目前在中国不同小麦生态产区已经育成了20余个小麦新品种，为抗病育种提供了新的基因资源。

培育和鉴定一系列的异易位系，特别是携带目的基因的小片段插入易位系，不但在小麦育种中有重要利用价值，而且也是进行外源基因定位和克隆的重要材料。利用涉及长穗偃麦草4Ag染色体的大片段易位系将长穗偃麦草控制蓝粒基因定位在4Ag长臂的0.71～0.80区段；利用涉及大赖草染色体的顶端易位系将大赖草的抗赤霉病基因*Fhb*3定位于染色体短臂的末端区域；陈升位等(2008)利用涉及簇毛麦6VS染色体不同区段以及不同片段大小的缺失系和中间插入易位系，将簇毛麦6V染色体的抗白粉病基因*Pm*21定位在6V染色体短臂上；利用易位系，将分子遗传学和经典细胞遗传学有机结合，克隆了来自簇毛麦的*Pm*21基因的关键成员*S/TPK-V*基因。

现以抗病基因为例介绍外源基因定位的基本步骤：首先，利用染色体工程手段创造涉及目标基因所在染色体的不同片段大小的缺失系、顶端易位系和中间插入易位系。第二，利用分子细胞遗传和分子标记技术，确定缺失片段和易位片段的大小和位置。第三，根据异染色体结构变异系的类型，结合抗病性鉴定，将目标基因定位在较小的区段。其中：①对于不同片段大小的缺失系，目标基因将定位在抗病缺失系中缺失片段最大和感病缺失系中缺失片段最小的差异区段之间(如图 4-11 左所示)。②对于不同片段大小的顶端易位系，目标基因将定位在抗病顶端易位系中易位片段最小和感病易位系中易位片段最大的差异区段之间(如图 4-11 中所示)。③对于不同片段大小的插入易位系，目标基因将定位在抗病插入易位系中易位片段最小和感病易位系中易位片段最大的差异区段之间(如图 4-11 右所示)。

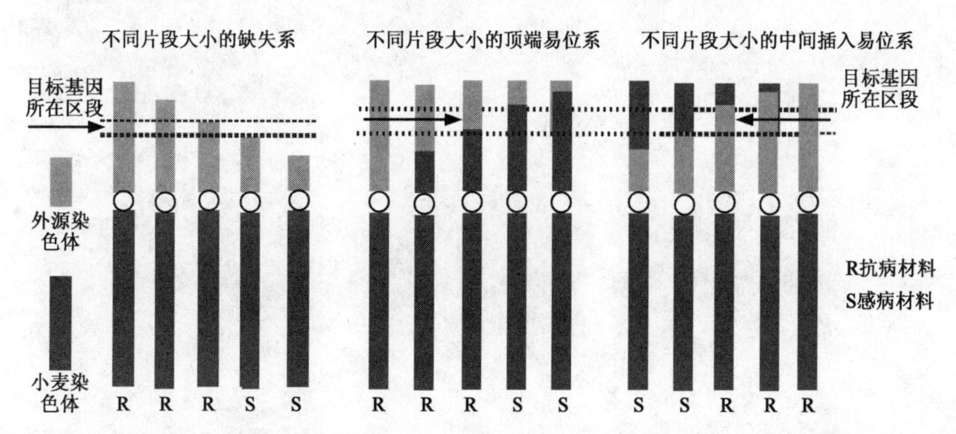

图 4-11 利用缺失系、顶端易位系和中间插入易位系精细定位外源抗病基因的原理

①抗病的缺失系，表明目标基因不在缺失系所缺失的区段，感病的缺失系，表明目标基因就在缺失系所缺失的区段。②抗病的易位系，表明目标基因就在该易位系所含的易位区段之内；感病的易位系，说明目标基因不在该易位系所含的易位区段之内。

分子生物学和分子遗传学理论和技术的迅猛发展促进了基因工程的发展，在多个栽培物种中都已建立了基于基因工程的外源基因导入技术，其优点是不仅能方便地转移已克隆的、功能明确的单个基因或基因的某个部分，而且还可以从完全无亲缘关系的物种、甚至在动物与细菌间转移基因，这种发展迅速的转基因技术无疑会给作物生产带来新的巨大的发展潜力。但是，在控制抗病、高产等重要经济性状基因的分离、克隆、检测和表达等方面依然有许多问题亟待解决，同时转基因安全依然是大家关注的焦点问题。因此，探索通过携有目标基因的染色体小片段转移来导入外源基因的染色体工程技术在现阶段仍具有重要的理论和现实意义。

思考题

1.简述通过远缘杂交开展多倍体育种的基本流程。

2.远缘杂交过程中需要注意哪些方面的问题?

3.简述选育普通小麦(AABBDD)-黑麦(RR)异附加系的主要步骤。

4.简述异易位系选育的主要方法。如何鉴定异易位系中易位染色体的具体身份?

5.分别叙述异附加系、异代换系和异易位系在作物遗传育种和基因组学研究中的潜在应用价值。

第5章 核酸分子操作技术 >>>

核酸(nucleic acids)是一种主要位于细胞核内的生物大分子,是生物体遗传信息的携带者和传递者,在调控生物体的生命活动中发挥着重要的作用。本章围绕核酸分子的基本操作技术,着重介绍核酸的提取、聚合酶链式反应(polymerase chain reaction,PCR)、凝胶电泳、分子杂交和测序等技术的基本原理、特点及具体操作。

5.1 核酸的基本特性

核酸是由多个单核苷酸聚合形成的多聚核苷酸链。核苷酸是核酸的基本单位。核苷酸可被水解产生核苷和磷酸,核苷还可再进一步水解,产生戊糖和含氮碱基。根据戊糖的不同,可分为脱氧核糖核酸(DNA)和核糖核酸(RNA)两大类,RNA 中的戊糖是 D-核糖,而 DNA 中的是 D-2-脱氧核糖。DNA 和 RNA 的碱基组成基本相似,差别在于 RNA 中以尿嘧啶(U)取代了 DNA 中胸腺嘧啶(T)。虽然这两类核酸基本组成近似,但生物功能各异。DNA 是遗传信息的载体,在细胞分裂过程中通过复制,使每个子细胞具有与母细胞结构和信息含量相同的 DNA;RNA 主要负责遗传信息的翻译和表达。核酸的一级结构是指核酸中核苷酸的排列顺序,也指核酸中碱基的排列顺序。DNA 的二级结构是指由两条互补的核苷酸链通过碱基配对而形成的双螺旋结构。RNA 分子通常是一条单核苷酸链,自身可形成局部的双螺旋区或突出的环状,这种短的双螺旋区域和突出环状被称为“发夹”式结构,为 RNA 的二级结构。单核苷酸除构成核酸外,尚有一些游离于细胞内,其含量虽少,但在生物体代谢中具有重要生理功能,如:多磷酸核苷酸(NMP、NDP、NTP)、环化核苷酸(cAMP、cGMP)、辅酶类核苷酸(NAD^+、$NADP^+$、CoA-SH)。核酸在细胞中都是以与蛋白质结合的状态存在。真核生物的染色体 DNA 为双链线性分子;原核生物的“染色体”、质粒及真核细胞器 DNA 多为双链环状分子;有些噬菌体 DNA 为单链环状分子。RNA 分子在大多数生物体内均是单链线性分子，不同类型的RNA分子可以具有不同的结构特点，如真核mRNA分子多数在3′端带有poly(A)结构，至于病毒的DNA、RNA分子，其存在形式多种多样，有双链环状、单链环状、双链线状及单链线状等。95.0%的真核生物DNA主要存在于细胞核内，其余5.0%为细胞器DNA，如线粒体、叶绿体等。RNA分子则主要存在于细胞质中，约占75.0%，另有10.0%在细胞核内，15.0%在细胞器中。细胞总RNA中以rRNA的数量最多(80.0%～85.0%)，tRNA及核内小分子RNA占10.0%～15.0%，而mRNA含量不足10.0%，且分子大小不一，序列各异。

核酸分子的结构特点和理化性质，如分子质量大、易水解、可两性解离，并具有变性、复性及最大紫外光吸收等，决定了其操作技术上的一些独有特点。

5.2 核酸的提取

核酸是决定生命活动的物质基础，是分子生物学研究的主要对象，无论对核酸的结构还是功能进行研究，首先需要对核酸进行分离和纯化。核酸样品的质量好坏将直接关系到实验的成败，因此核酸的提取是分子生物学实验技术中最重要、最基本的操作。

5.2.1 核酸提取的要求和基本步骤

5.2.1.1 核酸提取的要求

核酸的一级结构不仅携带有遗传信息，还决定其高级结构的形式以及和其他生物大分子结合的方式。为了保证核酸结构与功能研究的顺利进行，保持其完整的一级结构是最基本的要求。其次，还要防止其他分子的污染，受污染的核酸样品势必会影响后续实验的结果。

保证核酸一级结构的完整性，通常采取以下措施：

(1)简化操作步骤，缩短提取过程，以减少过多步骤对核酸造成破坏。

(2)减少化学因素对核酸的降解，为避免过酸、过碱对核酸链中磷酸二酯键的破坏，最好在pH 4～10下进行提取。

(3)减少物理因素对核酸的降解，主要是机械剪切力，其次是高温。机械剪切力包括强力高速的振荡、搅拌等。机械剪切作用的主要危害对象是大分子质量的线性DNA分子，如真核细胞的染色体DNA，对分子质量小的环状DNA分子，如质粒DNA以及RNA分子，破坏相对较小。高温对核酸分子中的一些化学键也有破坏作用，因此，核酸提取过程中一般需低温操作。

(4)防止核酸的生物降解,来自细胞内或外的各种核酸酶会消化核酸链中的磷酸二酯键,破坏核酸的一级结构,对核酸具有降解作用。其中脱氧核糖核酸酶(deoxyribonuclease,DNase)需要金属二价离子 Mg^{2+}、Ca^{2+} 的激活,使用EDTA、柠檬酸盐和8-羟基喹啉等能螯合金属二价离子,基本可以抑制DNase的活性。而核糖核酸酶(ribonuclease,RNase)不但分布广泛,而且耐高温、耐酸碱、不易失活,所以RNA提取时,可采用高温烘烤或用RNase抑制剂(如DEPC)处理所有器皿和溶液。

另外,为了不影响对核酸分子的后续操作,核酸样品中应不含有对酶有抑制作用的有机溶剂和过高浓度的金属离子;其次将其他生物大分子如蛋白质、酚类、多糖和脂类分子的污染降到最低程度;最后,提取DNA时应去除残余RNA,而提取RNA时应去除残余DNA。

5.2.1.2 核酸提取的基本步骤

核酸是一种极性化合物,易溶于水,不溶于乙醇、氯仿等有机溶剂。核酸的钠盐更易溶于水,RNA钠盐在水中溶解度可达40 g/L,而DNA钠盐最高仅为10 g/L,且呈黏性胶体溶液。在酸性溶液中,核酸易水解,在中性或弱碱性溶液中较稳定。因此,可利用核酸的这些性质进行核酸的提取。其基本步骤可概括为组织细胞破碎、核酸分离纯化、核酸沉淀。

(1)组织细胞破碎

组织细胞破碎是指利用物理、化学或生物酶等方法使组织细胞裂解的过程。在实际工作中,机械作用、化学作用和酶作用等方法经常联合使用。具体选用哪种或哪几种方法可根据材料类型、待分离的核酸类型以及后续实验目的来确定。①机械作用包括捣碎器裂解、液氮研磨裂解、低渗裂解、超声裂解、微波裂解、反复冻融或液氮冻后捣碎裂解和颗粒破碎等物理裂解方法。这些方法用机械力使组织细胞破碎,但机械力也可引起核酸链的断裂。②化学作用是在一定的pH环境和变性条件下,使细胞破裂、蛋白质变性沉淀、核酸游离到水相。变性条件可通过加入表面活性剂(如SDS、CTAB等)或强离子剂(如尿素、异硫氰酸胍、盐酸胍等)而获得。表面活性剂或强离子剂可使蛋白变性,破坏膜结构及解开与核酸相连的蛋白质,从而实现核酸游离在裂解体系中,且对核酸酶有一定的抑制作用。裂解缓冲液(如Tris)能提供一个合适的pH环境,其中的盐(如NaCl)破坏核酸-蛋白质静电吸力,使氢键破坏,核蛋白解聚,维持核酸结构的稳定,金属螯合剂(如EDTA)能抑制样品中的核酸酶对核酸的破坏。③酶作用主要是通过加入溶菌酶或蛋白酶(蛋白酶K、植物蛋白酶或链酶蛋白酶)以使细胞破裂,核酸释放。溶菌酶能催化细胞壁的蛋白多糖发生水解,蛋白酶能降解与核酸结合的蛋白质,促进核酸的游离。

(2)核酸分离纯化

核酸分离纯化是指使核酸与裂解体系中的其他成分(如蛋白质、盐及其他杂质)彻底分离的过程。主要方法有:①酚/氯仿抽提法。细胞裂解后加入等体积的酚/氯仿/异戊醇(体积比 25∶24∶1)混合液抽提,通过离心分离含核酸的水相。疏水性的蛋白质等大分子杂质被分离至下层有机相或两相交界处,核酸则溶解于上层水相。酚和氯仿可去除脂类,也可使蛋白质变性。异戊醇则可减少操作过程中产生的气泡。核酸可被一些有机溶剂沉淀,使其与盐等杂质分离。酚/氯仿抽提方法可以较好去除蛋白质,能获得较纯净的核酸样品,具有稳定、可靠、经济、方便的优点。但该方法核酸提取率较其他方法低,因为酚/氯仿抽提都会损失一部分核酸(不可能将水相全部转移),且操作繁琐不适合大规模核酸提取。②离子交换和吸附介质法。离子交换介质法是将裂解体系过柱,核酸被联结在离子交换介质上,洗涤去除残留的杂质后,用高盐缓冲液将核酸从介质上洗脱下来。再经过乙醇或异丙醇沉淀获得纯的核酸。而吸附介质法是将裂解体系过柱,核酸被选择性吸附在吸附介质上,洗涤去除残留的杂质后,用水或者合适的低盐缓冲液将核酸从介质上洗脱下来,就可以直接用于后续实验。离子交换和吸附介质纯化方法,是一个越来越受到重视的方法,具有质量好、产量高、成本低、快速、简便和节省人力等优点,适合大规模核酸抽提且易于实现自动化,且受人为操作因素影响小,纯度稳定性很高。③密度梯度离心法。根据双链 DNA(double-stranded DNA,dsDNA)、单链 DNA(single-stranded DNA,ssDNA)、RNA 以及线形 DNA、环形 DNA 等具有不同的密度,因而可经密度梯度离心形成不同密度的纯样品区带。利用密度梯度离心法能获得很纯的核酸样品,且适用于纯化大量核酸样本,是纯化大量质粒 DNA 的首选方法,但非常耗时且成本昂贵。

目前,核酸提取方法的发展越来越趋于用非有机溶剂提取法替代传统的有机溶剂提取法。

(3)核酸的沉淀

核酸的沉淀是指将核酸从溶液中析出,从而能将核酸与溶液中某些盐离子和杂质分离。沉淀方法有:①有机溶剂沉淀法,由于核酸不溶于有机溶剂,所以可在核酸提取液中加入异丙醇或乙二醇丁醚等,使 DNA 或 RNA 沉淀下来;②盐沉淀法,是在核酸提取液中加入一定体积比(一般为 1/10)的盐溶液(如 KAc、NaAc),使 DNA 或 RNA 形成盐形式,再加入 2~2.5 倍体积的乙醇,核酸即形成沉淀析出;③选择性沉淀法,选择适宜的溶剂,沉淀不同大小或类型的核酸,如聚乙二醇沉淀不同分子质量的 DNA,LiCl 选择性沉淀 RNA;④等电点沉淀法,如脱氧核糖核蛋白等电点为 pH 4.2,核糖核蛋白为等电点为 pH 2.0~2.5,tRNA 等电点为 pH

5.0,因此将核酸提取液调至一定 pH 就可使不同核酸和核蛋白分别沉淀而分离,但该方法操作较复杂,应用较少;⑤精胺沉淀法,精胺不是有机溶剂,但能快速有效地沉淀 DNA,精胺与 DNA 结合后,使 DNA 在溶液中结构凝缩而发生沉淀,使其与单核苷酸和蛋白质等杂质分离。

5.2.2　植物核酸提取的常用方法

由于生物形式的多样性以及核酸在生物体中存在形式的差异,核酸制备的过程和方法也不尽相同。下面以植物总 DNA 和总 RNA 为例具体介绍两类核酸提取的常用方法。

5.2.2.1　植物总 DNA 的提取

植物总 DNA 的提取一般是通过液氮研磨或机械力粉碎植物组织,裂解液裂解细胞,有机溶剂抽提或介质吸附,进入水相的核酸与其他杂质分开,RNase 处理降解 RNA,最后沉淀获得纯度较高的 DNA 样品。植物组织材料的采集与保存对提取 DNA 的产量和质量有很大的影响。通常应尽可能采集新鲜、幼嫩的组织材料,采集的过程中应尽可能使其保持水分。一般取样后立即用湿纱布包裹,放置在密闭的冰盒中,可使材料 3～5 d 仍然保持新鲜。野外或远距离采集样本时,在可能的条件下冷冻保存(如放置于液氮中);当不具备冷冻条件时,最好用干燥剂使其迅速干燥并分别保存,这种方法可保存材料数月。对富含次生代谢物(如多糖、酚类等)的植物材料,应尽可能采集幼嫩组织,最好冷冻保存并在短时间内提取 DNA。对采集回来的样品如要长期保存,应经液氮速冻后－70℃冰箱或直接液氮中储存,且在加入提取缓冲液前,都应防止冷冻的样品在空气中融化,导致酚类被氧化。

CTAB 法和 SDS 法是传统的植物总 DNA 提取方法。在裂解细胞的基础上,多次经苯酚氯仿等有机溶剂抽提使蛋白质变性而沉淀,核酸则保留在水相,达到分离核酸的目的;加入 RNase 除去核酸中的 RNA;然后加入异丙醇或乙醇沉淀 DNA;用 75%乙醇漂洗沉淀,除去分离过程中残留的有机溶剂和盐离子,最后溶解 DNA 低温保存备用。

CTAB 是一种阳离子去污剂,可溶解细胞膜,并与核酸形成复合物。CTAB-核酸复合物在高盐浓度(＞0.7 mol/ L)下稳定溶解于水相,通过有机溶剂抽提或 CsCl 离心等方法可将蛋白、多糖、酚类等杂质去除,得到较纯的该复合物的水溶液。但在低盐浓度(0.1～0.5 mol/L NaCl)下 CTAB-核酸复合物会因溶解度降低而沉淀,因此也可在低盐环境下先沉淀出 CTAB-核酸复合物,离心收集后再溶解于高盐溶液中,通过有机溶剂抽提或 CsCl 离心等方法去除核酸溶液中所有的蛋白和多糖等杂质，获得较纯的该复合物的水溶液。无论在高盐还是在低盐环境下得到的CTAB-核酸复合物，经沉淀离心收集后，都需用75%酒精浸泡沉淀，洗涤去除CTAB。使用CTAB法裂解时多在65℃进行。如果发现降解严重或者得率太低，可尝试相对低温(37～45℃)处理。另外，CTAB溶液在低于15℃时会形成沉淀析出，因此在加样之前需将其预热，且离心时温度不低于15℃。

SDS是一种阴离子去污剂，在高温(55～65℃)条件下能裂解细胞，使染色体离析、蛋白变性，同时SDS与蛋白质和多糖结合成复合物，释放出核酸；提高盐(KAc)浓度并降低温度(冰浴)，能使蛋白质和多糖杂质沉淀更加完全，然后离心除去沉淀；上清液中的DNA用酚/氯仿反复抽提除去残留的蛋白质等杂质。SDS法操作简单，可分离得到完整性较好的DNA，但产物含糖类杂质相对较多。

利用传统的CTAB法和SDS法提取的DNA，纯度一般可满足常规分子生物学实验分析的需要。但这些方法操作步骤复杂，耗时长，易交叉污染，残留在DNA溶液中有机物质对DNA聚合酶有抑制作用，同时，酚、氯仿等有机溶剂易造成环境污染。由于传统DNA提取方法的局限，新的DNA提取方法如螯合树脂、特异性DNA吸附膜、离子交换纯化柱及磁珠或玻璃粉吸附等不断被提出。在植物总DNA提取中，主要利用特异性DNA吸附膜、离子交换纯化柱和磁珠或玻璃粉纯化植物DNA，即将经裂解缓冲液裂解离心后的上清液直接通过纯化系统得到纯化的DNA。其中，玻璃粉吸附的纯化方法对富含多酚、多糖和萜类等次生代谢物的植物样品和长期保存的组织材料效果较好，能得到高质量的DNA，也可再次纯化用常规法提取的DNA。近来国内外开发了多种商业化的DNA提取纯化试剂盒，操作简单、高效，获得的DNA质量较高，但价格昂贵，提取量仍较少。目前DNA提取试剂盒已经不再局限于单纯的提取纯化，有些厂家还推出了DNA提取—PCR扩增试剂盒，将DNA提取和PCR扩增结合起来，极大的提高了工作效率。

随着生命科学的发展，快速、经济地从植物样品中提取高质量的DNA已成为植物分子生物学研究的首要问题，并且DNA提取方法将向着低污染、简单化、自动化和一体化的方向发展。如用非有机溶剂提取法替代传统的有机溶剂提取法；实现一步提取法，省去繁琐的步骤和多次离心过程，适用于批量提取；利用物理吸附法，操作简便、提取效率高、对DNA损伤小，适宜于自动化操作；把DNA的提取与其他分子生物学技术如毛细管电泳、PCR、基因芯片技术等结合起来，实现从样品处理到基因分析的一体化操作。

5.2.2.2 植物总RNA的提取

植物样本一旦从生物体中分离或者离开其原来的生长环境后，细胞内的RNA就变得非常不稳定。因此取样后，应立即将采集的新鲜植物组织消毒处理，低温研磨，迅速加入裂解液进行RNA提取或置-70℃冰箱保存。如果需要远距离采集植物组织样品，则用液氮或干冰低温运输，最后-70℃冰箱保存备用。目前有些厂家开发出专用的RNA保护剂，能很好地抑制RNase，对完整的植物组织或细胞中的RNA具有保护作用。采集到的植物组织可以在RNA保存液（RNA wait、RNA later、RNA fixer等）中，室温保存7 d，4℃保存4周，-20℃或-70℃长期保存。用RNA保护剂存贮后的样品RNA质量不受影响，用各类方法抽提仍可以获得高质量的RNA。

RNA提取的关键环节包括：样品细胞或组织的有效破碎；有效地使核蛋白复合体变性；对内源和外源的RNase有效抑制；有效地将RNA从DNA和蛋白混合物中分离；对于多酚多糖含量高的样品还牵涉到多酚多糖杂质的有效去除。其中最关键的还是抑制RNase的活性。细胞的RNA大多都与蛋白质结合在一起，但这种结合很容易在变性剂存在下被打破，经有机溶剂抽提后的提取液，用乙醇或异丙醇则可将其从上清中沉淀出来。

RNA提取目前主要采用两种途径：一是提取总核酸，再用LiCl将RNA选择性沉淀出来；二是直接在酸性条件下抽提，酸性环境下DNA与蛋白质进入有机相而RNA留在水相。第一种提取方法将导致小分子质量RNA的丢失，目前该方法的使用频率较低。

RNA提取过程的主要问题是防止RNase的污染。RNase无处不在且非常稳定，在实验操作中任何偶然的疏忽或不妥当的操作都有可能造成RNase的污染，从而导致整个实验的失败。因此，严格控制实验条件，避免任何可能的污染，是保证实验成功的关键。RNase在一些极端条件中可以暂时失活，但限制因素去除后又迅速复性。用常规的高温高压蒸气灭菌方法和蛋白抑制剂不能使所有的RNase完全失活。通常可采取以下措施以保证RNA提取顺利进行：①如果有可能，实验室应专门设立RNA操作区，离心机、移液器、实验器皿、电泳设备、试剂等均应专用。②操作过程中应始终戴一次性手套，并经常更换。③尽量使用一次性无菌无RNase的塑料制品，如枪头、离心管等，以防交叉污染，塑料制品需用0.1% DEPC水溶液在通风柜中37℃或室温下处理过夜，高温高压蒸气灭菌至少30 min，烘干后使用。也可用3% H_2O_2或0.5 mol/L NaOH浸泡10 min，无RNase的双蒸水彻底冲洗，晾干后使用，或氯仿擦拭若干次，但氯仿会溶解某些塑料制品。④实验用的玻璃和金属器皿，使用前必须于180℃烘烤8 h或250℃烘烤3 h以上。⑤药品试剂。应采用未开封的新瓶，溶液需用无RNase的水配制。DEPC有毒，使用时严格操作。目前有许多RNase灭活试剂可以替代DEPC，操作简单，且无毒，如RNase Away™，RNase固相清除剂等。

对于细胞内 RNase，从 RNA 提取的初始阶段开始，就选择性地使用针对 RNase 的蛋白质变性剂（如酚、尿素等有机溶剂以及强烈的胍类变性剂等）、蛋白的水解酶（如蛋白酶 K 等）和能与蛋白质结合的阴离子去污剂（如 SDS、硅藻土、十二烷基肌氨酸钠和脱氧胆酸钠等），并联合使用 RNase 的特异性抑制剂（如 RNasin 等），能极大地防止内源性 RNase 对 RNA 的降解。另外，在变性液中加入 β-巯基乙醇、DTT 等还原剂，可以破坏 RNase 中的二硫键，有利于 RNase 的变性、水解与灭活。

常用植物总 RNA 提取的方法有胍盐法、苯酚法、Trizol 法、高盐法、阴离子去污剂法、CTAB 法、LiCl-尿素法、热硼酸法、皂土法等。不同方法各有优缺点，适用范围也不尽相同，在此不作具体介绍。

5.2.3 核酸的溶解和保存

纯化后的核酸可以用水或低浓度缓冲液溶解。由于 RNA 在弱酸环境中更稳定，而 DNA 在弱碱环境中更稳定，因此溶解 RNA 以水为主，还可将其溶于 0.3 mol/L NaAc（pH 5.2），而 DNA 则多以弱碱性的 Tris 或 TE（10 mmol/L Tris-Cl，1 mmol/L EDTA，pH 8.0）溶解。其中最经典的是 TE 溶解法，因为 TE 中的 EDTA 能螯合 Mg^{2+} 和 Mn^{2+}，抑制 DNase，pH 8.0 可防止 DNA 发生酸解。一般情况下，核酸在溶液中的稳定性与温度成反比，而与浓度成正比。

DNA 的保存：经常使用的样品宜 4℃保存，－20℃能较长时间保存，－70℃可以储存数年。若长时间保存还可在样品溶液中加入适量氯仿，或将 DNA 制成干粉存于－20℃或－70℃。RNA 的保存：短期保存可将 RNA 溶于水，置－70℃备用。若长期保存，可将 RNA 溶于 70%乙醇或去离子甲酰胺溶液中，置－20℃或－70℃ 保存。在 RNA 溶液中加入少量的 RNasin 或适量 0.2 mol/L 氧钒核糖核苷复合物（ribonucleoside vanadyl complex，VRC）冻贮于－70℃，可保存数年。另外，需要注意的是，反复冻融产生的机械剪切力对 DNA 或 RNA 核酸样品均有破坏作用，在实际操作中核酸宜小量分装存贮。

5.2.4 核酸质量检测

目前常用的核酸检测方法有紫外吸收光度法和电泳法。前者定量地检测核酸的纯度和含量，但不能区分同类物质；后者主要是定性地检测核酸的完整性和大小，只要核酸片段未超出电泳分离范围，该方法可信度较高。电泳检测还可以用于估计核酸的浓度和评估样品被某些杂质污染的程度，但其准确度和操作经验有关。鉴于这两种方法各有缺陷，一般而言，同时进行这两种方法检测，综合二者的结果，可以作出一个更合理的判断。另外,还有一些用于弥补这两种检测方法不足的其他方法。

5.2.4.1　紫外吸收光度法

提取的核酸溶液在波长为 260 nm、280 nm、320 nm 和 230 nm 的吸光度(optical density,OD)分别代表了核酸、蛋白质、背景(溶液浑浊度)以及多酚和盐等有机物的浓度值。在波长 260 nm 时,1 OD 值相当于 dsDNA 浓度为 50 μg/mL,ssDNA 的含量为 30 μg/mL,RNA 的含量为 40 μg/mL,可以据此来计算核酸样品的浓度。通过测定在 260 nm 和 280 nm 时吸光度的比值(OD_{260}/OD_{280}),可用来估计核酸的纯度。一般情况下,紫外分光光度法只能用于测定浓度大于 0.25 μg/mL 的核酸溶液,对浓度更小的样品,可采用荧光分光光度法,并且 A_{260} 读数在 0.10~0.50 线性范围内最好。

理论上,DNA 的 OD_{260}/OD_{280} 为 1.8,RNA 的 OD_{260}/OD_{280} 为 2.0。实际上,当 DNA 样品 OD_{260}/OD_{280} 值小于 1.6 时,才认为溶液中蛋白质或其他有机物的污染比较明显,若比值大于 1.9 认为 DNA 降解或样品中有 RNA 污染。当然也不排除出现 DNA 溶液既含蛋白质又含 RNA 情况,此时 OD_{260}/OD_{280} 也为 1.8。由此可见,如果核酸提取液中既有蛋白质又有其他核酸污染时,其吸光度检测结果并不一定可靠。对于 RNA 样品,OD_{260}/OD_{280} 在 1.7~2.0 时,认为蛋白质或其他有机物的污染是可以容忍的。需要注意的是,当用 Tris 作为溶解液检测核酸吸光度时,OD_{260}/OD_{280} 可能会大于 2,但不能大过 2.2,因此,当 OD_{260}/OD_{280} 大于 2.2 时,认为部分 RNA 已经水解成单核酸或有异硫氰酸胍等残存。但实际上,用 Tris 作为缓冲液检测吸光度时,无论是 DNA 还是 RNA,OD_{260}/OD_{280} 在 2~2.5 就认为样品可以用于后续操作。

5.2.4.2　电泳法

对提取的总 DNA 通过琼脂糖凝胶电泳检测,其条带应在 20~30 kb,对于带型单一、无拖尾、无 RNA 污染和无严重的点样孔杂质挂孔现象的 DNA,一般认为质量较好。

利用普通的琼脂糖凝胶电泳也可初步检测总 RNA 质量。真核生物的 RNA 包括 rRNA、tRNA 和 mRNA,其中 80%~85%为 rRNA,其余 15%~20%主要由各种低分子质量 RNA 组成。利用琼脂糖凝胶电泳检测 RNA 时,如果 28S 和 18S 条带明亮、清晰,并且 28S 的亮度是 18S 条带的两倍左右,可认为 RNA 的质量较好。但事实上,RNA 的电泳结果受许多因素的影响,包括二级结构、电泳条件、上样量、染料饱和程度等。因此,样品中抽提的 RNA 的 28S∶18S 比值几乎都达不到 2∶1 或以上。因此，在应用琼脂糖凝胶电泳检测 RNA 时，应以 DNA Marker 为对照，如果 2 kb 处的 28S 和 0.9 kb 处的 18S 条带清晰，且 28S∶18S 比值>1，该完整性基本可以满足绝大部分后续实验要求。如果要检测其分子质量还需进行变性胶电泳。

5.2.4.3 其他方法

对于 DNA 纯度要求较高的一些后续研究，如 RFLP、AFLP 和 Southern 杂交等，除以上两种常用方法外，最好的办法是采用 *Eco*RⅠ、*Hin*dⅢ 等限制性核酸内切酶对 DNA 进行酶切消化，只有能被酶切完全并可用作 PCR 模板的 DNA，才能进行下一步研究。

对于 RNA，以上两种方法都无法明确判断 RNA 溶液中是否残留 RNase，而保温试验可以判断 RNA 溶液中是否残留微量 RNase。具体步骤为：按照样品浓度，从 RNA 溶液中吸取两份 1000 ng 的 RNA 至 0.5 mL 的离心管中，并用 pH 7.0 的 Tris 缓冲液补充到 10 μL 的总体积。然后密闭管盖，并将两份样本分别放入 70℃恒温水浴和−20℃冰箱中保温 1 h，最后取出样本电泳检测。如果两者的条带一致或者无明显差别且符合 RNA 电泳检测图谱，则说明 RNA 溶液中没有残留的 RNase 污染，RNA 的质量很好。相反，如 70℃保温的样本有明显的降解，则说明 RNA 溶液中有 RNase 污染。

5.3 聚合酶链式反应(PCR)

聚合酶链式反应(polymerase chain reaction，PCR)是 Mullis 等于 1983 年建立起的一种体外快速扩增特异 DNA 片段的技术。早在 20 世纪 70 年代初期，H. Ghobind Khorana 及其同事就提出了核酸体外扩增的设想，但由于技术条件的限制，特别是缺乏稳定耐热的 DNA 聚合酶(DNA polymerase)，使得 Khorana 的美好设想在当时看来不可能实现，并且很快就被人们所遗忘。15 年后，美国 Cetus 公司的 Kary Mullis 及其同事通过使用 *E. coli* DNA 聚合酶Ⅰ的 Klenow 片段成功地在体外扩增了哺乳动物的基因，从而实现了 Khorana 的设想。随着耐热 DNA 聚合酶的发现和应用，大大提高了 PCR 的效率并推动其向自动化发展。PCR 技术堪称 20 世纪核酸分子生物学研究领域的一项革命性创举和里程碑，具有特异、灵敏、得率高、简便快速、重复性好等突出优点，能在一个试管内将所要研究的基因或某一 DNA 片段在数小时内扩增数百万倍。因此，此技术一经创立便引起了人们的极大关注，现已渗透到分子生物学的各个领域，在分子克隆、基因诊断、法医学和考古学等方面得到了广泛应用，与 PCR 相关的技术也在不断地被开发和应用。Mullis 本人因此获得了 1993 年诺贝尔医学奖。

5.3.1 PCR 技术的基本原理和特点

PCR 技术的基本原理类似于天然 DNA 复制，利用 DNA 聚合酶依赖于模板 DNA 的特性，模仿体内的 DNA 复制过程。PCR 技术的特异性取决于引物和模板 DNA 结合的专一性，以待扩增的 DNA 分子为模板，以 1 对分别与 5′末端和 3′末端相互补的寡核苷酸片段为引物，在 DNA 聚合酶的催化下，按照 DNA 半保留复制的机制，沿着模板链延伸直至完成新 DNA 链的合成。PCR 的每一个循环都包括变性、退火和延伸三个环节。变性是指在高温条件下 DNA 由双链变为单链的过程。退火是指在适当温度下，引物与互补的 ssDNA 模板结合形成双链的过程；当温度调至 DNA 聚合酶的最适温度时，以引物 3′端为新链合成的起点，4 种 dNTP 为原料，从 5′向 3′方向延伸合成 DNA 新链。这样，DNA 模板经过一次循环所产生的新 DNA 链又可作为下一循环的模板。因此，每经过一个循环，DNA 拷贝数便增加一倍，PCR 扩增使目标区域 DNA 的量呈指数上升，n 次循环后，拷贝数增加 2^n 倍。通常 25～30 个循环后，拷贝数可增加 10^6～10^9 倍，达到扩增的目的(图 5-1)。经过扩增后的 DNA 产物大多介于引物与原始 DNA 相结合的位点之间的片段，按指数倍数增加。而产物中超过引物结合位点的较长 DNA，则以算术倍数增加，其比例将随着循环数的增加不断地进行稀释，直至可以忽略的程度。因此 PCR 产物主要为引物之间的目标区域片段。PCR 扩增产物可以借助于凝胶电泳或其他方法予以检测分析。

PCR 技术具有以下特点：①特异性强，引物与模板遵循碱基互补配对原则相结合，且耐热 DNA 聚合酶使整个反应可以在较高温度下进行，特异性大大提高；②灵敏度高，PCR 产物的生成量是以指数方式增加，能将皮克（$pg=10^{-12}$ g)级的起始待测模板扩增到微克（$\mu g=10^{-6}$ g)水平；③简便迅速，PCR 反应中变性—退火—延伸三个步骤循环进行，一般 2～4 h 即可完成 10^6 倍以上的扩增，且扩增产物可直接进行电泳分析；④对模板要求低，粗制 DNA 即可作为普通 PCR 模板。

PCR 反应体系包括：模板、引物、DNA 聚合酶、4 种脱氧三磷酸核苷（dNTPs）以及含有 Mg^{2+} 的缓冲液（buffer)，混匀后，在 PCR 试管中加石蜡油，防止反应液的挥发，目前有些 PCR 仪在无特殊要求时可不用石蜡油密封。

标准 PCR 反应体积为 100 μL，其中含有：1×反应缓冲液（含 1.5 mmol/L Mg^{2+})；4 种 dNTPs 混合物各 200 μmol/L；引物各 10～100 pmol；模板 DNA 0.1～2 μg；DNA 聚合酶 2.5 U；加纯水至 100 μL。反应条件为：94℃预变性 5 min；94℃

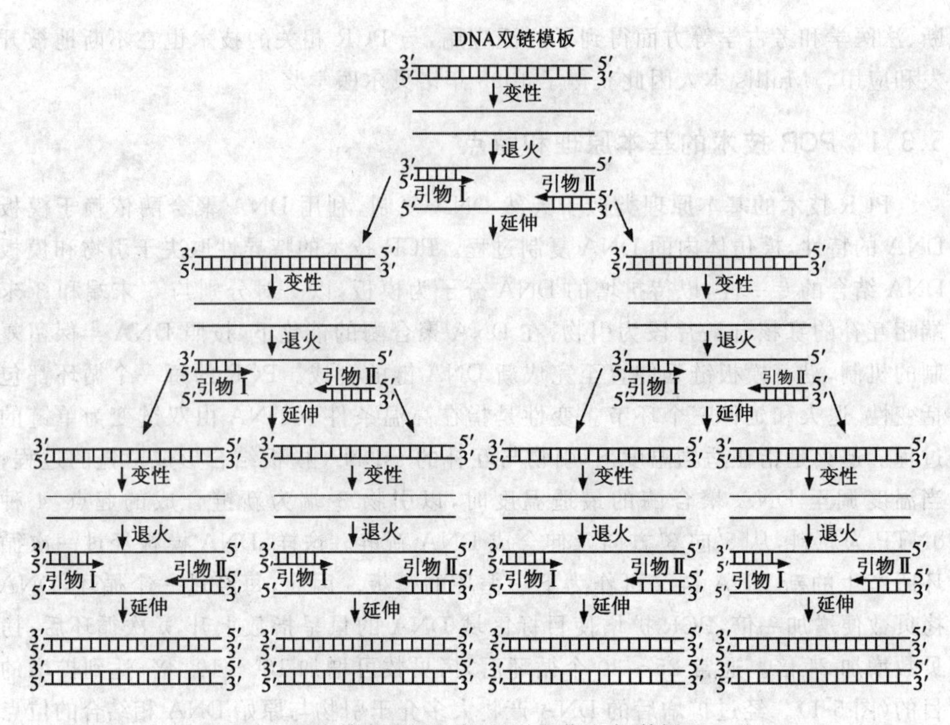

图 5-1 PCR 基本原理示意图(引自黄培堂 等译,2002)

变性 30 s,55℃退火 30 s;72℃延伸 60 s,循环 30 次;72℃ 延伸 10 min,最后终止反应,4℃保存。

利用琼脂糖凝胶电泳检测 PCR 产物,是大多数实验室常用的方法。尽管琼脂糖凝胶的分辨能力较低,但适用范围广。基于不同浓度的琼脂糖凝胶可分离长度为 100 bp～20 kb 的 DNA。非变性聚丙烯酰胺凝胶电泳检测 PCR 产物,也是众多实验室常用的方法。聚丙烯酰胺凝胶分离的 DNA 片段在 5～500 bp 的效果最好,其分辨力极高,相差 1 bp 的 DNA 片段都能区分开。而将 PCR 产物直接进行核苷酸序列测定分析,是检测 PCR 产物特异性最可靠的方法。

5.3.2 影响 PCR 反应的因素和反应条件的优化

影响 PCR 反应特异性、高效性和严谨性的因素很多。概括起来主要有两大方面,一是反应体系;二是反应程序。特异性是指 PCR 反应只产生一种扩增产物;高效性是指经过相对少的循环会产生更多的产物;严谨性是指 DNA 聚合酶严格按照碱基配对原则合成新链,无错配。

5.3.2.1 PCR反应体系

(1)模板

PCR反应的模板是待扩增的核酸序列,其来源广泛,可以是基因组DNA、质粒DNA、噬菌体DNA,也可以是cDNA或mRNA。单链或双链DNA或RNA都可作为PCR模板,模板DNA既可以是线状,也可以是环状。虽然PCR反应对模板纯度要求不高,利用标准分子生物学方法制备的样品并不需要另外的纯化步骤,但样品中的有些成分如核酸酶、蛋白酶、DNA聚合酶抑制剂等均会影响PCR反应结果。PCR模板的量不宜过多,否则会降低扩增效率,导致非特异性扩增。线状DNA的扩增效率要比闭环状DNA要好。

(2)引物

引物是与待扩增DNA两条链的3′端特异性结合的寡核苷酸片段。PCR扩增结果的特异性取决于引物的特异性。引物在反应体系中的终浓度一般要求在0.1～1.0 μmol/L。引物浓度过高易形成引物二聚体并产生非特异性扩增,过低又不足以完成几十个循环的扩增反应。

引物设计应遵循下列原则:①引物长度一般为15～30 bp,通常为20 bp左右,过短会降低特异性,过长则增加合成费用;②扩增片段长度以200～1 000 bp为宜,特定条件下可扩增长达10 kb的片段;③4种碱基应随机分布,避免出现5个以上单一碱基重复排列,GC含量宜在40%～60%,太少扩增效果不佳,过多易出现非特异条带;④避免引物内部出现二级结构和两条引物间互补,特别是3′端的互补,否则会形成引物二聚体;⑤引物的延伸是从3′端开始的,引物3′端的碱基,特别是最末端的两个碱基,应严格要求配对,应避免3′端任何修饰和形成二级结构;⑥引物5′端对扩增特异性影响不大,可加入限制酶切位点序列,以便于克隆;⑦引物应与核酸序列数据库的其他序列无明显同源性。

(3)DNA聚合酶

DNA聚合酶是PCR反应中的关键因素之一。早期PCR所用的是Klenow DNA聚合酶,该酶不耐高温,每次DNA变性时均被灭活,每一循环需补充新的酶,直到1989年从水生栖热菌中获得耐高温的DNA聚合酶(Taq酶)后,才使PCR技术进入完全自动化阶段。

目前有两种Taq酶,一种是从水生栖热菌中提纯的天然酶,另一种为大肠菌合成的基因工程酶。Taq酶的最适温度为70～80℃,在90℃以上仍可保持相对稳定。如果每轮循环在最高温度95℃保温20 s,50个循环后酶活力仍能保持起始时的65%。Taq酶的缺点在于其错配率较高。由于它没有3′→5′外切酶活性,所以如果发生dNTP的错误掺入时,无校正能力,任何错误都将保留到最后的结果中,在利用PCR产物进行DNA序列分析时需要引起高度注意。不过,现已发现了几种具有3′→5′修复活性的DNA聚合酶和高保真性的DNA聚合酶,减少了在扩增中产生错配的几率,大大提高了在扩增过程中的保真性。Taq酶的用量可根据模板、引物及其他因素适当调整,一般PCR反应需酶量约为2.5 U/100 μL,浓度过高可引起非特异性扩增,浓度过低则合成产物量减少。

(4)dNTPs

dNTPs是PCR反应的基本原材料,其质量和浓度直接关系到PCR扩增效率。在PCR反应体系中,4种dNTP的浓度要相等,如果其中任何一种dNTP浓度高于或低于其他几种dNTP,都会引起错配,各dNTP的终浓度应为0.02～0.2 mmol/L,过高可加快反应速度,但同时增加出错率和实验成本,过低则降低反应速度,但可提高扩增的精确性。

(5)反应缓冲液

反应缓冲液一般制成10倍浓度的母液(10×),其中含有100 mmol/L Tris·HCl(pH 8.3)、500 mmol/L KCl、15 mmol/L $MgCl_2$和酶稳定剂(如0.1%明胶)等。Tris·HCl为PCR反应提供稳定的pH环境,KCl有利于引物的复性,但浓度过高会抑制酶活性,酶稳定剂可保护酶不变性失活,Mg^{2+}对酶的活性、PCR扩增的特异性和产量均有影响,因此需将Mg^{2+}浓度调至最佳。在PCR反应中,Mg^{2+}浓度一般在0.5～2.5 mmol/L,当各种dNTP浓度为0.2 mmol/L时,Mg^{2+}浓度在1.5～2.0 mmol/L为宜。Mg^{2+}浓度过高,反应特异性降低,浓度过低又会降低Taq酶的活性,使反应产物减少。

5.3.2.2 PCR反应程序

(1)温度和时间

变性温度一般在90～95℃,93℃以上1 min就足以使模板预变性,若低于93℃则需延长时间,否则变性不完全。但温度也不能过高,因为高温环境对酶的活性有影响。变性所需时间取决于DNA的复杂性。通常采用94℃、30 s对模板进行变性。变性温度低、时间短,都可以导致解链不完全,而解链不完全又直接关系到PCR成败。

退火温度是影响PCR特异性的一个重要因素。变性后,快速冷却至40～60℃,可使引物和模板发生结合。由于模板比引物复杂很多,引物和模板之间的碰撞结合机会远远高于模板互补链之间的碰撞。退火温度与时间取决于引物的长度、碱基组成和浓度,以及靶基因序列的长度。在解链温度(melting temperature,Tm)允许范围内,选择较高的复性温度可大大减少引物和模板间的非特异性结合,提高PCR反应的特异性,但温度不能过高,否则引物不能与模板牢固结合,导致扩增效率降低;温度低产量高,但过低可造成引物与模板的错配,非特异性产物增加。

延伸温度的选择取决于Taq酶的最适温度。PCR反应的延伸温度一般选择在70～75℃，常用72℃，温度过高不利于引物和模板的稳定结合。反应的时间可根据待扩增片段的长度而定，一般1 kb以内的DNA片段，延伸时间1 min；3～4 kb的靶序列需3～4 min；扩增10 kb长度需延伸至15 min。延伸时间过长会导致非特异性扩增带的出现。

(2)循环次数

PCR循环次数主要取决于模板的浓度，循环次数一般选在25～40次。循环次数越多，非特异性产物的量亦随之增多；循环次数太少，则产率偏低。所以，在保证产物得率的前提下应尽量减少循环次数。

5.3.2.3 PCR反应条件的优化

PCR反应最理想的结果是只有目的片段得到大量扩增。然而由于PCR技术灵敏度极高，所以只要条件不适，往往会产生一些不同于目标片段大小的非特异性扩增产物，或有时根本没有扩增产物。因此，实验之前，通常要对PCR条件进行优化。优化的内容包括反应体系的优化和反应程序的优化。而反应体系的优化主要对Mg^{2+}、dNTPs和Taq酶用量等寻求最适浓度，以及在反应体系中加入一系列辅助物如二甲基亚砜（dimethyl sulfoxide，DMSO，1%～10%）、PEG-6000（5%～20%）、甘油（5%～20%）、明胶（0.01%）、DTT（5 mmol/L）、BSA（10～100 μg/mL）、甲酰胺（1.25%～10%）以及非离子去污剂等，以稳定酶活性、提高PCR产物的特异性和产量。反应程序的优化主要包括变性温度及时间、退火温度及时间、延伸温度及时间的确定和循环次数的确定。也可通过降落PCR连续改变退火温度，以找到最佳扩增条件。降落PCR的退火温度，开始先用高温以提高PCR扩增的特异性，同时也提高引物结合的难度，降低扩增效率，待目的基因的丰度上升后，降低退火温度，提高扩增效率（此时非特异的结合位点由于丰度低，无法和特异结合位点竞争），最终使正确的目的扩增产物得到富集。

5.3.3 PCR技术的发展

为了使PCR能够适用于不同核酸的分析与制备，人们通过改变其反应条件以及与其他技术配合，建立了多种新型PCR技术。下面对几种常用的改进PCR技术进行介绍。

5.3.3.1 反转录PCR

反转录PCR（reverse transcription PCR，RT-PCR）是以RNA为模板，通过反转录酶（详见第8章基因工程）合成DNA的过程，是DNA生物合成的一种特殊方式。反转录与逆转录从严格意义上来说并不等同。反转录是进行基因工程过程中，人为地提取出所需要的目的基因的 mRNA，并以之为模板人工合成 DNA 的过程；逆转录是 RNA 类病毒自主行为，以 RNA 为模板形成 DNA 的过程。二者虽同为 RNA→DNA 的过程，但环境不同，相对来说，反转录是指在体外进行的 cDNA 合成，而逆转录则是在体内进行 cDNA 合成。反转录过程由反转录酶催化，该酶也称依赖 RNA 的 DNA 聚合酶，即以 RNA 为模板催化 DNA 链的合成。合成的 DNA 称为互补 DNA(complementary DNA，cDNA)。

5.3.3.2 锚定 PCR

传统 PCR 技术必须知道待扩增 DNA 或 RNA 片段两侧的序列，用以合成相应的引物。当待扩增的 DNA 或 RNA 序列本身或其旁侧序列不清楚时，可采用锚定 PCR(anchored PCR)技术对目的片段进行扩增。在未知序列一端加上一段多聚 dG 尾巴，然后分别用多聚 dC 和已知的序列作为引物进行 PCR 扩增，用于扩增仅已知一端序列的目的 DNA。锚定 PCR 主要用于分析具有可变末端的 DNA 序列。该技术可用于未知 cDNA 的制备及低丰度 cDNA 文库的构建。

5.3.3.3 巢式 PCR

巢式 PCR(nested PCR)是一种变异的聚合酶链式反应，使用两对 PCR 引物扩增特异的 DNA 片段。第一对 PCR 引物扩增片段和普通 PCR 相似。第二对引物称为巢式引物，结合在第一次 PCR 扩增片段的内部，使得第二次 PCR 扩增片段短于第一次扩增。巢式 PCR 的优点在于，如果第一次扩增产生了错误片段，那么位于首轮 PCR 产物内的第二对引物，能在错误片段上进行配对并扩增的概率极低，从而提高反应的特异性。因此，巢式 PCR 的扩增具有很高的特异性。并且通过两次连续放大，明显地提高了 PCR 检测的灵敏度，特别适合于极微量的靶序列的扩增。

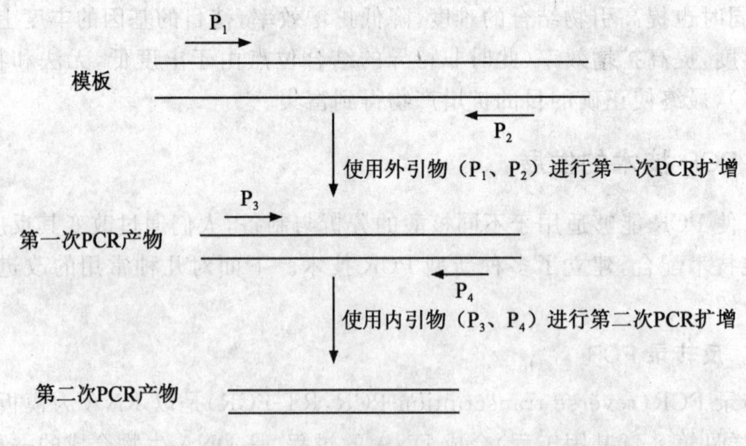

图 5-2　巢式 PCR 原理示意图(改自黄留玉，2004)

5.3.3.4 cDNA末端快速扩增

cDNA末端快速扩增(rapid amplification of cDNA ends,RACE)是一种基于mRNA反转录和PCR技术建立起来的新技术,不同于RT-PCR,它是以部分已知序列为起点,扩增基因转录本未知区域,从而获得cDNA完整序列的方法。即扩增基因转录产物内的已知序列与其3′或5′末端之间的未知cDNA序列。因此,cDNA末端快速扩增有3′ RACE和5′ RACE。

3′ RACE的基本原理:利用mRNA的3′末端poly(A)尾巴作为一个引物结合位点进行PCR。以Oligo(dT)和一个接头组成的接头引物(adaptor primer,AP)反转录总RNA得到加接头的cDNA第一链,然后用目的基因的已知序列设计特异引物GSP_1(gene specific primer,GSP)和一个含有Oligo(dT)及部分接头序列的通用引物(universal amplification primer,UAP),分别与已知序列区和poly(A)尾区退火,经PCR扩增捕获位于已知信息区和poly(A)尾之间的未知3′ mRNA序列。为减少非特异片段的产生,可进行第二轮扩增即巢式PCR,采用第一轮PCR产物中临近GSP_1的序列设计引物GSP_2与含有部分接头序列的引物UAP配对扩增(图5-3)。

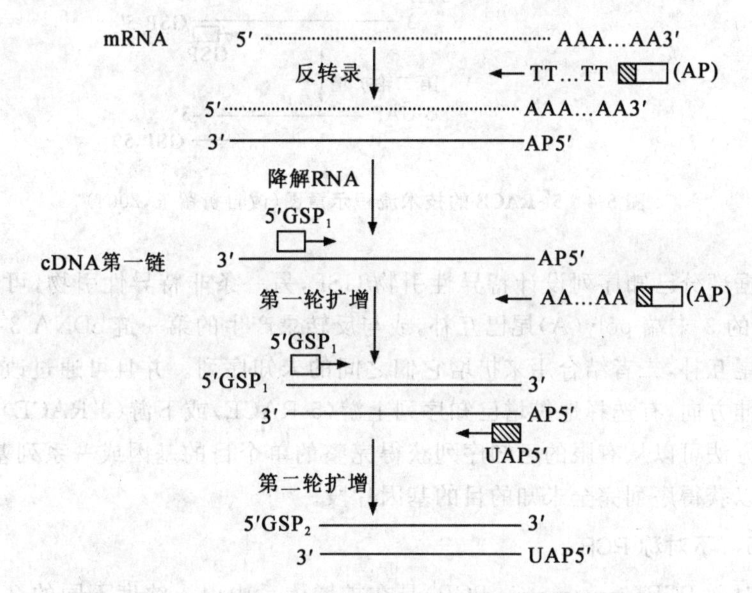

图5-3 3′ RACE的技术流程示意图(改自黄留玉,2004)

5′ RACE的基本原理:5′ RACE与3′ RACE略有不同。反转录时所用引物不是采用Oligo(dT),而是采用基因特异引物(GSP_1)进行扩增;其次,在获得cD-

NA 第一链后，增加了 3′端加尾步骤，即先用 GSP-RT 逆转录 mRNA 获得 cDNA 第一链后，用脱氧核糖核酸末端转移酶(termainal deoxymlcleotidyl transferase，TdT)和 dNTP 在 cDNA 的 3′端加尾，然后再用与加尾互补的接头引物(AP)合成 cDNA 第二链，接下来与 3′ RACE 过程相同。用接头引物和位于延伸引物上游的基因特异性引物(GSP_1)进行 PCR 扩增，即可得到未知 mRNA 的 5′端(图 5-4)。

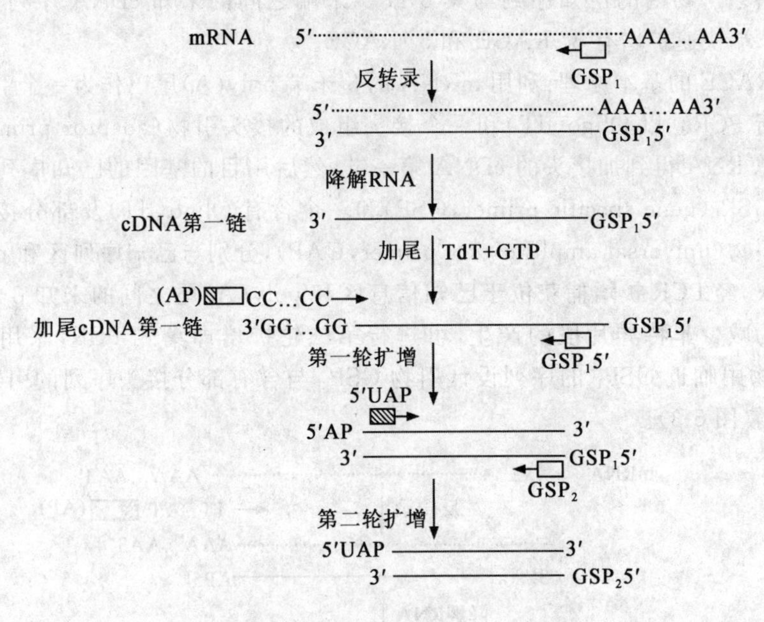

图 5-4　5′-RACE 的技术流程示意图(改自黄留玉，2004)

根据部分已知序列设计特异性引物 GSP，另一条非特异性引物，可与存在于 mRNA 的 3′末端 poly(A)尾巴互补，或与反转录产生的第一链 cDNA 3′末端附加的同聚尾互补，二者结合用来扩增它们之间的未知序列。并且可通过改变特异性引物延伸方向，有选择地扩增已知序列上游(5′RACE)或下游(3′RACE)的未知序列。该方法可以从有限的已知序列获得完整的单个目的基因或一系列基因序列，甚至可以获得序列完全未知的目的基因片段。

5.3.3.5　不对称 PCR

不对称 PCR(asymmetric PCR)是在扩增体系中引入浓度不同的 2 种引物的 PCR 技术。这 2 种引物分别称为限制性引物和非限制性引物，控制限制性引物的绝对量是其扩增的关键，两条引物的比例需要多次摸索优化，通常浓度比为 1∶(50～100)。在最初 10～15 个循环中，两条模板等量扩增，主要产物是 dsDNA，当低浓度引物即限制性引物耗尽后，其扩增产物则减少，以至最后消失；高浓度引物即非限制性引物介导的PCR反应就会产生大量ssDNA，可用于直接测序。不对称PCR主要为测序制备单链DNA或为杂交制备核酸探针。另外，用cDNA经不对称PCR进行DNA序列分析也是研究真核DNA外显子的首选方法(图5-5)。

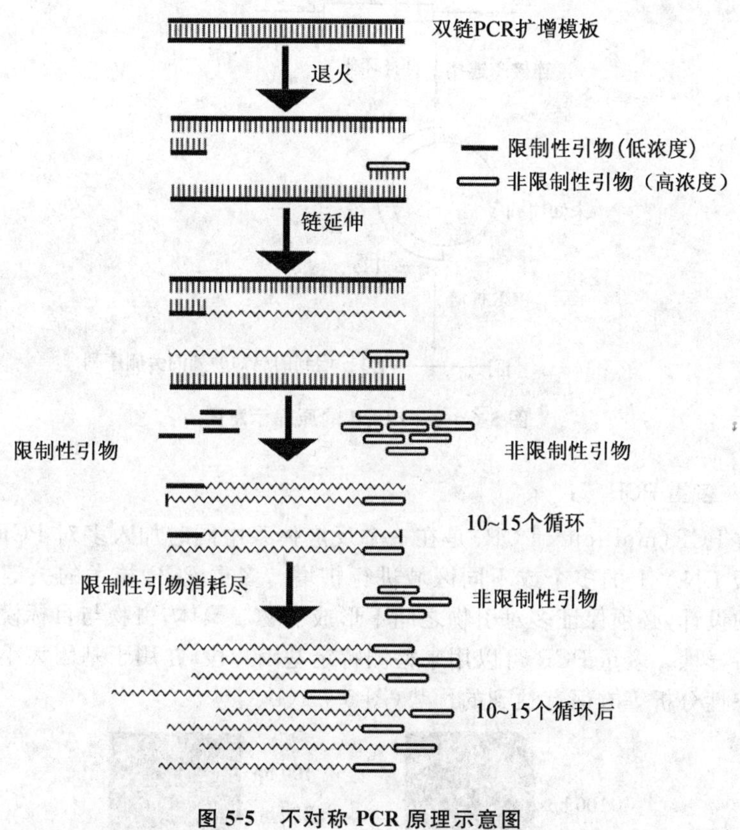

图5-5 不对称PCR原理示意图

5.3.3.6 反向PCR

常规PCR是扩增两引物之间的DNA片段，而反向PCR(inverse PCR)是对一个已知的DNA片段两侧的未知序列进行扩增(图5-6)。选择已知序列内部没有酶切位点的限制酶对此DNA片段(短于2～3 kb)进行酶切，然后用连接酶使带有黏性末端的靶DNA片段环化，选择与已知序列两端互补的引物，经PCR扩增后的产物就是该环状DNA分子中未知序列的DNA片段。该技术可对未知序列扩增后进行分析，如探索已知DNA片段的邻接序列，已成功地用于仅知部分序列的全长cDNA克隆。

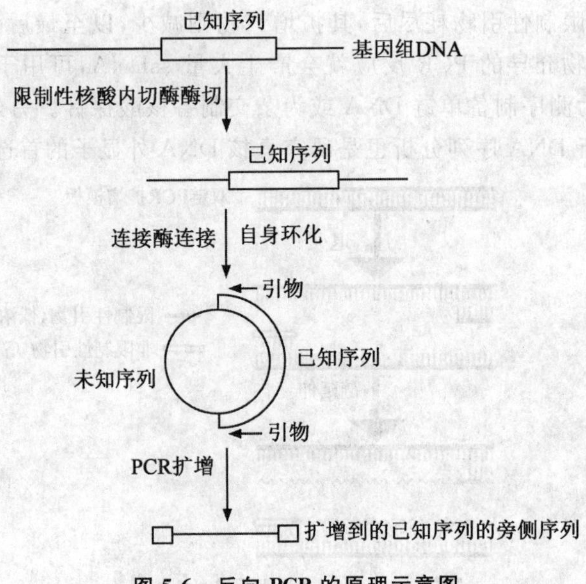

图 5-6 反向 PCR 的原理示意图

5.3.3.7 多重 PCR

多重 PCR(multiplex PCR)是在一个反应体系中同时加入多对 PCR 引物，同时对模板 DNA 上的多个或不同区域进行扩增。多重 PCR 技术的关键在于其多对引物的设计，必须保证多对引物之间不形成引物二聚体，引物与目标模板区域具有高度特异性。多重 PCR 可以用来检测特定基因片段，在用于基因大小、缺失、突变和多态性分析等方面有独到的优势(图 5-7A、B、C)。

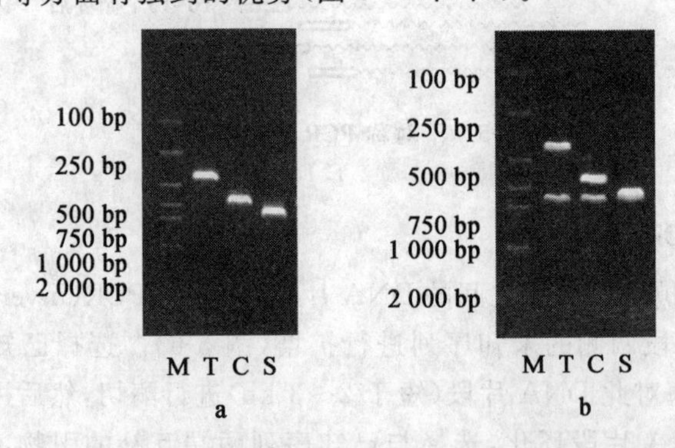

图 5-7A 不同玉米细胞质雄性不育材料 DNA 特异单引物和三重引物 PCR 扩增

根据玉米 3 种细胞质雄性不育(cytoplasmic male sterility,CMS)类型 CMS-S、CMS-C、CMS-T 特有嵌合基因分别设计特异引物。a:T、C、S 样品分别用各自单一的特异引物扩增即单引物 PCR; b:T、C、S 样品均用 3 对引物混合扩增即多重 PCR。M:marker; T:CMS-T;C:CMS-C;S:CMS-S。

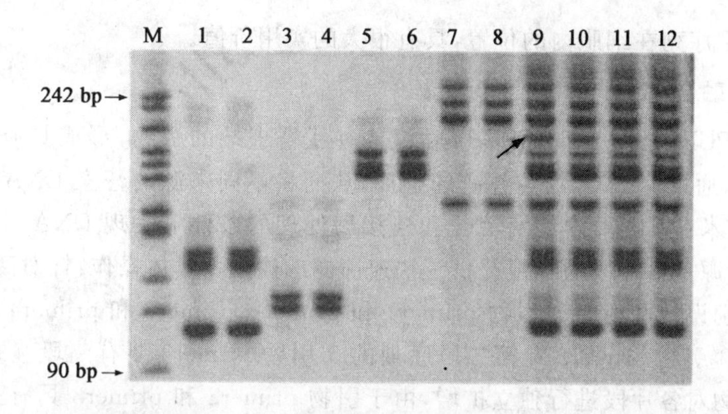

图 5-7B 湘杂棉 10 号 DNA 四重 PCR 扩增结果(引自陈浩东等,2011)

M:Marker;1～2:所用引物为 SSR010;3～4:所用引物为 SSR006;5～6:所用引物为 SSR002;7～8:所用引物为 SSR013;9～12:4 对引物混合。

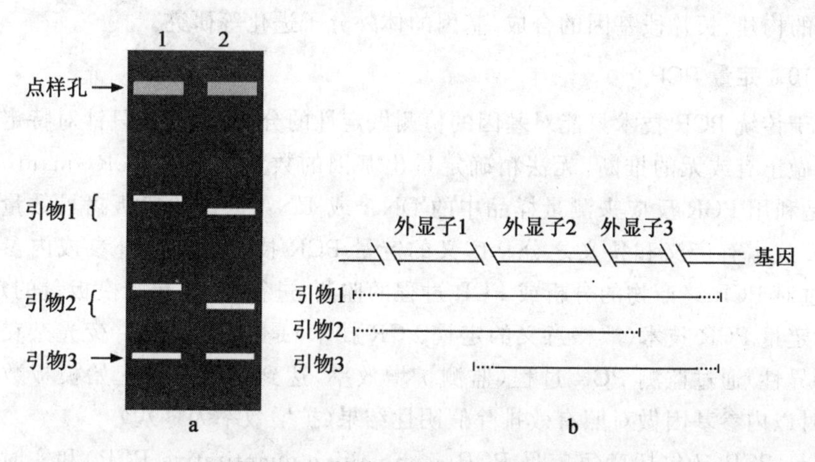

图 5-7C 某基因多重 PCR 扩增结果

a:两样品某基因 3 对引物混合扩增结果示意图;b:3 对引物在基因上扩增片段位置示意图,虚线表示引物。结果表明两个样品 1 和 2 之间在外显子 1 处存在变异。

5.3.3.8 原位 PCR

原位 PCR(in situ PCR)是 Hasse 等于 1990 年建立,该技术是在组织细胞里进行 PCR 反应,它结合了具有细胞定位能力的原位杂交和高度特异敏感的 PCR 技术的优点。即通过 PCR 技术以 DNA 为起始物,对靶序列在染色体上或组织细胞内进行原位扩增,使其拷贝数增加,然后通过原位杂交的方法予以检测,从而对靶核酸进行定性、定量和定位分析。原位 PCR 既能分辩鉴定带有靶序列的细胞,又能标出靶序列在细胞内的位置，具有很大的实用价值。

5.3.3.9 融合 PCR

融合 PCR 技术(fusion PCR)采用具有互补末端的引物，形成具有重叠链的 PCR 产物，通过 PCR 产物重叠链的延伸，从而将不同来源的任意 DNA 片段连接起来，此技术在不需要内切酶消化和连接酶处理的条件下实现 DNA 片段的体外连接，为同源重组片段的构建提供了快速简捷的途径。具体操作：针对两段要融合的序列分别设计两对特异引物 primer1 和 primer2、primer3 和 primer4，其中第一段序列的 3′引物 primer2 和第二段序列的 5′引物 primer3 要有一段互补区，应用特异性引物对各片段进行独立扩增，由于引物 primer2 和 primer3 具有互补区段，所以两类扩增片段具有一段互补区，然后在同一反应体系中加入各片段的混合物，以一对外侧引物 primer1 和 primer4 进行融合片段的全长扩增，即可获得两 DNA 片段的融合产物。融合 PCR 技术除了用于同源重组片段的构建外，还可应用于突变基因的构建、长片段基因的合成、基因的体外分子进化等研究。

5.3.3.10 定量 PCR

由于传统 PCR 技术只能对基因的检测做定性的分析，也就是只针对特定基因的探测做出有或无的推断，无法精确定量出基因的数量。定量 PCR(quantitative PCR)是利用 PCR 反应来测量样品中的 DNA 或 RNA 的原始模板拷贝数量。定量 PCR 技术有广义和狭义之分。广义的定量 PCR 技术是指以外参或内参为标准，通过对 PCR 终产物的分析或 PCR 过程的监测，进行 PCR 起始模板量的定量。狭义的定量 PCR 技术(严格意义的定量 PCR 技术)是指用外标法(荧光杂交探针保证特异性)通过监测 PCR 过程(监测扩增效率)达到精确定量起始模板数的目的，同时以内参基因做对照有效排除假阴性结果(扩增效率为零)。

定量 PCR 又包括竞争定量 PCR(competitive quantitative PCR)和实时荧光定量 PCR(real-time quantitative PCR)。竞争定量 PCR 是一种快速可靠的靶 DNA 定量方法。该方法是采用相同的引物，同时扩增靶 DNA 和已知浓度的竞争模板，竞争模板与靶 DNA 大致相同，但其内切酶位点或部分序列不同，用限制性内切酶消化 PCR 产物或用不同的探针进行杂交即可区分竞争模板与靶 DNA 的 PCR 产物，因竞争模板的起始浓度是已知的，通过测定竞争模板与靶 DNA 二者 PCR 产物便可对靶 DNA 进行定量。实时荧光定量 PCR 是在 PCR 反应体系中加入荧光基团，利用荧光信号积累实时监测整个 PCR 进程，最后通过标准曲线对未知模板进行实时定量分析的方法。实时荧光定量 PCR 已广泛应用于染色体核型分析、基因缺失、突变和多态性分析以及基因表达研究等。

5.3.4 PCR反应常见问题

PCR反应常见的问题主要有假阴性、假阳性、非特异性扩增、片状拖带或涂抹带。

若实验中设置的阳性对照未能扩增出目标条带，则说明实验中可能有假阴性结果。假阴性是指PCR产物检测不出应有的特异扩增带。

PCR反应有时扩增不出任何条带(产物)。造成此现象的原因很多，可从以下几个方面考虑：①模板的问题。如模板中含有Taq酶抑制剂，或模板DNA降解，或模板DNA有酚类物质残留等。②酶的问题。如酶失活，或忘记加酶。③引物的问题。引物设计不合理，引物合成质量差，引物浓度尤其是两条引物浓度不对称均可造成PCR失败。另外还要注意引物反复冻融导致引物变质致使PCR失败。④Mg^{2+}浓度。Mg^{2+}浓度过低影响PCR产量，甚至扩增不出任何条带。⑤其他原因。如PCR仪器的问题，变性不完全，退火温度过高等均可导致PCR扩增反应失败。

PCR实验中应设立阴性对照以提示是否有假阳性结果出现。若有一个或几个阳性结果，则可能有假阳性。假阳性是指PCR产物出现了不应有的目的扩增条带。出现假阳性的原因主要是有样品污染、试剂污染、扩增产物交叉污染等造成。常见的污染源包括实验室环境、加样器、操作中形成的喷雾、DNA抽提仪器、试剂及任何与扩增接触的东西。通过隔离工作区、改进实验操作、避免试剂飞喷、试剂分装成小份使用、操作程序合理化、阳性对照次序靠后等来防止样品的污染。

非特异性扩增是指PCR扩增产物出现的条带与预计的大小不一致，或者同时出现特异性扩增带和非特异性扩增带。非特异扩增产生的原因可能有：引物设计不合理、Mg^{2+}浓度过高、退火温度过低、PCR循环数或酶量过多，均可导致PCR产物与预期扩增片段大小不一，非特异性扩增几率增加。

PCR反应扩增产物有时会出现涂抹带、片状带或地毯样带。扩增产物出现片状拖带或涂抹带的可能原因主要是dNTPs浓度过高、Mg^{2+}浓度过高、退火温度过低、PCR循环数过多、酶量过多或酶质量差等引起。

5.3.5 PCR技术的应用

PCR技术是近十几年来发展和普及最为迅速的分子生物学技术之一。它具有敏感度高、特异性强、产率高、重复性好以及快速简便等优点，对分子生物学的发展具有不可估量的推动作用。

PCR技术在理论研究中可用于分子标记定位、基因克隆、DNA重组、微量

DNA 测序、cDNA 文库的建立、核酸探针合成、差异表达分析、突变 DNA 的分析等。在应用研究中涉及的领域更加广泛，如遗传性疾病的诊断、亲子关系鉴定、癌变基因的研究、胎儿性别的鉴定等医学领域，可用于植物品种 DNA 指纹图谱的构建、品种的真实性和纯度鉴定、种质资源的遗传多样性检测、转基因植物中外源基因的检测、植物育种中的分子标记辅助选择、植物检疫等农业领域。

5.4 核酸凝胶电泳

带电荷的物质在电场中的趋向运动称为电泳。核酸电泳是进行核酸研究的重要手段，是核酸杂交、核酸扩增和序列分析等技术不可缺少的组成部分。核酸电泳通常在琼脂糖凝胶或聚丙烯酰胺凝胶中进行，其原理在于不同浓度的琼脂糖和聚丙烯酰胺可形成具有分子筛效应的网孔大小不同的凝胶，用于分离不同分子量的核酸片段，或分子质量相同但构型不同的核酸分子。

5.4.1 常用的核酸凝胶电泳

5.4.1.1 琼脂糖凝胶电泳

琼脂糖凝胶电泳是用琼脂糖凝胶作为支持物的区带电泳，兼有分子筛和电泳的双重作用。琼脂糖凝胶具有网状结构，直接参与带电颗粒的分离过程，在电泳中，颗粒分子通过空隙时会受到阻力，大分子物质在泳动时受到阻力比小分子大，因此在凝胶电泳中，带电颗粒的分离不仅依赖于净电荷的性质和数量，而且还取决于分子大小和形状。

琼脂糖凝胶网状结构可通过琼脂糖的最初浓度来控制，低浓度的琼脂糖形成较大的孔径，而高浓度的琼脂糖形成较小孔径。琼脂糖凝胶通常制成板状，电泳分为垂直和水平型两种，其中水平型制胶和加样较为方便，因而应用比较广泛，是核酸分离和鉴定的常用方法。普通的水平式琼脂糖凝胶电泳适合于 DNA 和 RNA 的分离鉴定；但经甲醛进行变性处理的琼脂糖电泳更适用于 RNA 的分离鉴定和 Northern 杂交。若对目前常用的琼脂糖进行某些修饰，如引入羟乙基基团，则可使琼脂糖在 65℃左右便能熔化，被称为低熔点琼脂糖。该温度低于 DNA 的熔点，而且凝胶强度又无明显改变，以此为支持物进行电泳，称为低熔点琼脂糖凝胶电泳，主要用于分子生物学实验中 DNA 的回收制备。

(1)DNA 琼脂糖凝胶电泳

琼脂糖凝胶电泳对核酸的分离作用主要依据它们的分子大小及分子构型，同时也与凝胶的浓度和缓冲液有密切关系。常用琼脂糖凝胶电泳的浓度及分离范围见表 5-1。核酸分子是两性解离分子，其等电点 pI 为 2～2.5，在缓冲液 pH 为 3.5 时，各核酸分子带正电荷且带电量大小不一，在无支持物的电场中陆续向负极泳动。在缓冲液 pH 为 8.0～8.3 时，各核酸分子带负电荷且带电荷量几乎相等，在无支持物的电场中向正极泳动。此时，各核酸分子的迁移率区别很小，难以分开。所以当电泳缓冲液 pH 为 8.0～8.3 时，采用适当浓度的凝胶介质作为电泳支持物，在一定的电场强度下，DNA 分子的迁移速度几乎只取决于分子筛效应，即 DNA 分子本身的大小和构型，从而将核酸分子分离。当 DNA 分子构型相同时，DNA 分子的迁移速率与其相对分子质量的对数值成反比关系，分子越大则所受阻力越大，也越难于在凝胶孔隙中移动，因而迁移得越慢。通过已知大小的标准物移动的距离与未知 DNA 片段的移动距离进行比较，还可测出未知片段的大小。值得注意的是，等长度的 ssDNA 和 dsDNA 在凝胶中的迁移率大致相等；当 DNA 分子大小超过 20 kb 时，电泳迁移率不再依赖于分子大小，普通琼脂糖凝胶就很难将它们分开。

表 5-1　琼脂糖凝胶电泳的的分离范围

琼脂糖浓度(*W*/*V*)/%	DNA 片段的有效分离范围/kb
0.3	5～60
0.5	1～30
0.6	1～20
0.7	0.8～12
1.0	0.5～10
1.2	0.4～6
1.5	0.2～4
2.0	0.1～3

（改自王淳本，2003）

另外，DNA 在电场中移动速率不仅与分子质量有关，还与其构象有关。相同分子质量的线状、开环和超螺旋质粒 DNA 在琼脂糖凝胶中电泳时，超螺旋 DNA 移动最快，而开环状 DNA 移动最慢。在电泳鉴定质粒 DNA 纯度时，如发现凝胶上有数条 DNA 带，由于难以区分是不同构象质粒 DNA 带还是含有其他杂 DNA 带，这时可将各个 DNA 带逐个回收，用同一种限制性内切酶分别酶切，然后再电泳，出现相同酶切图谱的 DNA，则为同一种 DNA。

(2)RNA琼脂糖凝胶电泳

RNA电泳可以在变性凝胶和非变性凝胶两种条件下进行。使用1.0%～1.4%的非变性电泳凝胶,不同的RNA条带也能分开,在进行总RNA样品完整性检测时,1.0%琼脂糖凝胶即可。但其分子质量无法判断,因为RNA分子有二、三级结构影响其电泳结果,只有在完全变性的条件下,RNA的泳动速率才与其分子质量的对数呈线性关系,因此要测定RNA分子质量时,需使用变性凝胶。RNA分子在变性琼脂糖凝胶中按其大小不同而相互分离,基本过程同DNA电泳一样,所不同的是在凝胶中加入了变性剂,如甲醛、乙二醛或DMSO等,使RNA变性成单链分子,从而消除二、三级结构对电泳的影响。变性后RNA的泳动速率与分子质量大小相同的DNA一样,可以进行RNA分子大小的测定。另外,由于RNA分子对RNase的作用非常敏感,因此在整个电泳过程中要尽量避免RNase的污染,必须用无RNase的水来配置所有溶液,所有与RNA接触的仪器和装置都要严格处理以尽量减少RNase对样品的降解。

(3)交变脉冲场凝胶电泳

一般情况下,琼脂糖凝胶电泳是使DNA分子在连续的均一电场作用下通过凝胶,利用凝胶对不同长度DNA分子阻滞作用的差异使DNA分子按片段长度分开。但分子质量大于20 kb的DNA片段只能在凝胶中泳动却无法得到有效的分离。这是由于在电场作用下,小分子的DNA通过凝胶的网孔时较容易,而较大的DNA分子就需要在凝胶中走一些弯路,找到较大的孔径方可前进。一旦DNA分子大小超过凝胶孔径,凝胶就起不到分子筛作用。用琼脂糖凝胶电泳分离DNA时,DNA大小一般不超过20 kb。1983年,Schwartz等发明了交变脉冲场凝胶电泳技术,后来经Carle等进行了改进。交变脉冲场凝胶电泳技术与常规的直流单向电场凝胶电泳不同,这项技术采用定时改变电场方向的交变电源,每次电流方向改变后持续1 s到5 min,然后再改变电流方向,反复循环,可有效分离分子质量为10～10 000 kb大分子DNA。由于DNA分子在交变电场中构型改变的时间显著依赖于DNA分子的大小,故电场交替改变的周期与欲分离的DNA分子大小密切相关,DNA分子越大,构型改变时间越长,需要的交替电场周期越长。

5.4.1.2 聚丙烯酰胺凝胶电泳

聚丙烯酰胺凝胶电泳是用聚丙烯酰胺凝胶作为支持物的电泳。这种凝胶由单体丙烯酰胺(acrylamide, Acr)和交联剂*N*,*N*′-甲叉基(亚甲基)双丙烯酰胺(*N*,*N*′-methylene-bis-acrylamide, Bis)聚合而成。聚丙烯酰胺凝胶是一种人工合成的高分子材料,与琼脂糖凝胶电泳相似,也具有分子筛和电泳的双重作用。聚丙烯酰胺凝胶最大特点是灵敏度可达 10^{-6} g，较琼脂糖电泳有更高的分辨率，同时凝胶孔径可通过选择单体及交联剂的浓度调节。也常用于核酸的分离及鉴定。

根据凝胶形状聚丙烯酰胺凝胶电泳可分为盘状电泳和板状电泳。盘状电泳是在直立的玻璃管内，利用不同 pH 的缓冲液进行电泳，同时，由于样品混合物被分开后形成的区带非常窄、呈圆盘状，故而得名。板状（垂直或水平）电泳是将丙烯酰胺聚合成方形或长方形平板状，平板大小和厚度视实验需要而定。分子生物学上对核酸的分离常采用垂直凝胶板进行聚丙烯凝胶电泳。

聚丙烯酰胺凝胶是由 Acr 和 Bis 通过化学催化或光催化聚合成三维空间网状结构的高聚物。DNA 分子泳动速率与凝胶孔径大小有关，而凝胶孔径大小可通过选择凝胶浓度及单体和交联剂的比例来调节。常用聚丙烯酰胺凝胶的浓度及分离范围见表 5-2。甲叉双丙烯酰胺占丙烯酰胺单体的比例应随凝胶浓度的改变而不同。当凝胶浓度大于 5.0%时，交联度可为 2.5%；凝胶浓度小于 5.0%时，交联度需增至 5.0%。在凝胶浓度低于 3.0%时，由于凝胶太软，不易操作，常加入 0.3%琼脂糖，以增加凝胶的机械强度。

表 5-2　聚丙烯酰胺凝胶浓度及分离范围

凝胶浓度/%	DNA 片段的有效分离范围/bp
20	6～100
15	25～150
12	40～200
8	60～400
5	80～500
3.5	100～1 000

聚丙烯酰胺凝胶电泳可分为非变性凝胶电泳和变性凝胶电泳两类。核酸电泳中，前者用于分离和纯化双链核酸片段，后者用于分离和纯化单链核酸片段。核酸变性聚丙烯酰胺凝胶常在配置凝胶时加入尿素作为变性剂。根据电泳系统的连续性，聚丙烯酰胺凝胶电泳可分为连续电泳和不连续电泳，前者指整个电泳系统中所用缓冲液、pH 和凝胶孔径大小都是相同的，带电颗粒在电场作用下的分离主要靠电荷及分子筛效应。后者电泳系统中缓冲液离子成分、pH、凝胶浓度及电位梯度不连续，带电颗粒在电场中的泳动不仅有电荷效应、分子筛效应，还具有浓缩效应，因而其分离条带清晰度及分辨率较前者更好。一般核酸电泳常采用连续的聚丙烯酰胺凝胶，特殊情况下，需分离 1 bp 差异的核酸分子时，需用到不连续变性凝胶

电泳。

通常分离 RNA 样品多采用 2.4%～5.0%聚丙烯酰胺凝胶进行电泳。分子质量较小的 RNA 可用较高浓度的凝胶，如低分子质量 RNA 或 RNA 水解碎片的电泳用 8%或更高浓度的聚丙烯酰胺凝胶。在中性盐溶液中，RNA 的电泳迁移率不仅取决于分子大小，而且还与分子的形状有关。因此，RNA 二级结构均将显著影响其迁移速度。在变性条件(例如 8 mol/L 尿素或甲酰胺)下进行凝胶电泳，此时 RNA 的二级结构已被破坏，其电泳迁移率与分子质量的对数呈反比关系。

核酸聚丙烯凝胶电泳的基本步骤包括“玻璃板的处理→凝胶的制备→上样和电泳→染色→观察并照相”。实际操作中需注意以下几点：①玻璃板一定要非常清洁，玻璃板上遗留的去污剂可能导致凝胶染色时背景偏高；②短玻璃板经黏合溶液处理可将凝胶化学交联于玻璃板上，这一步对于在染色操作过程中防止凝胶撕裂至关重要，因此玻板需分别涂上亲水硅烷和疏水硅烷，以便剥离和染色；③在凝胶的制备中需用水平仪调水平，灌制凝胶的过程中要严防产生气泡，否则影响电泳的结果；④上样电泳，一定要注意凝胶板的温度是否达到 40℃左右，如果还没有达到，则应等温度达到后才能上样电泳；⑤电泳时，不宜使用太高的电压，因为太高的电压会使凝胶的分辨率降低，并且使带扩散；⑥电泳中可进行恒功率电泳；⑦丙烯酰胺和甲叉双丙烯酰胺是一种对中枢神经系统有毒的试剂，操作时要避免直接接触皮肤，但它们聚合后则无毒。

5.4.2 核酸电泳缓冲溶液

电泳缓冲液是指在进行分子电泳时所使用的缓冲溶液，用以稳定体系酸碱度。成分主要有 EDTA、硼酸或磷酸或乙酸、Tris 和 Na^+ 等。缓冲液在电泳过程中的一个作用是维持合适的 pH。电泳时正极与负极都会发生电解反应，正极发生的是氧化反应，负极发生的是还原反应，长时间的电泳将使正极变酸，负极变碱。一个好的缓冲系统应有较强的缓冲能力，使溶液两极的 pH 保持基本不变。电泳缓冲液的另一个作用是使溶液具有一定的导电性，以利于 DNA 分子的迁移，例如，一般电泳缓冲液中应含有 0.01～0.04 mol/L 的 Na^+，Na^+ 的浓度太低时电泳速度变慢；太高时就会造成过大的电流使胶发热甚至熔化。电泳缓冲液中的组分 EDTA 能螯合 Mg^{2+} 等，防止电泳时激活 DNA 酶，此外还可防止 Mg^{2+} 与核酸生成沉淀。缓冲液的成分及浓度决定并稳定着支持介质的 pH 和溶液的离子强度，还影响带电颗粒的迁移率。常用核酸电泳缓冲液可分为：Tris-乙酸(TAE)、Tris-硼酸(TBE)和 Tris-磷酸(TPE)。

TAE：缓冲容量小，但是溶解度大，易于贮存。TAE 是使用最广泛的缓冲系统。其特点是超螺旋在其中电泳时更符合实际相对分子质量(TBE中电泳时测出的相对分子质量会大于实际分子质量),且双链线状DNA在其中的迁移速率较其他两种缓冲液约快10%。此外,回收DNA片段时也宜用TAE缓冲系统进行电泳。由于TAE缓冲容量小,长时间电泳(如过夜)不可选用,除非有循环装置使两极的缓冲液得到交换。

TBE:缓冲容量大,但是溶解度小,不易长期贮存,易产生沉淀。TBE的特点是缓冲能力强,长时间电泳时可选用TBE,并且当用于电泳分离小于1 kb的片段时效果更好。TBE用于琼脂糖凝胶时易造成高电渗作用,并且因与琼脂糖相互作用生成非共价结合的四羟基硼酸盐复合物而使DNA片段的回收率降低,所以在通过电泳分离回收片段时不宜使用。

TPE:缓冲能力也较强,但由于磷酸盐易在乙醇沉淀过程中析出,所以也不宜在回收DNA片段的电泳中使用。

5.4.3 核酸电泳的指示剂和染色剂

5.4.3.1 指示剂

核酸电泳常用的指示剂有溴酚兰和二甲苯青。溴酚兰在碱性液体中呈蓝紫色,在0.6%、1.0%、1.4%和2.0%琼脂糖凝胶电泳中,溴酚兰的迁移率分别与1 kb、0.6 kb、0.2 kb和0.15 kb的双链线型DNA片段大致相同。二甲苯青的水溶液呈蓝色,它在1.0%和1.4%琼脂糖中电泳时,其迁移速率分别与2 kb和1.6 kb的双链线型DNA大致相似。指示剂一般与蔗糖、甘油等组成载样缓冲液。载样缓冲液的作用:①增加样品密度,使其比重增加,以确保DNA均匀沉入加样孔内;②在电泳中形成肉眼可见的指示带,可预测核酸电泳的速度和位置;③使样品显色,使加样操作更方便。

5.4.3.2 染色剂

核酸电泳后,需经染色方能显现出带型,常用的方法有:溴化乙锭染色法和银染法。

溴化乙锭(ethidium bromide,EB)是一种荧光染料,EB分子可嵌入核酸双链的碱基对之间,在紫外线激发下,发出红色荧光。根据情况可在凝胶电泳液中加入终浓度为0.5 μg/mL的EB,有时亦可在电泳后,将凝胶浸入该浓度的溶液中染色10~15 min。当EB太多,凝胶染色过深,核酸电泳带不清晰时,可将凝胶放入蒸馏水浸泡30 min后再观察。EB是一种致癌物,操作不当可能会对人体健康造成影响,所以须严格操作使用。

银染液中的银离子(Ag^+)可与核酸形成稳定的复合物,然后用还原剂如甲醛使Ag^+还原成银颗粒。$AgNO_3$等试剂可使单链和双链DNA以及RNA都染成黑褐色。主要用于聚丙烯酰胺凝胶电泳染色,也用于琼脂糖凝胶染色。银染法的灵敏度比EB染色高200倍左右,在小于0.5 mm厚的凝胶中,能检测出0.5 ng的RNA,其缺点是专一性不强,能与蛋白质、去污剂反应也产生褐色,而且对DNA的染色定量不准确。银与DNA稳定结合,对DNA有破坏作用,不适于DNA片段回收的制备。

目前大多数商业化的核酸染料(凝胶染色试剂)多数在安全性、稳定性和灵敏性等方面不完全令人满意。例如,EB作为目前使用最广泛的核酸凝胶染色试剂,能够在多数应用中提供可以接受的灵敏度,但它是一种高诱变性的化学物质。因此,人们一直致力于开发新的EB替代品,但至今未能开发出在安全性、稳定性和灵敏性上均令人满意的核酸染料。如SYBR Green I和SYBR Gold也被厂家宣传为最灵敏的凝胶染色试剂。但SYBR Green I尤其是SYBR Gold在常用的微碱性电泳缓冲溶液或预制凝胶中会快速降解,稳定性差导致染色效果极不可靠。

5.5 核酸分子杂交

核酸分子杂交(nucleic acid hybridization)技术是分子生物学研究中又一项基本的实验操作,是基于核酸分子变性和复性的原理,使具有一定同源序列的两条核酸单链(DNA或RNA),在一定条件下按碱基互补配对原则经过退火,形成杂交双链分子的过程。核酸分子杂交可以发生在DNA与DNA之间,也可以发生在DNA与RNA之间。分子杂交具有灵敏度高、特异性强的优点。杂交的双方是所使用的探针和待检测的核酸。该检测对象可以是克隆化的基因组DNA,也可以是细胞总DNA或总RNA。根据使用的方法被检测的核酸可以是提纯的,也可以在细胞内杂交,即细胞原位杂交。探针必须经过标记,以便示踪和检测。同位素曾经是最普遍的探针标记物,但由于同位素的安全性,近年来发展了许多非同位素标记探针的方法。基因芯片技术的实质是对核酸分子杂交技术的进一步拓展,即将数千万种已知的寡核苷酸探针或cDNA探针顺序点在芯片上,再与特定待测细胞的基因组DNA杂交。基因芯片技术在植物分子生物学研究中有着十分广阔的应用前景。

5.5.1 核酸探针的种类

在核酸分子杂交中，核酸探针(probe)是指带有标记物的，能与被检测的核苷酸片段互补的一段已知核苷酸片段。核酸杂交探针可以是用基因克隆技术分离获得的特异DNA序列，或是特异DNA序列在体外转录出的RNA序列或cDNA序列，亦可是人工合成的寡聚核苷酸片段。理想的探针应具有如下特点：高度特异性，只与靶核酸序列特异性杂交；可被标记，便于对杂交体进行筛选与鉴定；最好是单链核酸分子；探针长度一般是十几个碱基到几千个碱基不等，小片段探针杂交速率快，但15～30 nt的寡聚核苷酸探针，带有的标记物少其灵敏度也较低；作为探针的核苷酸序列通常选取基因编码序列，避免用内含子及其他非编码序列；标记后的探针必须灵敏度高，既稳定又安全。探针的选择将直接影响到杂交结果的分析，因此，应根据实验的实际情况，选择不同类型的适宜探针。

(1)DNA探针

DNA探针是核酸分子杂交中最常用的探针，一般长度在几百个碱基以上。从基因组中获得的几乎所有的基因片段都可以被克隆到质粒或噬菌体载体中，通过大量扩增、纯化，标记后即可作为探针。DNA探针可以是双链也可是单链，可以是基因组全序列，如某些病毒的DNA，也可以是某一特定基因或基因上的一个片段。

(2)cDNA探针

cDNA是指互补于mRNA的DNA分子。从植物中分离获得总RNA，利用真核mRNA 3′末端存在的一段poly(A)尾巴，以合成的一段寡聚核苷酸oligo(dT)为引物，经逆转录后得到单链cDNA，如果再加入DNA聚合酶可催化合成另一条DNA链而获得双链cDNA。将cDNA连接于载体中，通过扩增重组质粒而得到大量的cDNA。提取质粒，用限制性酶消化重组质粒，将cDNA片段切割下来，分离纯化后经标记即可作为探针使用。cDNA探针与DNA探针相比，具有DNA探针的所有优点，同时cDNA中不存在内含子及其他高度重复序列，且单链cDNA与靶序列的杂交反应效率极高，尤其适用于基因表达的检测。但cDNA不易获得，从而限制了它的广泛应用。

(3)RNA探针

RNA探针是一类很有应用前景的核酸探针。早期所用的RNA探针是细胞mRNA探针和病毒RNA探针，是在细胞基因转录或病毒复制过程中标记获得的，其标记效率往往不高，且受多种因素影响。RNA探针具有DNA探针和双链cD-NA探针所不能比拟的高杂交效率，因为它是单链分子，在杂交时不存在互补双链的竞争性结合，且杂交体较稳定。因此杂交温度可提高10℃左右，以使杂交的特异性更高。但是RNA作为探针也存在极易降解、来源极不方便和标记方法复杂等缺点。

(4)寡核苷酸探针

寡核苷酸探针是人工合成的DNA探针。一般情况下,只要有克隆的探针,就不用寡核苷酸探针。克隆探针的优点:一是特异性强;二是可获得较强的杂交信号,因为克隆探针较寡核苷酸探针掺入的可检测标记基团更多。寡核苷酸探针是根据已知的基因序列,用DNA合成仪人工合成,纯化后标记制成寡核苷酸探针。作为寡核苷酸探针的一段基因序列,可选择被检测基因的有义链也可选择反义链序列。因为被检测DNA是双链,无论哪种序列都能与DNA杂交。其优点是:避免了天然核酸探针中存在的高度重复序列所带来的不利影响;寡核苷酸探针序列的复杂度降低,分子质量小,杂交速度快;可以在短时间内大量制备;可在合成中进行标记制成探针;可合成单链探针,避免了用dsDNA探针在杂交中自我复性,提高杂交效率;寡核苷酸探针长度较短,可用于检测基因点突变。对于那些未知的核酸序列,可根据蛋白质氨基酸序列推导出核酸序列,合成相应寡核苷酸探针,但需考虑密码子的简并性。寡核苷酸探针所带的标记物较少,杂交灵敏度也有所降低。

5.5.2 核酸探针的标记

5.5.2.1 标记物

采用分子杂交技术检测靶基因存在与否或量的多少,通常将带有标记物的核苷酸探针与待测靶基因杂交后,根据杂交信号的有无或强弱来判断可杂交性,因此探针必须用标记物进行标记。一种理想的探针标记物应具有:检测方法灵敏且特异性高;标记物与探针结合不影响探针分子的理化性质以及杂交反应;酶促标记时不影响标记效率和标记产物比活性;具有较高的化学稳定性,能耐受较高温度,保存时间长,标记及检测方法简便;对环境无污染,对人体无损害,价格低廉等。

核酸探针,传统的标记物是放射性同位素,主要有^{32}P、^{3}H、^{35}S、^{125}I等。^{32}P放射活性高,是最为常用的核酸标记物,标记探针最好在一周内使用。^{3}H比放射活性低,需要延长曝光时间获得本底浅、分辨率高的显影结果,仅用于原位杂交,但其半衰期长,标记探针可较长时间存放。^{35}S比放射活性比^{32}P略低,特别适用于原位杂交,但其半衰期比^{32}P长,标记探针能在-20℃保存6周。应用放射性同位素标记探针的优点:灵敏度高,一般可达到0.5~5 pg或更低浓度核酸的检测水平;特异性高,假阳性低;稳定性好,对各种酶促反应均无任何影响,也不影响碱基配对的特异性、稳定性和杂交性;方法简便。缺点是:半衰期短,需经常重新标记探针;费用高;检测时间长,用放射自显影需要较长的曝光时间,通常为1~15 d;放射性同位素对人体有害,其废物处理困难,实验室和环境易被污染。

近年来发展了一些非放射性标记物,已在国内推广应用。其种类主要有:①半抗原。如生物素、地高辛,利用半抗原的抗体进行免疫学检测。②配体。如生物素,不仅可作为半抗原标记物,而且还是一种抗生物素蛋白(卵蛋白)和链霉素类抗生物素蛋白(链亲和素)的配体。③荧光素。如异硫氰酸荧光素(fluorescein isothiocyanate,FITC)和罗丹明,可被紫外线激发出荧光。④酶。如辣根过氧化物酶(horseradish peroxidase,HRP)和碱性磷酸酶(alkaline phosphatase,AKP)可催化底物形成有色物质或产生发光反应。⑤光密度或电子密度标记物。如金、银。非放射性标记物的优点是:无放射性污染,较安全;标记物稳定性好,其标记探针可长时间保存;显色快、易观察,处理方便等,但其灵敏度和特异性不及放射性同位素标记。

5.5.2.2 标记法

探针标记可分为体内标记和体外标记,但用于分子生物学研究的核酸分子探针几乎都是采用体外标记的方法进行标记。体外标记不需要在活体生物或细胞培养系统中进行,探针的分离、纯化和贮存均很方便,比活性高。下面分别介绍两类标记物常用的体外标记方法。

(1)放射性探针标记

各种形式的核酸探针都能用放射性同位素标记。制备高放射活性的探针可以通过化学方法标记,也可以用酶促法将含有放射性同位素的核苷酸掺入新合成的核酸中,形成带有标记的核酸探针,或将放射性同位素的原子转移到核酸链5′末端或3′末端。放射性同位素酶促标记方法主要有:①切口平移法(nick translation)。线状、超螺旋及带缺口的环状dsDNA均可作为切口平移法的模板。最合适的切口平移片段一般为50～500 bp。该方法是由DNase Ⅰ和*E. coli* DNA聚合酶Ⅰ协同完成(具体原理及标记方法参见第8章)。②随机引物法(random priming)。随机引物是一系列短寡核苷酸片段混合物,它含有各种可能的核苷酸排列顺序,因此可以与任意核酸序列杂交。这种随机引物可用小牛胸腺DNA或鱼精DNA制备。其原理是用放射性同位素标记反应液中的dNTP,并使长6～8 nt的寡核苷酸片段与变性的DNA或RNA模板退火结合,在DNA聚合酶Ⅰ或反转录酶的作用下,以退火结合到模板上的寡核苷酸片段为引物合成互补的DNA新链,该新链即含有同位素标记。变性处理后,新合成链(探针片段)与模板解离,即得到标记DNA探针。随机引物法具有操作简单、重复性好等特点。③末端标记法(end-labelling)。末端标记包括5′端和3′端的标记。末端标记法可得到全长的核酸探针,但其携带的标记物比较少,标记活性相对较低,适用于标记合成的寡核苷酸探针。④PCR 标记法。进行 PCR 反应时，将作为底物的 4 种 dNTP 中的一种换成标记的 dNTP，这样，标记的 dNTP 就可作为底物掺入新合成 DNA 链上。PCR 标记法标记的 DNA 探针特异性高，灵敏性好，可检测出的最低靶 DNA 量为 10 fg。

(2)非放射性探针标记

目前非放射性核酸标记技术主要是通过酶促反应和化学修饰法进行标记。①酶促标记法。将标记物连接在核苷酸分子上，然后利用多种酶促反应将核苷酸分子掺入探针分子中去，如生物素和地高辛标记，需首先分别生成标记物 Bio-11-dUTP、Dig-11-dUTP，通过切口平移法、末端标记法或随机引物法等将标记物-dUTP 作为酶的底物掺入探针 DNA 分子中。其操作方法与放射性同位素标记法基本相同。但需要注意的是生物素等标记物是连接在碱基上而不是在磷酸基团上，因此不能用多核苷酸激酶进行酶促末端标记。②化学标记法。利用标记物分子上的活性基团与探针分子上的基团发生化学反应，将标记物直接结合到探针分子上。主要包括：光敏生物素标记法，生物素 psoralen 衍生物标记法，胞嘧啶生物素标记法，生物素肼标记法，交叉相连法和酶标记法。

5.5.2.3 杂交信号检测

杂交信号的检测根据标记物的不同通常采用不同的方法。①放射性同位素探针的检测。利用放射线在 X 光胶片上的显影来检测杂交信号的方法称为放射自显影。放射性同位素探针杂交信号的检测主要为放射自显影检测。②非放射性核素探针的检测。大多非放射性标记物是半抗原或配体，其杂交后不能直接检测，均需通过偶联反应将标记物抗体复合物结合到探针上，然后经显色反应而达到检测的目的。其主要包括偶联反应和显色反应两步。根据连接在抗体或抗生物素蛋白的显色物质的不同，对杂交信号检测的方法又有酶学检测、荧光检测、化学发光法检测和电子密度检测等。

5.5.3 常用核酸分子杂交技术

5.5.3.1 核酸分子杂交的分类

核酸分子杂交按作用环境可分为液相杂交和固相杂交两种类型。液相杂交是指参加反应的两条核酸链都游离在反应缓冲溶液中。对于液相杂交，去除杂交液中过量的未杂交探针较为困难。固相杂交是将参加反应的一条核酸链，先固定在固体支持物上(硝酸纤维素滤膜、尼龙膜、化学活化膜、滤纸、乳胶颗粒、磁珠、微孔板和芯片等)，另一条核酸链游离在反应缓冲溶液中。对于固相杂交，未杂交的游离片段易漂洗除去，膜上留下的杂交物易检测，并且固相支持物还能防止靶DNA自我复性，故该法较为常用。常用的Southern印迹杂交、Northern印迹杂交、斑点杂交、菌落原位杂交和组织原位杂交均为固相杂交。对于固相核酸分子杂交，固相支持物的选择至关重要。用于杂交的固相支持物应具备以下条件：有较强的核酸分子结合能力；不影响核酸与探针的杂交反应；能经受杂交、洗膜等反复操作而杂交分子不易脱落；非特异性分子吸收少而不牢固，易于洗脱；具有良好的柔软性和韧性，便于操作。常用的固相支持物有硝酸纤维素膜(nitrocellulose filter membrane,NC)、尼龙膜、化学活化膜(如APT、PVDF、ABM纤维素膜)和滤纸(whatman 541)。

5.5.3.2 常用核酸固相分子杂交技术

(1)Southern杂交

Southern杂交(Southern blotting)技术由Southern EM于1975年创建。基本原理是将琼脂糖凝胶电泳分离的限制性核酸内切酶酶切DNA片段，通过印迹技术将其转移到特定的固相支持物，转移后的DNA片段保持原来的相对位置不变，然后用标记的核酸探针与固相支持物上的DNA片段杂交，洗去杂交液中的游离探针分子，通过放射自显影的方法取得分子杂交的结果(图5-8)。

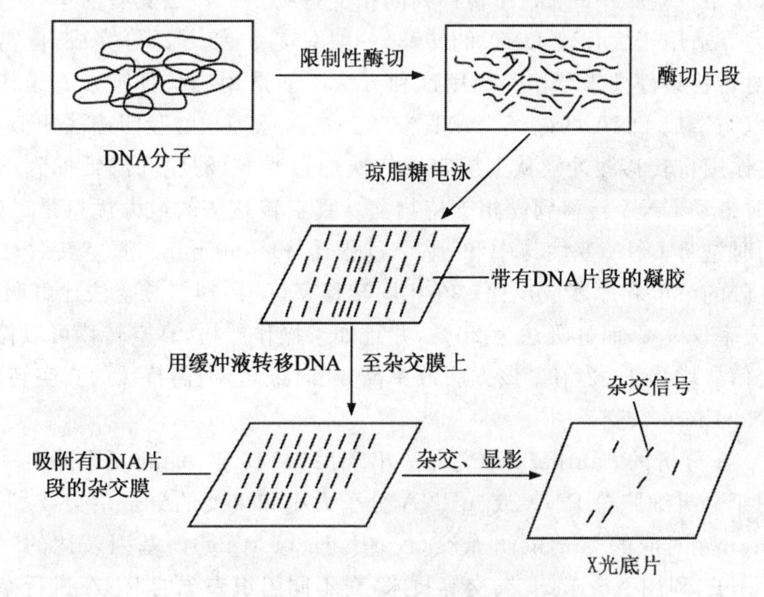

图5-8 Southern印迹杂交示意图

(引自 http://bio-infor.blog.163.com/blog/static/10727981520123105612861/，有改动)

Southern 杂交基本操作包括：①基因组 DNA 样品的制备和基因探针的标记。②酶切和电泳。取适量的基因组 DNA 样品，采用适当的限制性内切酶进行酶切，0.8%～1.0%琼脂糖凝胶电泳分离酶切片段。③转膜。将凝胶上的 DNA 经 NaOH 处理变性为单链，然后将凝胶夹在固相膜和滤纸之间，DNA 将从凝胶印迹到固相膜上。这种转移到膜上的 DNA 不仅保持了在凝胶上的相对位置，而且也保留了凝胶上 DNA 量的信息。④DNA 的固定。彻底干燥可以将 DNA 固定在尼龙膜或硝酸纤维素膜上，而尼龙膜在小剂量紫外线照射下可与 DNA 分子形成共价结合。⑤预杂交。预杂交的目的是封闭膜上所有能与 DNA 非特异性结合的位点，使本底降低，背景清晰。⑥杂交。将带有 DNA 的膜置于一定缓冲液中，在此溶液中加入经过 DNA 变性处理的标记探针，在一定温度下进行 DNA 的复性反应，然后漂洗以除去非特异性结合探针。⑦检测。用放射自显影或显色等方法检测探针的杂交信号。

将凝胶电泳分离后的核酸片段转移到杂交膜上的过程称为印迹，主要方法有：①虹吸印迹法。利用吸水纸自身的虹吸作用由转移缓冲液推动凝胶中的 DNA 转移到固相支持物上（图 5-9）。该方法操作简单，不需要特殊的转移仪器，但转移效率不高，耗时长，尤其对分子质量较大的 DNA 片段更是如此。②电转移印迹法。通过电泳作用将凝胶中的 DNA 转移到固相支持物上。该法具有简单、快速、高效的特点，尤其适用于大片段 DNA 的转移，一般只需 2～3 h 即可完成，但需特殊转移仪器，对转移条件要求严格。应用这种方法不能选用硝酸纤维素滤膜作为固相支持物，以防造成 DNA 的破坏。③真空印迹法。原理与虹吸印迹法相似，但其是利用真空作用将转移缓冲液从上层容器依次通过凝胶、滤膜和滤纸抽到下层真空室中，同时带动 DNA 转移到固相支持物上。真空转移法的最大优点是迅速，可在转膜的同时进行 DNA 变性与中和，整个过程需 30～60 min。真空转移法的转移速度与凝胶的浓度和厚度成反比。在相同转移率（50%）时，真空法比虹吸法快 13 倍，其损失率仅 6%，而虹吸法为 20%，并且如果操作严格，真空转移可以使转移获得的杂交信号增强 1～2 倍。该方法效率高，耗时最短，但需特殊的真空转移仪器。

（2）Northern 杂交

继 DNA 分析的 Southern 杂交方法出现后，1977 年 Almine 等提出一种与此类似的用于分析细胞总 RNA 或 mRNA 分子大小和丰度的分子杂交技术，这就是与 Southern 相对应的 Northern 杂交（Northern blotting）。基因表达的一级产物是 RNA 分子，利用 Northern 杂交等技术，对不同组织来源的 RNA 进行杂交检测分析，可了解特定基因在不同组织或不同发育时期的表达情况。

Northern 杂交的基本过程和原理与 Southern 杂交相类似。所不同的是，电

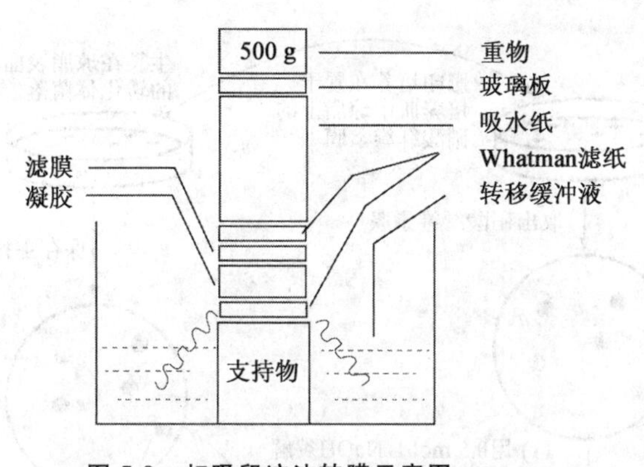

图 5-9　虹吸印迹法转膜示意图

泳分离的是 RNA，因 RNA 分子通常较小，无需进行限制性内切酶切割。为了防止 RNA 分子中局部双链的形成，通常采用变性的琼脂糖凝胶电泳系统。杂交所用探针可以是 DNA，也可以是 RNA，而 DNA 比较稳定。

(3)斑点杂交

斑点印迹杂交是在 Southern 印迹杂交的基础上发展而来的快速检测特异核酸(DNA 或 RNA)分子的核酸杂交技术。斑点印迹杂交法与 Southern 印迹杂交的基本原理和操作步骤相同，即通过特殊的加样装置将变性的 DNA 或 RNA 核酸样品，直接转移到适当的杂交滤膜上，然后与标记的核酸探针进行杂交，以检测核酸样品中是否存在特异性 DNA 或 RNA，这种杂交方法称为斑点杂交(dot blotting)。如果将各种不同的探针先固定于滤膜上，再与样品进行杂交，则称为反向斑点杂交。杂交信号的检测方法依据探针标记物的类别进行选择。斑点杂交的优点是简单、快速，可在一张膜上进行多个样品的检测，适用于粗提核酸样品的检测。缺点是不能鉴定所测基因的相对分子质量，而且特异性不高，有一定比例的假阳性。另一方面，由于斑点杂交尺寸变化无常，导致杂交信号不稳定，因此不易进行精确定量。斑点印迹杂交主要用于基因组中特定基因及其表达情况的定性和定量研究。与 Southern 印迹杂交的主要区别在于所获得的基因组 DNA 不需要酶切及电泳分离。

(4)菌落原位杂交

菌落原位杂交(colony in situ hybridization)是将重组体菌落或噬菌斑由平板转移到滤膜上并释放出 DNA，变性并固定在膜上，再同已标记的 DNA 探针进行杂交和信号检测。具体步骤(图 5-10)为：将待筛选的菌落或噬菌斑从其生长的琼脂平板中通过影印方法，原位转移到放在琼脂平板表面的硝酸纤维素滤膜上，并保

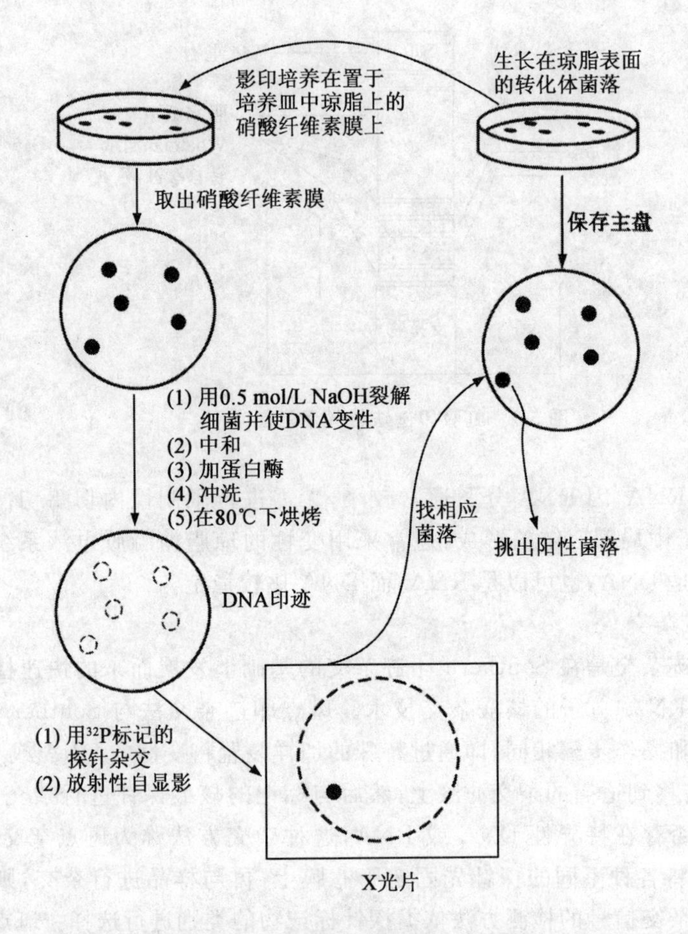

图 5-10　菌落印迹原位杂交(引自王关林,2002)

存好原来的菌落或噬菌斑平板作为参照。将影印的硝酸纤维素滤膜,用碱液处理,促使细菌细胞壁原位裂解、释放出 DNA 并随即原位变性。然后 80℃下烘烤滤膜,使变性 DNA 同硝酸纤维素滤膜形成不可逆的结合,这时用放射性同位素标记的 RNA 或 DNA 作为探针,同滤膜上的菌落所释放的变性 DNA 杂交,并用放射自显影技术进行检测。含有同探针序列同源的 DNA 的印迹,在 X 光底片上呈现黑色的斑点,根据曝光点的位置,便可以从保留的母板上相应位置挑出所需要的阳性菌落或噬菌斑,从而获得含有目的基因的重组体克隆。这种方法的优点是适于高密度菌落的筛选,对于噬菌斑平板它可以连续影印几张同样的硝酸纤维素滤膜,获得数张同样的 DNA 印迹。因此能够进行重复筛选,效率高,可靠性强,而且可以使用两种或数种探针筛选同一套重组体DNA,是一种最常规的检测手段。

(5)组织原位杂交

组织原位杂交(tissue in situ hybridization)简称原位杂交,是指经适当方法处理组织或细胞后,使核酸保持在细胞或组织切片中,将标记的核酸探针与其进行杂交,然后再应用与标记物相应的检测系统对杂交信号进行检测,在显微镜、荧光显微镜或电子显微镜下对杂交信号所呈现的颜色进行观察分析。原位杂交不需要从组织或细胞中提取核酸,而是经适当处理后,使细胞通透性增加,让探针进入细胞内与DNA或RNA杂交。原位杂交对组织中含量极低的靶序列有很高的灵敏度,并可完整地保持组织与细胞的形态,能更准确地反映出组织细胞的相互功能关系及功能状态。因此原位杂交可以确定探针的互补序列在细胞内的空间位置,为核酸序列在细胞水平的定位与测定提供了直接的方法,具有重要的生物学意义。探针的标记物可以是放射性同位素,也可以是非放射性生物素或半抗原等。虽然原位杂交有广泛的应用前景,但在敏感性、特异性和稳定性等方面还需要进一步完善和提高。

5.6 核酸测序技术

一个物种的全基因组序列是科学家们揭示该物种生命本质的基本依据和重要线索。每个生物体的基因组包含了其全部的遗传信息,而测序技术是解析基因组DNA遗传信息最直接而有效的手段,因此,测序技术在生命科学研究中扮演了十分重要的角色。DNA测序(DNA sequencing)是分析特定DNA片段碱基排列方式的主要手段。RNA测序是将提取的RNA反转录为cDNA后,使用DNA测序的方法进行测序。在分子生物学研究中,DNA的序列分析是进一步研究和改造目的基因的前提和基础,故DNA测序技术也已成为现代生命科学研究的核心技术之一。

5.6.1 第一代测序技术

5.6.1.1 传统测序方法

传统的核酸测序方法包括酶法和化学降解法,这两种序列测定技术虽然原理大相径庭,分别通过合成或降解的办法,但都会生成相互独立的若干组带放射性标记的寡核苷酸,每组核苷酸都有共同的起点,不同组别分别随机终止于一种特定的残基,形成一系列以某一特定核苷酸为末端的长度各不相同的寡核苷酸混合物,这些寡核苷酸的长度由这个特定碱基在待测 DNA 片段上的位置所决定。然后通过高分辨率的变性聚丙烯酰胺凝胶电泳,经放射自显影后,从放射自显影胶片上直接读出待测 DNA 上的核苷酸顺序。

酶法(双脱氧核苷酸链末端终止法)于 1977 年由 Sanger 等提出,因此也称为 Sanger 法(图 5-11)。其核心在于引入了双脱氧核苷三磷酸(ddNTP)作为链终止剂。ddNTP 比普通的 dNTP 在 3′位置缺少一个羟基,在 DNA 合成反应中不能形成磷酸二酯键,因此可用来终止 DNA 的合成反应。在 4 种 DNA 合成反应体系中分别加入一定比例的带有标记的 ddATP、ddTTP、ddGTP 和 ddCTP,它能随机渗入合成的 DNA 链,一旦渗入合成即终止。结果 4 种体系的合成片段都具有共同的 5′端,但却分别终止于模板链的每个 T、A、C 和 G 位置上,每个体系都会形成一系列长度不同,但却具有相同起点和终点的核苷酸链。放射性标记物通过标记 ddNTP 或引物 5′端,在测序反应中掺入新合成核苷酸链中,然后经高分辨率变性聚丙烯酰胺凝胶电泳,从放射自显影胶片上直接读出 DNA 上的核苷酸顺序。在合适的条件下,从一块胶上可以读取 300 bp 左右长度的序列。

Sanger 法简单准确,适用于大规模的测序。其反应需要一个纯净的 ssDNA 模板和一个合成反应所需的特异性的引物。然而,在 20 世纪 80 年代,因制备产量高、质量好的 ssDNA 的技术局限性,而使该测序法的应用一度受到限制。但随着 M13 载体的发展、DNA 合成技术的进步及 Sanger 法测序反应的不断完善,至今 DNA 测序大多数采用 Sanger 法进行。

几乎在 Sanger 法发展的同时,Maxam 和 Gilbert 等提出了化学降解法。该方法与 Sanger 法类似,都是先得到随机长度的 DNA 链,再通过电泳方法读出序列。二者的不同之处在于,化学降解法是先对 4 种不同的碱基进行特定的修饰,再用化学方法打断待测序列,而 Sanger 法是通过 ddNTP 随机中断合成待测序列。其基本原理:首先对待测 DNA 末端进行放射性标记,再通过 4 种相互独立的化学反应分别得到部分降解产物,其中每一组反应特异性地针对某一种或某一类碱基进行切割。因此,产生 4 类不同长度的放射性标记的 DNA 片段,每组中的每个片段都有放射性标记的共同起点,但长度取决于该组反应针对的碱基在原样品 DNA 分子上的位置。各组反应物经高分辨率的聚丙烯酰胺凝胶电泳分离,放射自显影检测末端标记的分子,最后直接读取距离标记点 250 bp 以内的待测 DNA 片段的核苷酸序列。

化学降解法适用于单链和双链 DNA 以及寡核苷酸进行测序,可用于 DNA 甲基化修饰情况的分析,也可通过化学保护及修饰等干扰实验来研究 DNA 的二级结构以及 DNA 与蛋白质的相互作用。但其电泳条带较宽且有扩散现象,这就限

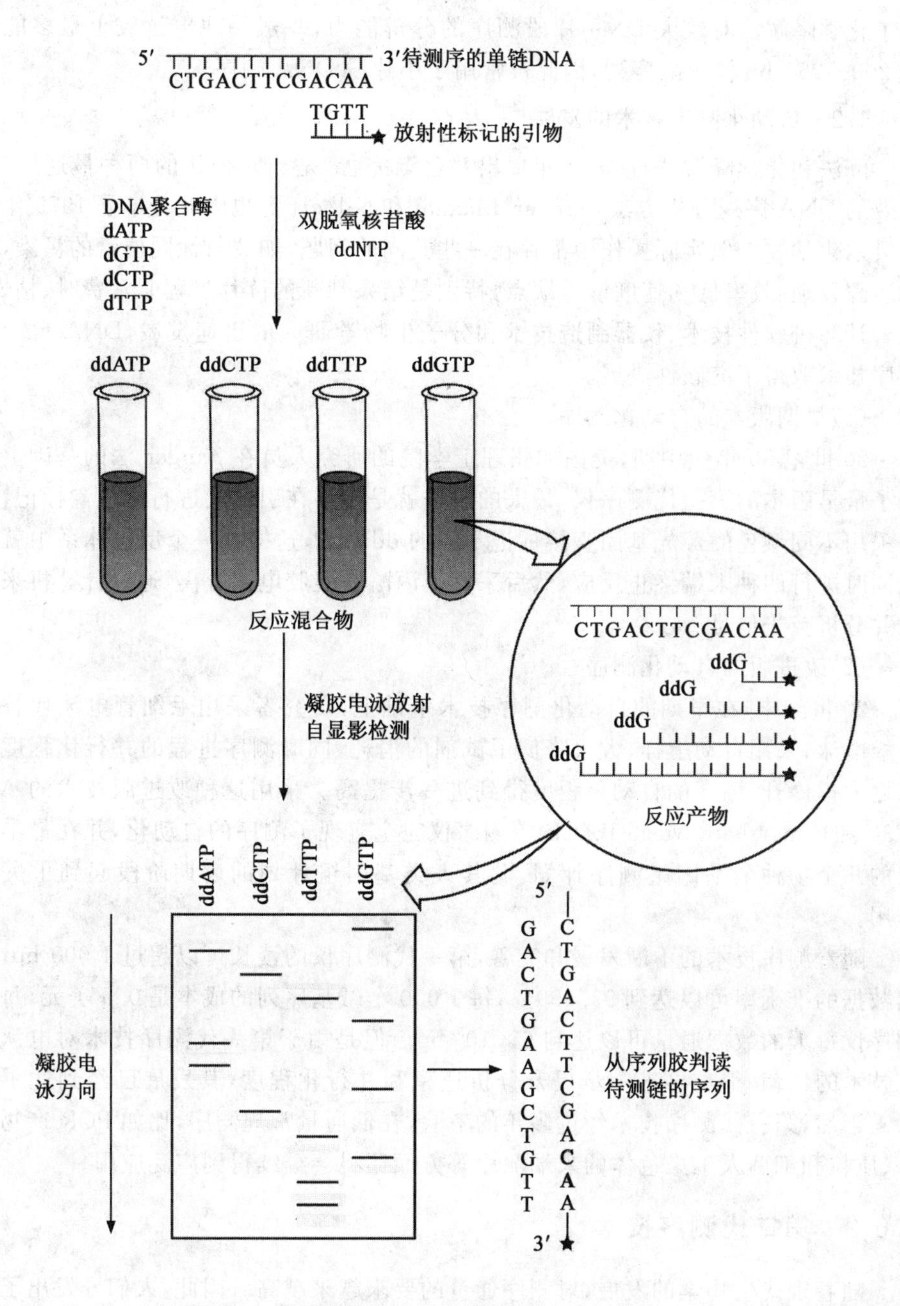

图 5-11　双脱氧链终止法示意图(引自吴乃虎,2000)

制了化学降解法对较大 DNA 片段测序的分辨能力，一般一块电泳胶上最多能读出 200～250 bp 核苷酸序列，因此被常用于小片段 DNA 测序。

5.6.1.2 自动化测序技术的发展

酶法和化学降解法自 1997 年提出并逐渐完善，是当时公认的两种最通用、最有效的 DNA 序列分析方法，Sanger、Maxam 和 Gilbert 等也因此分享了 1979 年度诺贝尔化学奖。但实际操作中都存在一些共同的问题，如放射性同位素的污染，操作步骤繁琐、效率低和速度慢等缺点，特别是结果判断的读片过程非常费时、枯燥。随着计算机软件技术、仪器制造技术和分子生物学研究的迅速发展，DNA 自动化测序技术取得了突破性进展。

(1)早期版本的自动化测序

20 世纪 80 年代中期，美国加州理工学院的研究人员在 Sanger 法的基础上发明了最早版本的第一代测序仪，最大的改进就是不再在引物上进行同位素标记，而是采用不同颜色的荧光基团直接标记不同的 ddNTP，这样在一个反应体系中就可以同时进行四种末端终止反应，然后采用聚丙酰胺凝胶电泳分离，通过计算机来读取并分析荧光信号。

(2)改进版的自动化测序

20 世纪末，在早期的自动化测序技术基础上，研究者采用毛细管电泳代替了平板电泳，采用自动上样，大大降低了试剂的消耗，同时测序进程的并行化程度也随之大幅提升，测序的自动化程度得到进一步提高。采用这种改进版技术的 ABI 3730 和 Amersham Mega-BACE 等测序仪完全实现了测序的自动化，并在最早开展的几个物种全基因组测序计划，尤其人类基因组计划的后期阶段起到了关键作用。

随着测序技术的不断发展和完善，第一代测序仪的读长可以超过 1 000 bp，原始数据的准确率可以达到 99.999%，每 1 000 个碱基序列的成本是 0.5 美元，每台测序仪每天的数据通量可以达到 6×10^5 bp。但是由于第一代测序技术对电泳分离技术的依赖，很难再进一步提升分析速率和并行化程度，其发展已经到达了极限。当然，第一代测序技术经过多年的考验，在低通量常规测序，比如 PCR 产物测序、质粒和细菌人工染色体的末端测序等方面还将会继续得到广泛应用。

5.6.2 第二代测序技术

随着现代生物学的发展，对测序通量的要求越来越高。因此，人们开发出了多种多样的新一代高通量测序技术（next-generation sequencing，NGS)，即第二代测序技术。尽管这些技术的生化基础和实现手段各有千秋，但是其基本思想都是采用矩阵结构的微阵列形式(即微阵列循环合成法),实现样品的微量化和处理的大规模并行化。基本的测序流程大同小异,首先制备测序对象模板文库,在双链片段两端连接上接头序列,变性得到单链模板,固定到反应介质上,对样本文库进行扩增,然后开始测序反应,在测序反应进行的过程中,通过显微设备观测并记录连续循环反应中的光学信号,获得每个位置上的碱基信息。相比第一代测序技术,NGS有下列几个显著特点:第一,微阵列形式可以实现大规模并行化。第二,不采用电泳,样本和试剂的消耗大大降低,设备也易于微型化。第三,对序列信息的获取是直接读取反应中的光学信号。

目前已经大规模商业化广泛应用的第二代测序技术有Roche公司454技术、Illumina公司的Solexa技术以及ABI公司SOLiD技术。

454测序系统是第二代测序技术中第一个商业化运营的测序平台,它是基于焦磷酸测序法(pyrosequencing)来进行测序的。2008年Roche公司推出了454技术最新的GS FLX Titanium系列试剂和软件,提升了读取长度与测序通量,目前454技术的平均读取长度达到400~700 bp,每个循环能产生总量为400~600 Mb的序列,耗时约10 h。454技术的主要缺点是无法准确测量同聚物的长度。也正是因为这个原因,454技术主要的错误不是来自核苷酸的替换,而是来自插入或缺失。454技术最大的优势在于较长的读取长度,使得后继的序列拼接工作更加高效、准确。

Illumina公司的Genome Analyzer于2006年问世,它是一种基于Solexa技术的测序系统。该技术利用边合成边测序(sequence by synthesis,SBS)的方法,在2009年,Solexa推出了对读测序paired-end方法,使用对读测序方法,Solexa技术的读取长度可以达到2×(75~150)bp,相比454技术,其后续的序列拼接工作的计算量和难度均大大增加。Solexa技术每个循环能获得20.5~25 Gb的测序结果,耗时约9.5 d。由于Solexa技术在合成中每次只能添加一个dNTP,因此很好地解决了同聚物长度的准确测量问题。Solexa技术主要的错误来源是核苷酸的替换,而不是插入或缺失,目前它的错误率在1%~1.5 %。

ABI公司的SOLiD测序系统于2007年10月投入商业使用,它是基于连接酶测序法(sequencing by ligation,SBL),即利用DNA连接酶在连接过程中进行测序。SOLiD技术每个循环可以测两个上样玻片,读取长度可达2×(50~70)bp,与Solexa技术类似,后续的序列拼接工作也比较复杂。SOLiD技术每个循环的数据产出量为10~15 Gb,耗时6~7 d。由于采用两碱基测序,该技术的准确率能达到99.94 %以上。

454技术测出片段最长,比较适合对未知基因组测序以及主体结构的搭建,但在判断连续单碱基重复区时其准确度不高。Solexa 技术较 454 技术具有通量高、测序片段短、价位低的特点，适合于小片段如 miRNA 的研究。Solexa 双末端测序(paired-end sequencing)可以为基因组进一步拼接提供定位信息，但是随着反应轮数增加，序列长度和质量均有所下降，而且在阅读 AT 区时有明显错误倾向。SOLiD 技术基于双碱基编码系统，具有纠错能力以及较高的测序通量，适合转录本研究以及比较基因组学特别是 SNP 检测等的研究，但是测出片段长度问题限制了该技术在基因组测序中的广泛应用。Solexa 技术和 SOLiD 技术的测序都较短，均不太适用于没有基因组序列的全新测序。

与第一代测序技术相比，第二代测序技术不仅保持了高准确度，而且大大降低了测序成本并极大地提高了测序速度。使用第一代技术完成人类基因组计划，用了 3 年时间，花费了 30 亿美元的巨资；然而，使用第二代的 SOLiD 技术，完成人类基因组 1 个样品的测序现在只需要 1 周左右的时间，由于第二代测序技术产生的测序结果长度较短，因此比较适合于对已知序列的基因组进行重测序，而在对全新的基因组进行测序时还需要结合第一代测序技术。第二代测序技术在基因组测序与重测序、RNA 测序、寻找突变和分子标记等方面将发挥重要作用。

5.6.3 第三代测序技术

与第一代测序技术相比，虽然第二代测序技术摆脱了电泳的限制，但仍然要通过聚合或连接之类的生化反应来延伸核酸链，并读取延伸过程中释放出的光学信号，其本质上还是一种间接的测序形式。监测、存贮和分析光学信息，都大大提升了仪器的复杂性和成本；标记荧光基团、链延伸等生化反应也需要耗费不少的试剂和耗材。为了进一步降低成本，提升测序通量，人们在第二代测序技术方兴未艾的时候，就已经开始紧锣密鼓地研发第三代测序技术。

上述几种 NGS 技术，除了 454 之外，读长都相对较短，这成为其致命弱点。制约读长的主要原因，是因为序列信息是依靠读取 DNA 延伸时统一发出的光信号才获得的，一旦延伸不同步导致光信号移相就会产生错误。为了解决这个问题，单分子测序技术(single molecule sequencing，SMS)应运而生。SMS 的主要思想是直接将模板文库在阵列表面进行合成测序，不需要经过 PCR 扩增，直接读取每个分子延伸时产生的光信号。这样可使测序的通量进一步提高。但是单分子测序最大的挑战就是如何准确检测单分子水平的光学信号，避免非特异性的背景干扰。

Helicos 公司最新推出的 Heliscope 技术、Pacific Biosciences 公司最新推出的 SMRT 技术和 Oxford Nanopore Technologies 公司正在研究的纳米孔单分子技术，被认为是第三代测序技术。与前两代技术相比，他们最大的特点是单分子测序。其中,Heliscope 技术和 SMRT 技术利用荧光信号进行测序,不再需要 PCR 扩增,大大降低了错误率,实现了单分子测序并继承了高通量的优点。而目前正在研发的纳米孔单分子测序技术是利用不同碱基产生的电信号进行测序,在原理上有了本质性的变革,不再基于当前测序技术广泛使用的边合成边测序的策略,而是使用外切酶从 ssDNA 的末端逐个切割形成单碱基,并采用新技术对切割下来的单碱基进行检测,这样可以更好地提高读取长度,减少测序后的拼接工作量,实现未知基因组的测序。第三代测序技术目前都还处在概念验证阶段,各种奇思妙想层出不穷,但归结起来无外乎一个基本思路,那就是采用分辨率足够高的技术,直接读取核酸序列的信息。第三代测序技术毕竟还是一项较新的技术,目前正在研发阶段。

综上可见,三代测序技术各有特点(表 5-3),适用范围也不尽相同,在实际应用中应结合研究目的和测序平台进行选择。第一代和第二代测序技术之间,测序通量和读长如同鱼与熊掌不可得兼,因此两代测序技术在目前都拥有强大的生命力。但是随着 2010 年 Pacific Biosciences 的 SMRT 技术投入市场,以及第三代测序技术的陆续实现,人类将很快进入低成本、高通量的测序时代。

5.6.4　测序技术的发展与展望

测序成本、读长和测序通量是评价测序技术先进与否的重要标准。其中,测序成本是一个尤为重要的因素,它在一定程度上决定了测序技术在基因组测序中应用的普及性。国际人类基因组研究中心(national human genome research institute,NHGRI)预测,未来 5 年内,测序成本还将下降 100 倍。

目前,虽然测序技术取得了令人瞩目的成就,高通量测序技术不断产生海量数据,但是面对海量数据,如何充分挖掘隐藏在原始数据中的生物学信息,解释各种生物学现象,以及如何高效地对数据进行分类、存档等,成为人们面临的一个新挑战。在数据存储和管理方面,美国国立生物技术信息中心(national center for biotechnology information,NCBI)已经建立了专门的短序列数据库(the sequence read archive,SRA),云计算时代的到来也为海量数据的存贮以及交流提供了便利的条件。总之,测序技术正向着高通量、低成本、长读取长度且低错误率的方向发展。高通量测序已经成为生物学研究必不可少的手段。

随着测序技术的不断发展和完善,不仅促进了 DNA 水平全基因组测序、基因组重测序和宏基因组研究,而且大大促进了对 RNA 水平的转录组测序、小分子 RNA 测序研究,同时新发展的测序技术为研究表观基因组学的转录因子结合位点、DNA 甲基化研究创造了条件。

表 5-3 三代测序技术的比较

项目	测序方法/平台	公司/公司网站	方法/酶	测序长度	每个循环的数据产出量	每个循环耗时	主要错误来源
第一代测序技术	Sanger/ABI3730 DNA Analyzer	Applied Biosystems /www. appliedbiosystems. com	Sanger 法/DNA 聚合酶	1 000 bp	56 kb		
第二代测序技术	454/GS FLX Titanium Series	Roche /www. roche-applid-science. com	焦磷酸测序法/DNA 聚合酶	400～700 bp	400～600 Mb	10 h	插入、缺失
	Solexa/Illumina Genome Analyzer	Illumina /www. Illumina. com	边合成边测序/DNA 聚合酶	2×(75～150)bp	20. 5～25 Gb	9. 5 d	替换
	SOLiD/SOLiD3 system	Applied Biosystems /www. appliedbiosystems. com	连接酶测序/DNA 连接酶	2×(50～75)bp	10～15 Gb	6～7 d	替换
第三代测序技术	Heliscope/Helicos Genetic Analysis System	Helicos /www. helicosbio. com	边合成边测序/DNA 聚合酶	30～35 bp	21～28 Gb	8 d	替换
	SMPT	Pacific Biosciences /www. Pacificbiosciences. com	边合成边测序/DNA 聚合酶	100 000 bp			
	纳米孔单分子	Oxford Nanopore Technologies /www. nanoporetech. com	电信号测序/核酸外切酶	无限长			

(引自孙海汐等,2009)

思考题

1. 简述RNA提取与DNA提取的主要差别。
2. 试述PCR的基本原理和步骤。影响PCR反应的主要因素有哪些？
3. 简述琼脂糖凝胶电泳与聚丙烯凝胶电泳的优缺点以及分离核酸的有效范围？
4. 核酸分子杂交的基本原理是什么？主要有哪些类型？
5. 核酸分子杂交的探针有哪些？各有什么优缺点？
6. 简述核酸测序技术的发展趋势及特点。

第6章 DNA分子标记技术及应用

DNA分子标记本质上是指能反映生物个体或种群间基因组某种形式差异的特定DNA片段。过去30多年,DNA分子标记技术得到了飞速发展,至今已有数量众多的分子标记类型相继出现,并在DNA文库构建、基因克隆、基因组作图、基因/QTL定位、分子标记辅助选择、基因聚合等多个研究领域得到了应用。本章主要讲述DNA分子标记类型及其特点,并讨论了DNA分子标记在遗传多样性分析、指纹图谱与遗传图谱构建、基因定位及分子标记辅助选择等方面的应用潜力。

6.1 遗传标记

遗传标记对现代遗传学的建立和发展产生了举足轻重的作用,随着遗传学的进一步发展和分子生物学的兴起,遗传标记先后经历了从形态学、细胞学、生物化学到DNA分子标记的发展阶段。形态学、细胞学、生物化学3种标记均是以基因表达的结果为基础,是对基因的间接反映;而DNA分子标记则是遗传变异在DNA水平的直接反映,它能对处于不同发育时期的个体、组织、器官甚至细胞作出"中性标记",具有操作简便,不受环境条件和发育时期影响等特点。正是这些特点,奠定了它在遗传学相关研究中的广泛应用基础。遗传标记在现代生物学和遗传学领域有着诸多应用。遗传标记作为个体的生物学特征由等位基因决定,并可用作探针或标签对个体、组织、细胞、细胞核、染色体或基因进行追踪。在经典遗传学中,遗传多态性代表了等位基因的变化,在现代遗传学中,遗传多态性则反映出基因组中任一基因位点的相对差异。因此,遗传标记的使用方便了对遗传和变异的研究。

遗传标记可被定义为:①能用于追踪DNA特定区域的染色体标志(landmark);②一段在基因组中位置已知的特定DNA序列;③是一个基因,其表型易于区分、可被鉴别,或是能对细胞核、染色体或基因位点进行标记的探针。因此,遗传标记可从四个层面上进行划分,即形态学标记、细胞学标记、生化标记和DNA分子标记。

DNA分子标记是以个体间遗传物质(核苷酸序列)变异为基础的遗传标记,是遗传多态性的直接反映。与其他几种遗传标记比较,DNA分子标记具有如下优越性:①大多数分子标记为共显性遗传,有利于对隐性性状的选择;②基因组变异极其丰富,分子标记的数量几乎是无限的;③在生物发育的不同阶段、不同组织的DNA都可用于标记分析;④分子标记揭示来自DNA的变异;⑤表现为中性,不影响目标性状的表达;⑥检测手段简单、迅速。

理想的DNA分子标记应满足以下要求:①具有较高的多态性;②呈共显性遗传,能够区分杂合和纯合基因型;③能明确辨别等位基因变异;④在整个基因组有均匀的分布,除特殊位点的标记外,要求分子标记均匀分布于整个基因组;⑤选择中性(即无基因多效性);⑥检测手段简单、快速(如实验程序易自动化);⑦开发成本和使用成本尽量低廉;⑧在实验室内和实验室间重复性好(便于数据交换和共享)。

6.2 DNA分子标记的类型

目前,植物中常用的DNA分子标记主要有以下几种类型:①基于Southern杂交的分子标记,如限制性酶切片段长度多态性(RFLP)等;②基于聚合酶链式反应的分子标记,如快速扩增多态性DNA(RAPD)、简单序列重复(SSR)等;③基于测序信息的分子标记,如单核苷酸多态性(SNP)等。除了这种简单的分类之外,不同标记在原理上的相互重叠,又衍生出了其他众多的标记类型。

6.2.1 限制性酶切片段长度多态性(RFLP)

1974年,Grodzicker等在鉴定温度敏感表型的腺病毒DNA突变体时,利用经限制性内切酶处理DNA后得到DNA片段长度的差异,首次阐述了这类以DNA限制性内切酶和Southern杂交为基础的DNA分子标记,即限制性酶切片段长度多态性(restriction fragment length polymorphisms, RFLP)。1980年,Botstein等发现RFLP标记可用于构建遗传连锁图。1983年,Soller和Beckman最先把RFLP应用于品种鉴别和品系纯度的测定。之后,RFLP标记技术开始用于多个植物物种完整遗传图的构建和遗传学研究的其他领域。

RFLP产生多态性的原理是探针(标记的DNA序列)与限制性内切酶酶切产

物结合区域位点的改变(图 6-1)。尽管任一物种的两个不同个体具有几乎相同的基因组,但由于点突变、插入/缺失、易位、倒位、重复等原因,会使得它们在某些核苷酸序列上出现差异,进而造成 DNA 序列上的酶切位点的增加、丧失或位置改变。当目标区域的酶切位点发生改变时,探针与酶切产物的杂交片段大小也发生相应的改变。因此,限制性内切酶酶切 DNA 所产生的片段数目和大小就会在个体、群体甚至种间产生差异,进而产生多态性。而且,由于不同 DNA 限制性内切酶的酶切位点不同,不同的酶/探针组合就可能产生不同的杂交结果,表现出多态性(图 6-1)。

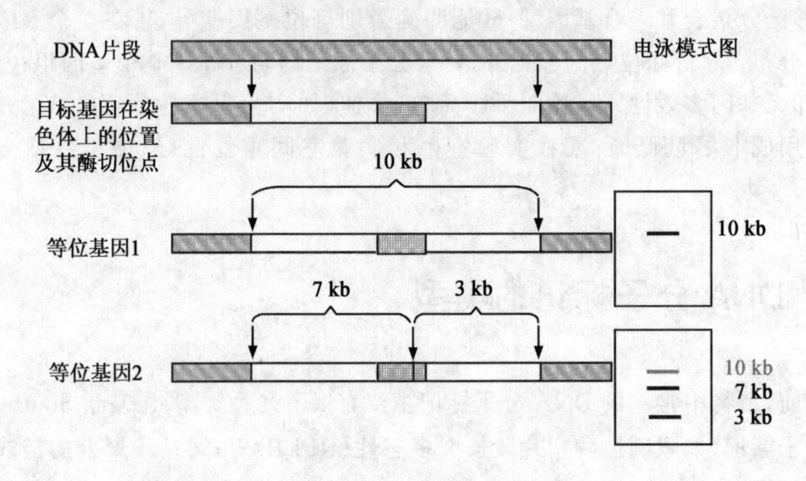

图 6-1　RFLP 产生多态性的原理

▨表示探针结合区域;□表示目标基因所在区域;

箭头所示为限制性内切酶的酶切位点。

RFLP 的主要步骤如图 6-2:①用一个或几个限制性内切酶消解 DNA;②在琼脂糖凝胶电泳上分离酶切后的 DNA 片段;③将琼脂糖凝胶上的 DNA 片段通过 Southern blotting 转移至膜(硝酸纤维素膜或尼龙膜)上;④探针的标记及其与膜上的酶切 DNA 片段杂交;⑤放射自显影检测。

RFLP 呈现显性或共显性的遗传模式,因而可以用于区分杂合基因型(图 6-3)。除此之外,较之形态学标记、细胞学标记、生化标记和其他类型的 DNA 标记,RFLP 标记的主要优点表现为:①RFLP 标记广泛存在于基因组中,不受组织、环境和发育阶段的影响,具有个体和种、属特异性;②大多数的 RFLP 表现为单位点上的双等位基因的变异,呈孟德尔的共显性/显性遗传,可区分纯合基因型和杂合

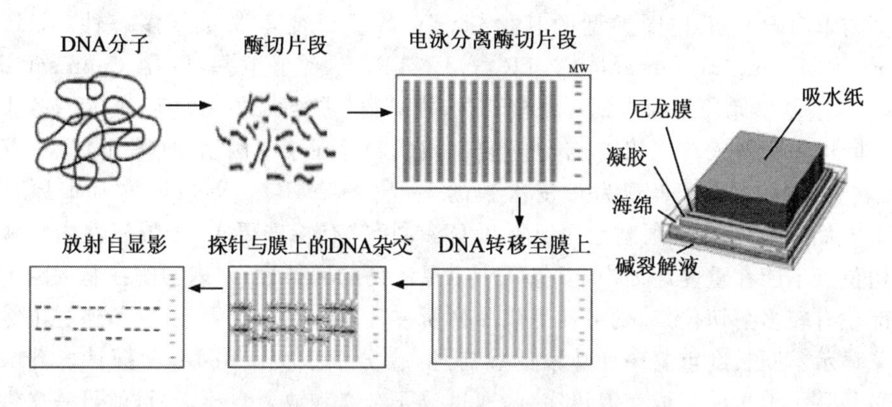

图 6-2 RFLP 分析步骤(改自 Semagn et al. 2006)

基因型;③在非等位的 RFLP 标记之间不存在上位互作效应,因而互不干扰;④标记源于基因组 DNA 的自身变异,理论上,由于 RFLP 分析可以采用的限制性内切酶及选择性碱基组合数目和种类有很多,能产生的标记数目是无限的,可覆盖整个基因组;⑤结果稳定可靠,重复性好,特别是当所用探针为 cDNA 时,结果可用于标记基因组学领域的研究(如比较遗传图谱的构建等)。但较之其他类型的分子标记,RFLP 标记也存在一些局限性:①使用放射性同位素进行分子杂交;②对样品 DNA 中靶序列拷贝数的要求高,因此,靶序列的异质性会严重影响 RFLP 标记技术分析;③RFLP 的多态性程度偏低;④对 DNA 质量要求高,而且检测的多态性水平过分依赖内切酶的种类与数目;⑤一次分析所需 DNA 的量较大(μg 级);⑥对于线粒体 DNA 而言,因为其进化速度快,影响种以上水平 RFLP 分析的准确性,但是对种以下水平的影响很小。

RFLP 亦可转化为更方便使用的 PCR 标记序列标签位点(sequence tagged sites,STS);详见下文"STS"标记。

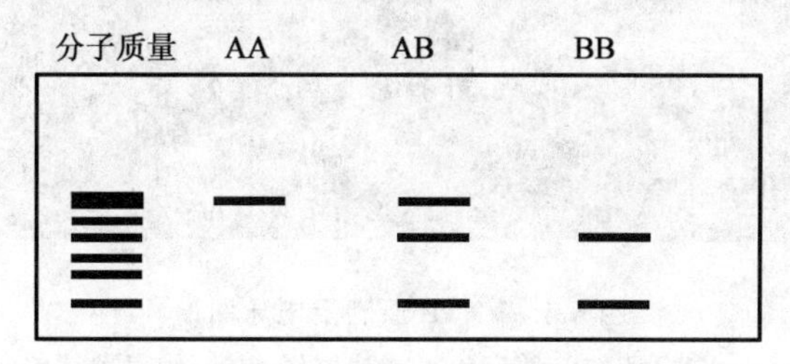

图 6-3 RFLP 标记的遗传模式图解

AA、AB、BB 分别相当于基因型为 AA、AB、BB 的体

与RFLP属于相同类型的其他标记有数目可变串联重复多态性(variable number of tandem repeats，VNTR)。VNTR又称小卫星DNA(minisatellite DNA)，重复单元长度为十到几百核苷酸，拷贝数(重复次数)在10～1 000；各重复单元间以串联形式首尾相接，整个重复区域成簇存在于基因组中(图6-4A)。VNTR在个体间的差异表现为重复次数的差异(图6-4B)。VNTR的基本原理与RFLP大致相同，只对限制性内切酶和DNA探针有特殊要求：①限制性内切酶的酶切位点不能在重复序列中，以保证小卫星序列的完整性；②内切酶在基因组的其他部位有较多酶切位点，则可使卫星序列所在片段含有较少无关序列，通过电泳可充分显示不同长度重复序列片段的多态性；③分子杂交所用DNA探针核苷酸序列必须是小卫星序列或微卫星序列，通过分子杂交和放射自显影后，就可一次性检测到众多小卫星或微卫星位点，得到个体特异性的DNA指纹图谱。

小卫星标记的多态信息含量较高，在17～19。缺点是数量有限，而且在基因组上分布不均匀，这就极大限制了其在基因定位中的应用。VNTR也存在实验操作繁琐、检测时间长、成本高等缺点。

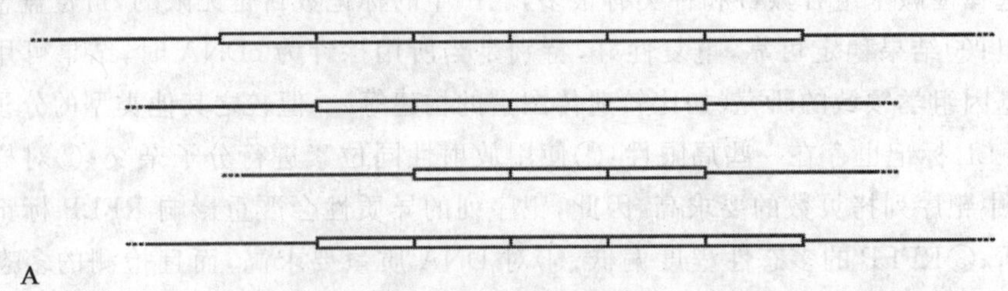

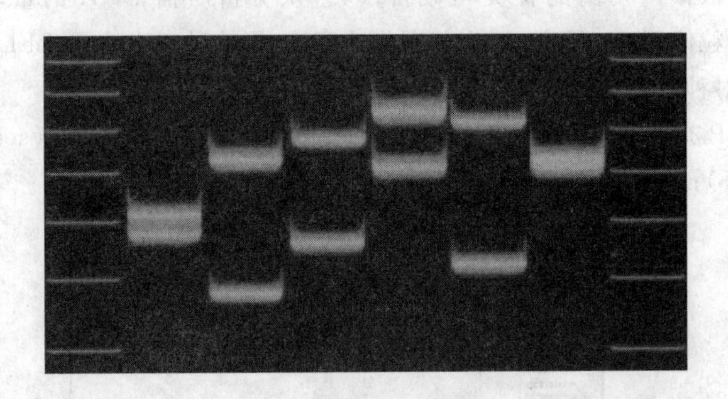

图6-4　VNTR原理及电泳图谱

A图显示了某一VNTR的4种变化形式模式图，方框代表重复单元，细线代表VNTR侧翼的保守序列；B图显示了VNTR(D1S80)在6个个体间的长度变化

6.2.2　随机扩增多态性 DNA(RAPD)

RFLP 标记作为最早的 DNA 分子标记，具有众多的优越性，但因其操作过程繁琐、对 DNA 的质量和数量要求较高以及不能快速分析等缺点，使其应用范围大大受限。而与此同时，随着热稳定性 DNA 聚合酶的发现，使得基于 DNA 体外复制过程的聚合酶链式反应(PCR)原理的一类分子标记得以推广应用。

随机扩增多态性 DNA(random amplified polymorphic DNA，RAPD)由 Williams 和 Welsh 两个研究小组在 1990 年分别提出。作为最早的 DNA 体外合成反应，RAPD 是以长度为 10 bp 的随机寡聚脱氧核苷酸 ssDNA 作为引物，对基因组 DNA 进行 PCR 扩增以获得长度不同的多态性 DNA 片段为目的的一类标记。

RAPD 标记有别于标准 PCR 反应之处主要表现在以下 3 个方面(图 6-5)：①引物长度。常规的 PCR 反应所用的是 1 对引物，长度通常为 20 bp 左右；RAPD 所用的引物为 1 个，长度仅 10 bp。②反应条件。标准 PCR 复性温度(严谨度)较高，一般为 55～60℃，而 RAPD 的复性温度仅为 36℃左右。③扩增产物。常规 PCR 产物为特异扩增，而 RAPD 产物为随机扩增。这样，RAPD 反应在最初反应

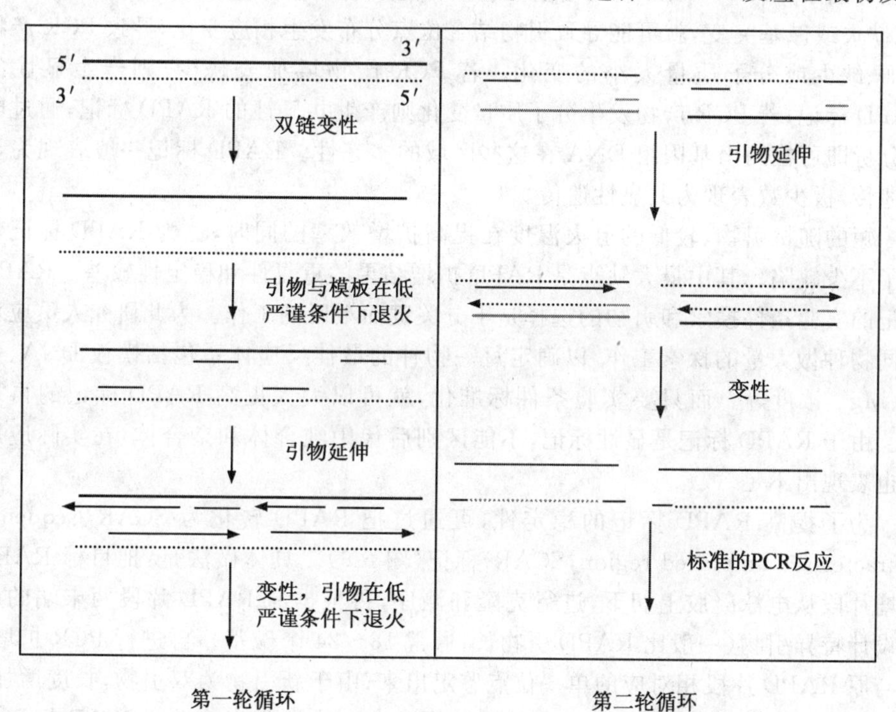

图 6-5　**RAPD 原理示意图**(改自 Bardakci，2001)

周期中，由于短的随机单引物，低的退火温度，一方面保证了核苷酸引物与模板的稳定配对；另一方面因引物中碱基的随机排列而又允许适当的错配，从而扩大引物在基因组 DNA 中配对的随机性，提高了基因组 DNA 分析的效率。RAPD 的扩增产物可经由琼脂糖凝胶电泳进行分离，进而进行数据识别和进一步分析。

RAPD 与 RFLP 工作原理不同：RFLP 是从基因组中"找"多态性 DNA 片段，RAPD 是利用 PCR 随机合成多态性 DNA 片段，检测被扩增区域内遗传特性的变化。由于使用的是随机的寡核苷酸引物，退火温度低、反应的严谨程度低，且反应原理是 DNA 聚合反应的体外"翻版"，因此其优点就体现为：①它不依赖于种属的特异性和基因组的结构，合成的一套引物可以用于不同生物基因组的分析，特别是对那些基因组信息缺乏的生物类型的最初研究尤为重要；②无需制备探针、标记探针及转膜、杂交等复杂程序，降低了成本；③DNA 用量少（完成一次分析所用的 DNA 量在 ng 级），允许快速地分析目标基因组 DNA。因此，RAPD 标记以其费用低、快速简便的特点在植物的相关研究中被广泛应用。

RAPD 多态性的产生来源于随机引物与模板 DNA 的结合位点的改变，这一点也有别于 RFLP。如果被扩增基因组在特定引物结合区域发生 DNA 片段的插入、缺失或碱基突变，就可能导致引物结合位点分布发生相应变化，导致 PCR 产物增加、缺少或分子质量大小的变化。若 PCR 产物增加或缺少，则产生显性的 RAPD 标记；若 PCR 产物发生分子质量变化则产生共显性的 RAPD 标记，通过电泳分析即可检测出基因组 DNA 在这些区域的多态性。RAPD 标记一般表现为显性遗传，极少数表现为共显性遗传。

短的随机引物、较低的退火温度在提高扩增效率的同时，也为 RAPD 标记带来了不少缺陷。其中最大缺点是 RAPD 扩增结果的重复性和稳定性较差。RAPD 标记的实验条件摸索和引物的选择是十分关键而艰巨的工作。为此研究人员应对不同物种做大量的探索工作，以确定每一物种的最佳反应体系包括模板 DNA、引物、Mg^{2+} 浓度等。而只要实验条件标准化，就可以大大提高 RAPD 标记的再现性。由于 RAPD 标记是显性标记，不能区别后代中纯合体和杂合体，在实际应用中也表现出不足。

为了提高 RAPD 标记的稳定性，可通过把 RAPD 转化为 SCAR（sequence characterized amplified region，SCAR）标记（图 6-6）。具体做法是：把目标 RAPD 扩增片段从电泳凝胶上切下，进行克隆和测序，再根据原 RAPD 片段两末端的序列设计特异引物（一般比 RAPD 引物长，通常 18～24 个碱基），再进行 PCR 扩增，把与原 RAPD 片段相对应的单一位点鉴定出来；由于新引物为双引物，长度增加，所以扩增的严谨度得以提高，重复性和稳定性也相应地得以改善。SCAR 标记一般表现为扩增片段的有无，为显性标记，有时也表现为长度的多态性，为共显性标记。图 6-7 显示了在竹属(*Bambusa*)植物中,利用 RAPD 随机引物扩增,回收、克隆、测序多态性 RAPD 片段,并重新设计引物获得稳定扩增的 SCAR 标记的过程。

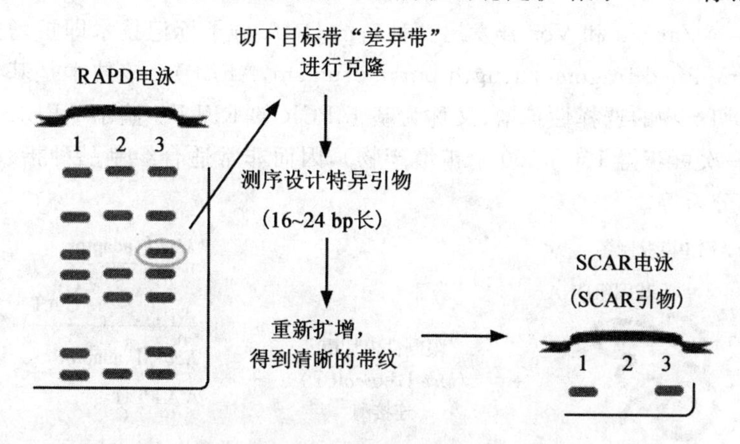

图 6-6　RAPD 转化为 SCAR 标记的程序模式图(引自 http://www.ncbi.nlm.nih.gov/)

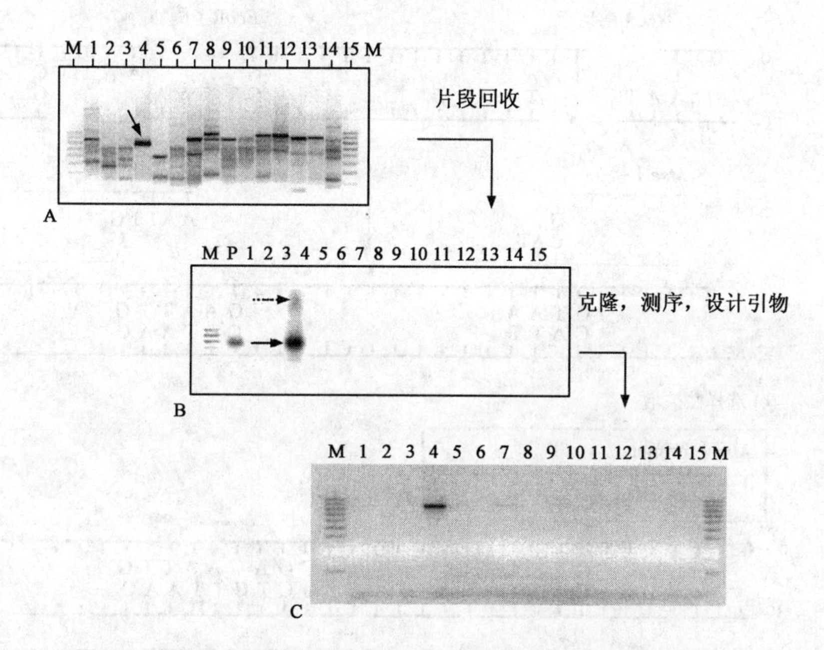

图 6-7　RAPD 标记转化为 SCAR 标记的过程(引自 Das 等,2005)

图 A 示 RAPD 标记 PW-02 扩增产物的电泳图谱,箭头所示为多态的 Bb_{836} 带;图 B 示以回收产物作探针与相应 RAPD 产物的 Southern 杂交结果,实箭头所指为目标杂交信号,虚箭头所指为假阳性结果;图 C 示根据测序结果重新设计针对 Bb_{836} 的 SCAR 引物 $Balco_{836}$F 和 $Balco_{836}$R,可以扩增出物种 *Bambusa balcooa* 特异的片段

6.2.3 扩增片段长度多态性(AFLP)

1993 年 Zabeau 和 Vos 开发出一种新的 DNA 分子标记技术即扩增片段长度多态性(amplified fragment length polymorphism，AFLP)。该技术是基于对全部限制性酶切产物的选择性扩增，又称为基于 PCR 的 RFLP。鉴于 AFLP 标记的多态性强(一次可获得 100～150 个扩增产物)，因而非常适合绘制品种指纹图谱、遗传多样性分析等。

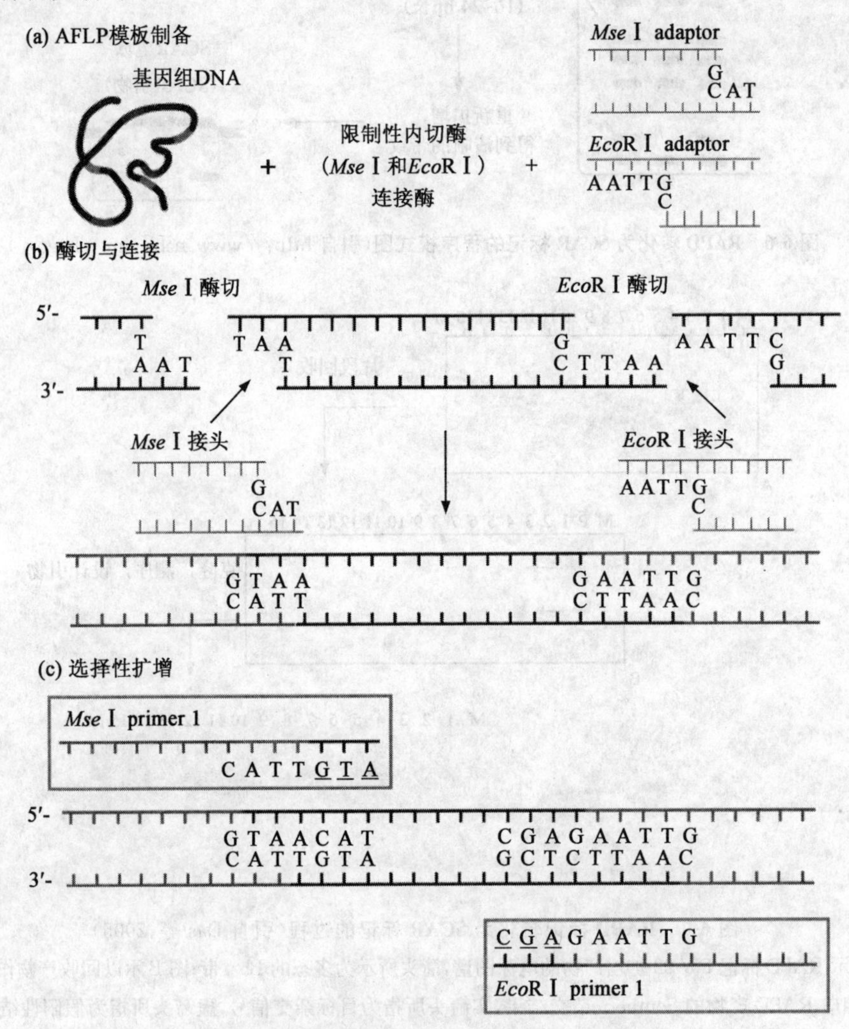

图 6-8 AFLP 原理示意图(改自 Mueller et al.，1999)

AFLP 标记的原理是基于目标 DNA 双酶切基础上的选择性扩增。首先对基因组 DNA 进行双酶切，其中一种为酶切频率较高的限制性内切酶(frequent cutter)，另一种为酶切频率较低的酶(rare cutter)。用酶切频率较高的限制性内切酶消化基因组 DNA 是为了产生易于扩增的且可在测序胶上能较好分离出大小合适的短 DNA 片段；用后者消化基因组 DNA 是限制用于扩增的模板 DNA 片段的数量。AFLP 扩增数量是由酶切频率较低的限制内切酶在基因组中的酶切位点数量决定的。将酶切片段和含有与其黏性末端相同的人工接头连接，连接后的接头序列及临近内切酶识别位点作为以后 PCR 反应的引物结合位点，通过选择在末端上分别添加 1～3 个选择性碱基的不同引物，选择性地识别具有特异配对顺序的酶切片段与之结合，从而实现特异性扩增(图 6-8)，最后用变性聚丙烯酰胺凝胶电泳分离扩增产物(图 6-9)。

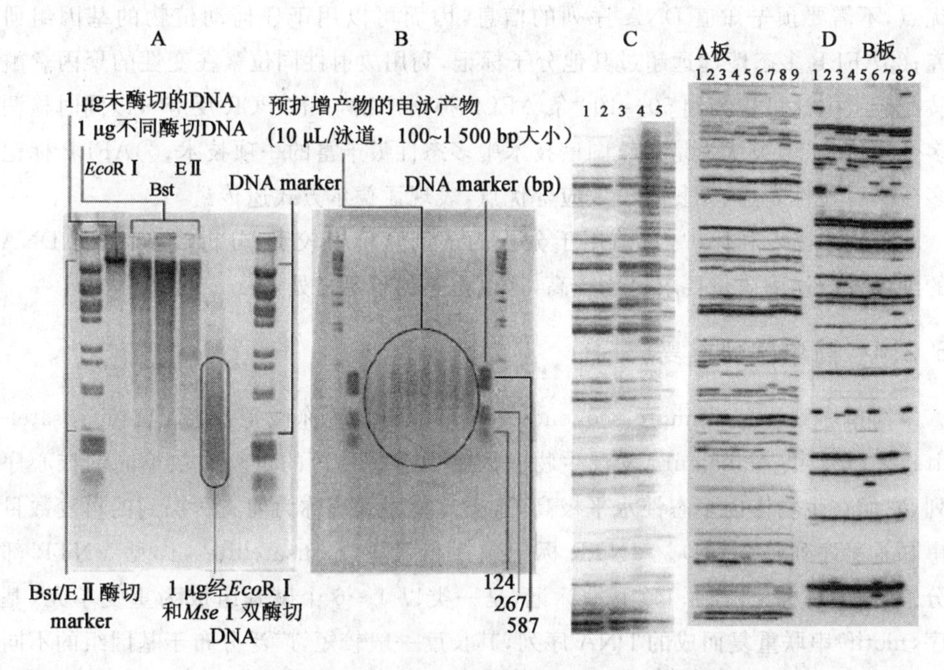

图 6-9　植物样品的 AFLP 分析结果(引自 Semagn 等，2006)

A、B 图显示了酶切/未酶切 DNA(a)以及酶切产物的预扩增产物(b)的琼脂糖凝胶电泳结果，C 图显示了同一样品经不同浓度 *EcoRI*/*MseI* 双酶切后的选择性扩增结果(第 1、5 泳道分别表示最高和最低的酶浓度，1、2 泳道是正确的电泳结果)，D 图为 2 个引物组合对 9 个样品(1～9 泳道)的选择性扩增结果(A 板引物是 E-AA/M-CAC，B 板引物是 E-AC/MCAC)。

因此,AFLP 分析的基本步骤可以概括为:①将基因组 DNA 同时用 2 种限制性核酸内切酶进行双酶切后,形成分子质量大小不等的随机限制性片段,在这些 DNA 片段两端连接上特定的寡核苷酸接头(oligo nucleotide adapters);②通过接头序列和 PCR 引物 3′末端的识别,对限制性片段进行选择扩增。一般 PCR 引物用同位素 ^{32}P 或 ^{33}P 标记;③聚丙烯酰胺凝胶电泳分离特异扩增限制性片段;④将电泳后的凝胶转移吸附到滤纸上,经干胶仪进行干胶处理;⑤在 X 光片上感光,数日后冲洗胶片并进行结果分析。

为了避免 AFLP 分析中的同位素操作,目前已发展了 AFLP 荧光标记、银染等新的检测扩增产物的手段。

AFLP 标记的特点:①AFLP 技术结合了 RFLP 稳定性和 PCR 技术高效性的优点,不需要预先知道 DNA 序列的信息,因而可以用于任何动植物的基因组研究;②AFLP 多态性远远超过其他分子标记,利用放射性同位素在变性的聚丙烯酰胺凝胶上电泳可检测到 50~100 条 AFLP 扩增产物,一次 PCR 反应可以同时检测多个遗传位点,被认为是指纹图谱技术中多态性最丰富的一项技术;③AFLP 标记多数具有显性表达、无复等位效应等优点,表现孟德尔方式遗传。

该技术受专利保护,目前用于分析的试剂盒价格较贵,分析成本高;对 DNA 的纯度及内切酶质量要求也比较高,这也是它的不足之处。

6.2.4 简单序列重复(SSR)

简单序列重复(simple sequence repeat,SSR)又称微卫星标记(microsatellite)。1987 年,Nakamura 发现生物基因组内有一种短的重复次数不同的核心序列,它们在生物体内多态性水平极高,这类重复序列统称为前文所提到的可变数目串联重复序列(VNTR)。VNTR 标记包括小卫星(minisatellites,详见 VNTR 部分)和微卫星标记两种。微卫星标记,是一类以 1~6 个碱基组成为重复单元(基序,motif)串联重复而成的 DNA 序列,其长度一般较短,广泛分布于基因组的不同位置(图 6-10),如 $(CA)_n$、$(AT)_n$、$(GGC)_n$、$(GATA)_n$ 等重复,其中 n 代表重复次数,其大小在 10~60。这类序列的重复长度具有高度变异性。植物基因组中的 SSR 序列特征见表 6-1。Wang 等(1994)对 EMBL 和 GenBank 两大数据库中来自 54 个物种的核 DNA 序列(3 026 kb)和 28 个物种的细胞器 DNA 序列(1 268 kb)查询的结果表明,细胞器基因组中 SSR 发生频率很低(4 个/1 268 kb);在核基因组中,平均每 23.3 kb 有 1 个 SSR,$(AT)n$ 是最丰富的类型(1 个/62 kb),随后依次是$(A)_n$、$(T)_n$，$(AG)_n$、$(CT)_n$，$(AAT)_n$、$(ATT)_n$，$(AAC)_n$、$(GTT)_n$，$(AGC)_n$、$(GCT)_n$，$(AAG)_n$、$(CTT)_n$，$(AATT)_n$、$(TTAA)_n$，$(AAAT)_n$、$(ATTT)_n$，$(AC)_n$、$(GT)_n$，2-碱基重复的丰度为 3-碱基、4-碱基重复之和。

表 6-1　几个植物物种 2-、3-、4-碱基重复 SSR 在 GenBank 数据库中的数目及平均距离

物种	数据库查找的碱基数目/kbp	2 碱基重复		3 碱基重复		4 碱基重复	
		SSR 数目	重复间平均距离/kbp	SSR 数目	重复间平均距离/kbp	SSR 数目	重复间平均距离/kbp
酿酒酵母(*Saccharomyces cerevisiae*)	2 288	40	57	29	79	2	1 144
普通烟草(*Nicotiana tabacum*)	118	4	29	0	—	0	—
大豆(*Glycine max*)	212	6	35	1	212	4	53
番茄(*Lycopersicon esculentum*)	135	2	68	0	—	1	135
普通小麦(*Triticum aestivum*)	151	1	151	43	4	0	—
紫花苜蓿(*Medicago sativa*)	30	0	—	1	30	0	—
豌豆(*Pisum sativum*)	129	3	43	3	43	2	64
玉米(*Zea mays*)	368	3	123	4	91	6	61
拟南芥(*Arabidopsis thaliana*)	247	4	62	1	247	0	—
水稻(*Oryza sativa*)	137	2	68	2	68	6	23

(引自 Cregan，1992)

另外，研究还发现 SSR 在基因组间和基因组内呈现非随机分布。SSR 在非编码 DNA 中占了相当大的比例，而在蛋白质的编码区则相对罕见。

尽管微卫星 DNA 可分布于整个基因组的不同位置上，且在不同个体间重复次数存在变化，但其两端的序列多是相对保守的单拷贝序列。因此，可根据微卫星 DNA 两端的保守序列来设计一对特异引物，利用 PCR 方法来扩增微卫星序列的等位变异，通过电泳分析核心序列的长度多态性(图 6-11，图 6-12)。

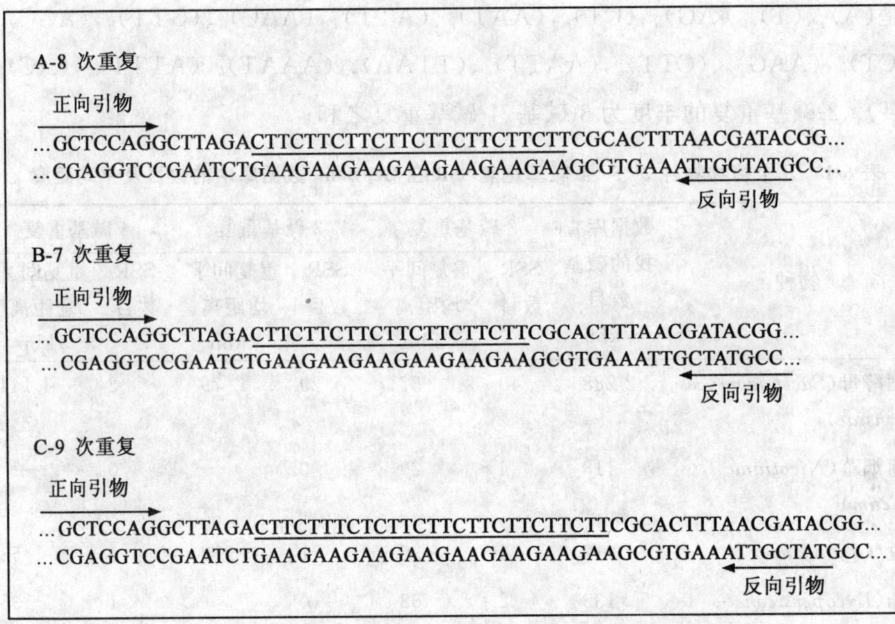

A-8 次重复
正向引物
...GCTCCAGGCTTAGACTTCTTCTTCTTCTTCTTCTTCTTCGCACTTTAACGATACGG...
...CGAGGTCCGAATCTGAAGAAGAAGAAGAAGAAGAAGAAGCGTGAAATTGCTATGCC...
反向引物
B-7 次重复
正向引物
...GCTCCAGGCTTAGACTTCTTCTTCTTCTTCTTCTTCGCACTTTAACGATACGG...
...CGAGGTCCGAATCTGAAGAAGAAGAAGAAGAAGAAGCGTGAAATTGCTATGCC...
反向引物
C-9 次重复
正向引物
...GCTCCAGGCTTAGACTTCTTTCTCTTCTTCTTCTTCTTCTTCGCACTTTAACGATACGG...
...CGAGGTCCGAATCTGAAGAAGAAGAAGAAGAAGAAGAAGAAGCGTGAAATTGCTATGCC...
反向引物

图 6-10　微卫星序列特征以及与其保守的侧翼序列互补的引物

A、B、C 分别显示的是重复单元 CTT 重复 8、7、9 次

保守的引物结合位点
P_1
$(CA)_n$
$(CA)_n$
F_1
$(CA)_n$
$(CA)_{n-2}$
P_2
$(CA)_{n-2}$
$(CA)_{n-2}$
P_1　F_1　P_2

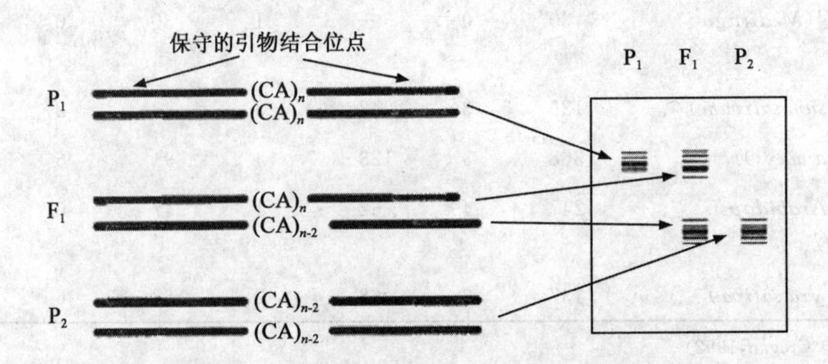

图 6-11　SSR 多态性来源示意图(引自 Cregan,1992)

P_1、P_2 为亲本,F_1 为杂种一代

建立 SSR 标记必须克隆足够数量的 SSR 并进行测序,设计相应的 PCR 引物。其一般程序(图 6-12)如下:①建立基因组 DNA 的质粒文库;②根据欲得到的 SSR 类型设计并合成寡聚核苷酸探针,通过菌落杂交筛选所需重组克隆;③对阳性克隆

DNA 插入序列测序；④根据 SSR 两侧序列设计并合成引物；⑤以待研究的植物 DNA 为模板，用合成的引物进行 PCR 扩增反应；⑥高浓度琼脂糖凝胶、非变性或变性聚丙烯酰胺凝胶电泳检测其多态性。此外，亦可利用标记的 SSR 探针与基因组酶切片段进行杂交、测序的方法获得 SSR 标记。

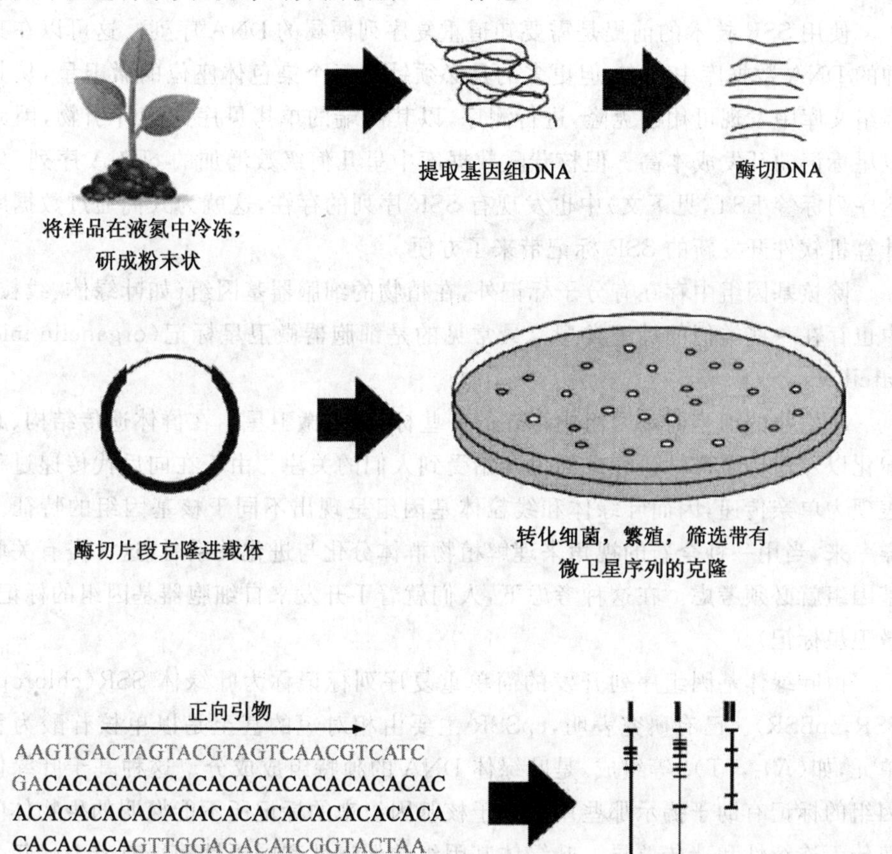

图 6-12　SSR 标记的设计及筛选过程示意图

目前，SSR 标记技术已被广泛用于遗传图谱构建、品种指纹图谱绘制和品种纯度检测，以及目标性状基因标记等领域。

SSR 标记的特点：SSR 的检测是依据其两侧特定的引物进行 PCR 扩增，因此是基于全基因组 DNA 扩增其微卫星区域。检测到的一般是一个单一的复等位基因位点。SSR 标记为共显性标记,可鉴别出杂合子和纯合子;重复性高,稳定可靠。为了提高分辨率,通常使用聚丙烯酰胺凝胶电泳,它可检测出单拷贝差异。它兼具 PCR 反应的优点,所需 DNA 样品量少,对 DNA 质量要求不太高。

使用 SSR 技术的前提是需要知道重复序列两翼的 DNA 序列。这可以在其他种的 DNA 数据库中查询,但更多的是必须针对每个染色体座位的微卫星,从其基因组文库中发现可用的克隆,进行测序,以其两端的单拷贝序列设计引物,因此微卫星标记的开发成本高。但核苷酸数据库中呈几何级数增加的 cDNA 序列(如表达序列标签 EST,见下文)中也发现有 SSR 序列的存在,这就为人们通过数据库和计算机软件开发新的 SSR 标记带来了方便。

除核基因组中存在有分子标记外,在植物的细胞器基因组(如叶绿体、线粒体)中也存在一些类似的标记类型。最常见的是细胞器微卫星标记(organelle microsatellites)。

在植物的细胞器基因组中存在的一些标记(如微卫星),在群体遗传结构、起源演化以及遗传多样性研究方面也开始受到人们的关注。由于在向后代传递过程中表现为单亲传递,因而叶绿体和线粒体基因组呈现出不同于核基因组的特征。这样一来,当用一种全新的视角来理解植物群体分化与进化关系时,这 3 类有关联的基因组就必须考虑。在这种考虑下,人们就着手开发来自细胞器基因组的标记(如微卫星标记)。

由叶绿体基因组序列开发的简单重复序列标记称为叶绿体 SSR(chloroplast SSR,cpSSR)。已有研究表明,cpSSR 主要由相对短的甚至是以单核苷酸为重复单元,如$(A)_n$,$(T)_n$ 等组成,是叶绿体 DNA 的独特组成成分。这种基于叶绿体基因组的标记有助于揭示那些用来源于核基因组来的标记所不能探明的生物体间的遗传不连续性和遗传差异。叶绿体基因组的保守性和同源性使得有着上亿年分化的物种间进行基因比较成为可能。cpSSR 已经被用于较大范围的植物物种间进行细胞质变异的检测。cpSSR 在研究植物的交配系统、经由花粉和种子的基因流向(gene flow)等方面尤其有效,这些标记还被用于植物个体间的杂交和遗传物质渐渗(introgression)检测、遗传多样性分析、系统起源演化方面研究。如同核基因组 SSR 分析一样,cpSSR 分析的限制因素之一也是需要序列信息进行引物设计。在进行引物设计时,也是根据(完全或部分测序的)叶绿体基因组中 SSR 侧翼序列的保守性进行设计。一般而言,这些引物可从起源相同的物种和近亲物种中扩增到多态性片段,但对亲缘关系更远的物种则较为困难。研究人员已经设计出一些双子叶植物的 cpSSR 引物(ccmp1-ccmp10)。从烟草中开发的绝大多数 cpSSR 标记(A10 或 T10)在猕猴桃(*Actinidiaceae*)、十字花科植物(*Brassicaceae*)和茄科植物(*Solanaceae*)中也被证明是有效的。从禾本科植物中也开发出了一些 cpSSR 引物并被用于遗传多样性研究。

由线粒体基因组序列开发的简单重复序列标记称为线粒体 SSR(mitochondrial SSR,mtSSR)。植物细胞的线粒体基因组的大小差别很大,最小的为 100 kb 左右,大部分由非编码的 DNA 序列组成,且有许多短的同源序列,同源序列之间的 DNA 重组会产生较小的亚基因组环状 DNA,与完整的"主"基因组共存于细胞内,因此植物线粒体基因组的研究更为困难。动物的线粒体基因 DNA 没有内含子,几乎每一对核苷酸都参与一个基因的组成,有许多基因的序列是重叠的。植物的 mtDNA 在分子水平呈现杂合且表现出高频率的序列重排,因此在研究进化和起源演化时就不太常用。但是,线粒体所表现的这种与序列重排有关的单倍型(mitochondrial haplotype)多样性在研究群体分化时却被证明是有效的。

与 SSR 标记类似的标记有 ISSR 标记,即简单重复间序列(inter-simple sequence repeat,ISSR),也称锚定简单重复序列(anchored simple sequence repeats,ASSR),该技术是由 Zietkiewicz 等于 1994 年在微卫星基础上创建的一种简单重复序列间扩增多态性分子标记(图 6-13)。ISSR 标记技术的生物学基础是根据基因组中广泛存在的 SSR,利用 SSR 序列本身设计一段互补序列的寡聚核苷酸引物,对相邻 SSR 之间的 DNA 序列进行 PCR 扩增。引物设计采用 2-、3-或 4-核苷酸序列为单位(基序,motifs),以其不同重复次数再加上几个非重复的锚定碱基组成随机引物,从而保证引物与基因组 DNA 中 SSR 的 5′或 3′末端结合,通过 PCR 反应扩增两个 SSR 之间的 DNA 片段。如 $(AC)_nX$,$(TG)_nX$,$(ATG)_nX$,$(CTC)_nX$,$(GAA)_nX$ 等(X 代表非重复的锚定碱基)。

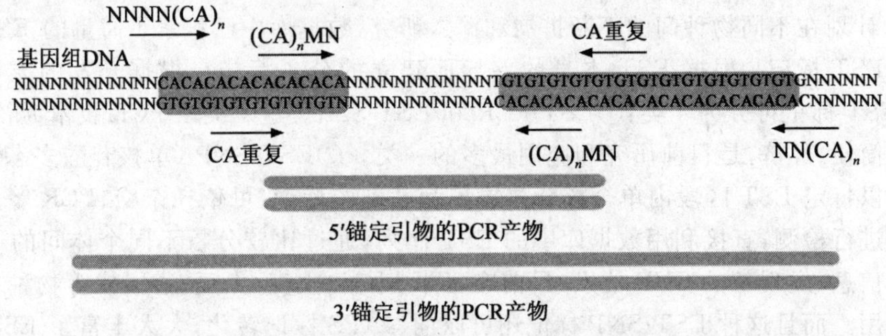

图 6-13　ISSR 原理示意图(改自 Zietkiewicz 等,1994)

ISSR 标记结合了 RAPD 和 SSR 的优点(图 6-14),采用随机引物进行扩增,无需预先知道基因组的任何信息就可以进行标记,即可以在没有任何生物学基础研究的情况下,进行基因组指纹图谱构建,因而具有方便、快捷的优点(可以同时检测多个 SSR 座位),所需 DNA 模板量少,多态性丰富,操作简单,稳定性优于 RAPD。由于 ISSR 标记不像 RFLP 标记一样步骤繁琐,且不需同位素标记,因此,针对重复序列含量高的物种,ISSR 法可与 RFLP、RAPD 等分子标记相媲美。它对填充遗传连锁图上大的不饱和区段,富集有用的理想标记具有重要意义。Naganka 等已在小麦的 ISSR 标记研究中发现 ISSR 标记可获得数倍于 RAPD 标记的信息量。

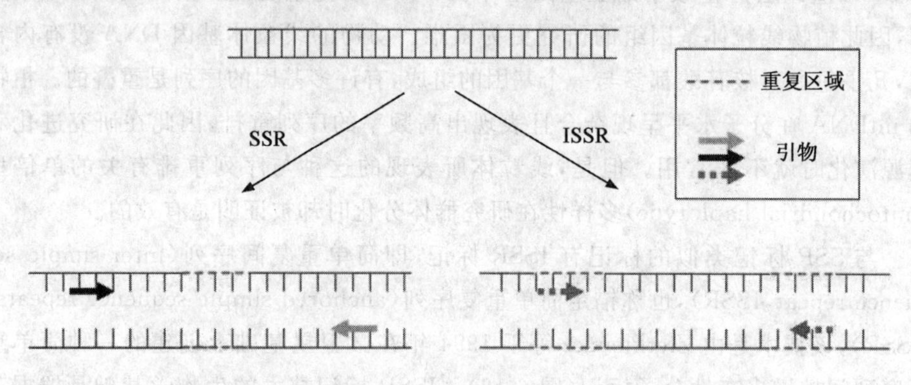

图 6-14　ISSR 的原理及其与 SSR 的区别(改自 Yip 等,2007)

6.2.5　表达序列标签(EST)

表达序列标签(expressed sequence tags,EST)是指通过对 cDNA 文库随机挑取的克隆进行大规模测序所获得的 cDNA 的 5′或 3′端序列,长度一般为 150～500 bp(图 6-15)。自从美国科学家 Craig Venter 首先提出 EST 计划以来 ,随着 EST 计划在不同物种间的不断扩展和深入研究,数据库中已积累了海量的 EST。

EST 标记是根据 EST 本身的差异而建立的分子标记。根据开发的方法不同,EST 标记可分为 4 类:①EST-PCR 和 EST-SSR。这一类以 PCR 技术为核心,操作简便、经济,是目前研究和应用最多的一类。②EST-SNP (单核苷酸多态性)。它是以特定 EST 区段内单个核苷酸差异为基础的标记,可依托杂交、PCR 等多种手段进行检测;直接利用数据库中的 EST 序列,通过比较分析不同个体间的 EST 序列信息,发现新的 SNP 位点,目前在玉米、小麦、大麦、大豆、猕猴桃等物种中均有应用。而且这种 EST-SNP 标记还可以向 CAPS 标记转化,大大丰富了 EST 序列的应用价值。③EST-AFLP。它是以限制性内切酶技术和 PCR 相结合为基础

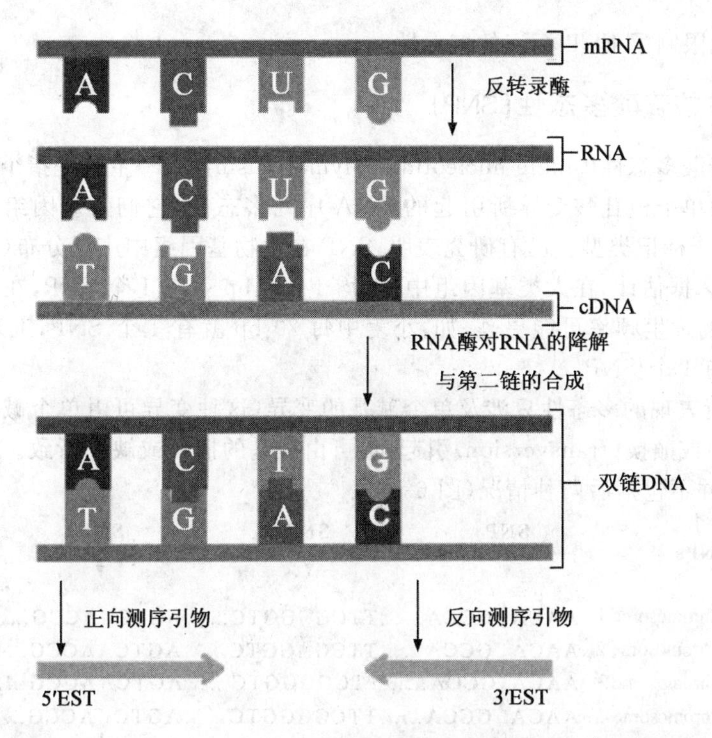

图 6-15　EST 的产生模式图

的标记。④EST-RFLP。它是以限制性内切酶和分子杂交为依托，以 EST 本身作为探针，与经过不同限制性内切酶消化后的基因组 DNA 杂交而产生的。

EST 标记除具有一般分子标记的特点外，还有其特殊优势：①信息量大。如果发现一个 EST 标记与某一性状连锁，那么该 EST 就可能与控制此性状的基因相关。②通用性好。由于 EST 来自转录区，其保守性较高，故具较好的通用性，这在亲缘物种(closely related species)之间校正基因组连锁图谱和比较作图方面有很高的利用价值。③开发简单、快捷、费用低，尤其是以 PCR 为基础的 EST 标记。

虽然 EST 标记有着多方面的利用价值，但是这些 EST 分子标记的开发也存在着一些问题：目前注册的 EST 为一次性测序，其中存在着一定错误信息；mRNA 存在选择性剪接，利用软件进行序列拼接时错拼事实上是很难避免的；EST 研究中有相当一部分为未知基因，利用这些 EST 开发的分子标记，不易很快与功能建立联系；由于生物信息学的有关软件的不同算法以及设置的参数严谨度不同，得出的结果不尽相同，如 SNP 的颠换与转换、SSR 出现的频率等；基于 PCR 的 EST 分子标记是以长度多态性为基础的，其分辨取决于高分辨率的凝胶，然而由于高频率非长度变异的等位基因的存在，这些信息检测存在一定难度；EST 的保守性在一定程度上也限制了 EST 标记的多态性。

6.2.6 单核苷酸多态性(SNP)

单核苷酸多态性(single nucleotide polymorphism,SNP)主要是指个体在基因组水平上由单个核苷酸变异所引起的 DNA 序列多态性,它们是基因组中最丰富的 DNA 分子标记类型。已有研究表明,SNP 在生物基因组中广泛分布(尽管发生频率不同)。据估计,在人类基因组中,平均 1 000 bp 就有 1 个 SNP,在主要农作物中 SNP 的发生频率可能更高,如:小麦中每 20 bp 就有 1 个 SNP,玉米每 60～120 bp 就有 1 个 SNP。

SNP 所表现的多态性只涉及单个碱基的变异,这种变异可由单个碱基的转换(transition)或颠换(transversion)引起,也可由碱基的插入或缺失所致。但通常所说的 SNP 并不包括后两种情况(图 6-16)。

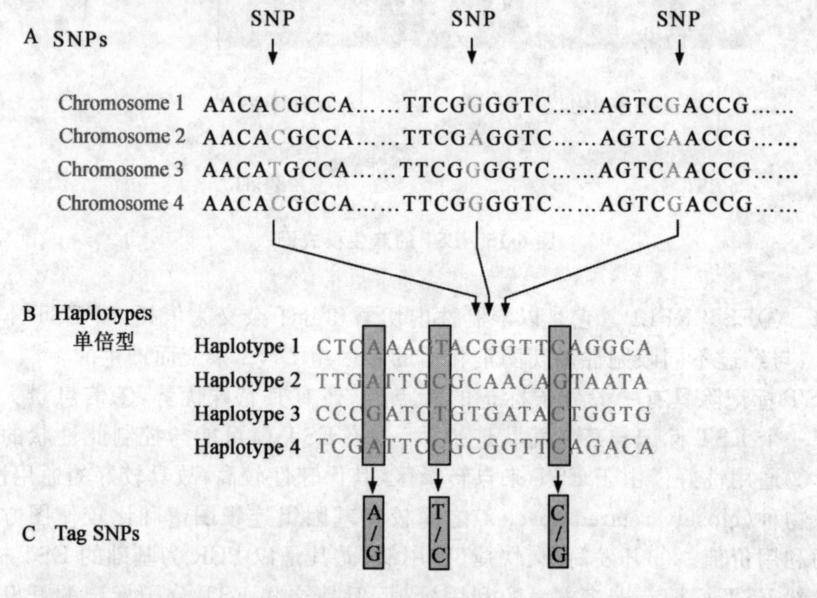

图 6-16 SNP、单倍型(haplotype)以及标记 SNP(引自 Gibbs RA et al,2003)

A. 4 个来自不同个体相同染色体区域的 DNA 区段,其中的绝大多数 DNA 序列相同,仅有 3 个碱基(箭头所示)表现差异(SNP);对每个 SNP 有 2 个可能的等位形式(如第 1 个 SNP 的等位形式为 C 和 T)。B. 单倍型(haplotype)。单倍型由一组相邻的 SNP 构成,不会因交换而分开,在一段含 20 个 SNP 染色体区段(6000 bp),共表现出 1～4 个单倍型;C. 标记 SNP。在 20 个 SNP 中对这 3 个 SNP 进行基因型分析就能鉴别出这 4 种单倍型。例如:如果某条染色体在这 3 个 SNP 位点表现出 A-T-C 的特征,该特征就应该能代表单倍型 1。

理论上讲，SNP既可能是二等位多态性，也可能是3个或4个等位多态性，但实际上，后两者非常少见，几乎可以忽略。因此，通常所说的SNP都是二等位多态性的。这种变异可能是转换(C↔T，在其互补链上则为G↔A)，也可能是颠换(C↔A，G↔T，C↔G，A↔T)。转换的发生率总是明显高于其他几种变异，具有转换型变异的SNP约占2/3，其他几种变异的发生几率相似。

在基因组DNA中，任何碱基均有可能发生变异，因此SNP既有可能在基因序列内，也有可能在基因以外的非编码序列上。总的来说，位于编码区内的SNP(coding SNP，cSNP)比较少，因为在外显子内，其变异率仅是周围序列的1/5。但它在遗传性疾病研究中却具有重要意义，因此cSNP的研究更受关注。从对生物的遗传性状的影响上来看，cSNP又可分为2种：①同义cSNP(synonymous cSNP)，即SNP所致的编码序列的改变并不影响其所翻译的蛋白质的氨基酸序列，突变碱基与未突变碱基的含义相同；②非同义cSNP(non-synonymous cSNP)，指碱基序列的改变可使以其为蓝本翻译的蛋白质序列发生改变，从而影响了蛋白质的功能。这种改变常是导致生物性状改变的直接原因。cSNP中约有一半为非同义cSNP。在人类中，先形成的SNP在人群中常有更高的频率，后形成的SNP所占的比率较低。各地各民族人群中特定SNP并非一定都存在，其所占比率也不尽相同，但大约有85%应是共通的。植物中，从拟南芥数据库直接比较的结果表明，内含子区域SNP的发生频率比外显子区域高1.4倍。

与上述分子标记相比，SNP具有以下特点及优点：①数量多、覆盖密度大，在人类基因组中两个SNP间距不会超过1 000 bp，在植物基因组中SNP出现的概率可能更高；②由于SNP一般只有2个等位基因，在检测时只需要通过一个简单的"+/−"方式即可进行基因分型，这使得检测、分析易于实现自动化；③遗传稳定性强，与微卫星等重复序列多态性标记相比，SNP具有更高的遗传稳定性；④多态性丰富，SNP包含了目前已知DNA多态性的80%以上，是最常见的遗传变异类型。

生物学及其相关技术的发展，使得发掘SNP可以通过多种途径(表6-2)。在植物中，较常用的方法主要包括：基于已有的EST序列数据、基于芯片分析、基于对扩增产物的再测序、基于基因组测序和重测序技术5种途径。

测序技术的进步和数据库中EST序列的不断增加，使得从DNA水平分析遗传变异变得更为直接，目前对SNP的检测分析方法也主要基于以下某一或两种机制：位点特异性杂交(allele specific hybridization)、引物延伸(primer extension)、寡核苷酸连接(oligonucleotide ligation)和侵入性酶切(invasive cleavage)。高通量分析方法，如DNA芯片、位点特性PCR以及引物延伸等方法，可以方便对SNP

作为遗传标记的分析过程实现自动化，进而提高分析效率，这样就能在更大范围内应用于作物领域（如对品种的快速鉴别、超高密度遗传图谱的构建等）。

表 6-2 SNP 发掘方法比较

方法	必需条件	当前条件下的错误率/%	特殊要求与局限性
EST 数据库	大量的 EST 序列信息	15～50	依赖基因的表达水平或需要均一化的文库，对直系同源（orthologous）或旁系同源（paralogous）序列较难区分，序列质量差
芯片技术	基于 EST 序列的 unigene 和芯片技术	＞20	并不能鉴别出所有的 SNPs，对于大基因组需要降低基因组复杂性的方法
扩增产物的再测序	基于 EST 序列的 unigene 和用于扩增相应基因的引物	＜5	可靠性高，成本高，能获得详细的单倍型信息，可同时比较多个系的信息，也能获得等位位点的频率信息
新一代测序技术	独特的测序技术，降低复杂性的方法，以及生物信息学工具	15～25	能够产生大量数据，需要大量的生物信息学技术，没有全部基因组信息时错误率相对较高
基因组序列	参考基因组和生物信息学工具	5～10	小基因组物种可全部测序以发掘 SNPs，对于大基因组物种可由针对性的测序（如使用外显子捕捉技术或多引物扩增技术等）

（引自 Ganal 等，2009）

6.2.7 酶切扩增多态性序列标记(CAPS)

酶切扩增多态性序列标记（cleaved amplification polymorphism sequence-tagged sites，CAPS）标记技术为我们提供了一个利用已知位点 RFLP 开发基于 PCR 技术但又无须进行繁琐的 DNA 转膜-杂交过程的标记类型，因此 CAPS 又被称为 PCR-RFLP。用特异 PCR 引物扩增目标材料时，由于特定位点碱基的突变、插入或缺失数目很小，可能会导致无多态性出现，此时若通过对相应 PCR 扩增片段进行酶切处理，就可能检测到多态性的产生。其基本步骤是：先利用特定引物进行 PCR 扩增，然后将 PCR 扩增产物用限制性内切酶处理，酶切产物通过琼脂糖凝胶电泳将不同大小的 DNA 片段分开，经溴化乙锭（EB）染色后，观察其多态性（图 6-17）。

与 RFLP 技术一样，CAPS 技术检测的多态性其实是酶切片段大小的差异。早在 1994 年，Talbert 等在小麦中就发现在将 RFLP 标记转化为 STS 标记过程

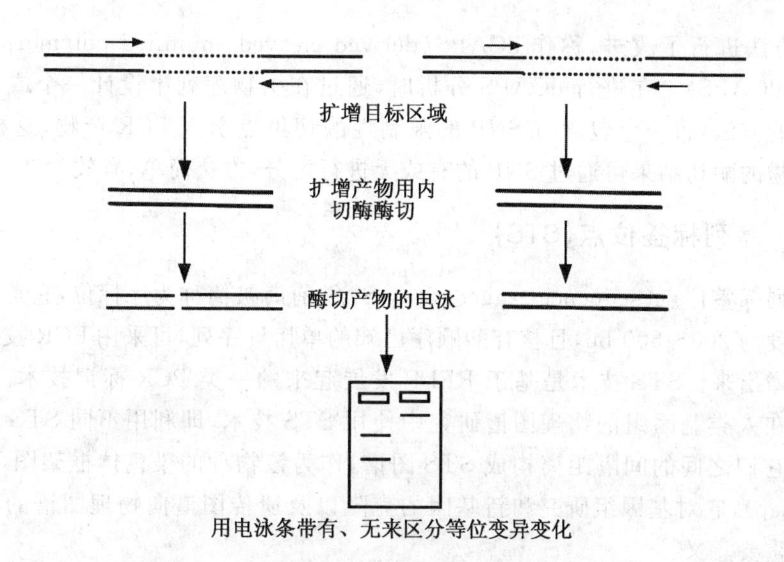

图 6-17　CAPS 标记示意图(引自 Agarwal 等,2008)

先用引物对目标区域进行扩增,扩增产物再用限制性内切酶酶切,然后再通过电泳来区分等位变异的变化。

中,有些 STS 标记没有多态性,当用限制性酶切后又出现多态性。

CAPS 标记有多种变化形式,它可与单链构型多态性(single strand conformational polymorphism,SSCP)、SCAR、AFLP 等标记技术相结合以增加标记产生多态性的机会。CAPS 标记是位点特异性标记,表现共显性遗传,可用于区分杂合子与纯合子。

CAPS 为一种分子标记,有以下几个优点:①引物与限制酶组合非常多,增加了揭示多态性的机会,而且操作简便,可用琼脂糖凝胶电泳分析。②在真核生物中,CAPS 标记呈共显性。③所需 DNA 量少。④结果稳定可靠。⑤操作简便、快捷、自动化程度高。CAPS 标记最成功的应用是构建拟南芥遗传图谱。Konieczny 等(1993)将 RFLP 探针两端测序,合成 PCR 引物,在拟南芥基因组 DNA 中进行扩增,之后用一系列 4 碱基识别序列的限制性内切酶酶切扩增产物,产生了很多 CAPS 标记,并且只用了 28 个植株,就将这些 CAPS 标记定位在各染色体上,并构建了遗传图谱。Itittalmani 等找到了一个抗稻瘟病基因 Pi-2(t)的 CAPS 标记。总之,CAPS 标记在二倍体植物研究中可发挥巨大的作用,是 PCR 标记的有力补充。但在多倍体植物中的应用有一定局限性。另外,CAPS 标记需使用内切酶,这又增加了研究成本,限制了该技术的广泛应用。为克服这一缺陷,科学家们对

CAPS方法进行了改进,称作 dCAPS(derived cleaved amplified polymorphic sequence,dCAPS)。在进行 dCAPS 分析时,通过在引物序列中设计一个或几个错配位点的方法,将一个包含有 SNP 的限制性酶切位点引入 PCR 产物,这样 PCR 扩增产物的酶切结果可通过 SNP 的有或无进行区分,方法简单、有效。

6.2.8 序列标签位点(STS)

序列标签位点(sequence-tagged sites,STS)有时被简称为序标位,它是指基因组中长度为200～500 bp,且核苷酸顺序已知的单拷贝序列,可采用 PCR 技术将其专一扩增出来。STS 技术是基于 RFLP 发展起来的一类 PCR 标记技术。Olson 等首先在人类基因组的物理图谱研究中使用 STS 技术,即利用不同 STS 的排列顺序和它们之间的间隔距离构成 STS 图谱,作为该物种的染色体框架图(framework map),它对基因组研究和新基因的克隆以及遗传图谱向物理图谱的转化研究具有重要意义。

STS 技术的基本原理是通过对 RFLP 标记使用的 cDNA 克隆进行测序,然后根据其序列设计一对引物,利用这对引物对基因组 DNA 进行特异扩增。由于在 cDNA 中内部存在着插入、缺失等非表达区域,从而使得与两引物配对的区域形成多个不同扩增子,并表现出扩增片段的多态性。STS 技术是利用 PCR 对 RFLP 标记的转化,具有 RFLP 标记无法比拟的实用上的可行性。但并不是所有 RFLP 标记均可以转化为 STS 标记,主要是由于在 RFLP 标记的许多插入序列远远超过了 PCR 扩增子的长度,因此,这类 RFLP 标记就无法转化为 STS 标记。也有许多 STS 标记没有长度上的多态性,它们可以作为基因组上的"界标"而存在。

STS 引物的获得主要来自 RFLP 单拷贝的探针序列、微卫星序列、Alu 因子等两端序列,其中扩增含有微卫星重复顺序的 DNA 区域所获得的 STS 标记,多态性最丰富。Inoue 等(2004)对黑麦草的 94 个 RFLP 标记进行了 STS 标记的尝试,最终获得了 66 个可用的 STS 标记。

迄今为止,STS 引物的设计主要依据单拷贝的 RFLP 探针(或 EST 序列),根据已知 RFLP 探针(或 EST)两端序列,设计合适的引物,进行 PCR 扩增。与 RFLP 相比,STS 标记最大的优势在于不需要保存探针克隆等活体物质,只需从有关数据库中调出其相关信息即可。STS 标记表现共显性遗传,很容易在不同组合的遗传图谱间进行标记的转移,且是沟通植物遗传图谱和物理图谱的中介,它的实用价值很具吸引力。STS 在基因组中往往只出现一次,从而能够界定基因组的特异位点。用 STS 进行物理作图,可通过 PCR 或杂交途径来完成。同时,STS 标记亦可作为比较遗传图谱和物理图谱的共同位标,这在基因组作图和比较基因组研究上具有非常重要的作用。但是，与 SSR 标记一样，STS 标记的开发依赖于序列分析及引物合成，目前成本仍然太高。目前，国际上已开始收集 STS 信息，并建立起相应的信息库，以便于各国同行随时调用。

6.2.9　序列扩增相关多态性标记(SRAP)

序列扩增相关多态性标记(sequence-related amplified polymorphism，SRAP)技术的开发目标是对开放阅读框区域进行扩增(open reading frames，ORF)，SRAP 为双引物标记，引物为 17～21 bp 的任意序列，富含 AT-或 GC-碱基的核心序列以检测基因内部的序列变化。引物序列包括：①13～14 bp 长的核心序列(core sequence)，其中 5′端的前 10～11 个碱基是非特异性的(即所谓填充“filler”序列)，之后又跟 4 个碱基(正向引物 CCGG，反向引物 AATT)。②核心序列之后是 3 个选择性碱基。正向和反向引物中 10～11 bp 长的“填充”序列必须是彼此不同。在进行 PCR 扩增时，最初的 5 个循环退火温度较低(35℃)，随后的 35 个循环则提高了退火温度(50℃)，扩增产物可通过变性聚丙烯酰胺凝胶和放射自显影进行检测。

引物设计是 SRAP 分析的核心。SRAP 标记分析共有两套引物：在一组正向引物中使用“CCGG”作为核心序列，其目的是使之特异结合“开放阅读框”(ORF)区域中的外显子(因为已有研究表明外显子一般处于富含 GC 区域)。显然，外显子序列在不同个体中的保守性限制了 SRAP 作为标记的多态性。另外，由于内含子、启动子和间隔序列在不同物种甚至不同个体间的变异很大，而且在启动子和内含子区域是一个富含 AT 的区域，因此 SRAP 的反向引物的 3′端含有核心 AATT，以特异结合富含 AT 区，这就使得有可能扩增出基于内含子与外显子的多态性(图 6-18)。

SRAP 标记兼具简单、可靠、中等信息量和易于对相应片段测序等优点，SRAP 对基因组中的编码区域进行扩增，呈现共显性遗传。测序结果表明，SRAP 的多态性的来源有两个方面：如果是因序列的插入或缺失引起的扩增片段长度变化，则为共显性标记；如果是单个核苷酸的变化，则为显性标记。SRAP 标记在作物中已被用于图谱构建、基因标记和遗传多样性分析等方面研究。

由于在设计引物时正反引物分别是针对序列相对保守的编码区与变异较大的内含子(启动子)和间隔序列。因此，多数 SRAP 标记在基因组中分布是均匀的。通过利用重组近交系(RIL)构建的遗传连锁图也说明了这一点。同时，Li 和 Quiros(2001)的研究也发现在 130 个 SRAP 标记中约 20%为共显性，这种高频率的共显性则明显优于 AFLP 标记。

正向引物	反向引物
me1:5′TGAGTCCAAACCGGATA-3′	em1: 5′GACTGCGTACGAATTAAT-3′
me2:5′TGAGTCCAAACCGGAGC-3′	em2: 5′GACTGCGTACGAATTTGC-3′
me3:5′TGAGTCCAAACCGGAAT-3′	em3: 5′GACTGCGTACGAATTGAC-3′
me4:5′TGAGTCCAAACCGGACC-3′	em4: 5′GACTGCGTACGAATTTGA-3′
me5:5′TGAGTCCAAACCGGAAG-3′	em5: 5′GACTGCGTACGAATTAAC-3′
me6:5′TGAGTCCAAACCGGTAA-3′	em6: 5′GACTGCGTACGAATTGCA-3′
me7:5′TGAGTCCAAACCGGTCC-3′	em7: 5′GACTGCGTACGAATTCAA-3′
me8:5′TGAGTCCAAACCGGTGC-3′	em8: 5′GACTGCGTACGAATTCTG-3′
	em9: 5′GACTGCGTACGAATTGGA-3′
	em10:5′GACTGCGTACGAATTCAG-3′
	em11:5′GACTGCGTACGAATTCCA-3′

图 6-18 SRAP 标记的引物序列特征(引自柳李旺等,2004)

6.2.10 多样性阵列技术(DArT)

多样性阵列技术(diversity array technology,DArT)标记开发于 2001 年,并成功应用于水稻研究中,目前已经在大麦、巨桉(*Eucalyptus grandis*)、拟南芥、木薯(*Manihot esculenta*)、小麦、高粱(*Sorghum vulgare*)等植物中得到应用。

DArT 技术依赖芯片杂交的方法来区分基因组中位点的差异。将待检测的不同样本的基因组 DNA 等量混合后经相关限制性内切酶处理,根据电泳结果选择回收不同大小 DNA 片段及一系列 DNA 操作而达到基因组复杂性减少的目的(此部分 DNA 为基因组代表,genomic representation),然后将该部分 DNA 固定到玻片上形成点阵列的芯片。每个点代表不同样本基因组的 DNA 片段,同时也含有个别样本所具备的特异性片段。为了检测不同样本之间的遗传差别,DArT 技术需要以不同样本单独经同样内切酶处理所获得的基因组代表为探针,并组成相应的探针组合对芯片进行杂交,由于不同样本的基因组 DNA 序列有差异,因而与芯片上同一点序列杂交的效率不一致,芯片上只有与探针 DNA 互补的点才具有杂交信号,通过扫描仪识别不同颜色杂交信号的强弱或有无来确定待检测样本的遗传差别。在 DArT 多样性分析中表现不同杂交信号强度或有无的点就是一个 DArT 标记(DArT marker),即为基因组代表中的一个多态性片段,可作为新的 DNA 标记用于其他的研究(图 6-19)。

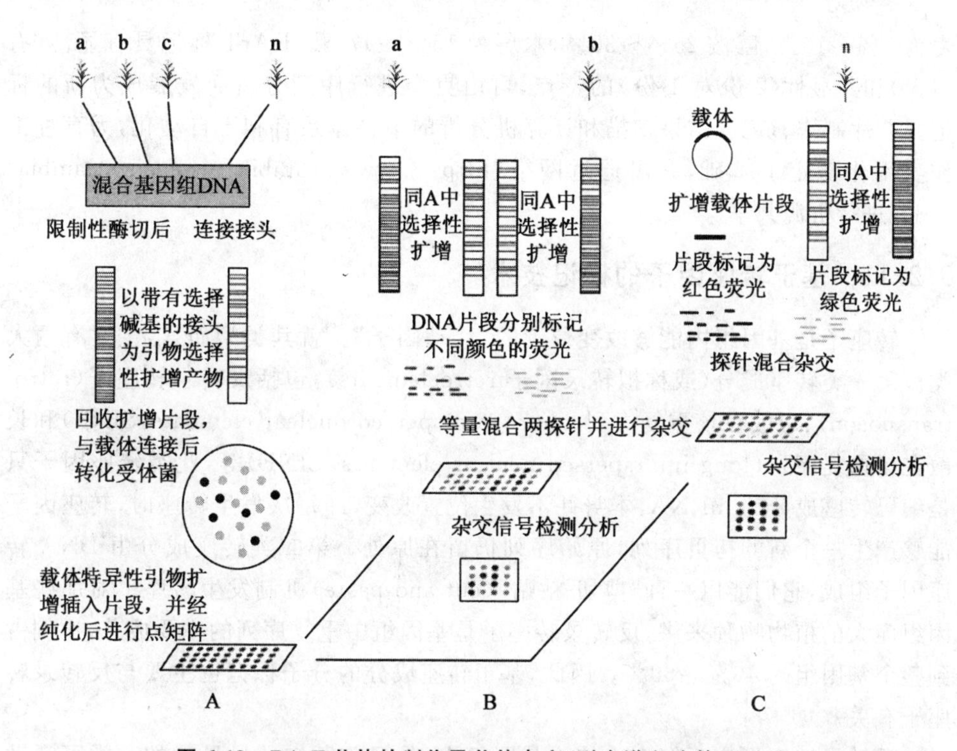

图 6-19 DArT 芯片的制作及芯片杂交(引自洪义欢等，2009)

a,b,c,…,n：不同样本的基因组 DNA。A. 多样性芯片的制备；B. DArT 比较两个样本差异的杂交。每个点的绿色和红色的信号强度比代表了该点的特征，同一点两种信号强度差别明显，则说明该点在两样品中有差异；C. DArT 进行遗传指纹的杂交。同一个点和不同样品的探针分别杂交，红绿色信号比在不同样本间可被划分为明显的两组，则该点具有多态性。

DArT 技术的特点是具有高通量、低成本，一个阵列可同时检测分布在基因组中的几百个多态性位点；多态性 DArT 标记的发现和检测是平行进行，新的标记发现和标记评价是在同一芯片上进行，无须发展进一步的评价体系；在标记的发现和检测中不需要预先知道 DNA 序列信息，这就使得该法可应用于 DNA 序列信息有或无的所有的物种，对于亲缘关系稀少的孤立种质材料更具有适用性；基因组变异可包括特定区域的栽培品种，也可覆盖该种内包括野生亲缘种的遗传变异，由 DArT 所揭示的多样性可不断地在以往的基础上进行扩展，因此使用者可根据要求来确定 DArT 遗传分析的范围；该技术重复性好，结果可靠，受物种倍性和基因组大小影响小。DArT 标记的多态性受物种本身的遗传多样性影响，一般小麦、大麦为5%～10%，巨桉25%～30%，木薯为15%～17%。DArT标记具有显性(有对无)和共显性(2份对1份)的特点，可由克隆进行序列分析而发展成为新的标记。芯片制作、杂交、结果扫描和计算机分析的平台体系有利于自动化，为育种工作实用化奠定了基础，并可通过网络(http://www.cambia.org/daisy/cambia/3186)进行资源共享。

6.2.11 基于转座因子的标记技术

转座子是基因组内能够改变位置的“移动因子”。就其类型而言，主要有两大类。第一类转座成分(或称拟转录因子 retroelements)，包括反转录转座子(retrotransposon)、短散在核重复序列(short interspersed nuclear elements，SINE)和长散在核重复序列(long interspersed nuclear elements，LINE)等，此类转座因子只是编码转座成分的 mRNA，本身并不发生位置改变，即每次发生转座时，转座因子能够产生一个新的拷贝序列，原始序列仍留在原处。第二类转座成分由DNA转座因子组成，它们能以一种“剪切-粘贴”(cut and paste)机制发生转座。对那些基因组庞大的植物物种来讲，反转录转座子是基因组中重复序列的主要成分，比例占到整个基因组的40%～60%。因此，基于转座成分的分子标记也主要与反转录转座子有关。

反转录转座子广泛存在于植物基因组中，是目前所知数量最大的一类可活动因子，根据是否具备长末端重复序列(long terminal repeat，LTR)可分为LTR型和非LTR型反转录转座子，目前研究较多的是LTR型反转录转座子。近年来，几种基于反转录转座子的分子标记技术在遗传多样性、品种鉴定和连锁图谱构建等方面得到了广泛应用。基于反转录转座子的标记分析有赖于使用特定引物的扩增：一个引物针对反座子区域设计，另一引物则与邻近的基因组序列相匹配。IRAP和REMAP是Kalendar等(1999)基于大麦的反转录转座子首先开发出来两种检测效率高、重复性强的分子标记方法。

逆转座子间扩增多态性(inter-retrotransposon amplied polymorphism，IRAP)标记用于检测逆转座子插入位点之序列间多态性的分子标记。原理是根据反转录转座子两端的LTR保守序列设计引物，在PCR过程中与LTR逆转座子的相应区域退火以检测相邻同一家族的反转录转座子插入位点间的多态性。理论上，相邻的同一逆转座子家族的任意2个成员在基因组中的排列方式可能有3种形式，即头对头、尾对尾和头对尾。对于前2种形式，只需一个反向引物就可产生PCR产物。而对于后一种形式则必须同时使用5′端和3′端LTR引物才可得到有效扩增(图6-20)。

逆转座子-微卫星扩增多态性(retrotransposon-microsatellite amplified polymorphism,REMAP)是基于逆转座子和微卫星都占据着植物基因组组分的相当一部分比例,且高度重复,一定程度上相互间呈嵌套排列的基因组分布特点发展而来的标记系统。REMAP根据反转录转座子两端的LTR保守序列和微卫星序列设计引物,检测反转录转座子与简单重复序列之间的多态性(图6-20)。IRAP和REMAP均为显性分子标记类型。

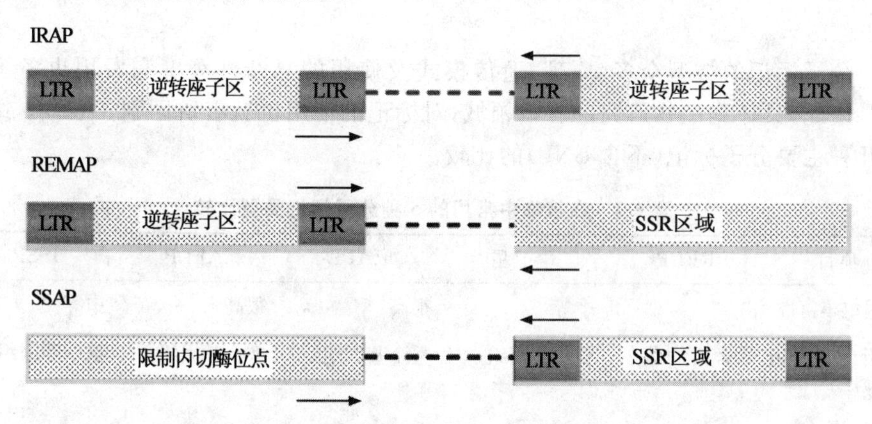

图6-20 几种常见基于逆转座子的分子标记类型模式图(改自杜晓云等,2009)
(箭头为引物及其与DNA的结合区域)

特异序列扩增多态性(sequence-specific amplified polymorphism,SSAP)是另一种基于逆转座子的标记系统。SSAP标记使用引物对转座子的整合位点与含有接头的限制性酶切位点之间区域的扩增。经典SSAP由限制性内切酶*Pst*I和*Mse*I消化基因组DNA,经过接头连接,预扩增、选择性扩增、测序胶分离等过程,最后通过PAGE胶上同一位置片段的有无来判断多态性。其实验操作步骤和AFLP基本相同,只是选择性扩增步骤将AFLP反应中的其中一个接头引物替换为逆转座子引物。此外,基于不同逆转座子的特点和不同的研究目的,SSAP在具体应用时做了一些调整。如,对于低拷贝的逆转座子家族可以考虑使用单酶消化以扩大选择性扩增模板的复杂程度,此时,原来由2个接头引物进行的预扩增则相应替换为1个接头引物和逆转座子长末端重复序列特异引物之间的扩增;SSAP常使用LTR引物,但也可选用逆转座子结构中的其他相对保守区序列特异引物,如多嘌呤序列等。SSAP扩增的多态性来源有三:①限制性位点及其两侧序列的变异;②LTR 5′末端的变异;③逆转座子插入位点的变异。其中,第一类变异同AFLP所检测的变异一样,而后2种变异则均由转座子产生。理论上讲,SSAP多态性应高于 AFLP,目前有关 SSAP 和 AFLP 比较的文献也多表明前者多态性高于后者。众多逆转座子分子标记中,SSAP 被认为是多态性最丰富、灵敏度最高、反映的多态信息含量最多的一种类型,且该标记多为共显性(图 6-20)。

6.3 分子标记应用

分子标记的类型众多,原理、遗传模式及使用的复杂性程度和费用也各不相同。因此,具体到植物研究的各个领域,对标记的使用也就有所区别。表 6-3 给出了几种主要分子标记(不含 SNP)的比较。

表 6-3 在植物中常用的 5 种分子标记类型比较

项目	RFLP	微卫星	RAPD	AFLP	ISSR
基因组丰富性	高	中等	很高	很高	中等
分析的基因组区域	低拷贝的编码区	整个基因组	整个基因组	整个基因组	整个基因组
所需 DNA 量	高	低	低	中等	低
多态性类型	单碱基的改变/插入/缺失等	重复长度(次数)的改变	单碱基的改变/插入/缺失等	单碱基的改变/插入/缺失等	单碱基的改变/插入/缺失等
多态性水平[a]	中等	高	高	很高	高
有效复合比[b]	低	中等	中等	高	中等
标记指数[c]	低	中等	中等	高	中等
遗传模式	共显性	共显性	显性	显性	显性
是否检测等位变异	是	是	不是	不是	不是
容易程度	费时间	容易	容易	最初较难	容易
自动化程度	低	高	中等	中等	中等
可重复性	高	高	中	高	中到高
探针/引物类型	低拷贝基因组 DNA 或 cDNA 克隆	特异重复序列	通常为 10 bp 随机序列	特异序列	特异重复序列

续表 6-3

项目	RFLP	微卫星	RAPD	AFLP	ISSR
是否需克隆/测序	是	是	否	否	否
检测过程有无放射性	常有	无	无	有/无	无
开发/起始成本	高	高	低	中等	中等
遗传作图中的应用	物种特异	非物种特异	非物种特异	非物种特异	非物种特异
专利特征	无	无(个别保护)	无	受保护	无

(引自 Semagn 等,2006)

a:态性水平 (平均杂合度,average heterozygosity)是指两个等位基因在随机取样时被区分的可能性。

b:有效复合比(effective multiplex ratio)是指每次对样本分析所获得的多态性位点数目。

c:分子标记指数(marker index)是指多态性水平(平均杂合度)与有效复合比的乘积。

6.3.1 种质资源的遗传多样性分析

遗传多样性是生物多样性的核心,保护生物多样性最终是要保护其遗传多样性。广义的遗传多样性是指地球上的所有生物所携带的遗传信息的总和,狭义的遗传多样性是指生物种内不同群体之间和群体内不同个体间遗传变异的总和。遗传多样性是生物进化和适应的基础,种内遗传多样性越丰富,生物对环境变化的适应能力也就越大。遗传多样性的本质是生物在遗传物质上的变异,就农业而言,丰富多样性的种质资源是动植物育种的物质基础,也是研究和利用基因资源的基础。利用 DNA 分子标记分析种质资源遗传多样性将为评估基因资源的开发应用前景提供重要信息,同时也为种质资源的收集、保存、评价和开发利用提供依据。在植物遗传多样性分析中,常用多态性信息指数、平均等位变异丰富度、遗传多样性指数、平均遗传距离等指标来评价生物自身的多样性状况,而对所用分子标记多态性水平的评价则常用平均杂合度、有效复合比和分子标记指数等指标。平均杂合度(average heterozygosity)是指两个等位基因在随机取样时被区分的可能性。有效复合比(effective multiplex ratio)是指每次对样本分析所获得的多态性位点数目。分子标记指数(marker index)是指多态性水平(平均杂合度)与有效复合比的乘积。Powell 等比较了 RFLP、RAPD、AFLP 和 SSR 等标记在大豆遗传多样性分析中的应用,发现 SSR 标记具有最高的平均杂合度,AFLP 标记具有最高有效复合比。

在分子标记的发明和使用初期，RFLP 以其共显性遗传、重复性好、可靠程度高等特征得到了广泛应用，但在生物的遗传多样性分析（尤其是对自花授粉植物）时，RFLP 标记呈现出较低的多态性。

除了对全基因组遗传多样性所进行的一般性了解外，研究人员开始转向利用那些开发自基因组功能区域的标记（如 EST、SRAP、cDNA-AFLP 等）、来自基因组特定成员的标记（如来自转座子的 IRAP 等标记），甚至是来自细胞器基因组的标记系统（如叶 cpSSR、mtSSR）来评价植物的遗传多样性状况。表达序列标签（EST）标记来源于功能基因本身，是对基因内部变异的一种直接评价，有可能与生物的重要性状相联系，在遗传多样性研究方面比其他分子标记更具优越性。同时，由 EST 序列所开发的新的标记类型，如 EST-RFLP、EST-SSR 和 EST-SNP 等，在遗传多样性研究中也有重要价值。

6.3.2 指纹图谱构建及品种鉴别

种质资源作为国家的重要战略资源，是提高作物产量和适应性的重要物质基础，在动植物育种领域中占有重要地位。在植物种质资源研究早期，株高、穗长、粒色、千粒重等外部特征特性是鉴别品种的常用方法。该方法简便、经济，在种质资源研究中曾发挥过重要作用，但形态学性状受环境影响的波动性较大、经验性较强，难以标准化。另外，随着育种亲本利用的集中化和育种家对知识产权保护的需求，靠单纯的形态学特征越来越不能满足品种鉴定和纯度分析的需要。之后，生化标记（如同工酶和种子胚乳蛋白等）的出现，虽然在一定程度上缓和了这种矛盾，但生化标记数量的有限性、蛋白表达谱易受环境影响等缺陷，仍然不能从根本上改变这种困境。而基于 DNA 分子标记的指纹图谱技术的出现，为这一问题的解决带来了契机。

DNA 指纹图谱是指能够鉴别生物个体之间差异的 DNA 电泳图谱，在种质资源的鉴别、（品种/杂种/亲本）身份的识别等方面意义重大。因为每种植物及其品种都有各自特定的性状和相应的 DNA 序列，品种之间存在着一定的序列差别，这种序列上的差别能够在电泳图谱（或测序仪上的特定峰值）上被表现出来，具有高度的个体特异性和环境稳定性，就像人的指纹一样，因而被称为“指纹图谱”。指纹图谱主要应用于品种鉴定与知识产权的保护、品种纯度和真实性检测、品种亲缘关系和分类研究等。

6.3.2.1 品种鉴定与知识产权的保护

对申请保护的植物新品种通常要进行特异性（distinctness）、一致性（uniformity)和稳定性(stability)的栽培鉴定试验或室内分析测试,这一过程被称为植物新品种测试(distinctness,uniformity and stability,DUS),目的是找到该品种区别于其他已有品种的特征。因此,应用于作物品种鉴别的 DNA 标记技术需具备 4 个基本条件,即稳定性、品种间变异的可识别性、最小的品种内变异及实验结果的可靠性。利用 DNA 分子标记技术建立植物品种指纹图谱的主要流程包括:植株提取和纯化 DNA,依据不同的标记类型技术酶切,PCR 扩增,经凝胶电泳分离或测序仪测序等检测手段检测特定谱带或峰型、鉴定等位基因多态性。

6.3.2.2 品种纯度和真实性检测

在育种研究过程中,育种家对新育成品种或品系的遗传纯度需要进行检测;同时,由于诸多的原因(如机械混杂、串粉等)可能导致作物品种、品系或自交系间的混杂,也需进行监测。传统方法是采用生长测验,即将有代表性的种子播种,通过长成植株的表型来判断真伪及纯度。这种检测方法费工费时,且检测结果易出偏差。DNA 指纹图谱具有高度的个体特异性,甚至可以区分开一些基因组中的微小变异,因而是一种理想的品种纯度和真实性检测技术。如彭锁堂等选用分布于水稻 12 条染色体上的 26 对 SSR 标记对我国 9 个主要杂交水稻组合及其亲本进行了 SSR 标记图谱分析,结果发现,21 对分子标记共扩增出 62 条条带,平均 2.95 条,能够有效区分所有恢复系和大部分不育系。杂交种条带均为父母本的互补型,适合做杂交种纯度鉴定。他们还利用 SSR 标记 RM17 对两大杂交稻组合"汕优 63"和"两优培 9"进行了 100 粒单种子 SSR 鉴定,所测纯度分别为 96.0%和 98.0%,与田间纯度 96.2%和 97.7%非常接近。

6.3.2.3 品种亲缘关系和分类研究

根据品种间 DNA 指纹图谱的差异程度可判断品种间亲缘关系的远近和测量品种间遗传距离进行系谱分析。近年来人们利用不同 DNA 指纹图谱技术对水稻、玉米、白菜、甜菜、南瓜、黄瓜等多个不同物种品种间的亲缘关系进行了有益的探索。同时,在指纹图谱构建及其数据库建设中,还需注意指纹数据库建设的规范化,以保持实验结果的稳定性、一致性和可重复性。因此,就要求 DNA 分析技术本身的标准化,能够适用于所有进行 DNA 检测的实验室。国际植物品种权保护联盟(international union for the protection of new varieties of plants,UPOV)在生物化学和分子生物学技术工作组(biochemistry and molecular biology technology working group,BMT)测试指南草案中已将构建 DNA 指纹数据库的标记方法确定为 SSR 和 SNP。我国研究者也主要以 SSR 为种质分析手段,UPOV 生物化学和分子技术工作组已经验证 SSR 标记可以作为植物新品种保护的最广泛应用的标记体系。

6.3.2.4 各种 DNA 分子标记辅助 DUS 测试的优缺点

DNA 指纹图谱信息的解释在很大程度上取决于凝胶的分辨率和谱带数目。因此判断新品种时应综合考虑分子指纹、遗传系谱和表现型差异。DNA 分子标记和图谱技术在发展过程中仍然受分子标记类型与检测条件所限,基于 SSR 技术的指纹只是用来作为新品种保护的样本识别手段。不同类型的分子标记在作物指纹图谱构建中具有不同的特征或优势。

RFLP 标记以其共显性和可靠性高的特征,在任何类型的群体(如回交群体 BC,重组自交系 RIL,近等基因系 NIL 和双单倍体 DH 等)中一直是 DNA 指纹技术研究中的基础性标记。目前,在水稻、小麦、玉米、番茄和马铃薯等作物上的研究都已有报道。但是,RFLP 的多态信息含量是相对而言的,在一些作物上 RFLP 探针可进行品种间及种间的鉴别,而在小麦、马铃薯、大豆等作物上的多态性较低。特别是小麦,由于它是严格的自花授粉作物,基因组较大,多态性很低,加之 RFLP 标记对 DNA 的需要量较大(5～10 μg),技术也较复杂,需要同位素标记且花费高,因而 RFLP 在指纹图谱中的应用受到限制。

RAPD 标记由于以一个随机的寡核苷酸序列(常为 10 bp)作引物,用来检测 DNA 序列的多态性。它可以在对物种没有任何分子生物学研究的情况下,进行基因组指纹图谱的构建。这个方法相对于 RFLP 来说,避免了繁琐的 Southern 杂交,需要 DNA 量极少,在 DNA 指纹图谱构建中有着重要意义。由于引物的随机性,所获得的扩增片段在整个基因组上亦随机分布;同时 RAPD 谱带呈现典型的 Mendel 遗传模式,因此这种扩增谱带可被认为是分子图谱的位点;加之 RAPD 技术相对比较简单和便宜,周期短,可以在短时间内进行大量样品分析,因此受到许多学者的重视,广泛应用于小麦等的多态性研究。但是 RAPD 是显性标记,不能区分杂合型和纯合型,更重要的是,RAPD 检测受反应条件的影响很大,在小麦等较大基因组作物的研究中重复性低,从而严重影响实验结果的可靠性。

SSR 具有 RFLP 的所有优点,而且无需使用放射性同位素,又比 RAPD 重复率和可信度高,因而目前已成为遗传标记中的热点。在植物上,微卫星 DNA 已应用于番茄、大豆、水稻、玉米、芸薹属和拟南芥属等许多作物的指纹图谱构建。

ISSR 的生物学基础仍然是基因组中存在的 SSR,通常为显性标记,且具有很好的稳定性和多态性,因而是较为理想的分子标记,可用于构建 PCR 为基础的分子图谱。但它与 RAPD 相似,不能鉴别检测位点的纯合与杂合状态。

小卫星 DNA 在真核基因组中具有多等位性、高丰富性和极强的保守性。在一项用小卫星探针对 57 份水稻品种所做的调查中发现,1 个小卫星探针可对所有的品种进行区分，显示出小卫星标记在水稻品种指纹图谱研究中的灵敏性和简便性等优势。

AFLP标记以其多态性高、重复性强的优点，可用以分析基因组较大的作物。利用放射性标记在变性的聚丙烯酰胺凝胶上可检测到100～150个扩增产物，因而非常适合于绘制品种的指纹图谱及进行分类研究等工作。来自于拟南芥的研究表明，AFLP产生的多态性远远超过了RFLP、RAPD等，因而被认为是指纹图谱技术中多态性最丰富的一项分子标记技术。由于AFLP已申请专利，因而它在生产及商业上的应用受到限制。

SNP标记主要是指在基因组水平上由单个核苷酸的变异所引起的DNA序列多态性，是基因组中最丰富的标记类型。SNP具有数量多、分布广泛等特点。

综上所述，在指纹图谱构建过程中，如何选择和使用分子标记，需要考虑的因素很多，其中包括：①对所研究的物种而言，有哪些可用信息？如果可用信息和基因组资源很少，就可以选择RAPD或AFLP之类的标记系统，而SNP就不太合适。②所需要的信息是哪种类型？比如，需要单一位点、共显性和多等位(multi-allelic information)信息的标记，微卫星(甚至RFLP)标记就在考虑之列。反之，如果二等位性(biallelic information)标记就能满足要求，并且经费充裕、对自动化要求程度高的话，SNP标记就是很好的选择。③当样品数量多且具有较强的季节性时，如需要在一个生长季节对数十个位点的上万个样品进行检测。在这种情况下，使用SNP标记就具有明显优势了。

6.3.3 遗传作图及基因/QTL定位

遗传作图(又称连锁作图)是DNA分子标记的众多应用领域之一，是指利用分子标记确定基因在染色体(或遗传连锁图)上的相对位置以及基因与标记间的相对距离。第一张遗传图谱由摩尔根(T. H. Morgan)及其学生Alfred Sturtevant绘制于1911年，在这张图上共定位了果蝇的6个性连锁基因。由摩尔根创建的遗传作图原理和连锁分析方法至今仍在使用，但方法更加先进。在过去的20年里，遗传作图从最初使用多态性十分有限的形态标记(突变体)和同工酶标记到多态性异常丰富的DNA标记迈出了一大步，因此也就使得在很多物种上建立起广泛的遗传图谱。具备高水平基因组覆盖度的详细遗传图谱的构建是体现分子标记在植物育种领域的第一步，基本原理是利用基因的连锁与互换规律，即连锁基因在细胞减数分裂时有发生交换的可能性来计算遗传距离。可在分离世代(如F_2代、测交后代等)根据重组型(交换型)个体所占的比例来估计连锁基因(或标记与基因)间的交换值。

选择用来构建图谱的标记有两个原则：一是它们必须在一个亲本中存在而在另一个亲本中不存在；其次是它们在后代中必须以 1∶1 分离。这种方法相当于一个杂合体和一个隐性纯合体的测交，称为双向假测交。在多倍体植物中，不论基因组是如何组成的(异源多倍体或同源多倍体)，不论材料的多倍性水平如何，单剂量的标记都相当于简单的等位基因(同源多倍体)或相当于二倍体基因座上的杂合等位基因(异源多倍体)。因此，根据这些单剂量标记的连锁情况可以构建分子图谱。RFLP、SSR、EST、CAPS、RAPD、AFLP、ISSR、DarT 以及 SNP 等标记类型均已被用于遗传图谱构建，每种标记系统各有优缺点。

6.3.4 外源染色质检测

在植物的远缘杂交育种中，经常面临的一个问题是要对所转移的外源物种的遗传物质(染色体、染色体片段、染色质等)做出鉴定。多种标记(包括形态学标记、细胞学标记、生化标记和 DNA 分子标记)均可被用于对远缘杂种、杂交后代(异附加系、异代换系、异源易位系等)的鉴定，DNA 分子标记在这一过程中也起到了不可低估的作用。可用于外源染色质检测的分子技术主要包括 3 类：基于杂交的技术、PCR 技术和杂交与 PCR 相结合的技术。

RFLP 技术为在普通小麦背景下检测外源基因及染色体片段提供了一种有效的分子生物学检测手段。应用分布于小麦不同同源群的特异 RFLP 探针，不仅可以检测出小麦背景下的外源染色质，而且根据标准的限制酶切图谱，可以对外源基因进行精确的定位。但由于 DNA 需要量大(小麦需 20～30 μg)、分析速度慢等原因，在很大程度上限制了该技术的应用。因此，RFLP 标记往往被进一步转化为以 PCR 为基础的 STS 标记，方便应用。

RAPD 标记以其简单易行、需要 DNA 模板量少(10～50 ng)等优点，可对没有任何分子生物学信息的物种进行检测等方面的优势，得到了研究人员的青睐，在鉴别外源染色体片段和鉴定易位系方面也有着广泛的应用。在标记外源染色体的同时，还可以对其所携带的特定性状基因进行标记，从而可以确定植物不同种或品种间的遗传关系。

在基于 PCR 的标记中，SSR 是一类一出现就受到研究者欢迎的 DNA 分子标记。SSR 是普遍存在于植物基因组中的重复序列，该序列的两端的侧翼序列在物种内相当保守，因此选用特异的侧翼序列作为 PCR 扩增的引物，是 SSR 得以广泛应用的分子基础。相比之下，SSR 具有以下优点：所需的 DNA 量少。单株植物或几片叶子足以进行 PCR 扩增反应；扩增产物的检测只需电泳而不必进行转膜和杂交；多态性高、引物来源丰富。但 SSR 检测部分同源位点的频率低于 RFLP，并且小麦的SSR标记没有RFLP那样容易转换成其他种属的标记,这一不足局限了SSR在其他诸如遗传作图、种属间比较的应用。不过,这一点并不影响SSR在外源基因检测方面的应用。

AFLP标记是一种多态性较高的分子标记,而重复性差和显性遗传的特点影响到该标记的进一步应用,但通过对凝胶上的多态性AFLP片段进行回收、测序,以及有针对性地设计特异引物,即将AFLP转换成共显性、稳定性更高的STS标记,可提高AFLP标记的应用价值。

其他类型的标记在外源染色质的检测中,也有不同程度的应用。应该注意的是,在外源染色质检测中,那些多态性差的标记,如RFLP、EST-SSR等,因为其探针(引物)往往与基因(cDNA或基因的表达谱)相关联,所以在种以上的分类单元相关研究中更具应用价值。

6.3.5 分子标记辅助育种

选择是育种中最重要的环节之一。在传统育种中,选择的依据通常是表现型而非基因型,而多数情况下表现型是基因型和环境综合作用的结果,这就可能大大降低选择效率甚至导致错误的选择结果。分子标记为实现对基因型的直接选择提供了可能,因为分子标记的基因型是可以识别的。如果目标基因与某个分子标记紧密连锁,那么通过对分子标记基因型的检测,就能获知目标基因的基因型。因此,通过借助分子标记对目标性状的基因型进行选择,即为标记辅助选择(MAS)。传统的表型选择方法对质量性状一般是有效的,因此在多数情况下,对质量性状的选择无须借助分子标记。但对于以下三种情况,采用标记辅助选择可提高选择效率:①表型测量在技术上难度大或费用太高时;②当表型只能在个体发育后期才能测量,但为了加快育种进程或减少后期工作量,希望在个体发育早期(甚至是对种子)就进行选择时;③除目标基因外,还需要对基因组的其他部分(即遗传背景)进行选择时。另外,有些质量性状不仅受主基因控制,而且还受到一些微效基因的修饰作用,易受环境的影响,表现出类似数量性状的连续变异。许多常见的植物抗病性都表现为这种遗传模式。这类性状的遗传表现介于典型的质量性状和典型的数量性状之间,所以有时又称之为质量-数量性状。不过,育种上感兴趣的主要还是其中的主基因,因此习惯上仍把它们作为质量性状来对待。这类性状的表型往往不能很好地反映其基因型,所以按传统育种方法,依据表型对其主基因进行选择,有时相当困难,效率很低。因此,标记辅助选择对这类性状就特别有用。

分子标记辅助选择包括对目标基因的跟踪即前景选择(foreground selection)或称正向选择,和对遗传背景选择(background selection)也称负向选择。前景选择的可靠性主要取决于标记与目标基因间连锁的紧密程度。若只用一个标记对目标基因进行选择,则标记与目标基因间的连锁必须非常紧密,才能够达到较高的正确率。已有研究表明,选择正确率随重组率的增加而迅速下降。若要求选择正确率达到90%以上,则标记与目标基因间的重组率必须不大于0.05。当重组率超过0.10时,选择正确率已降到80%以下。同时用两侧相邻的两个标记对目标基因进行跟踪选择,可大大提高选择的正确率(图6-21)。

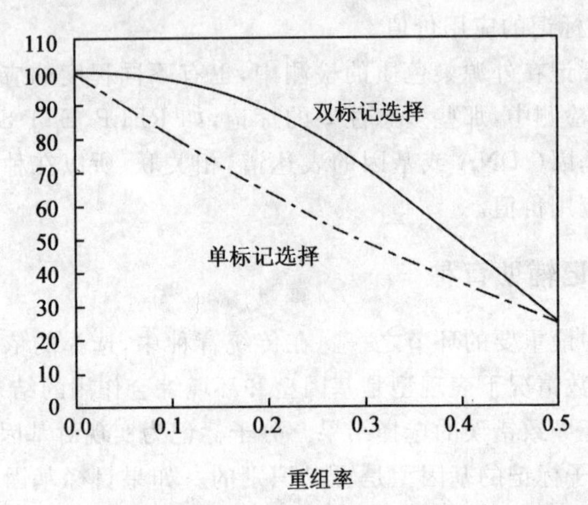

图 6-21 标记与目标基因间的重组率与 F_2 群体中标记辅助选择正确率的关系

(引自方宣钧等,2001)

对基因组中除了目标基因之外的其他部分(即遗传背景)的选择,称为背景选择。背景选择可加快遗传背景恢复速度、缩短育种年限和减轻连锁累赘的作用。与前景选择不同的是,背景选择的对象几乎包括了整个基因组,因此,这里牵涉一个全基因组选择的问题。在分离群体(如 F_2 群体)中,由于上一代形成配子时同源染色体之间会发生交换,因此每条染色体都可能是由双亲染色体重新组装成的嵌合体。所以,要对整个基因组进行选择,就必须知道每条染色体的组成。这就要求用来选择的标记能够覆盖整个基因组,也就是说,必须有一张完整的分子标记连锁图(标记越密集,图谱的密度越高,选择就越容易进行)。当一个个体中覆盖全基因组的所有标记的基因型都已知时,就可以推测出各个标记座位上等位基因的可能来源(指来自哪个亲本),进而可以推测出该个体中所有染色体的组成。考虑一条染色体,如果两个相邻标记座位上的等位基因来自不同的亲本,则说明在这两个标记之间的染色体区段上发生了单交换或更高的奇数次交换;如果两标记座位上的等位基因来自同一个亲本,则可近似认为这两个标记之间的染色体区段也来自这个亲本，因为在这种情况下，该区段上只可能发生偶数次交换，而即使是最低的偶数次交换（即双交换），其发生的概率也是很小的。这样，根据两个相邻的标记，就能够推测出它们之间的染色体区段的来源和组成。将这个原理推广到所有的相邻标记，就可以推测出一个反映全基因组组成状况的连续的基因型，这种连续的基因型能直观地用图形表示出来，称为图示基因型。图 6-22 给出了一个栽培番茄与野生番茄杂交的 F_2 个体的基因型图示。

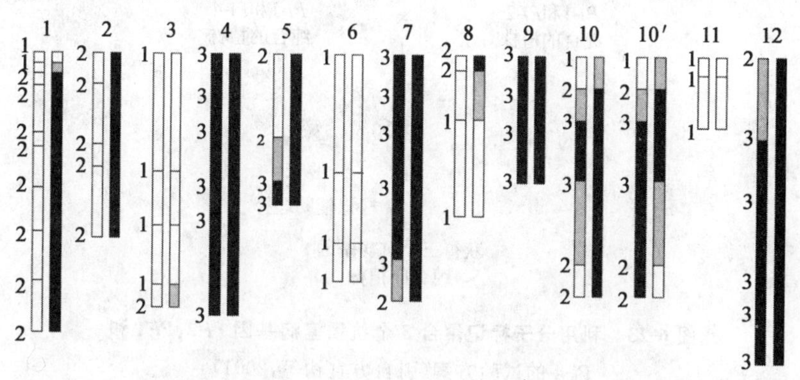

图 6-22 栽培番茄×野生番茄的 F_2 个体的图示基因型

共 12 对染色体，白色表示来自栽培番茄的区段，黑色表示来自野生番茄的区段，灰色表示发生了单交换的区段，横杠表示标记所在位置。每对染色体左边数字表示标记的基因型，1 为栽培番茄基因型，2 为杂合基因型，3 为野生番茄基因型。染色体 10 有两种可能的图示基因型（引自方宣钧等，2001）

利用分子标记进行 MAS 育种可显著提高育种的选择效率。但在开展 MAS 育种之前必须考虑是否具备如下条件：①有比较饱和的连锁图谱；②分子标记与目标基因共分离或紧密连锁，一般要求两者间的遗传距离小于 5 cM，最好 1 cM 或更小；③具有能够对大群体进行分子标记快速筛选的有效方法（包括进行自动化分析等），筛选结果重复性好，成本低；④可供应用的数据处理软件。

下面给出 2 个利用分子标记进行辅助选择的案例分析。

一个是通过标记辅助选择聚合水稻抗稻瘟病基因的例子。首先是应用分子标记技术将 3 个抗稻瘟病基因（*Pi*-2、*Pi*-1 和 *Pi*-4）在水稻第 6、11 和 12 号染色体上进行定位，然后利用连锁标记将这 3 个抗性基因聚合起来。基因聚合试验从 3 个近等基因系 C101LAC、C101A51 和 C101PKT 出发，它们分别带有 *Pi*-2、*Pi*-1 和 *Pi*-4 基因（图 6-23）。采用该方案，已成功地获得聚合了这 3 个抗稻瘟病基因的植株，它们可以作为供体亲本在育种中加以利用，可同时提供数个抗性基因。

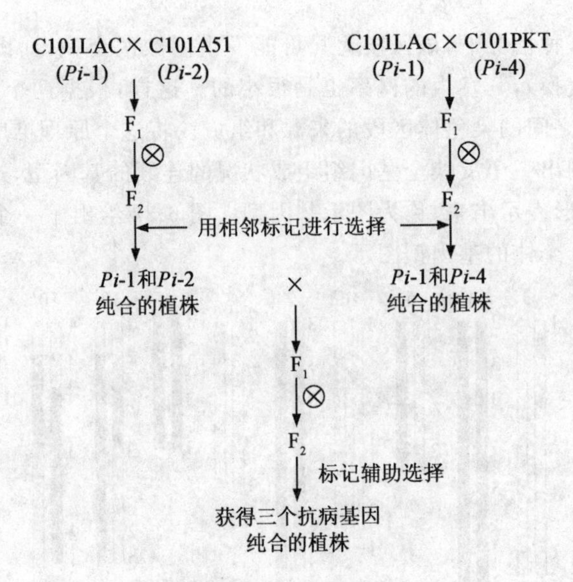

图 6-23 利用分子标记聚合 3 个抗稻瘟病基因 *Pi*-2、*Pi*-1 和 *Pi*-4 的试验方案(引自方宣钧等,2001)

另一个是利用分子标记辅助进行背景选择和前景选择案例分析。以具有抗病基因 *Xa*21 的水稻 IRBB21 为供体材料,对生产上广泛使用的“明恢 63”进行 MAS 改良。首先找到 5 个与 *Xa*21 紧密连锁的 PCR 标记。其中 RG103、248 与 *Xa*21 共分离,C189、AB9 分别在 *Xa*21 两侧 0.8 cM 和 3.0 cM 处。选用标记间最大图距不超过 30 cM 且均匀分布于每条染色体的 128 个 RFLP 标记用于背景选择。通过 2 代前景选择(即正向选择)和 2 代背景选择(即反向选择),将导入片段限定在 3.8 cM 以内。在 BC_3F_1 代的 250 个抗性单株中,运用 RFLP 标记选择到 2 株除目标区域外遗传背景完全恢复为“明恢 63”的个体,自交一代后运用标记 248 选出基因型纯合的抗病单株,从而得到改良的“明恢 63”。也有人应用 MAS 技术将抗稻瘟病基因 *Pi*-1 回交转到“珍汕 97”中,得到背景恢复达 97.01% 的抗病材料。

思考题

1. DNA 分子标记有哪些主要类型?其主要原理和遗传特征是什么?

2. 如何在作物育种中有效地利用 DNA 标记?

3. 结合实际谈如何利用 DNA 分子标记实现基因聚合(与分子标记辅助选择相结合)?

第7章 植物基因组

基因组学(genomics)是研究生物体全部遗传物质结构与功能的新兴学科,也是当代生命科学理论体系和研究方法的核心。植物基因组学是指对染色体上所有基因进行基因作图(包括遗传图谱、物理图谱等)、核苷酸序列分析、基因定位和基因功能分析的一门科学。研究内容主要包括两个方面:以全基因组测序为目标的结构基因组学(structural genomics)和以基因功能鉴定为目标的功能基因组学(functional genomics)。结构基因组学是基因组分析的早期阶段,以建立生物体高分辨率遗传图谱、物理图谱、序列图谱为主。功能基因组学是基因组分析的新阶段,是利用结构基因组学提供的信息系统来研究基因功能,它以高通量、大规模实验方法及统计计算分析为特征,又被称为后基因组学(postgenomics)。随着基因组学和分子生物学等新兴学科的快速发展,生物信息学也迅速发展并成熟起来,为人们有效管理、准确解读、充分使用这些信息,提供了新的工具与技术平台。本章主要从结构基因组学、比较基因组学、功能基因组学及生物信息学方面对植物基因组学进行介绍。

7.1 结构基因组

结构基因组学是基因组学的一个重要组成部分和研究领域,它是一门通过基因作图、核苷酸序列分析来进行基因定位、分析基因组成的科学。染色体不能直接用来测序,必须将基因组这一巨大的研究对象进行分解,使之成为能够操作的小的结构区域,这个过程就是基因作图。因此结构基因组的研究可以用4个图谱来概括,即构建精确的遗传图谱、物理图谱、序列图谱和基因图谱。

7.1.1 遗传图谱

遗传图谱(genetic mapping)是采用遗传学分析方法将基因或其他DNA序列标定在染色体上而构建的连锁图。该图谱的构建是基因组研究中的重要环节,是基因定位与克隆、分子标记辅助选择乃至基因组结构与功能研究的基础。遗传图谱的构建需要具有特征性的位置标记,这些标记犹如地理图中的山川、河流、海洋,用于表示基因组中特定序列所在的位置。一般采用形态标记、细胞学标记、生化标记和DNA分子标记这4种遗传标记来构建遗传图谱。20世纪80年代以前,主要采用前三种遗传标记,所构建的遗传图谱也称经典遗传图谱。由于这三种标记都是以基因的表现型为基础,是对基因的间接反映,因此,存在标记数量小、特殊遗传材料培育困难等问题。过去几十年中,由于经典遗传图谱的发展极为缓慢,所建成的遗传图谱仅限少数种类的生物,而且图谱分辨率大都很低,包含的标记少、图距大、饱和度低,因而应用价值有限。

重组DNA技术的问世使得生命学科被带入了分子生物学的大门,利用DNA分子水平上的变异作为遗传标记进行遗传作图,是遗传学领域最激动人心的重大进展之一。1980年科学家首先提出了利用RFLP标记构建遗传图谱的设想,1986年Helentjaris等构建了首张玉米RFLP图谱,随后Doniskeller等(1987)发表了第一张人类RFLP连锁图,其饱和度远远超过了经典的图谱,之后许多物种的分子标记连锁图谱也相继问世。随着DNA标记技术的快速发展,植物分子连锁图构建工作的发展速度也超过了动物中的同类研究,这主要是因为植物中可以很方便地建立和维持较大的分离群体。现在,已建图的植物多达几十种,其中包括了几乎所有重要的农作物,如水稻、小麦、玉米、大麦、燕麦、大豆、高粱、油菜、莴苣、番茄、马铃薯等。过去被公认为难以开展遗传作图的木本植物,如今也涌现出了许多密度可观的分子标记连锁图,如苹果和松树等。

利用DNA分子标记构建遗传图谱在原理上与传统遗传图谱的构建一样,其理论基础是基于染色体的交换与重组。在细胞减数分裂时,非同源染色体上的基因相互独立、自由组合,同源染色体上的基因可能产生交换与重组,交换的频率随基因间距离的增加而增大。位于同一染色体上的基因在遗传过程中一般倾向于维系在一起,表现为基因连锁。它们之间的重组是通过一对同源染色体的两个非姊妹染色单体之间的交换来实现的。假设某一对同源染色体上存在A-a,B-b两对连锁基因,两个亲本P_1和P_2的基因型分别为AABB和aabb,两亲本杂交产生基因型为AaBb的F_1,AaBb在减数分裂过程中可能产生4种类型的配子,其中AB、ab与亲本P_1、P_2配子相同,Ab、aB为重组型配子。如果重组型配子所占比例为50%,这时可推断两对基因间无连锁关系,表现为独立遗传。重组型配子占总配子的比例称为重组率,用r表示。重组率的高低取决于交换的频率,而两对基因间的交换频率取决于它们之间的直线距离。因此重组率可用来表示基因间的遗传距离,图距单位为厘摩(centiMorgan,cM),1cM相当于1%的重组率。

遗传图谱的构建是以分离群体为作图材料，通过重组子推算交换值，并转换为遗传距离的过程。其基本步骤包括：①根据研究目标选择合适的亲本组合，建立遗传差异大的作图群体；②选择合适的 DNA 标记，充分利用亲本间的遗传多态性；③检测作图群体中不同个体或者株系的标记基因型；④对标记基因型数据进行连锁分析，构建标记连锁图谱。

7.1.1.1 构建作图群体

亲本的选择直接影响构建分子遗传图谱的难易程度及所建图谱的适用范围。一般需要考虑三个方面：①选择 DNA 多态性丰富的材料作为亲本；②尽量选用纯度高的材料作为亲本；③要考虑杂交后代的可育性。亲本间差异过大，异种染色体之间的配对和重组会受到抑制，导致连锁座位重组率下降，造成严重的偏分离现象，从而影响分离群体的构建，降低了所建图谱的可信度和使用范围。

到目前为止，许多植物利用不同的作图群体构建出了多种多样、各具特色的遗传图谱。这些遗传图谱的作图群体按其稳定性可分为两大类：一是非固定性或暂时性分离群体；二是固定性或永久性分离群体。下面我们将介绍几种常用的作图群体。

(1)单交组合所产生的 F_2 代或由其衍生的 F_3、F_4 家系

多数植物连锁图谱是基于单交产生的 F_2 群体所构建的。这种群体易于配制，且不需很长时间，但自交不亲和的材料不易构建这类群体。F_2 群体也存在一些不足之处，如群体中个体间基因型不同，有些为杂合基因型，有些为纯合基因型。对于显性标记而言，将无法识别显性纯合基因型和杂合基因型，从而降低了作图的精确性。F_2 群体也不宜长久保存，有性繁殖一代后，后代发生分离，群体的遗传结构就会发生变化。为了延长 F_2 群体的使用年限，可以进行无性繁殖以保证群体的遗传结构不发生变异；还可利用 F_2 单株的衍生系，将衍生系中多个单株混合提取 DNA，就能代表原来 F_2 单株的 DNA 组成，但必须保证衍生系中多个单株的选择是完全随机的，且数目要足够大。

(2)重组自交系(RIL)

重组自交系(recombinant inbred lines，RIL)群体是连续多代自交或姊妹交产生的，通常从 F_2 代开始，采用单粒传的方法来建立。因为连续自交可使基因型不断纯合，所以 RIL 群体中每一个株系都是纯合的，也就是说 RIL 群体是一种可以长期使用的永久性分离群体。而且连续自交使得染色体间重组机会增加，因而该群体可以用来更精确地定位那些连锁紧密的位点，但不能估计显性效应，不适合早期数量性状座位的定位研究。

(3)双单倍体(DH)

双单倍体(doubled haploid,DH)是单倍体经过染色体加倍形成的二倍体,又称为加倍单倍体。这种群体的产生不需要经过许多世代,常用方法是通过花药培养,即取 F_1 植株的花药进行离体培养,诱导产生单倍体植株,然后对染色体进行加倍产生双单倍体植株。DH 植株是纯合的,自交后即产生纯系,因此 DH 群体可以稳定繁殖,长期使用,是一种永久性群体。其缺点是有些材料不容易获得双单倍体。

(4)回交群体

回交群体(backcross population)是 F_1 与其亲本之一杂交衍生的后代群体。此种群体同 F_2 代群体类似,构建较为容易,但属暂时性群体。另外,回交群体的配子类型简单,提供的信息量较少,容易进行统计分析。构建分子标记连锁图谱可以选用不同类型的分离群体,它们各有其优缺点,因此应结合具体情况选用。图 7-1 总结了分离群体构建方法及过程。

遗传图谱的分辨率和精度在很大程度上取决于群体大小,群体越大,作图精度越高,但是群体太大,实验工作量和费用也会随之增大,因此应当根据实际情况和目标权衡确定合适的群体大小。从作图效率考虑,作图群体的大小取决于两个方面:一是随机分离结果可以辨别的最大图距;二是两个标记间可以检测到重组的最小图距。在实际工作中可以利用大群体中的一个随机小群体构建分子标记框架连锁图,当需要精细地研究某个连锁区域时,可针对性地在框架连锁图的基础上扩大群体。作图群体大小还取决于所用群体的类型,如 F_2 群体存在更多种类的基因型,为了保证每种基因型都有可能出现,就必须有较大的群体。

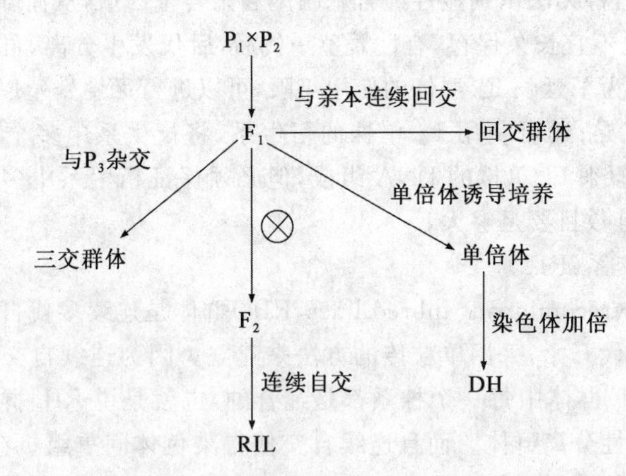

图 7-1 连锁作图群体的构建方法

P_1,P_2,P_3 分别表示亲本;RIL 为重组自交系;DH 为双单倍体群体

7.1.1.2 选择适合作图的分子标记

分子标记是重要的作图元素,可用于遗传作图和基因定位的理想分子标记必须具有一定的特性。例如,均匀分布于整个基因组,高度多态信息容量,稳定且具有较高的重复性等。在全基因组范围内形成多态性的原因主要有DNA片段插入、缺失或者重排造成的长度多态性、单核苷酸多态性以及由一些重复序列在减数分裂过程中不等交换造成的变异。现在已经发展出许多种类的分子标记,每一种都有各自的优缺点,在这些分子标记中,普遍使用的分子标记是RFLP、RAPD、AFLP、SSR、SSCP以及SNP等。

7.1.1.3 分子标记数据的收集与处理

遗传连锁分析的第一步即从分离群体中收集各个个体的分子标记的基因型数据,获得不同个体的DNA多态性信息。DNA标记的基因型差异可通过电泳带型来鉴别,将电泳带型数字化是处理DNA标记分离数据的关键。

下面以SSR为例来说明将DNA标记带型数字化的方法。假设某个SSR座位在两个亲本(P_1,P_2)中各显示一条带,由于SSR是共显性的,则F_1个体中将表现出两条带,而BC_2F_2群体中不同个体的带型有三种,即P_1型、P_2型和F_1(杂合体)型(图7-2)。将P_1带型记为1,P_2带型记为3,F_1带型记为2。如果带型模糊不清或由于其他原因使数据缺失,则可记为0。假设全部试验共有150个BC_2F_2单株,检测了100个SSR标记,这样可得到一个由简单数字(0、1、2、3)组成的SSR数据矩阵,该矩阵由100行(100个SSR标记)×150列(150个单株)。进行DNA标记带型数字化的基本原则是,必须区分所有可能的类型和情况,并赋予相应的数字或符号。比如在上例中,总共有4种类型,即P_1型、F_1型、P_2型和缺失数据,故可用4个数字1、2、3和0分别表示,如表7-1所示。

对于BC_1、DH和RIL群体,每个分离的基因座都只有两种基因型,不论是共显性标记还是显性标记,两种基因型都可以识别,加上缺失数据的情况,总共只有3种类型。因而用3个数字就可以将标记全部带型数字化。随着基因组测序的完成与分子生物学技术的发展,基因芯片大量涌现,DNA标记基因型的表现形式也逐渐发生变化,从常用的凝胶电泳检测片段长度多态性逐渐转变为利用生物芯片及序列测定等技术准确检测基因位点的核苷酸信息。

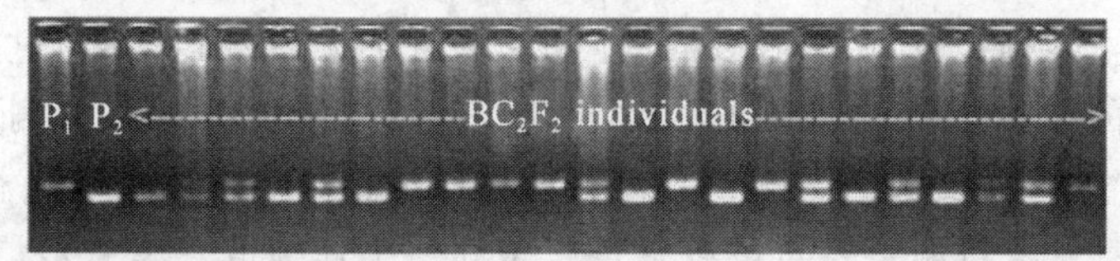

图7-2 亲本P_1、P_2及BC_2F_2个体DNA经一对SSR引物扩增的电泳示意图

表 7-1　亲本 P_1、P_2 及 BC_2F_2 群体各个体 SSR 分析结果的数据化

引物	亲本		BC_2F_2												
	P_1	P_2	1	2	3	4	5	6	7	8	9	10	11	…	150
SSR 1	1	3	3	2	2	3	2	3	1	1	1	1	2	…	1
SSR 2	1	3	2	1	1	3	3	2	1	1	2	1	3	…	2
⋮	⋮	⋮	⋮	⋮	⋮	⋮	⋮	⋮	⋮	⋮	⋮	⋮	⋮		⋮
SSR 99	1	3	2	1	2	2	2	1	1	1	2	3	2	…	2
SSR 100	1	3	2	1	3	1	2	2	2	1	2	2	3	…	1

注：1 为 P_1 基因型，3 为 P_2 基因型，2 为 F_1 杂合基因型。

DNA 标记数据的收集和处理应注意以下问题：①应避免利用模糊的数据。由于分子多态性分析实验步骤较为繁烦，经常会遇到所得试验结果不清楚等问题。如果硬性地利用这些没有把握的数据，不仅会严重影响该标记自身的定位，而且还会影响到其他标记的定位。因此，应删除没有把握的数据，宁可将其作为缺失数据处理或重做试验。②应注意亲本基因型，对亲本基因型的赋值（如 P_1 型为 1，P_2 型为 3），在所有的标记座位上必须统一，不能混淆。如果已知某两个座位是连锁的，而所得结果表明二者是独立分配的，这就有可能是把亲本类型弄错而引起的。③当两亲本出现多条带的差异时，应通过共分离分析鉴别这些带是属于同一座位还是分别属于不同座位。如属于不同座位，应逐个条带记录分离数据。

7.1.1.4　构建标记连锁图谱

标记间的距离和次序取决于群体中这些标记间的遗传重组频率。第一步，首先对标记数据进行单位点分析，以确定数据的质量。常用卡平方检验分析分子标记在随机分离群体中的期望比例，从而确定标记的分离情况。例如，在 F_2 代中标记位点将按 1∶2∶1 的比例以 AA、Aa、aa 的形式分离；在重组自交系中，将按 1∶1 的比例以 AA 和 aa 的形式分离。如果出现显著偏离期望的分离比率，这说明数据质量较低或者属于非随机的抽样，或者遗传模型使用不恰当。如果各标记的分离比率没有偏离期望比率，那么可以进行第二步分析，即双位点分析，用于检测同一条染色体上各标记位点之间的相关性或者非独立性。连锁关系通过检测分离群体中两位点的独立性来建立。通常用拟合度或者对数似然比率来检测两位点的独立性。重组数、自然对数似然比率（likelihood of odds，LOD）以及显著性 P 值通常被用作评判标准来推断每一对位点是否属于同一个连锁群。第三步，利用三位点分析来确定一个连锁群中各位点的顺序或者各标记的线性排列。在每个连锁群

中，通常可以利用两种方法在各种可能的位点次序中寻找最可靠的排列顺序，即双交换和双位点重组率。对于三个位点的顺序，可以通过寻找最少发生的双交换子。当这些交换子群被确定后，那么整个位点的顺序也就可以被确定。第四步，计算遗传图距。基因或者遗传标记以线性的方式排列于图谱上，因此可以将它们之间的相对位置量化出来。如果在一段基因组片段内所期望的交换数目是100个单株中有1次，那么这一片段两端基因或者遗传标记之间的图距定义为1cM。通常使用的作图方法有Morgan法、Haldane法和Kosami法等。作图的最后一步是连锁图谱的构建。最近，许多的模型和计算软件被开发利用，如Joinmap程序包中的最小二乘法遗传作图、Mapmaker、Gmendel、PGRI、ICIMapping等。图7-3展示了利用Mapmaker软件构建的玉米第1号染色体高密度SNP标记连锁图谱。

7.1.2 物理图谱

物理作图(physical mapping)采用分子生物学技术直接将DNA分子标记、基因或克隆标定在基因组实际位置上。物理图谱的作图方法主要有：限制性酶切片段作图与克隆作图，其图距均为DNA分子长度即碱基对(bp)。物理作图的意义何在？为什么由遗传学技术自身提供的图谱不足以引导基因组计划进行测序呢？主要原因有两点：①遗传图的分辨率有限。人类及大多数高等真核生物由于不可能获得大量的子代，只有少数的减数分裂事件可供研究，连锁分析的分辨力受到很大限制，所构建的遗传图谱包含的DNA标记数量较少、密度较低，而不足以指导全基因组测序；②遗传图谱的精确度相对较低。1992年酵母3号染色体测序结果发表，将DNA测序结果与遗传图谱进行直接比较，发现两者之间存在相当大的差异，某些基因在排列次序上可能出现截然不同的结果。由此，在进行大规模的DNA测序之前，对大多数真核生物的遗传图必须进行验证，并利用其他作图技术予以校正和补充，因此物理图谱的构建尤为重要。

7.1.2.1 物理图谱构建方法

这里将重点介绍4种常用的物理图谱构建方法：限制性酶切作图、基于克隆的基因组作图、荧光标记原位作图和序列标签位点作图。

(1)限制性酶切作图

限制性酶切作图是将限制性酶切位点标定在DNA分子相对位置的作图方法。第一步是使用两种或两种以上的限制酶对目标DNA进行消化，对酶切后大小不同的DNA片段，通过电泳或其他技术进行仔细比较，观察其重叠情况。如图7-4A：假设一条DNA片段总长度15 kb，有限制酶*Eco*RI和*Bam*HI，并且每种酶

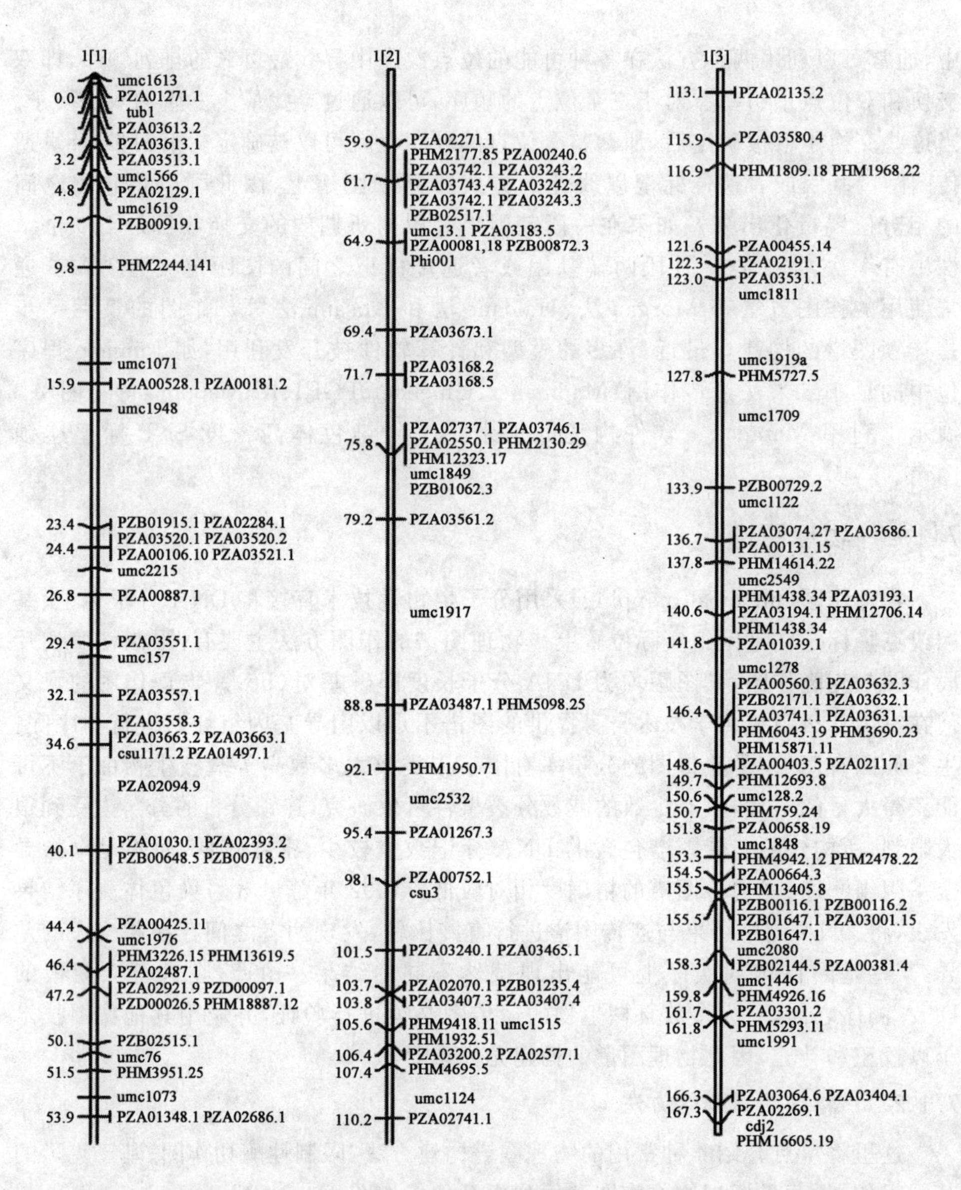

图 7-3　玉米 1 号染色体高密度 SNP 标记连锁图谱(引自 Farkhari M et al. 2011)

识别不同的序列(限制位点)。先用 *Eco*R Ⅰ消化目标 DNA 分子,获得一份片段集,其长度分别为 12.2 kb 和 2.8 kb;再用 *Bam*H Ⅰ消化目标 DNA 分子,获得另一份片段集,其长度分别为 10.2 kb 和 4.8 kb;最后再用 *Eco*R Ⅰ和 *Bam*H Ⅰ联合消化目标 DNA 分子,得到第三份片段集,长度分别为 10.2 kb、2.8 kb 和 2.0 kb。收集所有上述资料进行对比组装,对于两种酶切位点交替出现的区段,利用加减法即可确定酶切位点的相对位置,如图7-4B,并可以发现第二种排列顺序是正确的。在连续出现2个或多个相同酶切位点区段,其排列顺序可有多种选择,此时采用部分酶切的方法使该区段只发生一次酶切,然后计算产生片段的长度,选择其中正确的排序。

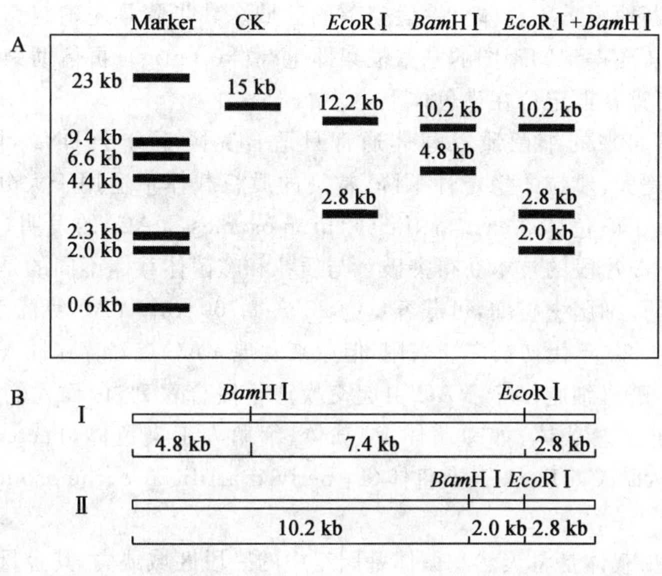

图7-4 同一段DNA分子上的不同酶切位点及酶切电泳图

酶切消化数据也可能会有以下几种实验错误。首先,片段的长度通常通过凝胶电泳来检测,其测定的误差率可达5%左右。而且,如果片段太小的话,我们还无法检测它的长度;其次,有些片段还可能在消化过程中丢失,导致DNA片段之间连续性出现间断;再次,限制酶作图的规模受限于限制片段的大小,如果使用的限制酶在DNA上切点相对较少,限制酶作图就比较容易。但如果切点较多,作图时所需要测定的片段大小和需要比较的单一酶切消化、双酶切消化和部分消化片段的数量也会增加。当消化产物中含有的片段多到一定程度时,琼脂糖凝胶中一些单一条带会重叠在一起,很有可能使一个或多个片段被错误检测或完全遗漏。即使所有的片段都能够被确定,如果存在大小相似的片段,也不可能将它们组成一个清晰的图谱。这些问题都使作图过程变得更加复杂。因此,限制酶作图更适用于小分子,其长度依赖于靶分子中限制位点出现的频率。对大于50 kb的完整基因组,或者一些在靶DNA分子内具有罕见酶切位点的限制酶,可以采用限制酶作图法进行作图。构建详细的限制酶图谱可以作为克隆序列测序的前提步骤，在基因组测序计划中有重要指导作用。

(2)基于克隆的基因组作图

基于克隆的基因组作图是将一套部分重叠的大片段基因组 DNA 分子，如酵母人工染色体克隆、细菌人工染色体克隆等的插入片段，依其在染色体上的位置顺序排列，不间断地覆盖染色体上一段完整的区域。其步骤是先确定克隆之间的相互重叠关系，从而得到物理图的基本框架即重叠群(contig)，再借助染色体特异性的分子标记将重叠群定位在染色体上。

最早发展起来的细菌质粒载体通常只适合克隆小分子 DNA，随着插入的 DNA 片段的增大，质粒的稳定性下降，常规的质粒载体不适用于大分子 DNA 的克隆。酵母人工染色体(yeast artificial chromosomes，YAC)的发明，使得克隆大于 100 kb DNA 片段的技术获得突破。与质粒和噬菌体载体不同的是，重组 YAC 分子只能在酵母细胞中扩增，可载容量为 230～1 700 kb。YAC 克隆系统在 20 世纪 80 年代末与 90 年代初被广泛采用，但后来发现 YAC 克隆存在插入片段稳定性问题以及同一酵母细胞多个 YAC 引起交换产生嵌合序列，因而人们又开始寻找更好的大分子克隆载体，如噬菌体 P_1 载体、细菌人工染色体(bacterial artificial chromosomes，BAC)、P_1 人工染色体(P_1 derived artificial chromosomes，PAC)、F 黏粒等。

噬菌体 P_1 载体是将天然噬菌体基因组中的一段区域缺失，其容量也取决于缺失区段的大小以及噬菌体颗粒能容纳的空间，P_1 基因组克隆的片段可达 125 kb。细菌人工染色体载体源于大肠杆菌中天然的 F 质粒，与一般质粒相比有两大优点，即单拷贝复制和分子量大。因此 F 质粒衍生的 BAC 载体具有较大的克隆容量，可达 300 kb 以上，而且比较稳定。因每个细胞只有一份 BAC 拷贝，克隆的 DNA 片段不会因重组产生嵌合序列。BAC 的另一优点是，可采取类似制备质粒的方法直接提取克隆的 DNA，在大规模测序时便于机械化操作。P_1 人工染色体又称 PAC，该系统结合了 P_1 载体与 BAC 载体的优点，可载片段长度达 300 kb。F 黏粒载体含有 F 质粒的复制起始点以及 λ 噬菌体的 cos 位点。其功能与黏粒(cosmid)类似，只是拷贝数较低，但避免了不稳定性。

由相互重叠的 DNA 片段形成的集合体称作克隆重叠群，其组建方法主要采用染色体步移(chromosomal walking)法。首先从基因组文库中挑取一个指定的或随机的克隆，然后在文库中寻找与之重叠的第二个克隆。在第二个克隆的基础上再寻找第三个克隆，依次延伸，这是最早用于组建克隆重叠群的方法(图 7-5)。

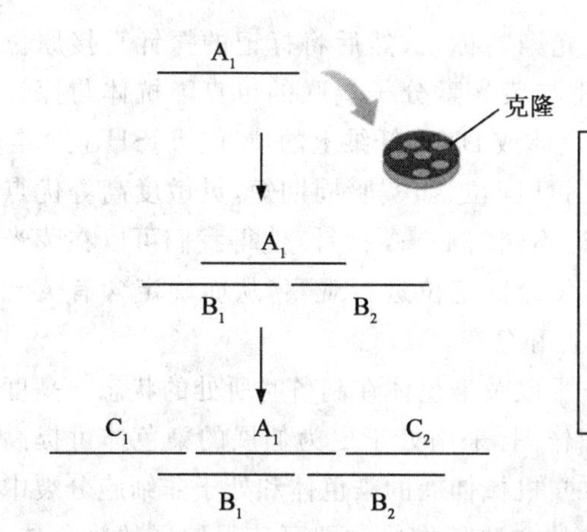

图 7-5 染色体步移构建重叠群(引自杨金水,2007)

本例中起点克隆为 A_1,将其插入片段作为探针与文库所有克隆杂交,筛选到两个不同的阳性克隆 B_1 和 B_2。再分别以 B_1 和 B_2 片段作为探针重复杂交,筛选到下一轮阳性克隆 C_1 和 C_2,重复这一过程,可建立一个彼此连接的重叠群。

重叠群作图也存在一定的不足,如选用的探针含有重复序列时,因其会与含有相同重复序列的非连续插入子杂交,可能出现误排事件。此外,虽然染色体步移在定位克隆中非常有效,因为此时所要分离的基因位于几个 Mb 之内,克隆步移很快可到达目标位置,但在整个基因组中组建包括 15～20 个克隆的重叠群却要花费很长时间,对高等生物大基因组而言,染色体步移更显得力不从心。英国 Sanger 中心的 Coulson 等(1986)提出了克隆指纹排序法,并首先将其应用于线虫基因组物理图的构建,基因组测序结果表明物理图重叠群之间的连接完全正确。指纹法的基本原理是建立在 DNA 限制性内切酶酶切图谱基础上,DNA 分子用限制性内切酶酶切后,会产生特异性的酶切指纹(fingerprint),如果两段 DNA 完全相同,则它们的酶切指纹完全相同;如果这两段 DNA 两端的指纹相同,则它们的相同区将重叠相连。这种方法受基因组中的重复序列的影响小,而且相对于克隆杂交法,速度快,效率高,是构建重叠群物理图的首选策略。1997 年,中国科学家依靠 DNA 指纹构建了水稻第一代 BAC 指纹物理图,所获得的重叠群覆盖水稻基因组 92%区域。

(3)荧光标记原位作图

近年来,随着 DNA 荧光原位杂交技术(cfluorescence in situ hybridization, FISH)的不断发展,一种更直接的,在染色体甚至 DNA 纤维水平上直接构建分子图谱的新方法正不断走向成熟。FISH 技术是一种重要的非放射性原位杂交技术。它的基本原理是将DNA探针用荧光染料标记，然后将标记的探针直接原位杂交到染色体或DNA纤维切片上，再用与荧光素分子偶联的单克隆抗体与探针分子特异性结合来检测DNA序列在染色体或DNA纤维上的位置。FISH技术与其他原位杂交技术相比，除了不需要放射性同位素，实验周期短，灵敏度高等优点外，还由于它可以用不同的荧光染料标记不同的DNA探针，使得我们可以在荧光显微镜下同时对一张切片上的几种DNA探针定位进行观察，从而确定含有荧光标记的DNA片段在染色体上的区带位置和分布。

原位杂交的分辨率取决于杂交的技术以及染色体在制备时所处的状态。高度压缩的中期染色体过于收缩不适于精细作图，采用处于更为伸展的染色体可提高作图精度。目前，有两种方法可达此目的：机械伸展的染色体和处于非细胞分裂中期的染色体。将分离与制备中期细胞核的方法稍作修改即可获得伸展的染色体，离心产生的机械力可以使染色体的伸展长度增加20倍。用这种方法制备的单个染色体形态仍可识别，其原位杂交信号的作图与正常的中期染色体作图相同。此外，只有在细胞分裂中期染色体才高度收缩，其他时期处于松弛状态，从提高分辨率的角度考虑，间期染色体更为适用。

(4)序列标签位点作图

序列标签位点(STS)是一段短的DNA序列，通常长度在100～500 bp，每个基因组仅一份拷贝，很容易分辨与识别。STS作图是目前用于构建大基因组物理图的主流技术之一。要将一组STS作图定位，必需收集来自同一染色体或整个基因组重叠的DNA片段。例如，从单个染色体中制备获得一组DNA片段，使染色体上每一点平均有5条对应片段。依次采用每个STS挑出所在的DNA片段，根据它们彼此的重叠关系可以绘制该区段的物理图。这可以通过杂交分析来完成，但通常使用PCR方法，因为PCR更快捷，更易于自动化。当两个片段含有同一STS序列时，可以确认这两个片段彼此重叠。两个不同的STS出现在同一片段的几率取决于它们在基因组中的位置。如果它们彼此邻接，这两个STS总会同时出现在相同片段上。如果它们相距甚远，有时会在同一片段，有时则在不同片段。因此，这些资料可用来计算两个标记间的距离，其方式与连锁分析中计算图距的方式相同。在连锁分析中，两个标记间的图距是根据它们的交换频率来计算的，而STS作图时，两个标记间的图距是根据两点之间断裂频率来计算的。

为得到我们需要的大基因组的详细物理图谱，越来越多行之有效的技术相继被开发，如基因组序列抽样(genomic sequence sampling，GSS)和可见图谱(optical map)等。GSS是结合片段限制性酶切和STS的一种作图法，分辨率可达到1～5 kb；可见图谱则是结合限制性酶切、电泳和FISH技术通过观察单个DNA大分子在限制性酶酶切作用下的图像来作图。各种物理图的构建方法都有自己的缺陷和优势,扬长避短,综合运用才能发挥它们各自最大的价值。同时,多种物理图构建方法的整合还有助于验证图谱的正确性,避免产生误差和错误。

7.1.2.2 物理图谱的用途

物理图谱有三个重要的用途:①根据遗传学研究提供的信息,可在物理图上把基因定位在一定的范围内,通过对该范围内 DNA 片段的确定并结合图位克隆技术,可达到分离基因的目的;②目前物理图的 DNA 构成片段长度一般为 200 kb(如水稻 BAC 克隆平均长度为 120 kb),有利于直接测序,从而“拼接”整个基因组的序列,为研究者在核苷酸水平上解开遗传之谜提供了可能;③利用如荧光原位杂交等技术确定特定 DNA 序列,特别是编码序列在染色体上的分布情况,对研究基因组起源、进化以及结构和功能方面具有重要的理论意义。

7.1.2.3 水稻物理图谱的构建

随着构建大片段基因文库技术的应用与发展,如 YAC 和 BAC 载体的使用以及越来越多生物遗传图谱分辨率和精确度的提高,加快了高密度物理图谱构建的步伐。1998 年,科学家们利用克隆重叠群法构建了水稻第一张物理图谱,共筛选到 5 701 个 YAC,其中 2 117 个单一 YAC 分配到 12 条染色体上,跨度 216 Mb,覆盖水稻基因组 50%的区域。2001 年,日本水稻基因组计划还构建了一个覆盖 270 Mb 的 YAC 文库的物理图(占全基因组的 63%),由 6 934 个 YAC 组成,插入片段平均长度为 350 kb。由于 YAC 克隆不太稳定、插入 DNA 难以分离、转化效率低等原因,美国 Clemson 大学基因组研究所又建成了两个 BAC 库,一个是由 *Hin*dⅢ酶切产生 37 000 个克隆的 BAC 文库,插入片段平均长度为 128.5 kb;另一个是 56 000 个克隆的 *Eco*RⅠBAC 文库,插入片段平均大小为 120 kb,两者覆盖水稻基因组 26 倍。1997 年,中国科学院国家基因研究中心发表了由指纹锚标法策略建成的含 565 个分子标记且覆盖率较高的水稻广陆矮 4 号基因组 BAC 文库。之后,日本水稻基因组计划为了克服 YAC 克隆的局限性,又以 PAC 为载体构建了粳稻日本晴基因组文库,此文库由 72 000 个 *Sau*3AⅠ酶切克隆组成,平均插入片段长 120 kb,覆盖水稻基因组 16 倍。水稻高密度物理图谱在水稻基因组测序中发挥了巨大作用,也为解读其他谷物基因组序列提供了帮助。

7.1.3 基因组测序与序列组装

基因组计划的最终目标是获得所有生物体的全部 DNA 序列,同时能够获得基因组的遗传图谱与物理图谱,以便把基因以及其他有意义的特征定位到 DNA

序列中。DNA 测序的方法主要有链终止法、化学降解法、自动化测序技术以及新一代高通量测序技术(NGS)等。实现测序自动化、提高结果准确性、加快测序进程、降低测序成本的测序策略,对于全基因组序列测定是至关重要的。

7.1.3.1 基因组测序策略

按照测序精度可将序列图谱分为工作框架图(working draft)和精细图(fine mapping)。工作框架图可用于获得基因组的基本结构信息(如 GC 组成、重复序列含量等)、基因的识别和功能分类、SNP 的发现等。其标准要求达到 4～5 倍基因组大小的原始测序数据覆盖率,拼接组装后的序列应覆盖 90%以上的基因组序列,序列准确度不低于 99%。精细图较工作框架图能够提供更为准确的信息,可对重要功能基因及调控序列进行精确的染色体定位,为基因的功能研究奠定基础。精细图完成的标准为 8～10 倍基因组大小的原始测序数据覆盖率,拼接组装后的序列应覆盖 99%以上的基因组序列,序列准确度不低于 99.9%。

按照测序策略可分为逐步克隆法(clone by clone)和全基因组鸟枪法(whole genome shotgun)。逐步克隆法也称"自上而下"作图或由长到短作图,首先建立连续克隆重叠群,再对单个重叠群采用鸟枪法进行逐个测序,最后在重叠群内进行拼接,获得全长序列。全基因组鸟枪法也称"自下而上"作图或由短到长作图,通常使用超声波打断或机械剪切的物理方法将基因组 DNA 随机切成 1.5～3 kb 的片段,并插入载体连接,构建质粒文库。目前构建文库的载体一般为 pUC18,也可以为噬菌体载体、复合载体等。将构建好的载体转化大肠杆菌,然后进行随机末端测序,再以基因组的分子标记为起点进行 DNA 片段拼接,计算机分析串联得到全序列(图 7-6)。序列拼接的最初结果是一系列的骨架序列,每条骨架序列包括一系列被序列缺口分开的连续序列,不同的骨架序列之间被物理缺口分开,通过封闭序列缺口和物理缺口,可将不同的骨架序列拼接起来。

全基因组鸟枪法和逐步克隆测定法是目前广泛应用的两个测序策略。鸟枪法在小基因组(1～5 Mb)测序方面已取得了非常好的效果,例如流感嗜血杆菌(*H. influenza*,1.9 Mb)、支原体(*M. genitalium*,0.58 Mb)等基因组均用此法完成测序。它的优点主要在于测序完成的速度以及无需提供相关的遗传图与物理图。鸟枪法也有它的局限,如果基因组太大,结构过于复杂,序列组装的起始阶段工作量非常大。此外,数据分析很大程度上依赖于基因组中是否存在十分棘手的重复序列及其数量大小。它们分散在整个基因组中,在序列组装时可能出现错误连接,使某段重复序列从原来的位置跳到另一个无关的位置。对一些缺少重复序列的小基因组而言,如细菌等,鸟枪法测序仍不失为最佳的选择,但对情况复杂的大基因组的测序还需考虑更加有效的策略。逐步克隆测定法是获得真核生物基因

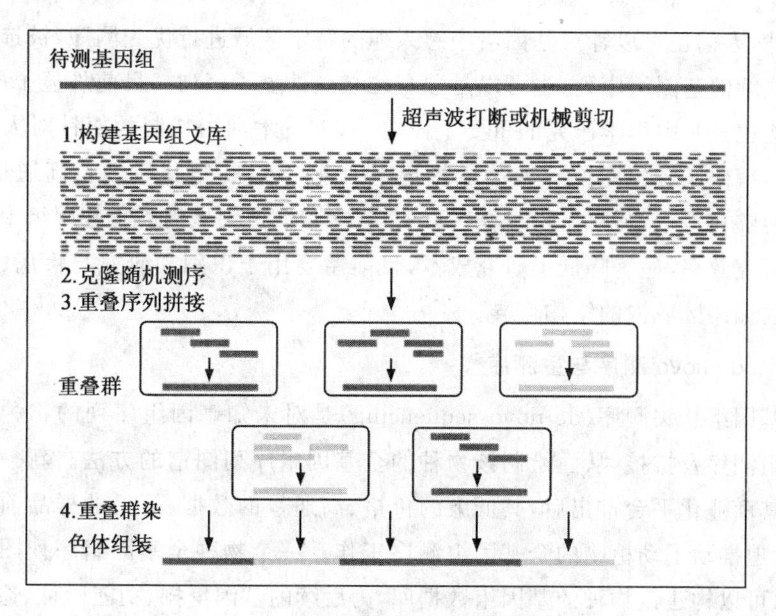

图 7-6 全基因组鸟枪法测序流程图

组序列的传统方法。人类基因组计划的测序主要采用 BAC 文库,已构建的 BAC 克隆约 300 000 个,且大多数已定位在基因组物理图中。这是一份“准测序”图,是人类基因组测序计划的工作基础,采用鸟枪法完成每个 BAC 克隆的测序后,再按照基因组物理图进行序列组装,从而完成全基因组测序计划。高等植物拟南芥、玉米等基因组的测序完成也是依据克隆重叠群法,先进行各个 BAC 克隆的随机测序,再进行序列组装。表 7-2 列出了两种基因组测序策略的优缺点。最佳的 DNA 测序法是将两种测序方法相结合,首先用鸟枪法进行整体测序,识别出鸟枪法无法测序的区域,再通过传统方法对这些区域测序。

表 7-2 两种大规模基因组测序策略的比较

项目	测序策略	
	全基因组鸟枪法	逐步克隆法
遗传背景	不需要	需要构建精确的物理图谱
测序速度	快	慢
计算机性能	高(拼接并组织序列)	低
费用	低	高
适用范围	工作框架图	精细图
测序物种	果蝇、水稻(籼稻)	人、玉米

此外，人们还可以针对基因组中感兴趣的特定区域进行优先测序，被选区域既可以是连续的基因组序列，也可以是独立位点或外显子序列。目前外显子/目标区域测序法也是基因组学研究的重要手段之一，该技术利用特制的探针对人们感兴趣的蛋白编码区域(外显子)或某段特定序列进行捕获，富集后进行高通量测序。该方法能够获得指定外显子/目标区域的遗传信息，极大地提高了基因组中外显子区域的研究效率，显著降低了研究成本，目前主要用于识别和研究与疾病、种群进化相关的编码区域内的结构变异。

7.1.3.2 de novo 测序与重测序

全基因组从头测序(de novo sequencing)是对未知基因组序列的物种进行个体基因组测序及拼接，从而绘制该物种的全基因组序列图谱的方法。新一代测序技术及其商业化平台推出后，其低廉的价格、高通量的数据、简易的样品前处理过程，极大地推动了动植物的全基因组测序工作。一个物种全基因组序列图谱绘制完成后，可以构建该物种的基因组数据库，为后续的基因挖掘、功能验证、遗传改良提供 DNA 序列信息。目前，越来越多的物种基因组信息相继公布，科研工作者也摆脱了以往非模式生物中遗传背景缺乏的束缚，也使经典分子生物科学家对基因组学研究的认识和思考上升到一个新的水平。基因组重测序(resequencing)是对基因组序列已知物种的不同个体进行的基因组测序，并在此基础上对个体或群体进行基因信息的差异性分析，这也是新一代测序技术目前应用最为广泛的领域。通过短序列(short-reads)、双末端(paired-end)和不同长度的插入片段(insert-size)等测序策略，可以全面地挖掘基因序列差异、单核苷酸多态性(SNP)、插入缺失(insertion-deletion，InDel)、突变热点、基因组结构变异及群体多态性等重要信息。

7.1.3.3 基因组序列组装

目前 DNA 自动测序仪每个反应只能测序 800 bp 左右，无论是采用哪种策略进行测序都将得到成百上千的小片段 DNA 序列，最后必须要将它们装配成基因组每条染色体上真实的排列顺序，这是手工操作无法完成的，需要借助计算机和数据库以及相关的软件系统。因此，DNA 序列的装配是一项浩繁、技术要求高而精细的工作。1988 年，Lander 和 Waterman 两人提出利用“指纹”(fingerprint)随机克隆进行基因组作图的算法，它为大量鸟枪法随机测序的片段用计算机进行自动拼接提供了可能。这种技术不仅避免了传统的亚克隆策略的大量繁琐工作，还使测序具有一定数量的重复，保证了测序中每个碱基的准确性。随着基因组计划的不断进行，很多实验室都开发和建立了自己的基因组测序装配的相关软件，例如 Phrap、Assemble、STROLL、SOAP 等。其中 Phrap 和 Phred、Swat、Crossmatch 以及 Consed 等一起构成了一个十分稳定的拼接软件包，非赢利研究机构或个人可申请免费利用该系统(图 7-7)。

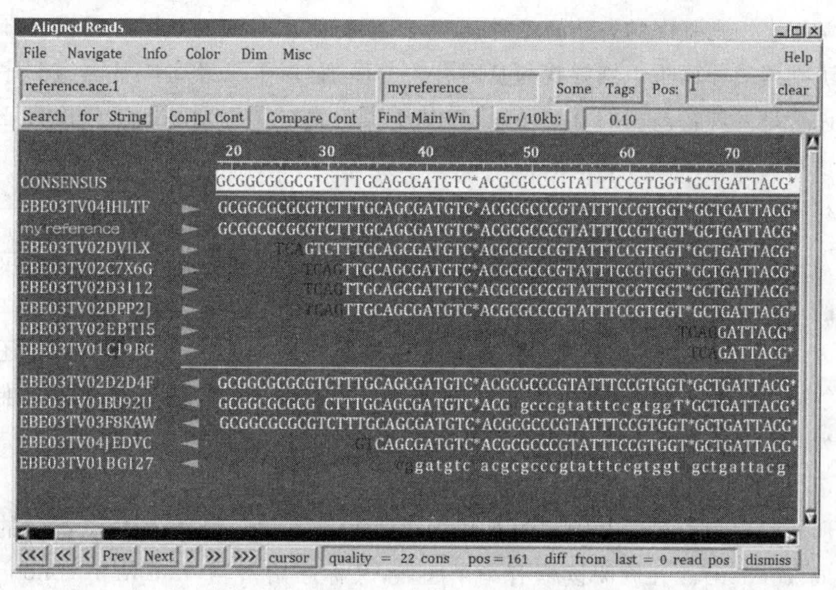

图 7-7 自动测序组装系统 Phred-Phrap-Consed 运行主界面

7.1.4 基因组序列诠释

所有测序计划完成后，最为重要的工作是对基因组进行注释，找出所有可能的基因，对它们的功能进行预测，在此基础上对生物的代谢途径、进化等进行研究，这是基因组测序的最终目的。

基因是负载特定生物遗传信息的 DNA 片段，在一定条件下能够表达遗传信息，产生特定的生理功能。基因按其功能可分为结构基因和调控基因，结构基因可被转录形成 mRNA，进而翻译成多肽链；调控基因是指某些可调节控制结构基因表达的基因。在 DNA 链上，由蛋白质合成的起始密码开始，到终止密码子为止的一个连续编码序列称为一个开放阅读框(ORF)。结构基因多含有插入序列，除了细菌和病毒 DNA 中 ORF 是连续的，包括人类在内的真核生物的大部分结构基因为断裂基因，即其编码序列在DNA分子上是不连续的，或被插入序列隔开。断裂基因被转录成前体mRNA，经过剪切过程，切除其中的内含子，再将外显子连接形成成熟的mRNA，并翻译成蛋白质。假基因是与功能性基因密切相关的DNA序列，但由于缺失、插入和无义突变失去阅读框作用而不能编码蛋白质产物。

常用来识别基因的方法有两种：①基于生物信息学识别基因。根据已知的序列人工判读或计算机识别寻找与基因有关的序列，对于已经完成基因组测序的物种来说这是发现新基因的重要手段；②基于实验生物学识别基因。分析验证其能否表达相应的蛋白及对表型能否产生影响。

7.1.4.1 基于生物信息学识别基因

对于测序之后获得的基因组数据，首先是完成序列的拼接，然后得到的可能是很长的DNA序列，甚至也可能是整个基因组的序列。这些序列中包含有许多未知基因，将基因从这些序列中发掘出来是基因组学研究的一个热点。目前还没有一个能适用于所有情况的“基因序列”的标准，只能根据已知的某些规律来推测哪些序列可能是基因。从序列中寻找基因的基本方法有两种。

(1)根据开放读框来寻找基因

所有编码蛋白质的基因都含有开放阅读框，它们由一系列指令氨基酸的密码子组成(condon)。开放阅读框有一个起点，又称起始密码(initiation condon)，一般为ATG，还有一个终点，又称终止密码(termination condon)，分别为TAA，TAG和TGA，三者含义相同。从DNA序列中搜寻基因总是从第一个ATG开始，然后向下游寻找终止密码。在开始这项工作之前，我们并不知道DNA双链中哪一条单链是编码链，或称正链(+)，也不知道准确的转译起始点在何处。因此，理论上从DNA序列的两条链可以得到6种翻译产物，即6种连续的氨基酸序列。ORF扫描的关键是终止密码在6种读框中出现的频率。另外，高等真核生物基因组中存在大量重复序列和内含子等非编码序列，使得ORF可读框的分辨非常困难。高等真核生物多数外显子长度大都少于100个密码子，而长度不到50个密码子的更少，因此当读码进入内含子时很快遇上终止密码，难以根据上述的ORF长度来判断哪种读框是正确的。一般可通过物种对密码子的偏爱性、内含子边界特征、调控序列的普通特征以及CpG岛来搜索基因序列。因此人们在编写ORF扫描程序时，将以下特征加入到了相应的搜索规则中：①密码子偏爱。编码同一氨基酸的不同密码子称为同义密码(synonym)，其差别仅在密码子的第3位碱基不同。

特定种属有特征性的密码子偏爱，这些序列在编码区常常出现，非编码区只保持平均的碱基分布水平。根据已有生物密码子偏爱的资料在编写相应的计算机程序时可加入这些限制；②外显子-内含子边界(exon-intron boundaries)。外显子与内含子的边界区有一些明显的特征，如内含子的5′端常见的序列为5′-AGGTAAGT-3′，3′端多为5′-PyPyPyPyPyPyCAG-3′(“Py”为嘧啶核苷酸，T或C)，这也是判断编码序列的依据之一；③上游调控序列(upstream control sequence)。几乎所有的基因(或操纵子)上游都有调控序列，它们可与DNA结合蛋白作用控制基因表达。调控序列有明显特点，在查找基因时可作为参考，特别是原核生物。目前常用的这类基因预测软件有ORF finder、GetORF等。

(2)基于同源性查询预测基因

利用已存入数据库中的基因序列与待查目的基因进行比较，从中查找可与之匹配的碱基序列及匹配比例，这种用于界定基因的方法称为同源查询，它可弥补ORF扫描的不足。将某一DNA序列与已报道的其他基因序列进行对比，可发现其中的相似性。这些相似性有以下表现形式：①存在某些完全相同的序列；②ORF阅读框的排列类似，如等长的外显子；③ORF指令的氨基酸序列相同；④模拟的多肽高级结构相似。同源查询还能为基因功能的确定提供参考。常用的这类基因预测软件有GenomeScan，EST2Genome，TwinScan等。

目前这一技术已成为预测基因的主要工具之一，它具有操作简单、快速识别基因序列和结构等特点，但也有一定的局限性。由于该法过度依赖生物序列的同源性，所以一个基因能否通过这种方法识别出来，主要还是取决于数据库中是否包含了与目标基因同源的序列信息，因此一个全新的基因是难以通过该方法来识别的。另外，即使相似性很高的序列也未必一定是同源，所以单纯依靠同源比对识别基因时，偶尔也会出现误导。因此，同源比对与实验分析相结合，可以提高基因预测的有效性与准确性。

7.1.4.2 基于实验生物学识别基因

基因转录形成RNA是实验确证基因的依据。真核生物中许多编码蛋白质的基因其转录的初级产物(前体mRNA)都有内含子，加工后成为成熟的mRNA。检测mRNA的多少可确定基因的表达水平，通常用克隆的或已经定性的cDNA作为探针，待测mRNA样品可以是来自不同组织、不同发育阶段或者不同生理条件下培养的细胞。RNA样品经琼脂糖凝胶电泳分离后转移到杂交膜上，然后与标记荧光信号的探针杂交，这一过程称为RNA印迹杂交或Northern杂交。如果

RNA 中含有探针 DNA 的转录产物，就会给出明显的信号，从而获得转录物大小和相对丰度方面的信息。RNA 印迹杂交时要注意以下几种情况：①当某一基因的转录产物进行可变剪接时，由于连接的外显子不同，会产生几条长度不一的杂交带。此外，如果该基因是某一多基因家族的成员，也会出现多个杂交信号，这两种现象都需要设计其他实验进一步区分。②基因的表达具有组织特异性及发育阶段的差别，选择的 RNA 样品有时不一定含有该基因的产物。因此要尽可能多地收集各种发育时期及不同组织器官的 RNA，以免因人为因素而导致信息遗漏。③不同基因的表达产物丰度差异很大，对低拷贝的表达产物要适当提高 RNA 的上样量。有些基因表达产物丰度极低，或表达时期短暂不易提取，此时要考虑其他检测方法。

DNA 序列中的基因序列确定后，下一个问题是探知其功能，这是基因组研究中的重要领域。一些已完成测序的基因组序列分析表明，我们所了解的基因组内容比真实的情况少得多，在已发表的所有拟南芥基因序列中，仅有不到 10%的基因功能被确定。有关基因功能的鉴定将在本章“7.3 功能基因组”中进一步介绍。

7.1.5 模式生物的基因组测序计划

水稻是全球半数以上人口赖以生存的粮食作物，对于人类生活、粮食安全具有至关重要的意义。国际水稻基因组测序计划(international rice genome sequencing project，IRGSP)由 1997 年在新加坡举行的植物分子生物学会议发起，中国、日本、美国和韩国等共同参与了此计划。测序工作分为测序、填补缺口和最后完成三个阶段，其中第二阶段是整个测序工作的瓶颈。对于最后测序结果的标准，IRGSP 规定为误差率低于 1/10 000，即精度需达到 99.99%。通过各研究机构以及私营公司的共同努力，IRGSP 于 2002 年 12 月宣布，利用逐步克隆测定法，提前 3 年完成了水稻 12 条染色体的碱基测序工作。日本最先以 99.99%的精度完成了最长的第 1 条染色体的测序工作，中国科学家完成了第 4 染色体全长序列的精确测定。同时，孟山都公司将已构建好的水稻基因组序列草图包括已构建物理图的 3 416 个 BAC 克隆和 125 619 个重叠连续克隆序列 STC (sequence tagged connectors)转让给 IRGSP。IRGSP 对原有的物理图进行延伸及空缺弥补，大大加速了水稻基因组测序工作进程。测序表明，水稻基因组有 12 条染色体，第 1 染色体最长，第 10 染色体最短。核基因组序列总长约 430 Mb，是拟南芥基因组的 3.7

倍，预测基因总数约为 41 000 个，单拷贝基因占基因总数的 74%，转座子占全基因组的 24.9%，简单重复序列数占全基因组的 2.1%。水稻基因组计划是继“人类基因组计划(HGP)”后的又一重大国际合作的基因组研究项目。

此外，中国科学院基因组信息中心、北京华大基因研究中心等 12 家单位，于 1998—2001 年利用全基因组鸟枪法，构建了籼稻 9311 基因组工作框架图和低覆盖率的培矮 64S 草图，并最先向全世界公布了籼稻 9311 全基因组框架图。随后，美国先正达(Syngenta)公司也完成了粳稻日本晴基因组工作框架图的测序。水稻基因组研究破译了水稻遗传的“密码本”，科学家可以根据测序得到的精确序列，对水稻中影响产量、口感、香味、抗病虫害等重要农业性状的基因进行鉴定，利用遗传工程等手段将单个或多个目的基因导入水稻栽培品种，改良性状，提高产量和质量。新一代测序技术的发展，将为以水稻为代表的农作物大规模分子设计育种提供一个契机。

7.2 比较基因组

随着拟南芥、水稻、玉米等不同物种基因组序列数据的积累和研究的深入，明确各类序列的功能逐渐成为研究的热点，而多数物种的功能基因组学研究相对滞后，以模式生物进行比较基因组分析为功能基因组学研究提供了一条有效的途径。比较基因组学(comparative genomics)是在基于基因组图谱和测序基础上，比较不同物种基因组间的相似性和差异性，阐明基因或基因家族的起源、功能和表达机理以及物种进化机制的学科。不同物种间的基因组比较研究为探索相关物种染色体、基因组结构和进化开辟了新的途径。禾谷类作物一直是比较基因组学研究的重点，涉及的作物包括水稻、玉米、小麦、燕麦、谷子、甘蔗、高粱、珍珠粟、黑麦草等。

7.2.1 植物基因组的基本特征

植物基因组大小一般用 C 值来描述。C 值指单倍体真核细胞的 DNA 含量，基因组大小变化幅度为 10^7～10^{11}个碱基对。高粱有 10 对染色体，其 C 值为这些染色体所含 DNA 总量的 1/2。在真核生物中，C 值一般是随着生物进化而增加的，高等生物的 C 值一般大于低等生物，这与高等生物需要更多的基因来控制性状表现有关。拟南芥的基因组大小为1.25×10^8 bp，含有25 498个基因，烟草基因组大小为2.4×10^9 bp，只有约2%的序列可以转录成mRNA。玉米基因组大小为3.2×10^9 bp，只有不到1%的序列可以转录为mRNA，预测基因总数约为32 000个。植物基因组中存在大量的重复序列，可以分为串联重复序列和分散重复序列两类。植物基因组中的串联重复序列富含GC，动物基因组中串联重复序列富含AT，主要分布在着丝粒、端粒和染色体的结节(knob)部位，这种DNA序列也称作卫星DNA(satellite DNA)。分散重复序列主要包括转座子和反转座子元件，分布在整个基因组中，但不串联。玉米*Adh*1基因周围有几十个由无活性的可转座元件形成的分散重复序列。重复DNA与特殊的染色体结构和基因组构成有关。植物基因组中有些基因具有多个串联的重复拷贝，每个拷贝在表达时受到独立调控。这些基因一般编码需求量很大的蛋白质，如种子储藏蛋白基因、氧化还原酶等。基因组中还有一些基因具有较高的拷贝数，以成簇或连锁的方式存在，但它们不属于串联重复，如玉米醇溶蛋白*Zein*，该基因家族有两个亚家族，每个含有25个成员，成员之间在编码区高度保守，氨基酸序列的一致性大于90%，但两个亚家族之间的同源性较低。

7.2.2 比较基因组学中常用术语

相似性(similarity)和同源性(homology)是两个完全不同的概念。同源序列是指从某一共同祖先经过趋异进化而形成的不同序列。相似性是指序列比对过程中检测序列和目标序列之间相同碱基或氨基酸残基序列所占比例的大小。当两条序列同源时，它们的氨基酸或核苷酸序列通常有显著的一致性(identity)。如果两条序列有一个共同的进化祖先，那么它们是同源的。这里不存在同源性(homology)的程度问题，两条序列要么是同源的要么是不同源的。

不同基因组之间、不同基因或不同物种的同一基因，都可以用相似性(%)来表示异同程度。相似的不一定同源，因为在进化的过程中，来源不同的基因或序列由于不同的独立突变而"趋同"并不罕见；同源一般表现为相似，在进化上起源相同的两段核苷酸序列，特别是功能较重要的保守区段或基因，一般相似性较高。但同源并不一定比非同源的相似程度要高。在比较两段序列的关系时，正常的描述应该是：如果两个片段的核苷酸(或氨基酸)的相似程度大于或等于75%，则这两个片段可能同源，或这两个基因有可能为同源基因。基因之间的同源性，通常用"有"或"无"来表示，但不可描述为有"75%的同源"。同源性又有两种不同的情况，即垂直方向的(orthology)与水平方向的(paralogy)。

直系同源(orthology)基因定义为:在进化上起源于一个始祖基因并垂直传递(vertical descent)的同源基因。分布于两种或两种以上物种的基因组内,其功能高度保守乃至于近乎相同,甚至于在近缘物种间可以相互替换。直系同源基因具有结构相似,组织特异性与亚细胞分布相似的特点。直系同源是基因组进化的重要证据。

旁系同源(paralogy)基因是指同一基因组(或同系物种的基因组)中,由于始祖基因的加倍而横向产生的几个同源基因。直系与旁系的共性是同源,都源于各自的始祖基因。其区别在于:在进化起源上,直系同源是强调在不同基因组中的垂直传递,旁系同源则是在同一基因组中的横向加倍;在功能上,直系同源要求功能高度相似,而旁系同源在定义上对功能上没有严格要求,可能相似,也可能不相似(尽管结构上具一定程度的相似),甚至于没有功能(如基因家族中的假基因)。

7.2.3 比较基因组学研究方法

比较基因组学研究方法主要包括比较作图和序列比对分析两大部分。

7.2.3.1 比较作图

利用共同的遗传标记(主要是分子标记、基因的 cDNA 克隆以及基因组克隆)对相关物种进行物理或遗传作图,比较这些标记在不同物种基因组中的分布情况,揭示染色体或染色体片段上的同线性、共线性以及微共线性,从而对不同物种的基因组结构及基因组进化历程进行精确分析。同线性是指共同的遗传标记在不同物种中都位于相同的同源染色体上,但标记间的相对空间顺序可能不完全一致;共线性是指相同的遗传标记在不同物种间的同源染色体上的空间顺序是一致的;微共线性是指在一个小的基因组片段内存在的共线性。比较作图的分子基础是物种间 DNA 序列尤其是编码序列的保守性。水稻、玉米、小麦等一些重要植物的遗传图谱、物理图谱、序列图谱日益向高分辨率、高精确度方向发展,为植物比较作图奠定了重要基础。

植物比较作图(plant comparative mapping)最早是在双子叶植物茄科的番茄与马铃薯、番茄与土豆以及番茄与胡椒之间进行的。近年来,随着单子叶植物分子遗传图谱的迅速发展,比较作图研究尤为引人瞩目,并取得了很大进展。水稻基因组是禾本科植物中基因组最小的物种,仅为 430 Mb,单倍体基因组 DNA 含量仅为 0.45 pg,是理想的模式植物,并已构建了高分辨率的遗传图,为其他植物的作图提供了丰富的信息。水稻、小麦和玉米,水稻、小麦和粟,玉米和高粱,小麦、大麦和黑麦等的比较基因组研究表明,尽管这些作物亲缘关系较远,基因组大小、染色体数目各不相同,但比较作图的结果却显示出它们的基因组存在高度的保守性,染色体共线性片段和基因间的同源性广泛存在。植物比较作图可以分为比较遗传作图与比较物理作图两类。

(1)植物比较遗传作图

比较遗传作图是利用一个物种的基因、基因的部分片段或者遗传标记,通过遗传学的方法在其他的物种中寻找其同源序列及构建相应的遗传标记图。Hulbert等(1990)最先提出利用玉米 DNA 作探针对高粱基因组进行杂交来比较两者的遗传图谱。尽管玉米基因组的大小是高粱的 3.5 倍,但基因组大小与基因含量并无直接相关性,二者存在一定的共线性。同样,玉米基因组探针也被用来对甘蔗(八倍体或十倍体)进行遗传作图,结果也发现,尽管在甘蔗中的重组率很低,但玉米和甘蔗之间却存在高度的共线性。Grivet 等(1994)最先开展了玉米、高粱和甘蔗 3 个基因组的比较研究,发现 3 个物种之间存在一定的共线性区段,从染色体的组织结构方面来讲,高粱和甘蔗更相似。研究发现,甘蔗和高粱的共线性区段,在玉米上通常有两个或两个以上的区段与之对应,究其原因可能与玉米中存在大量的重复现象有关。比较遗传作图的一个重要作用是通过更多的在各种植物中可供利用的遗传标记,为遗传研究较为滞后的植物开发遗传标记提供重要参考。随着比较作图研究的不断深入,植物比较作图已经发展到对细胞器中较小的基因组进行分析。最近,科学家们设计微卫星 DNA 引物,对栽培稻、药用野生稻、澳洲野生稻、小粒野生稻、宽叶野生稻、马来野生稻、玉米、小麦、高粱、大麦、燕麦等 15 种禾本科作物的叶绿体基因组进行扩增,结果表明在禾本科作物叶绿体基因组的微卫星 DNA 中也存在着微同线性。

(2)植物比较物理作图

比较遗传作图虽然能反映出不同物种在进化中所发生的易位、重复等遗传现象,但并不能反映它们在染色体上真实位置的变化。植物比较物理作图主要可以从两个方面进行分析,一是同源序列分析,通过分析它们的相似性来研究不同物种分子系统进化过程和解读基因序列;二是比较原位杂交定位,该技术能直观地阐明不同物种的同线性片段在染色体上的真实位置、分布特征(如近着丝粒、臂的中部或端部等)、非同线性片段与同线性片段如何穿插分布以及在细胞水平上种间核型的进化特点等。有研究利用编码17S、5.8S、25S核糖体RNA的基因作为探针对栽培稻及8个野生稻种进行了比较物理定位,结果发现不仅野生稻种中的核糖体DNA(rDNA)位点数变异很大,而且来源于不同区域的栽培稻的rDNA位点数也存在着一定的变异。Taketa等(2001)通过对9个野生大麦编码5S和18S、25S核糖体RNA基因的染色体物理定位时也发现了这种变异的存在,他们因此推断由于环境选择的压力造成了rDNA位点在数量及染色体位置上的变化。

7.2.3.2 序列比对分析

序列比对分析常用的方法是局部比对(local alignment)和全局比对(global alignment),比对的基础是相似序列的共线性排列。局部比对是对比较序列进行计算以获得最高一致性的一种计算方法,其基本原理是在不同序列排队时采用不同的比对方法,排除了从头到尾的单一匹配方式。当对不同序列进行匹配时,可能内含的同源基因亚区的排列顺序或基因的走向不同,因此对这种比对采用多种方式进行搜索分析的结果将比较准确。利用基于标记的序列或标记所在表达序列(部分cDNA序列)搜索模式生物基因组数据库,找到同源序列,可以再将同源序列反馈到模式生物的物理图谱和遗传图谱上。但由于标记数目相对于大基因组来说是一个小样本,而且标记的序列长度有限,特别是SSR标记往往分布在基因组的非编码区,所以利用这种方法所得的信息也比较有限。通过DNA序列比对,可以鉴定基因组中的保守序列。此外,可以将大基因组的大量表达序列通过比对分析定位在模式生物的基因组上,以期在模式生物中克隆其他大基因组生物的基因。

全局比对,又称作全基因组序列比对,多应用于近缘物种或进化过程中较少发生染色体重排的物种间,寻找所比较的整个基因序列上的最大相似性分值,它适用于高度分化但组织结构同源的序列比对,以及基因序列整体上相似性较高的比较分析。伴随着测序技术的发展和测序成本的不断降低,越来越多的物种正在进行或已经完成全基因组测序,这为物种间的全基因组比对分析提供了丰富的数据基础。目前基因组学研究的瓶颈不在于缺乏序列数据信息,而在于如何正确地对基因组序列数据进行注释和分析,全基因组比较研究将是基因组学研究的一个重要发展方向,在基因功能、调控网络、代谢途径以及物种进化等方面都有着广阔的应用前景。

7.2.4 比较基因组学的应用

7.2.4.1 新基因的发现与定位克隆

发现新基因是当前国际上基因组研究的热点，利用比较基因组学的方法是发现新基因的重要手段。比如：啤酒酵母完整基因组包含约 6 000 个基因，其中大约 60%的基因是通过序列比较和信息分析所鉴定的。跨物种基因克隆策略的有效性与微共线性的程度密切相关，如果已经确定存在共线性关系，就有可能应用图位克隆技术从基因组较小的模式植物中克隆较大基因组中的基因，如从水稻中克隆小麦基因，但该基因也需要进行精细定位。第一次“绿色革命”的实质是矮秆作物推广利用。禾本科植物中矮化基因的定位克隆就是一个很好的例证。对小麦矮化基因(*Rht*)、玉米矮化基因(*d8*)、水稻矮化基因(*d*)的序列比对发现，小麦 *Rht* 基因和玉米 *d8* 基因是拟南芥 *GAI* 基因的同源直系物，*GAI* 基因是一种导致赤霉素不敏感的突变。利用 *Rht-D1b* 连锁的 RFLP 分子标记在小麦和水稻之间进行比较作图，同时利用与 *d8* 连锁的 RFLP 分子标记在水稻和玉米间进行比较作图，结果表明，在水稻的 3 号染色体、玉米 1 号染色体以及小麦的 D4 染色体之间存在明显的共线性。此外，水稻自发矮化突变基因之一的 *d1* 已经通过定位克隆分离，并且发现其表达产物是 G 蛋白的同源直系物，这种 G 蛋白与拟南芥中发现的 *GAI* 突变有关。但是 *d1* 突变却定位在 5 号染色体上而非 3 号染色体，由于在水稻中至少发现了 54 种矮化突变体，因此至少有一种突变基因确实定位在 3 号染色体的同线性区域。

7.2.4.2 QTL 比较分析

QTL 是指控制数量性状的基因在基因组中的位置。QTL 定位需使用 SSR、AFLP、RFLP、SNP 等遗传标记，通过寻找遗传标记与目标数量性状之间的联系，将一个或多个 QTL 定位到同一染色体的遗传标记间或者附近，即说明 QTL 与标记是连锁的。近几年，在植物上，许多与株高、开花期、产量以及抗逆性等相关 QTL 已被定位。对一个相同表型性状在不同物种中进行遗传作图，然后进行 QTL 比较分析，可以加深对该复杂性状遗传控制的深层次认识。在 QTL 的比较作图方面已取得不少进展。比较早的研究是对玉米、高粱和水稻驯化过程中涉及的一些主要性状，如开花期、种子大小等。研究表明，控制这些性状的 QTL 很多是对应的，遗传效应较大的少数 QTL 或基因决定了所研究的表型性状。通过比较基因组学研究，可以分析不同物种控制同一目标性状的 QTL 或基因，探讨造成种间差异的遗传变化及其原因。例如，玉米和高粱可能拥有相同的抗旱性途径，而高粱可长期生长在干旱环境下，如果鉴定出高粱的抗旱 QTL 或基因，那么通过基因工程等手段也可使玉米获得抗旱性。比较基因组学的研究成果可以为遗传研究和作物改良提供新的思路与策略。

7.2.4.3 揭示非编码功能序列

人类基因组中大约95%的区域为非编码区,玉米基因组中有80%~85%的区域为非编码区。科学家们已经意识到之前被称为"垃圾"的非编码区序列可能与某些生物学现象有关。如何深入了解这些非编码区序列的功能是当前基因组学研究的一大挑战。通过比较不同物种间的基因组序列,可以鉴定编码区域和非编码区域,这是基于进化过程中功能序列的进化速率相对非功能区域要慢一些,进化距离决定了非编码序列的同源性。亲缘关系较远的物种其内含子序列的一致性较外显子要低一些,外显子序列更为保守。鉴于外显子在进化过程中保守性较强,可以通过选择亲缘关系较远的物种进行序列比较,获得候选的外显子区域。通过比较不同进化距离物种的基因组可以发现非编码的功能序列区域。

7.2.4.4 功能性SNP的发现

SNP是指基因组水平上单个核苷酸变异引起的DNA序列多态性,其中任一等位基因在群体中的频率不小于1%。单碱基的变异主要由转换或颠换所引起,二者之比约为2∶1,也可由碱基的插入或缺失所致,这种标记既包括存在于基因编码区的功能性突变cSNP,也包括随机分布于基因组的大量单碱基变异。SNP标记在全基因组中广泛存在,并具有很高的遗传性与稳定性,在高密度遗传图谱构建、QTL作图和基因精确定位、群体遗传结构及系统发育分析等方面均具有广阔的应用前景。因此SNP的发掘也变得越来越重要,传统的SNP寻找方法效率很低,在庞大的基因组中找到功能性的SNP非常困难。通过比较基因组学的方法,比较感兴趣的性状、有差异的个体和物种之间的基因组序列,将是高通量发掘功能性SNP的一种重要方法。

7.2.4.5 阐述物种间的进化史

分子生物学的不断发展,极大地推动了分子进化研究,并建立了一套依赖于核酸、蛋白质序列信息的理论和方法。分子进化研究有助于进一步阐明物种进化的分子基础,探索基因起源机制,从基因进化的角度研究基因序列与功能的关系。在研究物种间进化关系时,传统的分子进化研究方法一般选取一个大分子序列(如16S RNA)为标准,研究其在各个物种同源序列之间的差异,并以此构建进化树。但是一个物种的基因组编码了成千上万条序列,以其中一条序列的差异来代表整个生物体的差异是不全面的,因此从全基因组水平来研究生物进化似乎更为合理。随着基因组测序计划的实施,基因组的海量信息为分子进化研究提供了有力的帮助，再次成为生命科学中最引人瞩目的领域之一。利用比较基因组学的方法在基因组水平上构建的进化树将会更加合理的阐述物种之间的进化关系，如物种遗传密码的起源、基因组结构的形成与演化、进化的动力、分化的时间等。

7.2.5 水稻与拟南芥、人类基因组的比较研究

将已经测定完成的人类、水稻、拟南芥等基因组序列进行比较，结果发现：①水稻基因组基因总数约 41 000 个，几乎是人类基因总数的两倍，水稻基因家族中的成员也较多。②水稻、拟南芥与人类基因组都有很多不编码蛋白质的“垃圾”序列。水稻的这些“垃圾”序列多位于基因之外，而人类的“垃圾”序列却在基因之内。正因为如此，水稻基因的平均长度只有 4 500 个碱基，而人类基因的平均长度为 72 000 个碱基。③拟南芥中已发现的基因有 25 000 个，其中 80%左右的基因在水稻基因组中可找到。而水稻基因组中只有不到一半的基因可在拟南芥基因组中找到，未找到的基因中可能有相当一部分是新基因。④籼稻与粳稻基因组中有1/6的序列不一样，这些不一样的区域主要为多拷贝转座子的差异。⑤不同水稻品种之间序列变异大。测序发现人类序列的相互差异仅为 1/1 000 左右，而水稻相互之间的差异却为 1/100，这些序列差异为育种提供了非常重要的多态性分子标记。

7.3 功能基因组

功能基因组学（functional genomics）又被称为后基因组学（post genomics），它是利用结构基因组学提供的信息和产物，全面分析基因的功能，使得生物学研究从对单一基因或蛋白质的研究转向对多个基因或蛋白质同时进行系统研究。随着多个物种基因组序列测定的完成，大部分基因由于与其他已被注释的基因具有相似性而被鉴定出来，而那些未知的基因只能归入“可能”基因，有待生物学实验证实它的基因功能。实际上，在拟南芥中有大约 30%的“可能”基因，因为它们与其他已知序列没有足够的相似性，因此归为“未知”功能基因。基因概念的发展，使得人们对基因及基因功能的认识有了新内涵，根据基因的功能可以分为：①编码蛋白质的基因，即有翻译产物的基因，如结构蛋白、酶等结构基因及产生调节蛋白的调节基因；②没有翻译产物，不产生蛋白质的基因，如编码 tRNA、rRNA、miRNA、siRNA 的基因；③不转录的 DNA 区段，如启动基因、操纵基因等。

尽管植物基因的功能多种多样，按照其功能特征通常可分为：控制细胞分裂的基因、控制细胞分化的基因、影响植物发育的基因、负责信号转导的基因、参与生物

大分子化合物合成的基因，以及抵抗逆境胁迫的基因等。生物的代谢、生长和发育在时间和空间上是一个连续的过程，各种代谢途径和信号转导途径都存在着交互作用，因此很难想象某一个基因仅有一个孤立的、单一的功能。近年来生物学家对生物过程的连续性、整体性、系统性和网络性越发重视，在全基因组范围对基因功能进行研究已成为生物学研究的主要方向。

功能基因组学的研究就是从基因组整体水平上对基因的活动规律进行阐述，内容主要包括：①基因组多样性研究。开展基因组多样性研究，可获得物种内不同个体之间的遗传变异情况，揭示不同个体存在差异的原因，进而获得有经济价值的优质、高产、抗病、抗虫及抗逆等基因。目前很多物种已经进行了基因组测序工作，并提供了丰富的多态性数据。基因组多样性研究还有助于了解生物的起源与进化，能反映生物进化过程基因组内的变化、基因组与外部环境的互作，对整个生物学研究都有重要影响。②基因表达调控分析。功能基因组学一项重要研究内容是反映基因在不同植株、不同时期、不同组织的转录水平，进而特异性地反映基因的表达水平与抗性、组织器官形成、系统发育、光合作用、代谢产物等的关系，对生物进行定向调控。目前通过特异性表达调控研究已经获得了许多与农作物产量、株型、抗逆、营养、育性、生长发育等关联的候选基因。③突变体的创制与基因功能研究。收集与创制突变体，构建饱和突变体库，是目前发掘新基因、鉴定基因功能最直接最有效的方法之一，也是功能基因组研究的一项重要内容。④蛋白质组学研究。绝大多数基因的最终产物是蛋白质并在该水平上实现相应的生化反应和生物学功能，因此研究细胞内所有蛋白质组分的表达模式及功能也是功能基因组学的一项重要内容。蛋白质组学又分为结构蛋白质组学、功能蛋白质组学以及蛋白质与蛋白质、DNA、RNA 相互作用三个层次。此外，蛋白质组学研究还涉及细胞和组织分布、定位，基因表达产物的修饰和表达丰度等方面信息。

功能基因组研究策略主要包括正向遗传学(forward genetics)和反向遗传学(reverse genetics)。根据突变表型及其遗传规律克隆相关基因，确定其在染色体上的位置及功能，称为正向遗传学；相反，针对某一功能未知的基因，利用突变等技术进行基因敲除观察基因的改变所引起的表型变化称为反向遗传学。研究手段包括基因的功能互补实验、超表达、反义抑制、基因敲除、基因激活等。正向遗传学的优点在于突变表现型已知，只要这个性状是由单基因或主效寡基因控制的，理论上说通过定位就应该能够找到控制这个性状的基因。但是对微效多基因控制的性状，正向遗传学颇有束手无策的感觉，而且这种方法工作量大、耗费时间也相当长。反向遗传学优点就在于它的快速准确，从基因到基因突变，再到突变表现型，可谓单刀直入、立竿见影。但是，由于很多基因控制的性状并不非常明确，或者一个基因控制许多性状，或者这个基因是必需的，突变株不能成活，这些都将反向遗传学研究陷入逆境。下面我们将具体介绍不同的基因功能研究策略。

7.3.1 基因突变分析

突变指生物的遗传物质发生改变。从生物进化的角度讲，如果没有突变，自然选择就没有了可供选择的对象，生物就不能进化，那么生物界就不会像现在这样丰富多彩。在很多情况下，基因的功能是通过生物性状的表现型反映出来的。基因的突变造成性状差异，比较这些差异可以把控制该性状的基因定位，甚至克隆出来。

7.3.1.1 基因突变的类型

遗传物质的突变可能发生在染色体结构变异和数目变异上，也可能发生在DNA水平上，通常情况下所提到的基因突变是指DNA水平的突变。基因突变的方式主要有两种：一是核苷酸替换的点突变；二是DNA序列发生插入(insertion)或者缺失(deletion)。另外，DNA序列之间的重组也是突变的原因之一。依据核苷酸替换的类型，突变又分为转换和颠换。转换(transition mutation)是指同类碱基之间的互换，如嘌呤替换为嘌呤，嘧啶替换为嘧啶的点突变；而颠换(transversion mutation)是指不同类碱基之间的互换，如嘌呤被替换为嘧啶，或者嘧啶被替换为嘌呤的点突变。点突变可分为错义突变、无义突变和同义突变。错义突变(missense mutation)指DNA的突变引起mRNA中密码子改变，编码另一种氨基酸。如DNA中某GAA发生转换突变成为AAA后，使原编码的谷氨酸(Glu)改变为赖氨酸(Lys)。无义突变(nonsense mutation)指DNA的突变引起mRNA中密码子改变为一种终止密码。如DNA中某GAA发生颠换突变成TAA后，使原编码的谷氨酸改变为UAA终止密码子。同义突变(same-sense mutation)指DNA的突变虽然引起mRNA中密码子改变为另一种密码子，但由于密码子的简并作用，并未使编码的氨基酸发生变化。如DNA中某GAA发生转换突变为GAG后，原编码的谷氨酸仍编码谷氨酸，因此同义突变也称为沉默突变(silent mutation)。

突变对基因功能的影响表现为：可能是丧失某种功能，也可能是获得新的功能。丧失功能突变多数是隐性的，而获得功能的突变多数是显性的。从生物学意义上讲，突变可以造成生物的形态发生变化，也可以造成生理生化代谢功能改变，一些关键基因的突变对生物是致命的，因此很难稳定遗传下来。还有一些突变，它们对基因功能的影响需要在特殊的环境下才能够表现出来。如与抗逆、抗病有关的基因，光温敏雄性不育基因等。

7.3.1.2 突变体的创制

突变体的创制是功能基因组学研究不可缺少的重要组成部分,突变体可通过自发突变和诱发突变获得。自发突变是指在自然环境下发生遗传变异或突变,突变频率较低且具有随机性,所以反向遗传学研究仅仅靠自发突变难以实施。诱发突变是通过人为的干预,采用物理、化学和生物的手段,使个体 DNA 在短时间内产生大量变异,具有较高的突变率。大量突变体的创制主要依靠人工诱发突变,人工诱变方法可分为三类:一是物理诱变,主要包括 X 射线、γ 射线、质子和快中子等,近几年发展起来的航天诱变技术其实质属于物理诱变。物理诱变有利于产生功能完全缺失的突变体,尤其适用于多个基因串联排列的基因家族功能缺失突变体的创建。二是化学诱变,目前常用的化学诱变剂多为烷化剂。烷化剂是一类能将自身活泼的烷基转移到碱基上,使碱基发生烷基化,进而或导致碱基配对方式的改变,或产生脱嘌呤作用,或使 DNA 分子交联。常用的烷化剂有甲基磺酸乙酯(ethyl methane sulfanate, EMS)、甲基磺酸甲酯(methyl methane sulfanate, MMS)、硫芥子气(sulfur mustards gas, SMG)等。EMS 诱变可在基因组上产生多个突变位点且均匀分布于整个基因组中,不呈现明显的"热点"区域。因此,EMS 诱变有利于等位基因突变体的获得,只需较小的突变群体便可获得饱和的突变体库。三是生物诱变,主要是利用一段可移动的 DNA 序列(T-DNA、转座子或反转座子元件)插入到基因组序列中,从而产生带有这段 DNA 序列标签的突变体,所以又称为插入标签突变体。在 T-DNA 标签边缘加上强启动子或多个串联的增强子,从而产生具有显性性状的功能获得型突变,这种方法称为激活标签法。3 种诱发突变方法各有优缺点,化学和物理方法比较简单快速,诱导的突变大多导致基因功能下降,但突变基因还保留了部分正常功能。生物学方法造成的插入突变一般是导致基因功能的完全丧失。生物诱变一般在每个基因组中产生 1~3 个插入突变,如果要保证拟南芥基因组中 95%以上的基因都有一个插入片段,至少需要对 10 万个植株进行生物诱变处理。而化学突变在一个基因组中能够造成几十个突变,因此 5 000~10 000 株用 EMS 处理的植物中一般就包含了所有可能的基因突变。不过,一个基因组内突变位点过多,会使结果分析困难。20 世纪 90 年代末,由美国科学家发明的定向诱导基因组局部突变(targeting induced local lesions in genomes, TILLING)筛选方法,能够从化学突变的群体中,快速有效地找出含有目的基因的突变株,弥补了化学突变的主要不足。

下面分别就目前常用的 3 种突变体库的创制方法进行简要介绍。

(1)TILLING 技术

TILLING 技术的基本原理是:通过化学诱变方法产生一系列的点突变,经过 PCR 扩增放大,经过变性复性过程产生异源 dsDNA 分子,再利用特异性识别异源双链中错配碱基的核酸酶切开错配处的 DNA,然后进行双色电泳分析。

TILLING 是一种利用单核苷酸多态性筛选突变体的方法。它将诱发产生高频率点突变的化学诱变方法与 PCR 筛选技术和高通量检测方法有效结合,以发现分析目标区域的点突变,是一种全新的高通量、低成本的反向遗传学研究方法。目前 TILLING 技术已广泛应用于多种生物突变体库的构建及基因的功能分析中。分析的主要步骤有(图 7-8):①首先利用化学诱变剂 EMS 等处理材料,诱发产生一系列的点突变个体(M1),并通过自交获得突变群体(M2)。②提取其自交后代的基因组 DNA,可以将 3～8 个 DNA 样品等量混合,然后以混合后的 DNA 作为模板,利用基因特异的引物对特定的 DNA 片段进行 PCR 扩增。这一步是 TILLING 技术的关键,混合 DNA 的目的就是减少初步筛选的工作量,比如从 5 000 株植物中寻找目的基因突变株,如果是逐一筛选的话,要做 5 000 个 PCR,而在混合之后,只需要做 500～600 个 PCR。其次可将 PCR 扩增引物用不同的荧光素标记,以提高检测的灵敏度。③用能够识别 dsDNA 中错配碱基的内切核酸酶,如 *CEL* Ⅰ切割 PCR 产物。如果在几个混合的样品中存在突变样品,那么扩增后的产物会形成异源双链,即含有突变的 DNA 与野生型 DNA 组成含有错配碱基的双链,特异性的核酸内切酶识别错配碱基,可以在错配处切开双链。④通过各种电泳系统对酶切的 DNA 样品进行检测,发现存在能够被切开的片段则说明在混合样品中存在突变样品,之后在混合的样品中再逐一检测,直至找出相应的突变体。

TILLING 技术作为一种新的反向遗传学研究方法,在短短几年内已被用于水稻、玉米、小麦、大麦、番茄、莴苣、花生、蓖麻、甘蓝等植物突变体库构建及筛选,对功能基因组学研究发挥了非常重要的作用。与其他反向遗传学手段相比,TILLING 技术能够筛选出一系列具有点突变的等位基因,对突变致死基因的功能研究具有重要意义。另外,由于它能够诱导高频率的点突变,在一个较小的群体内即可获得特定基因的多个突变位点的突变体,通过对等位基因的变异位点和其表型进行分析比较,有利于对特定基因的结构及其功能进行鉴定。

(2)转座子突变系统

转座子突变的实质为插入突变。插入突变是将外源的已知插入元件随机插入植物基因组中,引起插入位点的变化,从而影响基因的正常表达,进而导致植株在表型上的变化,产生插入突变体。以此插入元件为标记可以分离和克隆因插入而失活的基因,并对该基因进行正向和反向遗传学研究。

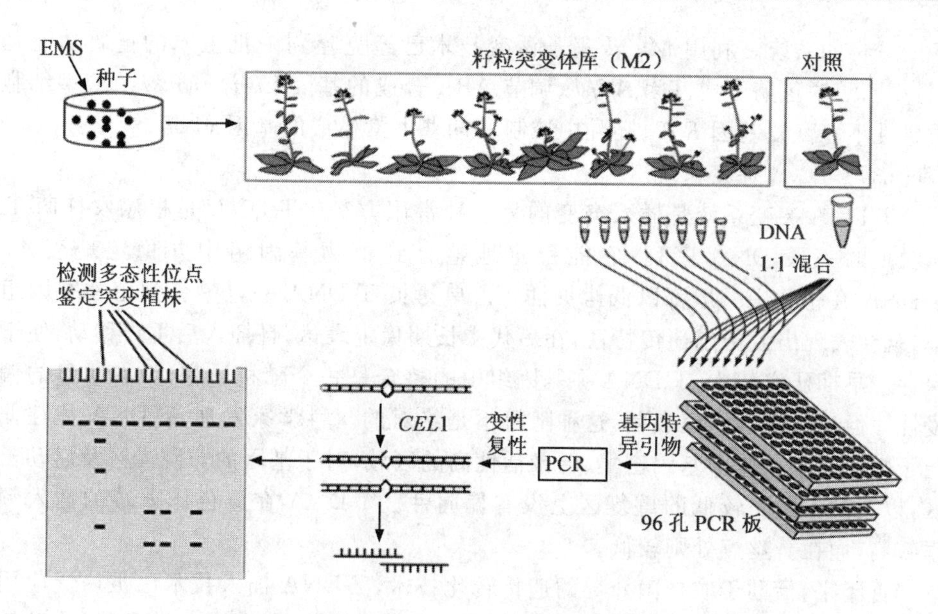

图 7-8 TILLING 技术主要流程

转座子是基因组中一段可移位的 DNA 序列，可通过切离、重新插入等步骤从基因组的一个位置转移到另一个位置。最早由美国冷泉港实验室的科学家巴巴拉·麦克林托克在分析玉米种子胚乳糊粉层颜色时发现的。因此，1983 年诺贝尔生理学医学奖被单独授予这位 81 岁的美国女遗传学家。

近年来，随着一些基因组大规模测序的完成和分析，人们已经认识到转座子是大多数真核生物基因组中的重要组成部分。在植物基因组中转座子的含量高达 70%以上，而玉米基因组中则更高，几乎 85%以上的都是由转座子构成。转座子的发现，打破了传统遗传学上关于基因在染色体上固定排列的观念，揭示了基因的流动性。近年来，人们对转座子的认识又有了进一步的深化，一些转座元件不仅可以携带自身的遗传信息，还能够捕获基因组其他位点的基因片段，并且携带捕获的基因片段进行转座。因此，转座子很可能在生物的基因和基因组进化中起着非常重要的作用。

大量的植物转座子已经被克隆，其中最常用的是玉米的 *Ac/Ds*、*Mu*、*Spm/En* 转座子、金鱼草的 *Tam3* 转座子、拟南芥的 *dTphl* 和水稻的 *Tos17* 转座子等。

玉米的 *Ac/Ds* 转座子、*Mu* 转座子，拟南芥的 *dTphl* 转座子以及水稻中 *Tos17* 等都可用来诱导基因突变和基因克隆。*Tos17* 已经被成功地应用于水稻，并克隆了许多重要的基因。由于转座拷贝完整，插入突变稳定，*Tos17* 是最适合用作侧翼序列分析的系统。利用 *Mu* 转座子诱变技术已经克隆到一批玉米的重要功能基因，如乙醇脱氢酶合成基因 *Adh1*、调节 ABA 合成的基因 *Viviparous14*、T 型细胞质雄性不育恢复基因 *Rf2*、胚乳中控制 β-胡萝卜素生成的基因 *y1* 等。

(3)T-DNA 突变系统

T-DNA 突变系统是插入突变的另一种常用方法。T-DNA 是根癌农杆菌 Ti 质粒上的一段 DNA 序列，它能稳定地整合到植物基因组中并稳定地表达。T-DNA 在植物中一般都以低拷贝插入。单拷贝 T-DNA 一旦整合到植物基因组中，就会表现出孟德尔遗传特性，在后代中长期稳定表达，且插入后不再移动，便于保存。早期研究认为，T-DNA 在基因组中的整合是一个随机过程，没有明显的偏爱性。但近年来有研究表明，这种随机不是绝对的。科学家发现，T-DNA 往往偏向于整合在染色体中基因密集、转录活性高的区域，对于基因的非翻译区及启动子区，以及插入频率较低的重复区上没有偏向性。T-DNA 在染色体末端的插入频率较高，而在着丝点处则较低。

近年来，借助于农杆菌介导的遗传转化技术，T-DNA 插入技术已被广泛应用于拟南芥等模式植物的突变体库构建中。以 T-DNA 作为插入元件，不但能破坏插入位点基因的功能，而且通过了解突变体表型及生化特征的变化，可以为该基因的研究提供有用的线索。由于插入的 T-DNA 序列是已知的，因此可以通过已知的外源基因序列，利用反向 PCR、TAILPCR、质粒挽救等方法对突变基因进行克隆和序列分析，并对比突变的表型研究基因的功能。还可以利用扩增出的插入位点的侧翼序列，建立侧翼序列数据库，对基因进行更全面的分析。由此可见，T-DNA 插入标签技术已成为发现新基因、鉴定基因功能的一种重要手段。

7.3.2 基因表达分析

基因是细胞的遗传物质，决定细胞的生物学性状，细胞的生物学功能最终是由大量基因的表达产物蛋白质完成的。因此，研究基因功能的途径之一，就是研究基因是如何表达的，在哪些生长发育阶段、在哪些细胞与组织表达，并受什么因素或者信号的调节，受到哪些基因的影响。研究基因表达的方法有很多，这里我们将着重介绍基因的差异表达分析技术。

7.3.2.1 基因的差异表达

基因表达有各自独特的时间和空间特征，是一个复杂而精细的网络调控过程。高等真核生物含有数万个不同基因，但在生物体发育的特定的阶段、特定的组织器官或特定的环境条件下，通常只有约 15% 的基因得以表达，此为基因表达的时空特异性、组织特异性和条件诱导性，亦即为基因的差别表达(differential expression)。通过对比两种或多种处于不同状态的细胞在基因表达上的差异，有助于研究基因的表达方式和功能，并且能够分离、克隆特异性表达的基因。目前，研究基因的差异表达可从两个水平进行：一是从mRNA转录水平筛选差异表达基因；二是从蛋白质翻译水平筛选差异表达蛋白质。从翻译水平研究差异表达主要采用蛋白质双向电泳和蛋白质差异展示技术，从转录水平研究基因差异表达的常用方法有以下几种。

(1)mRNA差异显示技术

mRNA差异显示法(DDRT-PCR)主要用于两种或多种生物个体在基因表达上的差异分析。其基本原理是利用一系列的Oligo(dT)引物，逆转录真核生物细胞中全部表达的mRNA，通过PCR扩增的方法，转换成cDNA双链，再利用变性聚丙烯酰胺凝胶电泳，将有差异的片段分开，筛选出目的基因。mRNA差别显示的基本流程如图7-9所示。具体包括：①从两类细胞群体中分离总RNA，通常只需要0.2～2 μg；②在逆转录酶作用下，以mRNA为模板生成cDNA的第一条链；③以与poly(A)互补的Oligo(dT)为引物扩增cDNA的第一条链；④扩增后的片段经聚丙烯酰胺凝胶电泳进行分离；⑤找出不同处理间差异条带，回收并进行二次扩增；⑥克隆差异片段，以差异片段为探针进行Northern杂交，验证目的片段；⑦对目的片段进行测序，并以该片段为探针，从基因组文库中筛选出相应的全长基因；⑧对筛选出来的阳性克隆进行基因的核苷酸序列结构分析及功能鉴定，以便最终获得差别表达的目的基因。此技术简单、快速、灵敏度高、RNA用量少，可同时比较两组以上的样品，但存在一定的假阳性，反转录获得的cDNA绝大部分也仅是mRNA 3′端的非翻译区，给鉴定带来一定的困难。

(2)抑制性差减杂交

抑制性差减杂交技术(SSH)是一种建立在抑制PCR与消减杂交技术相结合基础上的差异表达基因分离方法。其原理是“消同扩异”，即相同序列被消减，特异性序列被扩增。该方法运用了杂交二级动力学原理，使得高丰度的ssDNA在退火时，产生同源杂交的速度快于低丰度的ssDNA，从而使原来在丰度上有差别的ssDNA相对含量达到基本一致。而抑制PCR则利用链内退火优于链间退火的特点，使非目的序列片段两端反向重复序列在退火时产生类似发卡的互补结构，无法作为模板与引物配对从而选择性地抑制了非目的基因片段的扩增。

该技术一般包括下列步骤(图7-10)：①对照组(Driver)和待测组(Tester)总mRNA逆转录转成cDNA，限制酶切割为小片段。②将Tester cDNA分为两份，分别连接两个不同的接头，而Driver cDNA不连任何接头。在一支管中混合连有接头Ⅰ的Tester cDNA和过量的Driver cDNA，在另一支管中混合连有接头Ⅱ的

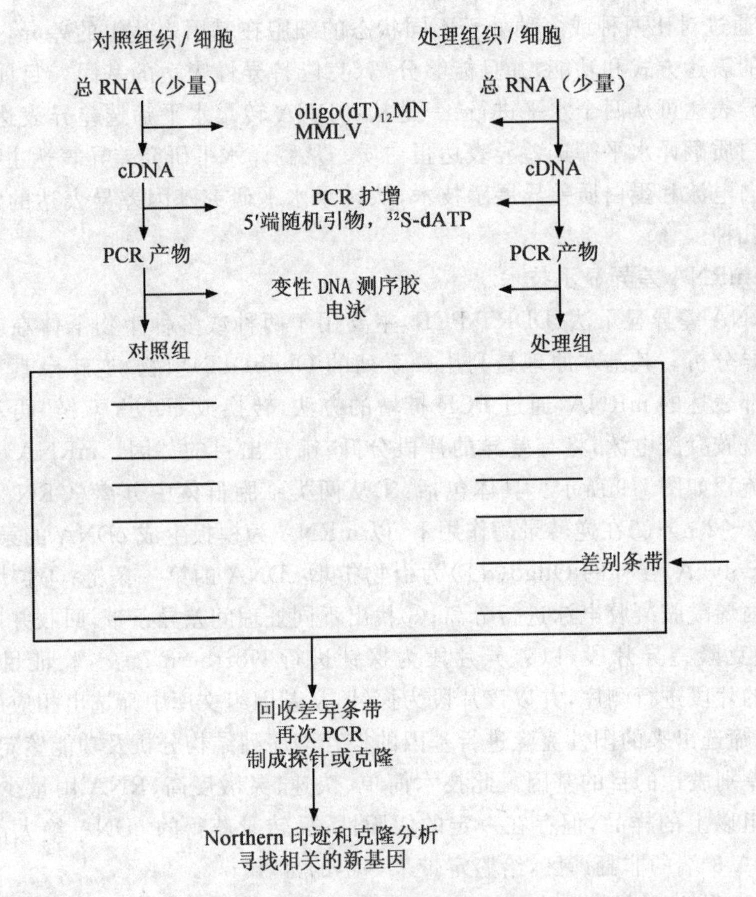

图 7-9　mRNA 差别显示技术分离目的基因的流程图（引自楼士林，2002）

Tester cDNA 和过量的 Driver cDNA，然后分别变性和复性完成第一轮杂交，得到 4 种产物（如图 7-10 中的 a，b，c，d），通过第一轮杂交使低丰度和高丰度的 mRNA 的浓度趋向一致，提高了低丰度 mRNA 的检出率。③将以上两支管中第一轮杂交产物在不变性的条件下，直接混合，同时加入新变性的过量 Driver cDNA，复性过夜，补平末端，完成第二轮杂交。第二轮杂交产物中除含有第一轮杂交的产物外，又形成了新的杂交分子 e，与 a，b，c，d 杂交产物不同的是 e 两端含有不同的接头，为差异表达基因片段。④加入合适的引物（即部分接头Ⅰ和接头Ⅱ的单链寡核苷酸片段）对第二轮杂交产物进行两轮 PCR 扩增，只有两端连有两个不同接头的双链 cDNA 片段（如 e）才得以指数扩增，而 c 类片段因一端有接头，另一端无接头，只能线性扩增，a、d 两类片段因没有引物接合位点而不能扩增，b 为同一接头，有较长方向的反向重复，互补形成牢固的“平底锅”结构，不能有效扩增。第二轮PCR实际上为巢式PCR，极大地提高了扩增的特异性，使得差异表达目的基因片段大量富集。该方法具有较高的灵敏度和检测效率，在一次反应中可以同时分离出成百个差异表达基因，操作简便易行，所用mRNA数量少，假阳性低，重复性强。但是该方法不能同时进行多个材料之间的比较，而且材料之间存在过多的差异及小片段缺失时也不能被有效检测；此外，SSH仅仅能分离在待测组(Tester)中表达而在对照组(Driver)中不表达的基因，不能反映两个样品之间基因在表达量上的差异。另外，完全无酶切位点的片段或酶切位点较少的基因组无法用SSH技术筛选。

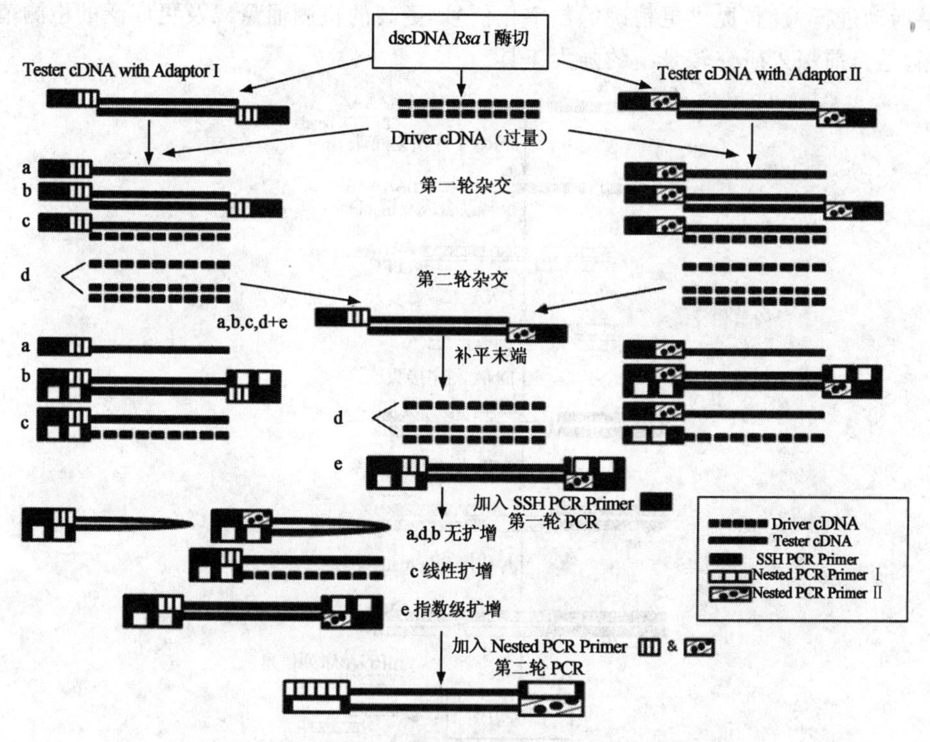

图 7-10 抑制消减杂交技术的工作原理示意图

7.3.2.2 转录组测序(RNA-Seq)

转录组是特定组织或细胞在某一发育阶段或功能状态下转录出来的所有RNA的总和，主要包括mRNA和非编码RNA(non-coding RNA，ncRNA)。转录组研究能够从整体水平研究基因功能以及基因结构，揭示特定的生物学过程，已广泛应用于植物候选基因发掘、功能鉴定及遗传改良等领域。随着新一代测序平台的市场化，RNA 测序（RNA sequencing，RNA-Seq）技术已成为了转录组学研究的重要手段之一。该技术利用新一代高通量测序平台对基因组 cDNA 测序，通过统计相关 Reads（用于测序的 cDNA 小片段）数计算出不同 mRNA 的表达量，分析转录本的结构和表达水平，同时发现未知转录本和稀有转录本，精确地识别可变剪切位点以及编码序列单核苷酸多态性，提供最全面的转录组信息。转录组测序技术流程主要包括样品制备、文库构建、DNA 成簇扩增、高通量测序和数据分析，具体实验流程如图 7-11 所示。相对于传统的芯片杂交平台，RNA-Seq 技术具有诸多独特优势，转录组测序无需预先针对已知序列设计探针，即可对任意物种的整体转录活动进行检测，提供更精确的数字化信号、更高的检测通量以及更广泛的检测范围，是目前深入研究转录组的强大工具。

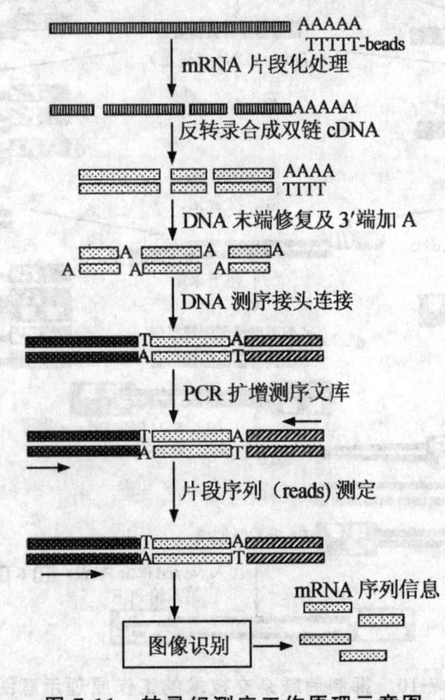

图 7-11 转录组测序工作原理示意图

7.3.3 基因芯片技术

基因芯片（gene chip）又称 DNA 芯片（DNA chip）、DNA 微阵列（DNA microarray），是 20 世纪 90 年代兴起的一项大规模、高通量的基因检测技术。其基本原理是将大量已知的DNA、cDNA序列(探针)等采用特殊方法固定在硅芯片或玻片上,再将经过荧光标记处理的样本与芯片进行杂交,样本中的序列按照碱基互补配对的原则与芯片上的探针结合,再用试剂洗掉芯片上未与探针结合的样本,最后用扫描仪对芯片上的荧光信号进行检测,信号越强的探针对应的基因组区域信号量越高。基因芯片技术具有高通量、准确、快速等优点,是一种能够全面和系统地研究基因组功能的有力手段。

7.3.3.1 基因芯片的类型

基因芯片,根据核酸类物质的不同可以分为寡核苷酸微阵列(oligonucleotide microarray)和cDNA微阵列(cDNA microarray)。寡核苷酸微阵列是指主要利用原位合成法或将已合成好的一系列寡核苷酸固定在介质上,制备成高密度的寡核苷酸阵列,寡核苷酸的长度随芯片用途不同而不同,但一般在50 bp以内,以8~25 bp为多,主要用于基因转录分析、DNA测序、基因多态性及突变分析等。cDNA微阵列是指利用点样法制备的较低密度的玻片或尼龙膜芯片,芯片上固定的探针主要是cDNA片段,在基因表达分析中具有重要作用。cDNA芯片的探针分子一般都大于500 bp。另外,基因芯片还可以根据探针分子的差异、研究对象及其制作工艺的不同,分为基因芯片、蛋白芯片、缩微芯片;按照工作模式可分为筛选药物的芯片及用于基因序列和功能研究的芯片等。

7.3.3.2 基因芯片的分析方法

目前基因芯片实验大多利用双色荧光实验来进行,它是利用标记了红色荧光Cy5和绿色荧光Cy3的两个样品同时与基因芯片进行杂交,基因芯片上每一个点包括了这两种样品中相应mRNA的荧光信息,荧光强度就反映相应基因的转录强度,通过比较二者的荧光信号强度就可以计算其相对表达量(彩图7-1A)。基因芯片分析产生海量的数据,需要统计学人员和专业软件对整体表达情况进行分析。对基因芯片数据的分析,通常包括以下步骤:①芯片数据预处理。预处理包括高背景值数据的去除,异常值的判定和过滤,缺失值的估计以及针对分析方法选择合适的数据转换方法等。②数据归一化处理。由于芯片实验中涉及许多不确定因素,如芯片本身理化性质的差异、点样不均引起的差异、样品起始RNA量的不等、标记方法的不同、标记和杂交效率的差异等,因此原始数据需经过归一化以消除系统误差,使得基因表达数据能够真实地反映测量样品的生物学差异。归一化可分为芯片内数据的归一化和芯片间数据的归一化等。对于芯片内数据的归一化是通过基因芯片上看家基因(house keeping gene)的信号强度作为标准来完成的,所选用的看家基因必须在实验进行的不同条件下恒定表达;对于芯片间数据的归一化,常用的方法是平均数、中位数归一化(mean or median normalization)等,将各芯片上的数据调整到同一水平,从而使之具有可比性。③差异基因的判断。比较样品在不同条件下的基因表达差异,其常用的分析方法包括倍数分析、T检验和方差分析等。④聚类分析。基因芯片扫描所得的数据是呈偏态分布的,需要选择适合的方法对数据进行转换。通过聚类分析可将表达类型相似的基因分为一组,这样可为鉴别和分析具有相似功能的基因提供一个快速而直观的方法。聚类分析的方法有多种,应用最为广泛的是系统聚类分析(hierarchical clustering)、贝叶斯聚类分析(Bayesian clustering)、K均值聚类分析(K-means clustering)、自组图分析(self-organizing maps,SOM)等。彩图7-1B展示了包括三个生物学重复的对照组(CK)和处理组(T)cDNA芯片扫描数据聚类分析图。⑤生物学实验的验证。虽然通过生物学重复一定程度上可以消除基因芯片分析中所存在的假阳性现象,但是对基因芯片分析所得结果,通常要利用诸如实时定量PCR和Northern杂交技术等进行验证。

7.3.4 基因功能分析

7.3.4.1 基因的过量表达

基因的超量表达是指通过重组DNA技术,人为利用转基因技术在生物细胞中大量地、持续地表达目的基因,其表达量要远远超过内源基因的正常表达水平。目的基因超量表达的结果一般是使其功能超常发挥。通过超量表达研究基因的功能有许多特点:①转基因技术是超量表达的常用手段,一般表现显性遗传,所以表现型分析比较容易。②这种方法可以使目的基因在不同的植物中表达,如使玉米的基因在拟南芥中表达,然后研究其功能。在很多情况下,这样的转移会大大加快研究的进程,或使结果更加明显。③超量表达有时是研究某些基因功能所必需的,如通过基因突变很难得到明确结果时,超量表达则可能使这个基因的功能十分突出地显现出来。

基因超量表达方法可以分为3大类:①永久性超量表达,也就是目的基因被转化到植物的基因组后,其表达特性可以遗传给后代。②瞬间表达,一般情况下目的基因能够在细胞中超量表达几天或数周。③利用植物病毒载体来表达目的基因,一般能够持续一代,但不能够遗传,介于前两者之间。

7.3.4.2 反义RNA抑制基因表达

与基因的超量表达相反,基因的抑制表达通过降低目的基因在细胞表达水平的方法来研究基因功能。从这一点来说,这种方法与基因突变分析有些类似。但是，基因突变只能突变一个基因，假如它是一个基因家族的成员，突变基因丧失的功能会被其他成员补偿，而基因的抑制表达则有可能抑制一个基因家族所有成员的表达。通过分子生物学手段，可以有选择地抑制某个或者某些基因的表达。目前，可应用反义 RNA(antisense RNA)、RNA 干涉(RNA interference，RNAi)等基因沉默技术来抑制、干扰目的基因的功能，靶标主要是目的基因的 mRNA。

反义 RNA 是指与靶 RNA(多为 mRNA)具有互补序列的 RNA 分子，它可以影响靶基因 mRNA 剪切、翻译和促进靶 RNA 的降解，从而抑制目的基因的表达，体内反义 RNA 的表达是调控基因表达的重要机制之一(图 7-12)。通常把转录产生反义 RNA 的基因称为反义基因或反义 DNA，它与转录产生靶 RNA 的目的基因是反义的。反义 RNA 作用机理为：存在于细胞中的反义 RNA 分子，可与游离的靶 mRNA 的 5′非编码区以及编码序列部分结合，形成部分双链引起核糖体结合区域的二级结构发生变化，阻止核糖体的前进，mRNA 翻译被迫中断；或者反义 RNA 与靶序列结合后形成的 dsRNA 被 RNaseH 降解，抑制了靶基因蛋白质的合成。由于反义 RNA 的抑制是通过靶 RNA 形成互补双链，抑制蛋白质翻译的过程，因此抑制效应不彻底，杂种 F_1 也往往表现一种不完全显性的遗传效应。关于反义 RNA 的作用机理，尚待进一步研究与确定。

植物反义 RNA 技术，是将特定基因的 DNA 片断反向连接在启动子上，然后转化植株，获得的转基因植物能够产生与目的基因 mRNA 互补的 RNA 链即反义 RNA，其结果使植物中相应的 mRNA 水平大幅度降低，从而使靶基因的作用受到部分抑制或完全抑制。反义 RNA 在体内的半衰期通常为 8～14 min，浓度越高，抑制越完全，其特异性与长度有关，一般来说，反义 RNA 分子越长，则特异性越高。因此，足够的长度可以避免由于非特异性结合而引起错误抑制。

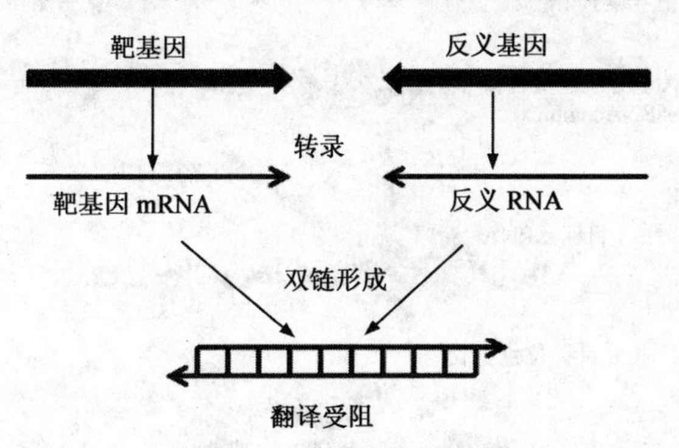

图 7-12 将基因反向连接转录成反义 RNA，抑制内源基因表达（引自郑用琏，2007）

反义 RNA 介导能产生瞬间的或稳定的遗传表达，这是常规育种难以达到的。作为一种调控特定基因表达的重要手段，该技术具有多方面的优越性，首先，反义 RNA 对抑制基因表达的对象具有特异性；其次，反义 RNA 为非氨基酸编码序列，因此反义 RNA 技术在基因工程上的应用具有很大的安全性；第三，技术操作简单易行，适用范围广。Vanderkrol 等(1988)首先在矮牵牛上成功地应用反义 RNA 技术抑制了 *CHSchs* 基因的表达，使得在转基因植株中的花冠颜色发生改变，从原来野生型的紫红色转变成了白色，且由于对 *CHSchs* 基因表达抑制程度的差异而出现了一系列中间类型的花色。该技术的应用为增加或创造新的花卉品种提供了新的策略。

7.3.4.3 RNA 干涉抑制基因表达

RNA 干涉是双链 RNA(double-stranded RNA，dsRNA)分子引起靶基因的 mRNA 序列特异性降解，从而导致内源靶基因沉默的机制。RNA 干涉是一种非常保守的基因表达调控机制，在大多数动植物的遗传发育和基因组保护等方面发挥重要作用(图 7-13)。

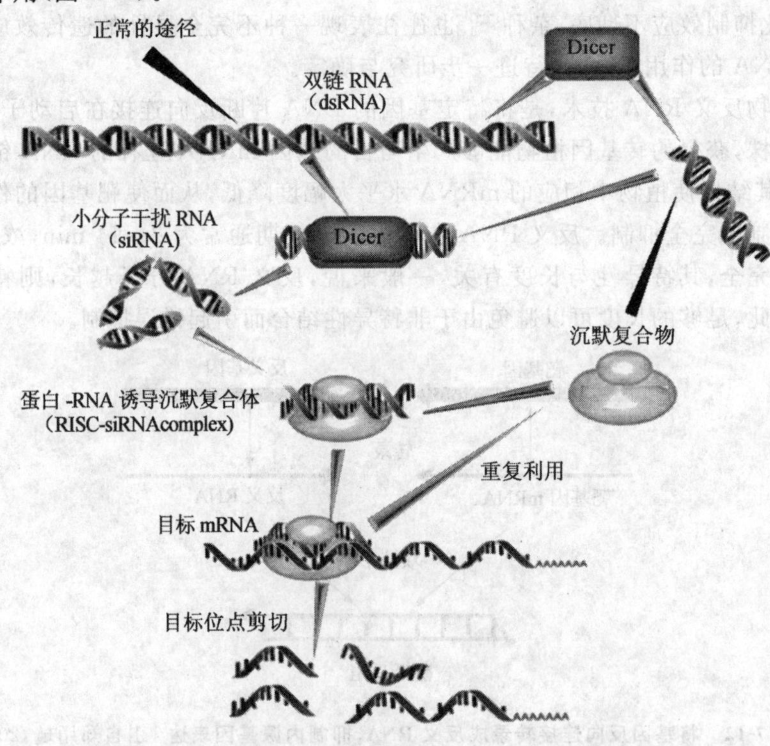

图 7-13 RNA 干涉作用的基本过程示意图(引自郑用琏，2007)

通过RNA干涉可以抑制特定基因的表达,根据表型变化可以分析基因的功能。因此RNA干涉作为遗传研究的新工具,在基因功能鉴定和遗传改良等方面都有着举足轻重的作用。在植物RNA干涉实验中,首先需要构建dsRNA表达载体,将这种载体导入受体细胞后,引起具有相同序列的mRNA发生降解,导致细胞或者个体不能合成相应的蛋白质,最终表现出功能缺失表型。RNA干涉属于反向遗传学技术,与正向遗传学方法相比,通过RNA干涉技术研究基因功能有许多优点:①RNA干涉是一种有目的地确定基因功能的方法,它利用沉默载体中的部分基因序列使mRNA发生降解,能够对任何基因进行研究,同时可以避免突变体产生的随机性,省时省力。如果在构建干扰载体时选用基因家族成员中的高度保守性序列,就会引起多个基因的沉默,所以通过RNA干涉技术可以对一个基因家族中的单个基因进行选择性沉默,也可以一次同时沉默多个同源性基因。②RNA干涉具有极高的干涉效率,极少的dsRNA可以引发高达2个数量级的表型变化,甚至可达到缺失突变体的效应。③dsRNA介导的干涉表现出惊人的细胞穿透力,干涉效应还可以转递给其他的组织并转递给后代。dsRNA引发的基因沉默不仅仅局限在其开始的细胞,还可以在不同部位的细胞中激发干涉效应,说明存在维持RNA干涉的特异信号小分子。④RNA干涉可用于致死突变,克服由于无法获得这些基因的突变体带来的某些基因功能研究的局限性。RNA干涉技术已被广泛地用于植物功能基因组研究以及改良植物品质、提高植物抗性等方面的研究。

7.4 生物信息学

近20年来,分子生物学发展的一个显著特点是生物信息的剧烈膨胀,且迅速形成了海量的生物信息数据库。特别是近年来,核酸库的数据量与日俱增,大量生物的基因组序列被测定完成或正在进行中,遍布世界各地实验室的高通量大型测序仪在日夜不停地运转,每天都有成千上万的数据被源源不断地输入相应的生物信息库中。随着海量生物学数据的出现,使存贮、获取、分析这些数据的方法出现新的革命,并促使产生了一门新的学科即生物信息学,该学科应用计算机和统计学相结合的手段,揭示复杂的遗传与生物学奥秘。生物信息学是把基因组DNA序列信息分析作为源头,在获得蛋白质编码区的信息后进行蛋白质空间结构模拟和预测,然后依据特定蛋白质的功能进行必要的遗传改良、药物设计等。从生物信息学研究的具体内容上看,生物信息学包括3个主要部分:新算法和统计学方法研究;各类数据的分析和解释;研制有效利用和管理数据的新工具。

生物信息学的发展大致经历了3个阶段。第一个阶段是前基因组时代，以各种算法法则的建立、生物数据库的建立以及DNA和蛋白质序列分析为主要工作。这一阶段，国际三大核酸序列数据库（EMBL、Genbank、DDBJ）相继建立并提供序列服务。第二阶段是基因组时代，以各种基因组测序计划、网络数据库系统的建立和基因寻找为主要工作。第三阶段是后基因组时代，这一阶段的主要工作是进行大规模基因组分析、蛋白质组分析以及其他各种基因组学研究。随着人类基因组及多种生物基因组测序的完成，以及新基因的发现，系统了解基因组内所有基因的生物功能成为后基因组时代的研究重点，生物信息学进入了功能基因组时代。

7.4.1 生物信息的存贮与获取

存贮生物大分子信息数据的数据库称为分子生物学数据库，也称为生物信息学数据库。近年来大量生物学实验的数据积累，形成了当前数以百计的生物信息数据库。它们各自按一定的目标收集和整理生物学实验数据，并提供相关的数据查询和处理服务。随着网络的普及，这些数据库大多可以通过网络来访问和下载。

一般来说，生物信息数据库可以分为一级数据库和二级数据库。一级数据库的数据直接来源于实验获得的原始数据，只经过了简单的归类整理和注释；二级数据库是在一级数据库、实验数据和理论分析的基础上针对特定目标衍生而来，是对生物学知识和信息的进一步整理。国际上著名的一级核酸数据库有Genbank、EMBL库和DDBJ等；蛋白质序列与结构数据库有SWISS-PROT、PIR、PDB等。国际上二级生物学数据库也非常多，针对不同的研究内容和需要各具特色，如人类基因组图谱库GDB、转录因子和结合位点库TRANSFAC、蛋白质结构家族分类库SCOP等。

数据库记录一般由两部分组成：原始序列数据和描述这些数据的生物学信息注释（annotation）。对于那些从自动测序仪中出来的序列，我们往往只知道它们来自何种细胞类型，而其他方面却知之甚少。如果在确定一段未知蛋白质序列的功能时，发现一个与之匹配的序列，但该序列却没有任何有关功能的信息时，研究工作便很难进行，所以注释中包含的信息与相应的序列数据具有同样重要的应用价值。不同数据库的注释质量差异很大，因为一个数据库往往要在数据的完整性和注释工作量之间寻找一个平衡点。一些数据库提供的序列数据很广，但这必定会影响序列的注释；相反，一些数据库数据面较窄，但它提供了非常全面的注释。数据库记录的注释工作是一个动态过程，新的发现会不断被补充进去。

7.4.1.1 DNA数据库

DNA序列构成了初级数据库的主体部分。目前国际上有3个主要的DNA

序列公共数据库(表7-3):①GenBank数据库,由美国国家生物技术信息中心(NCBI)建立;②EMBL数据库,由位于英国剑桥欧洲分子生物学实验室(European Molecular Biology Laboratory,EMBL)建立;③DDBJ数据库,由日本(DNA Databank of Japan,DDBJ)建立。这3个大型数据库于1988年达成协议,组成合作联合体。它们每天交换信息,对数据库DNA序列的记录达成统一标准。每个机构负责收集来自不同地域分布的数据,EMBL负责欧洲,GenBank负责美洲,DDBJ负责亚洲等,然后来自各地的所有信息汇总在一起,3个数据库共同享有并向世界开放,故这3个数据库又被称为公共序列数据库。三大数据库之间的数据同步交换,使得用户只要登录任何一个数据库,就可以获取全部序列信息,大大提高了生物信息学数据的使用效率,人们可以从中选择一个数据库进行具体的操作。

表7-3 三个主要核酸序列数据库网址

数据库	网址
Genebank	http://www.ncbi.nlm.nih.gov/
EMBL	http://www.ebi.ac.uk/embl/
DDBJ	http://www.ddbj.nig.ac.jp/

这里以Genbank数据库为例,简要介绍其结构与使用方法。Genbank的数据来源于约55 000个物种,其中56%是人类的基因组序列。每条Genbank数据记录包含了对序列的简要描述,如它的科学命名、物种分类名称、参考文献、序列特征表以及序列本身。序列特征表里包含对序列生物学特征注释如编码区、转录单元、重复区域、突变位点或修饰位点等。Genbank数据库的检索查询系统是Entrez。Entrez是基于Web界面的综合生物信息数据库检索系统,运用简单的算法可以在NCBI所有数据库系统中进行文本搜索。在NCBI主页上的Search对话框中输入关键词,如maize waxy,即可完成对所有数据库的检索,也可以指定某一数据库进行检索(如人类基因数据库),Entrez迅速反馈在各个数据库中相匹配的记录数,用户可以查看任何一个数据库的匹配结果,并进行下一步的搜索。Entrez提供众多的数据库内和跨库的超链接,用户不仅可以方便地检索Genbank的核酸数据,还可以检索来其他数据库的蛋白质序列数据、基因组图谱数据、蛋白质三维结构数据、种群序列数据集等。在Entrez中检索到的记录能以不同的形式显示,也可以单独或者批量下载。地址更改控制可以使结果保存在一个本地文件中,以普通文本形式显示在浏览器中,也可以将其发送到Entrez剪贴板上,某些类型的记录还可以用图示的方式显示。

科研工作者可以把自己工作中获得的新序列提交给 NCBI,添加到 Genbank 数据库。如何向 Genbank 数据库提交序列数据呢?这个任务可以由基于 Web 界面的 BankIt 或独立程序 Sequin 来完成。BankIt 是一系列表单,包括联络信息、发布要求、引用参考信息、序列来源信息以及序列本身的信息等,详细信息见网址 http://www.ncbi.nlm.nih.gov/BankIt。用户提交序列后,会从电子邮件收到自动生成的数据条目,Genbank 的新序列编号,以及完成注释后的完整数据记录。用户还可以在 BankIt 页面下修改已经发布序列的信息。BankIt 适合于独立提交少量序列,而不适合大量序列的提交,也不适合提交很长的序列,EST 序列和 GSS 序列也不能应用 BankIt 提交。大量的序列提交可以由 Sequin 程序完成。Sequin 程序能方便地编辑和处理复杂注释,并包含一系列内建的检查函数来提高序列的质量。它还被设计用于提交来自系统进化、种群和突变研究的序列,可以加入比对的数据。在不同操作系统下运行的 Sequin 程序都可以在 ftp://ncbi.nlm.nih.gov/sequin/下找到,使用说明可详见其网页。

7.4.1.2 基因组数据库

许多生物基因组计划已经完成,如拟南芥、玉米、水稻、高粱、大豆等,另外还有很多生物基因组计划正在进行。基因组计划产生了大量数据以及贮存和管理这些数据的基因组数据库,如人类基因组图谱数据库(the genome database,GDB)、水稻、玉米基因组数据库等(表 7-4)。另一个主要的初级数据来源为各种基因组计划。

表 7-4 主要基因组数据库网址

数据库	网址
人类基因组 GDB	http://www.gdb.org
水稻基因组 Oryzabase	http://www.shigen.nig.ac.jp/rice/oryzabase/top/top.jsp
谷物基因组 Grain Genes	http://www.graingenes.org
玉米基因组 Maize GDB	http://www.maizegdb.org
玉米基因组 Maizesequence	http://www.maizesequence.org
禾谷类作物比较基因组 Gramene	http://www.gramene.org/

GDB 数据库为人类基因组计划(HGP)保存和处理基因组图谱数据,该库中包括以下信息:人类基因组区域(包括基因、克隆、分子标记、断点、细胞遗传标记、易碎位点、EST 序列、综合区域、重叠群和重复序列)、人类基因组图谱(包括细胞遗传图谱、连接图谱、放射性杂交图谱、综合图谱等)、人类基因组内的变异(包括点突变、插入缺失以及等位基因频率数据)等。GDB 数据库以对象模型来保存数据,提

供基于 Web 的数据对象检索服务,用户可以搜索各种类型的对象,并以图形方式查看基因组图谱。

1998 年人们开始了水稻基因组测序工作,旨在解码水稻的所有遗传信息。水稻基因组数据库(oryzabase)整合了迄今为止已累计的水稻基因组信息。该数据库包括水稻的遗传图谱、由酵母人工染色体(YAC)克隆构建的物理图谱、P1 来源的人工染色体(PAC)构建的重叠群以及全基因组 DNA 序列、基因定位与功能、调控序列信息等,其中图谱都以图像界面形式显示,因此水稻每条染色体上遗传标记都很容易分辨。美国农业部在国际小麦族作图计划(international triticeae mapping initiative,ITMI)协助下建立了谷物基因组数据库,该库除提供小麦基因的结构和功能信息之外,还提供控制性状基因染色体区段图,以及 32 000 种商业化小麦、黑麦和黑小麦的谱系及性能等详细资料。同时网站上还有相关科学论文和报告的参考文献,以及世界范围内 2 000 多位开展小粒作物研究的科学家信息。Maize GDB 和 Maizesequence 数据库是一个内容丰富的玉米遗传和基因组数据库,包括玉米遗传、基因组、序列、基因产物、基因功能及参考文献等信息。玉米遗传资料主要包括连锁图谱、基因、QTL、多态性位点等内容,基因组信息主要包括分子标记、探针、序列等,功能特性包括基因产物、代谢途径、表现型、突变体等内容。

Gramene 是一个协助性、基于网络的禾谷类作物比较基因组数据库。其目的是利用禾谷类作物的公共数据资源,包括基因组、EST 序列、蛋白质结构和功能分析、遗传学和物理图谱、生物化学通路的阐述、表型特征和突变的 QTL 定位及描述,促进水稻、玉米、小麦等不同物种间同源关系的研究。利用水稻基因组资料,通过比较不同禾本科作物间的同源性和进化关系,可以容易地找到玉米、小麦等其他作物农艺和经济性状相关基因,并进一步揭示它们在生长、发育和抗逆过程中的途径和机制。

7.4.1.3 蛋白质序列数据库

以蛋白质氨基酸序列及注释信息为基本内容的数据库称为蛋白质序列数据库。蛋白质序列测定技术的发明早于 DNA 序列测定技术,但是蛋白质数据库的建立比核酸序列数据库要晚。1984 年,美国国家医学研究基金会建立了第一个蛋白质信息资源数据库(protein information resource,PIR),随后日本的国际蛋白质信息数据库和德国慕尼黑蛋白质序列信息中心加入 PIR 计划,合作成立了国际蛋白质信息中心,共同收集和维护蛋白质序列数据库 PIR,该数据库是较全面和权威注释的蛋白质序列数据库,具有非冗余性、高质量注释和全面的分类等特点。

1986 年,欧洲瑞士日内瓦大学的 Amos Bairoch 设计了一个蛋白质序列分析工具并建立了全新的蛋白质序列数据库，这就是 SWISS-PROT（swiss-prot protein sequence database,SWISS-PROT）数据库。该数据库包括了从 EMBL 翻译而来的蛋白质序列，并且这些序列经过了分子生物学家的检验和仔细的核实。该数据库具有以下特点：可靠性与可信度高，对进一步实验具有指导意义；序列注释详细，包括了蛋白质的功能、序列及结构域等。

随着核酸序列资源的快速增长，SWISS-PROT 数据库中的蛋白质序列数量呈直线增长，同时也出现了一个滞后问题，即把 EMBL 的 DNA 序列准确地翻译成蛋白质序列并进行注释需要时间。一大批含有开放阅读框（ORF）的 DNA 序列尚未列入 SWISS-PROT。为了解决这一问题，蛋白质数据库 TREMBL（translation of EMBL,TREMBL）被建立了起来。它包括了所有 EMBL 库中的蛋白质编码区序列，提供了一个非常全面的蛋白质序列数据源。但该库中的蛋白质序列均由核酸序列通过计算机程序翻译生成，没有经过专家的注释、分析与核实，所以该库中的蛋白质序列出错率较高，并存在很大的冗余度。

PIR、SWISS-PROT、TREMBL 逐渐成为了国际上三个主要的蛋白质序列数据库，但它们的数据不共享，各自具有不同的蛋白质序列覆盖度及注释的优先权，对于数据库的建立者，这必然会导致大量重复性工作，而对于数据库信息的使用者来说，由于信息检索范围受到限制而导致大量重复性的检索及分析过程。2002 年，为了整合全球的蛋白质序列资源，实现信息共享，在美国国家卫生研究院的资助下，PIR、SWISS-PROT、TREMBL 三大蛋白质序列数据库合并成为了全球范围内统一的蛋白质序列与功能数据库（universal protein resource，UniProt）（表 7-5）。合并统一后的蛋白质数据库 UniProt 具有全球最全面的蛋白质分类信息，是蛋白质序列与功能的"专家库"。

表 7-5　主要蛋白质序列数据库网址

数据库	网址
PIR	http://pir.georgetown.edu
SWISS-PROT	http://www.ebi.ac.uk/swissprot
TREMBL	http://www.ebi.ac.uk/trembl
UniProt	http://www.uniprot.org

7.4.1.4　蛋白质结构数据库

研究获得的三维蛋白质结构均贮存在蛋白质数据库 PDB（protein data bank，PDB）中。PDB 贮存由 X 射线和核磁共振确定的结构数据，是国际上最主要的蛋白质结构数据库，虽然它没有蛋白质序列数据库那么庞大，但其增长速度也很快。

PDB 数据库以文本文件的方式存放数据，包括物种来源、化合物名称、结构以及有关文献等基本注释信息。此外，该库还给出了蛋白质主链数目、配体分子式、金属离子、分辨率、结构因子、温度系数、二级结构信息、二硫键位置等和结构有关的数据。

要想了解已知结构蛋白质的分类，可利用 SCOP(structural classification of proteins)数据库，该库从不同层次对蛋白质结构进行分类，以反映它们结构和进化的相关性。SCOP 分类基于四种结构层次：①家族(family)，描述相近的进化关系，通常将序列一致性超过 30%的蛋白质归入同一家族。②超家族(superfamily)，描述远缘的进化关系，蛋白质结构与功能特性表明它们有共同的进化起源，将其视作超家族。③折叠类型(common fold)，描述空间几何拓扑关系，无论有无共同的进化起源，只要二级结构单元具有相同的排列和拓扑结构，即认为这些蛋白质具有相同的折叠方式。④种类(class)，根据蛋白质二级结构将不同的折叠类型归为 5 类：α 螺旋、β 折叠、α/β 型(两种二级结构混杂在一起交替出现)、α+β 型(一个区域内含有 α 螺旋，而另一区域内含有 β 折叠)、多结构域及其他的类型。CATH(class, architecture, topology and homologous superfamily)是与 SCOP 类似的一个数据库，不同的是该库分类的基础是蛋白质结构域。CATH 分类层次分别是类型(class)、构架(architecture)、拓扑结构(topology)和同源性(homology)，结构层次的每一个首字母组成 CATH。第一层次为类型，将蛋白质分为 5 类，即 α 螺旋、β 折叠、α/β 型、α+β 型和低二级结构类。低二级结构类是指二级结构成分含量很低的蛋白质分子；第二层次为构架，分类依据为由 α 螺旋和 β 折叠形成的超二级结构排列方式，而不考虑它们之间的连接关系。形象地来说，就是蛋白质分子的构架，如同建筑物的立柱、横梁等主要部件，这一层次的分类主要依靠人工方法；第三层次为拓扑结构(折叠类型)，即二级结构的形状和二级结构间的联系。第四层次为结构的同源性，它是先通过序列比较然后再用结构比较来确定的。CATH 数据库的最后一个层次为序列(sequence)层次，在这一层次上，只要结构域中的序列相似性大于 35%，就被认为具有高度的结构和功能的相似性。对于较大的结构域，则至少要有 60%与小的结构域相同。表 7-6 提供了常用蛋白质结构数据库的网址信息。

表 7-6 主要蛋白质结构数据库网址

数据库	网址
PDB	http://www.rcsb.org/pdb/
NRL-3D	http://pir.georgetown.edu/pirwww/dbinfo/nrl3d.html
HSSP	http://www.sander.ebi.ac.uk/hssp
SCOP	http://scop.mrc-lmb.cam.ac.uk/scop/
CATH	http://www.biochem.ucl.ac.uk/bsm/cath/

7.4.1.5 功能数据库

京都基因和基因组百科全书(Kyoto Encyclopedia of Genes and Genomes, KEGG)是系统分析基因功能、联系基因组信息和功能信息的知识库。基因组信息存贮在基因数据库里,包括完整和部分测序的基因组序列;更高级的功能信息存贮在代谢数据库里,包括图解的细胞生化过程如代谢、膜转运、信号传递、细胞周期等信息;KEGG 的另一个数据库是 LIGAND,包含关于化学物质、酶分子、酶反应等信息。KEGG 提供了 Java 的图形工具来访问基因组图谱,比较基因组图谱和操作表达图谱,以及其他序列比较、图形比较和通路计算的工具,可以免费获取。

相互作用的蛋白质数据库(database of interacting proteins,DIP)收集了由实验验证的蛋白质与蛋白质相互作用。数据库包括蛋白质的信息、相互作用的信息和检测相互作用的实验技术三个部分。用户可以根据蛋白质、物种、蛋白质超家族、关键词、实验技术或引用文献来查询 DIP 数据库。

转录调控区数据库(transcription regulatory regions database,TRRD)包含特定基因的各种结构与功能特性,如转录因子结合位点、启动子、增强子、沉默子以及基因表达调控模式等。TRRD 包括五个相关的数据表:TRRDGENES(包含所有 TRRD 库基因的基本信息和调控单元信息)、TRRDSITES(包括调控因子结合位点的具体信息)、TRRDFACTORS(包括 TRRD 中与各个位点结合的调控因子的具体信息)、TRRDEXP(包括对基因表达模式的具体描述)、TRRDBIB(包括所有注释涉及的参考文献)。TRANSFAC 数据库是关于转录因子及它们在基因组上的结合位点的数据库。此外,还有几个与 TRANSFAC 库密切相关的扩展库,如 S/MARtDB 库收集了与染色体结构变化相关的蛋白因子和位点信息;TRANSPATH 库用于描述与转录因子调控相关的信号传递网络。表 7-7 提供了常用功能数据库的网址信息。

除了以上提及的数据库之外,还有许许多多的生物信息数据库,涉及了目前生物学研究的各个层面和领域,推动了生物信息学和整个生命科学的快速发展。

表 7-7 主要功能数据库网址

数据库	网址
KEGG	http://www.genome.ad.jp/kegg/
DIP	http://dip.doe-mbi.ucla.edu/
TRRD	http://wwwmgs.bionet.nsc.ru/mgs/dbases/trrd4/
TRANSFAC	http://transfac.gbf.de/TRANSFAC/

7.4.1.6 数据库搜索

序列比对是生物信息学中最常用和最经典的研究手段。最常见的比对是蛋白质序列之间或核酸序列之间的两两比对,通过比较两个序列之间的相似区域和保守性位点,寻找二者可能的分子进化关系。进一步的比对是将多个蛋白质或核酸同时进行比较,寻找这些有进化关系的序列之间共同的保守区域、位点等,从而探索导致它们产生共同功能的序列模式。此外,还可以把蛋白质序列与核酸序列相比来探索核酸序列可能的表达框架;把蛋白质序列与具有三维结构信息的蛋白质相比,从而获得蛋白质折叠类型的信息。

生物信息数据库的相似性搜索是指通过特定的序列相似性比对算法,将查询序列与整个核酸或氨基酸序列数据库的所有序列进行比对,找出与检测序列具有一定程度相似性的序列及参考信息,对于进一步分析其结构和功能都会有很大的帮助。近年来随着生物信息学数据大量积累和生物学知识的整理,通过序列比对与相似性搜索可以有效地分析和预测一些新发现基因的功能。目前有两个最为常用的程序服务于未知序列的数据库相似性搜索,即 BLAST 和 FASTA。FASTA 使用的是 Wilbur-Lipman 算法的改进算法,进行整体联配,重点查找那些可能达到匹配显著的联配。虽然 FASTA 不会错过那些匹配极好的序列,但有时会漏过一些匹配程度不高但达到显著水平的序列。基本局部联配搜索工具(basic local alignment search tool,BLAST)是基于匹配短序列片段,用一种强有力的统计模型来确定未知序列与数据库序列的最佳局部联配。由于 FASTA 的算法与 BLAST 的算法有一定的差异,因此有时难以用相同的搜索条件去比较两者的利弊。

(1)BLAST 核苷酸数据库搜索

BLAST 是一个基于局部比对的序列相似性搜索工具,也就是说 BLAST 可以从数据库中找出与查询序列相似的子序列。在美国 NCBI 网站上的 BLAST 系列主要有 BLASTN、BLASTP、BLASTX、TBLASTN、TBLASTX 等。BLASTN 是用一个待搜索的原 DNA 序列与 DNA 序列数据库中的序列进行比对;BLASTP 是用一个待搜索的原蛋白质序列与蛋白质序列数据库的序列进行比对;BLASTX 是将一个待搜索的原 DNA 序列翻译成 6 种可能的蛋白质序列,再将 6 个蛋白质序列分别与蛋白质序列数据库的序列进行比对;TBLASTN 是蛋白序列到核酸库中的一种查询,与 BLASTX 相反,它是将库中的核酸序列翻译成蛋白序列,再将待搜索的蛋白质序列与翻译的蛋白质序列进行比对;TBLASTX 是核酸序列到核酸库中的一种查询。首先将 DNA 序列数据库中的每条序列都翻译成 6 种可能的蛋白质序列,再将待搜索的原 DNA 序列翻译成 6 种可能的蛋白质序列,最后将 6 种待搜索的翻译的蛋白质序列与 DNA 数据库翻译的蛋白质序列进行比对。

(2)FASTA 核苷酸数据库搜索

FASTA 是可用于蛋白质序列与核苷酸序列快速相似性搜索的程序，由 Pearl 与 Lipman 在 1988 年开发并不断更新。在英国 EBI 网站上的 FASTA 系列主要包括 fasta3、fastx/y3、tfastx/y3、fasts3、fastf3。

fasta3 是用一个待搜索的原 DNA 序列与 DNA 序列数据库中的序列进行比对，或者用一个待搜索的原蛋白质序列与蛋白质序列数据库的序列进行比对；fastx/y3 是将一个待搜索的原 DNA 序列从左到右正向翻译成 3 种可能的蛋白质序列，再将这 3 个蛋白质序列分别与蛋白质序列数据库的序列进行比对；tfastx/y3 是将 DNA 序列数据库中的每条序列都翻译成 6 种可能的蛋白质序列，再将待搜索的原蛋白质序列与翻译的蛋白质序列进行比对；fasts3 是将有顺序的多肽片段与蛋白质序列数据库中的蛋白质序列比对；fastf3 是将混合的不知顺序的多肽片段与蛋白质序列数据库中的蛋白质序列比对。

7.4.2 生物信息学的应用

7.4.2.1 基因组分析

人类基因组计划和其他各种基因组计划完成后产生的最直接的数据就是大量基因组 DNA 序列。以现在所能利用的手段，若通过实验方法在数以亿计的碱基序列中把全部或者大多数基因一一鉴定出来，将是一项非常繁重的工作，需消耗大量的时间、人力、物力与财力。运用数学与计算机发展的基因预测方法在一定程度上为解决这一问题提供了重要帮助。从编码区域可以推导出基因的结构及其对应的蛋白质序列，从而发现新基因。对于原核生物来说，因为其中不含内含子，找到具有起始密码的阅读框(ORF)，预测功能基因相对容易。由于真核生物的基因多包含有内含子和外显子，且可能进行选择性转录，因此基因的预测相对复杂。现阶段应用的方法主要有从已知的 cDNA、表达序列标签(EST)、已知基因的蛋白质序列以及相近物种间基因同源性比对中得到证据，以鉴定基因序列与功能。此外，还可采用隐马尔可夫模型(Hidden Markov Model，HMM)等方法来识别剪切位点、密码子使用偏爱及外显子和内含子长度。Genescan、Genefinder 等软件可用来预测识别真核生物的编码区，这些方法为预测和识别基因组的外显子和内含子及剪切位点提供了有效的工具，但不同的方法结果差异可能较大。除了发现新基因外，基因组研究还集中在对非编码区序列进行分析，主要包括基因表达调控及基因转录调控元件等方面的分析。通过对基因组编码区和非编码区的深入研究，必将对基因组结构信息的规律有更全面的认识。

7.4.2.2 生物进化与系统发育分析

物种的产生是自然界演化的产物,演化是生物与环境相互作用的过程,是遗传系统随着时间发生的一系列不可逆改变。系统发育学(phylogenetics)研究的是进化关系,系统发育分析就是要推断或者评估这些进化关系。通过系统发育分析所推断出来的进化关系一般用分枝图表(进化树)来描述,这个进化树就描述了同一谱系的进化关系,包括了分子进化(基因树)、物种进化以及分子进化和物种进化的综合。不同的生物种类之间的差异,可以最终理解为核酸序列的差异、核苷酸序列表达的差异、蛋白质序列的差异及蛋白质结构的差异。分子系统发育分析是研究核酸序列与蛋白质序列的系统发育问题。分子生物学的发展,使亲缘关系分析能够集中在更能反映生物学本质的核酸序列与蛋白质序列水平上,从而分析这些生物大分子的演化。在具体分析时,经常会选择细胞核、质体、线粒体内的某段核酸序列,进行多个生物种类的相关序列同源性分析,构建进化树,揭示这些物种的亲缘关系及进化程度。生物种属和功能之间的差异,未必可以在某段核苷酸序列或者蛋白质序列中完全反映出来,通过全基因组的比较进行系统发育分析将是一种更加可靠和准确的方法,但现阶段这种方法还不能普遍用在所有生物上。

7.4.2.3 蛋白质结构预测

蛋白质是一切生命活动的体现者,生物的各项生理活动直接或者间接地与蛋白质相关。目前为止,已经有大量的蛋白质序列被测定,但是单纯的氨基酸序列还不足以说明蛋白质的功能,以及它们如何行使功能,与哪些蛋白质发生相互作用,多数情况下,只有知道了蛋白质的完整三维结构才能完全理解其功能。因此,如何获得蛋白质的结构成为蛋白质研究的重要内容。目前测定蛋白质结构的实验手段主要依靠X射线晶体衍射与核磁共振,这两种方法也只能检测有特定性质蛋白质的结构,并且测定周期较长,远跟不上核酸序列的测定速度。因此,蛋白质结构预测技术也成为目前生物信息学研究非常活跃的领域。由于二级结构是理解三维结构的基础之一,如果二级结构的预测准确率不高,三维结构受到的限制就更大。蛋白质三维结构的预测主要依靠氨基酸序列来推断蛋白质的空间结构,这是蛋白质结构预测的最终目标。虽然在二级结构、三级结构的预测目前会遇到很多意想不到的困难,但在迅速发展的实验技术以及日益完善的理论推动下,困难和问题正在逐步得到解决。

7.4.2.4 代谢网络分析

代谢组学是继基因组学和蛋白质组学后出现的一门新学科,已成为后基因组学时代的一个重要分支。植物代谢组学是对植物的某一组织或细胞在一特定生理时期内所有低分子量代谢产物同时进行定性和定量分析。它是以组群指标分析为基础,以高通量检测和数据处理为手段,以信息建模与系统整合为目标,从宏观角度研究生物机体的生化代谢,从而监控或者评价基因功能。目前的高通量分析技术为研究纷繁复杂的植物次生代谢体系提供了可能,一些生化反应、代谢途径、生物催化与降解、细胞信号网络等资料正在不断丰富,不断被汇总,产生了前所未有的海量数据。因此,利用统计学、生物信息学方法从海量数据中获得有意义的信息已成为研究能否取得成功的重要环节。在具有较充足的生命代谢资料的情况下,我们可以在计算机中模拟生命在分子水平上的部分生理过程以及细胞在体内与体外所处环境下的代谢过程等。此外,植物代谢分析结果与基因组学、转录组学和蛋白质组学相结合,将有利于建立基因和代谢产物之间的完整网络关系,从基因、蛋白和代谢角度进一步全面阐明植物代谢规律与调节机制。

随着模式生物基因组全序列测定的陆续完成,基因组学的研究由结构基因组学阶段发展到功能基因组学阶段,并成为当今最为活跃、最有影响的前沿学科之一。以高通量、自动化为出发点的基因组技术迅速发展,使得在植物学中的应用变得更为容易和高效,同时整合基因组学、转录组学、蛋白质组学、代谢组学以及生物信息学,从而建立植物学研究的新策略、新技术。拟南芥全基因组序列注释以及突变体库的构建完成,使得其全部基因功能的鉴定逐渐变成现实。继拟南芥之后,水稻基因组研究也取得了重大进展。而其他一些重要农作物,如玉米、高粱、大豆、小麦等的研究也朝着拟南芥的方向前进,基因组学的创新发展将继续为植物学家们提供有用的信息,以加速植物遗传改良的进程。

思考题

1. 什么是基因组物理图谱?物理图谱与遗传图谱有何不同?
2. 什么是 ORF?在基因注释中 ORF 有何意义?
3. 试述全基因组测序的两种策略。
4. 试述基因差异表达的主要检测方法。

第8章 植物基因工程及转基因植物 >>>

基因工程(gene engineering)是指按照人们的愿望,进行严格的设计,通过体外DNA重组和转基因技术,赋予生物以新的遗传特性,创造出更符合人们需要的新的生物类型和生物产品。植物基因工程(plant gene engineering)则是指通过严密的人工设计,从DNA水平对控制目标性状的基因进行修饰改造,结合转基因技术,创造出更符合人们需要的植物新类型和植物新产品。其内容包括:提取不同生物的基因组DNA,借助载体实现不同DNA片段的体外切割、拼接和重组,然后把带有外源基因的载体DNA引入植物细胞,使其在植物细胞内进行复制和表达。经转基因技术修饰过的植物称为转基因植物。利用转基因技术,可以超越物种之间的生殖隔离,实现动物、植物及微生物之间的基因交流,有目的地改造植物,创造高产、优质的植物新品种。

8.1 基因工程的工具酶

基因工程是建立在DNA分子水平上的操作,它必须依赖于一些重要的酶作为工具,实现在体外对DNA分子进行切割、连接等操作,由此看来,酶是进行基因工程操作的必不可少的物质基础。于是,人们把基因工程操作中所有可能涉及的酶统称为工具酶。主要包括:限制性内切酶、DNA连接酶、DNA聚合酶、核酸酶及核酸修饰酶等。

8.1.1 限制性核酸内切酶

8.1.1.1 限制性核酸内切酶的发现和分类

20世纪50年代,人们在研究噬菌体的宿主范围时,发现了这样一种现象:在不同大肠杆菌菌株(例如K菌株和B菌株)上生长的λ噬菌体(分别称为λ.K和λ.B)能高频感染它们各自的大肠杆菌宿主细胞K菌株和B菌株,但当它们分别与其宿主菌交叉混合培养时,则感染频率明显下降。说明K菌株和B菌株中都存在一种限制系统，可排除外来的DNA。限制作用实际上是宿主通过降解外源DNA，维护自身遗传稳定的一种保护机制，一旦λ.K噬菌体在B菌株中感染成功，由B菌株繁殖出的噬菌体后代便能像λ.B一样高频感染B菌株，但却不再感染它原来的宿主K菌株。这种现象称为宿主细胞的限制（restriction）和修饰（modification）作用。

研究发现，限制与修饰系统是由三个连锁基因控制。其中，*hsdR*编码限制性核酸内切酶，用于识别DNA分子上的特定位点并将dsDNA切断。*hsdM*编码DNA甲基化酶，使DNA分子特定位点上的碱基甲基化，起到修饰DNA的作用；由于限制性核酸内切酶对发生甲基化的酶切位点无法识别，从而保护自身DNA分子免受限制性内切酶的消化。我们知道细菌可以抵御新病毒的入侵，其实质是由于细菌存在自身的限制性核酸内切酶，通过摧毁外源DNA的方式而“限制”病毒生存。于是人们把能够识别和切割dsDNA分子内特殊核苷酸序列的酶统称为限制性核酸内切酶，简称限制性内切酶或限制性酶。从原核生物中已发现的限制性酶有400多种，通常可分为Ⅰ型、Ⅱ型和Ⅲ型。其中Ⅰ型、Ⅲ型酶具有特定识别位点，但没有特定的切割位点，其切割位点分别在距识别位点1 000 bp处和24～26 bp处，且对其识别位点进行随机切割，很难形成稳定的特异性切割末端，因此，Ⅰ型和Ⅲ型限制性内切酶在基因工程实验中很少使用，而Ⅱ型酶能够克服以上缺点，可以识别特定序列并进行切割。所以，如果没有特别说明，通常所说的限制性内切酶是指Ⅱ型限制性内切酶。

8.1.1.2 Ⅱ型限制性内切酶的特点

(1)识别特定的核苷酸序列，其长度一般为4～6个核苷酸对，而且具有双重旋转对称的回文序列结构；

(2)识别位点即为其切割部位，限制性内切酶在其识别序列的特定位点对dsDNA进行切割，由此产生特定的酶切末端；

(3)没有甲基化修饰酶功能，不需要ATP和S-腺苷蛋氨酸（s-adenosyl methionine，SAM）作为辅助因子，一般只需要Mg^{2+}。Ⅱ型限制性内切酶主要作用是切割DNA分子，以便对含有的特定基因的DNA片段进行分离和分析，是基因工程中的主要工具酶。

限制性内切酶在dsDNA分子上能识别的特定核苷酸序列称为识别序列或识别位点，它们对碱基序列有严格的专一性，被识别的碱基序列通常具有双轴对称性，即回文序列结构（palindtomic sequence structure）。从大肠杆菌中分离鉴定的*EcoR*Ⅰ是最早发现的一种Ⅱ型限制性内切酶，它的特异识别序列如图8-1所示，具有回文序列，因此能够特异地结合在含有其特异识别序列的DNA区域。

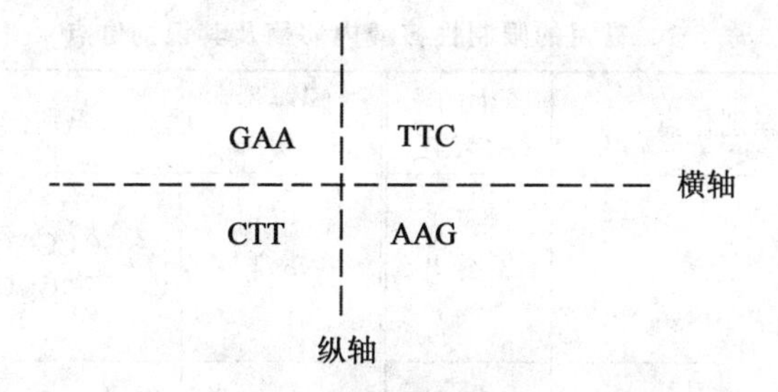

图 8-1 *Eco*RⅠ识别 DNA 链上的回文序列

Ⅱ型限制性内切酶的切割方式通常有三种(图 8-2),在识别序列对称轴上同时切断磷酸二酯键,形成平末端,如 *Eco*RⅤ;在识别序列的双侧末端进行切割,若于对称轴的 5′端切割,可形成 5′端突出的末端,如 *Eco*RⅠ;若于对称轴的 3′端切割,可形成 3′端突出的末端,如 *Pst*Ⅰ。

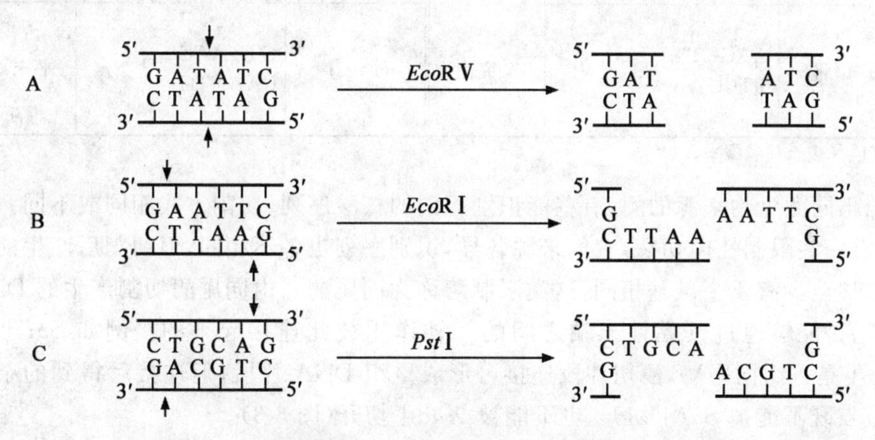

图 8-2 Ⅱ型限制性内切酶的切割方式(改自陈宏,2011)

A. 平头末端 B. 5′突出末端 C. 3′突出末端

经限制酶切割后产生的 DNA 片段称为限制性片段,不同限制酶切割 DNA 后所形成的限制性片段长度不同。一些常用的限制性内切酶及其识别位点列于表 8-1。

限制性内切酶识别的靶序列与 DNA 的来源无关,没有物种的特异性。所以任何不同来源的 DNA,经过适当的限制性核酸内切酶处理后,都可以通过它们的黏性末端或平头末端连接起来。这是 DNA 分子重组的重要基础之一。根据这一特性,我们才能够将任意两个不同来源的 DNA 片段连接,形成一种新的重组 DNA 分子。

表 8-1 常用的限制性核酸内切酶及其识别位点

限制性内切酶	识别位点	产生的末端类型	限制性内切酶	识别位点	产生的末端类型
Bbu Ⅰ	↓ GCATGC CGTACG ↑	3′突出	*Not* Ⅰ	↓ GCGGCCGC CGCCGGCG ↑	5′突出
Sfi Ⅰ	↓ GGCCNNNNNGGCC CCGGNNNNNCCGG ↑	3′突出	*Sau3A* Ⅰ	↓ GATC CTAG ↑	5′突出
*Eco*R Ⅰ	↓ GAATTC CTTAAG ↑	5′突出	*Alu* Ⅰ	↓ AGCT TCGA ↑	平末端
Hind Ⅲ	↓ AAGCTT TTCGAA ↑	5′突出	*Hpa* Ⅰ	↓ GTTAAC CAATTG ↑	平末端

注：N 表示任意碱基。

不同微生物来源的酶，有些能识别相同的核酸序列，切割方式相同或不同。其中，有一些限制性内切酶，它们来源各异，识别序列也各不相同，但切割后产生的黏性末端至少有 4 个碱基相同，这类限制酶称为同尾酶。由同尾酶切割产生的 DNA 片段，是能够通过其黏性末端之间的互补作用彼此连接起来的。例如 *Sal* Ⅰ 和 *Xho* Ⅰ 是一组同尾酶，酶切片段连接可形成重组 DNA 片段，但连接后得到的杂合靶位点既不能被 *Sal* Ⅰ 切开，也不能被 *Xho* Ⅰ 切开(图 8-3)。

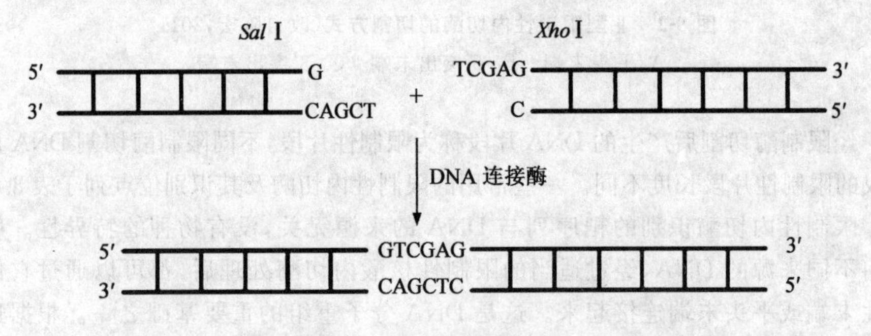

图 8-3 由同尾酶所产生黏性末端的连接(引自陈宏，2011)

8.1.1.3 限制性核酸内切酶的命名

限制性内切酶主要是从原核生物中提取的。现在通用的命名原则是：

(1)酶的基本名称由寄主微生物属名的第一个字母和种名的前两个字母构成，书写时属名的第一个字母为大写、斜体，种名的前两个字母为小写、斜体。例如，大肠杆菌(*Escherichia coli*)用 *Eco* 表示，流感嗜血杆菌(*Haemophilus influenzae*)用 *Hin* 表示。

(2)若该微生物有不同的变种或品系，则再加上该变种或品系的第一个字母，书写时该字母为正体，如 *Eco*RⅠ。

(3)若某一种寄主菌株，具有几个不同的限制-修饰体系，则以正体罗马数字表示。如流感嗜血菌 Rd 菌株的几个限制与修饰体系分别表示为 *Hin*dⅠ、*Hin*dⅡ、*Hin*dⅢ等。

(4)所有的限制性核酸内切酶，除了以上名称外，前面还冠以系统的名称。限制性核酸内切酶的系统名称为 R，甲基化酶为 M。例如，*R. Hin*dⅢ表示限制性核酸内切酶。甲基化酶用 *M. Hin*dⅢ表示。但在实际应用中，限制性内切酶的系统名称 R 常被省略。

8.1.1.4 限制性核酸内切酶的反应条件

限制性核酸内切酶的反应体系主要包括酶、底物和反应缓冲液。酶切过程通常需要合适的反应温度。

(1)酶切条件

影响限制性内切酶酶活性的因素有很多，概括起来主要包括以下几点：①温度。大部分限制性核酸内切酶的最适反应温度为 37℃，但也有例外，如 *Sma*Ⅰ的反应温度为 25℃。②盐离子浓度。不同的限制性核酸内切酶对盐离子强度(Na^+)有不同的要求，一般按离子强度不同分为低盐(0 mmol/L)、中盐(50 mmol/L)和高盐(100 mmol/L)三类。Mg^{2+}是限制性核酸内切酶酶切反应所必需的辅助因子。③缓冲体系。限制性核酸内切酶要求有稳定的 pH 环境，通常由 Tris-HCl 缓冲体系来完成。另外，为保持限制性核酸内切酶的稳定与活性，通常在反应体系中添加二硫苏糖醇(DTT)。④反应体积与甘油浓度。商品化的限制性核酸内切酶均加 50%甘油作为保护剂，一般在−20℃下贮藏。酶切反应时，所加酶的体积一般不超过总反应体积的 10%，若加酶的体积太大，甘油浓度过高，则会影响酶切反应效果。⑤限制性核酸内切酶酶切反应时间通常为 1 h，但大多数酶活性可维持很长的时间。如果加入的酶量大，可缩短酶切时间；如果加入的酶量少，则可延长酶切时间。⑥DNA 的纯度和结构。一个酶单位定义为在 1 h 内完全酶解 1 μg λ 噬菌体 DNA 所需的酶量。DNA 样品中所含的蛋白质、有机溶剂及 RNA 等杂质均会影响酶切反应的速度和酶切的完全程度，酶切的底物一般是 dsDNA，甲基化可能会影响酶切反应。此外，影响酶切效果的因素还有酶的纯度、DNA 分子的构型等。

(2)完全酶切和不完全酶切

如果一种限制性核酸内切酶对 DNA 分子上所有识别的位点能够全部酶解，切割反应达到了这样的片段化水平，我们称之为完全酶切。然而，实际上很多时候限制性核酸内切酶对 DNA 分子的完全酶切消化往往是达不到的，即仅对部分识别位点发生酶切，这时我们称之为不完全酶切。通过不完全的酶切消化反应，常常可以获得平均分子质量大小有差别的酶解片段，这对于构建物理图谱和基因组文库是非常必要的。在实验中，通过减少酶量、增加反应体积、缩短反应时间和降低反应温度等手段，可以达到不完全酶切的目的。

(3)星号活性

限制性核酸内切酶的识别位点是在特定的消化条件下测定的，当条件改变时，有些酶的识别位点也随之改变，可能切割一些与特异识别序列相类似的序列，这种现象称为星号活性。诱发星号活性产生的常见原因有：①高甘油含量；②内切酶用量过大；③低离子强度；④高 pH；⑤含有机溶剂，如乙醇；⑥Mn^{2+}、Cu^{2+}、Zn^{2+}等二价阳离子存在。由此可见，只有在特定条件下，限制性核酸内切酶的活性才能正常发挥，为达到限制性核酸内切酶的最佳反应速度和切割专一性，应尽量遵循生产商推荐的反应条件。

8.1.2 DNA 连接酶

DNA 重组技术的核心是 DNA 片段的体外连接。DNA 连接是一个酶促反应过程，需要 DNA 连接酶的参与。1967 年，世界上有数个实验室几乎同时发现了 DNA 连接酶(ligase)。它能催化一条 DNA 链的 3′端游离的羟基(—OH)和另一条 DNA 链 5′端的磷酸基团(—P)共价结合，形成磷酸二酯键。因此，它可催化两个 DNA 分子的末端连接，用来产生重组 DNA 分子。

DNA 连接酶广泛存在于各种生物体内。在大肠杆菌及其他细菌中，DNA 连接酶催化的连接反应是利用 NAD^{+} 作为能源；在动物细胞及噬菌体中，则是利用 ATP 作能源。DNA 连接酶可连接 DNA 分子上相邻两个核苷酸之间的切口(nick)，但不能连接缺少一个或几个核苷酸的裂口(gap)。另外，DNA 连接酶不能连接两条 ssDNA 分子或环化的 ssDNA 分子，被连接的 DNA 必须是双螺旋 DNA 分子的一部分。

8.1.2.1 DNA 连接酶的种类

目前常用的 DNA 连接酶有 T4 噬菌体 DNA 连接酶(又称 T4 DNA 连接酶)

和大肠杆菌 DNA 连接酶两种。

基因工程中最常用的连接酶是 T4 DNA 连接酶。它既能连接黏性末端，又能连接平头末端(图 8-4)。由于 T4 DNA 连接酶可连接的底物范围广，尤其是能有效地连接 DNA 分子的平头末端，因此在 DNA 体外重组技术中被广泛应用。但平头末端的连接效率比较低。

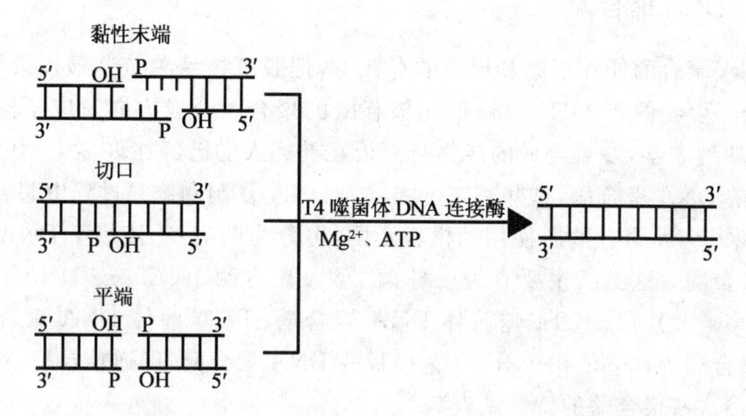

图 8-4　T4 噬菌体 DNA 连接酶的催化反应活性(改自陈宏，2011)

大肠杆菌 DNA 连接酶的合适底物是一条带切口的 dsDNA 分子和具有互补黏性末端的不同 DNA 片段。该酶不能催化两个平头末端 DNA 分子的连接。由于大肠杆菌 DNA 连接酶对 DNA 末端的要求比较严格，连接效率比较高，所以连接产物转化细菌后假阳性背景非常低。

8.1.2.2　连接反应的影响因素

DNA 片段的连接过程与许多因素有关，如 DNA 末端的结构、DNA 片段的浓度和分子质量、不同 DNA 末端的相对浓度、反应温度、离子浓度等。

重组子的分子构型与 DNA 浓度及 DNA 分子长度存在密切关系。在一定浓度下，小分子 DNA 片段进行分子内连接，有利于形成环化分子，因为 DNA 分子的一个末端找到同一分子的另一末端的概率要高于找到不同 DNA 分子的概率。对于长度一定的 DNA 分子，其浓度降低有利于分子环化。如果 DNA 浓度增加，则在分子内连接反应发生以前，某一个 DNA 分子的末端碰到另一个 DNA 分子末端的可能性也有所增大。因此，较高浓度的 DNA，有利于分子间的连接，形成线性二聚体或多聚体分子。

连接酶作用的最佳反应温度是 37℃。但是在这个温度下，黏性末端之间的氢键结合是不稳定的。因此，连接黏性末端的最佳温度，一般认为 4～15℃ 比较合适。根据 DNA 片段的分子大小及末端结构，在 12～30℃下反应 1～16 h。对于黏性末端一般在 12～16℃进行反应，以保证黏性末端退火及酶活性、反应速率之间的平衡。平头末端连接反应可在室温(<30℃)进行，但所需连接酶的用量为黏性末端连接反应酶用量的 10～100 倍。

8.1.3 DNA 聚合酶

DNA 聚合酶能在引物和模板的存在下，把脱氧核糖单核苷酸连续添加到 ds-DNA 分子引物的 3′-OH 末端，催化核苷酸的聚合。合成方向对应于模板链而言是从 5′端到 3′端，并且合成的产物与模板互补。人们已经在许多生物中发现了各种不同的 DNA 聚合酶，这些酶在生物体内 DNA 复制和修复过程中起着重要的作用。根据 DNA 聚合酶所使用的模板不同，可分为两类：①依赖于 DNA 为模板的 DNA 聚合酶。这类酶主要有大肠杆菌 DNA 聚合酶Ⅰ(*E. coli* DNA polymerase Ⅰ)、Klenow 大片段酶、T4 噬菌体 DNA 聚合酶、T7 噬菌体 DNA 聚合酶和 *Taq* DNA 聚合酶等。②依赖于 RNA 为模板的 DNA 聚合酶，即逆转录酶，有时也称反转录酶。这些聚合酶的特性见表 8-2。

表 8-2 依赖于模板的 DNA 聚合酶的性质

酶名称	5′→3′聚合酶活性	5′→3′外切酶活性	3′→5′外切酶活性
E. coli DNA 聚合酶Ⅰ	+	+	+
Klenow 片段	+	−	+
T4 噬菌体 DNA 聚合酶	+	−	+
T7 噬菌体 DNA 聚合酶	+	−	+
测序酶	+	−	−
Taq DNA 聚合酶	+	+	−
逆转录酶	+	−	−

(引自陈宏，2011)

由于大肠杆菌 DNA 聚合酶Ⅰ及 Klenow 大片段酶是基因工程中常用的 DNA 聚合酶，下面主要介绍这两种酶。

DNA 聚合酶Ⅰ是由一条约 1 000 个氨基酸残基的多肽链形成的单一亚基蛋白。该酶具有 3 种不同的活性：①5′→3′DNA 聚合酶活性，大肠杆菌 DNA 聚合酶Ⅰ能以 DNA 为模板，在 4 种 dNTP 和 Mg^{2+} 存在下，催化单核苷酸结合到引物分子的 3′-OH 末端，沿 5′→3′方向合成 DNA；②3′→5′ DNA 外切酶活性，这种功能在 DNA 合成中识别错配的碱基并将它切除；③5′→3′ DNA 外切酶活性，这种酶活性只对 dsDNA 的一条链的 5′末端开始切割降解 dsDNA，释放出单核苷酸或寡核苷酸片段。这种酶的切割作用要求 DNA 链处于配对状态且 5′端必须带有磷酸基团。

大肠杆菌聚合酶Ⅰ主要用于核酸杂交探针的制备。其基本原理是利用大肠杆菌 DNA 聚合酶Ⅰ的多种酶促活性将标记的 dNTP 掺入新形成的 DNA 链中去，形成均匀标记的高比活 DNA 探针。具体过程为：在 Mg^{2+} 存在时，用低浓度的 DNA 酶Ⅰ(DNaseⅠ)处理 dsDNA，使之随机产生单链断裂，这时 DNA 聚合酶Ⅰ的 5′→3′外切酶活性和聚合酶活性可以同时发挥作用。外切酶活性可以从断裂处的 5′端除去一个核苷酸，而聚合酶活性则将一个单核苷酸添加到断裂处的 3′端。由于大肠杆菌 DNA 聚合酶Ⅰ不能使断裂处的 5′磷酸基团和 3′羟基形成磷酸二酯键而连接，所以随着反应进行，即 5′端的核苷酸不断地被去除，而 3′端的核苷酸同时加入，最终导致断裂形成的切口沿着 DNA 链合成的方向移动，这种现象称为切口平移(nick translation)。如果在反应体系中加入已标记的核苷酸，则这些标记的核苷酸将取代原来的核苷酸残基，产生带标记的 DNA 分子，即核酸杂交探针。切口平移法是目前实验室中最常用的一种脱氧核苷酸探针标记法(图 8-5)。在所有的 DNA 聚合酶中只有大肠杆菌 DNA 聚合酶Ⅰ能够催化切口平移反应。

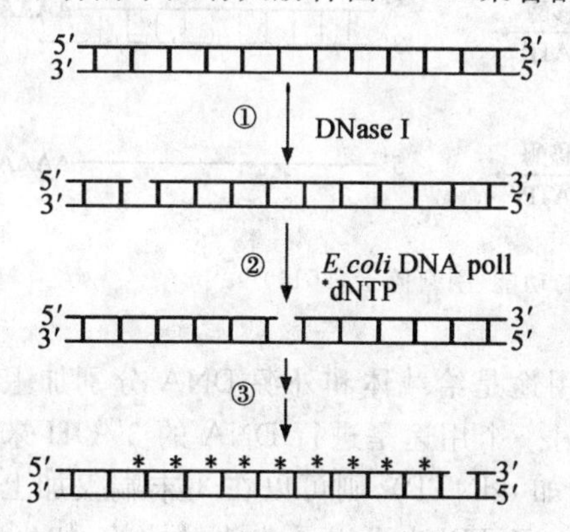

①用大肠杆菌 DNA 酶Ⅰ处理 dsDNA，使之随机产生单链断裂；②DNA 聚合酶Ⅰ的 5′→3′外切酶活性将一个放射性核素标记的单核苷酸添加到断裂处的 3′端；
③反应重复进行的核苷酸残基，形成放射性标记的 DNA 分子。* 放射性同位素标记。

图 8-5　切口平移标记核酸探针示意图(引自陈宏，2011)

用枯草杆菌蛋白酶处理大肠杆菌 DNA 聚合酶Ⅰ时得到两个大小不同的蛋白片段，其中分子质量较大的一个即为 Klenow 酶，具有 5′→3′聚合酶活性和 3′→5′外切酶活性，缺少 5′→3′的外切酶活性。在分子克隆中，Klenow 酶主要用于 DNA 的缺口补平和延伸，随机引物标记 DNA 探针和 DNA 的末端标记，末端终止法测定 DNA 序列，也用于 cDNA 克隆中催化第二条 cDNA 链的合成等。

8.1.4　核酸修饰酶

8.1.4.1　末端脱氧核苷酸转移酶

末端脱氧核苷酸转移酶(terminal deoxymlcleotidyl transferase, TdT)简称末端转移酶。目前商品化的末端转移酶是从小牛胸腺中分离纯化而来的。末端转移酶能在二价阳离子作用下,催化 DNA 的聚合作用,将脱氧核糖核苷酸加到 DNA 分子的 3′-OH 末端。与 DNA 聚合酶不同的是,这种聚合作用不需要模板,反应需要 Mg^{2+},其合适底物为带有3′-OH突出末端的 dsDNA,对于平头末端或带 3′-OH 凹陷末端的 dsDNA 和 ssDNA,末端转移酶催化的聚合作用仍能进行,但需 Co^{2+} 激活,且反应效率低(图 8-6)。

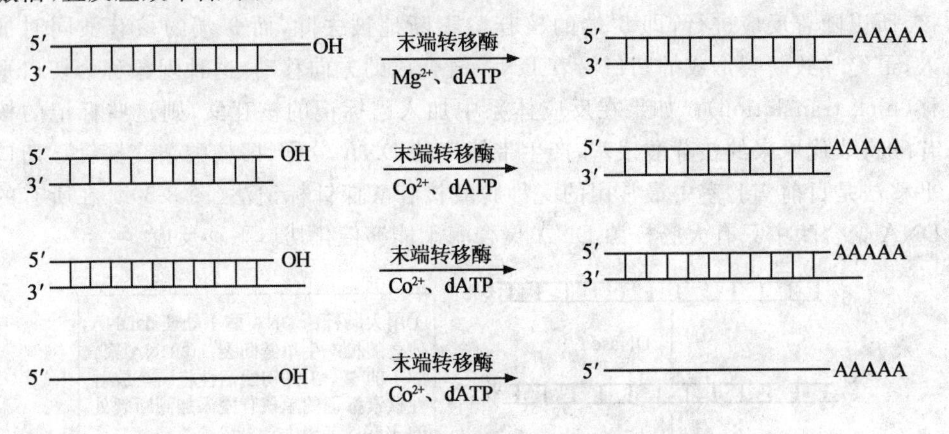

图 8-6　末端转移酶的功能(引自陈宏,2011)

在分子克隆中,末端转移酶的主要用途是给载体和外源 DNA 分别加上互补的同聚物尾巴,以便二者在体外连接。另一个用途是进行 DNA 的 3′-OH 末端标记,而且作为底物的核苷酸若经过修饰(如 ddNTP),则可以在 3′末端仅加上一个核苷酸;标记物可以是放射性的,如 α-^{32}p-dNTP,也可以是非放射性的,如生物素-11-dUTP,它们可用于 DNA 序列分析、DNase Ⅰ足迹分析、分子杂交等实验中。

8.1.4.2　碱性磷酸酶

常用的碱性磷酸酶有两种,一种来源于大肠杆菌,叫做细菌碱性磷酸酶(bacterial alkaline phosphatase, BAP);另一种来源于小牛肠,叫做小牛肠碱性磷酸酶(calf intestinal alkaline phosphatase, CIP)。它们都可以催化核酸分子的脱磷作用,使 DNA 或 RNA 的 5′磷酸变为 5′-OH 末端。

碱性磷酸酶的主要用途:①5′末端标记前的处理。在使用多核苷酸激酶进行

5′末端标记之前，用碱性磷酸酶去除 DNA 或 RNA 的 5′磷酸，可以得到较高的标记效率。5′末端标记的 DNA 可应用于测序和特异性 DNA 或 RNA 片段的图谱构建。②去除 DNA 片段的 5′磷酸基团，防止自身连接。在载体和目的基因的重组过程中，如果使用同一种限制性内切酶对载体及外源 DNA 进行消化，则它们的连接产物有多种形式，包括载体与外源 DNA 连接形成的重组子和载体自身连接形成的载体分子，后者称为自身环化的载体或空载体。显然，这种环化作用对于 DNA 体外重组是非常不利的。为了防止线性载体的自身环化作用，必须在连接之前使用碱性磷酸酶处理，去除其 5′末端的磷酸基团。这样，即使载体 DNA 分子的两个黏性末端发生退火互补，却失去了连接能力，不能形成共价环化结构(图 8-7)，通过碱性磷酸酶预处理线性载体，有效防止了载体的自身环化，提高了载体与外源 DNA 的连接效率，从而降低了细菌转化时的背景干扰。

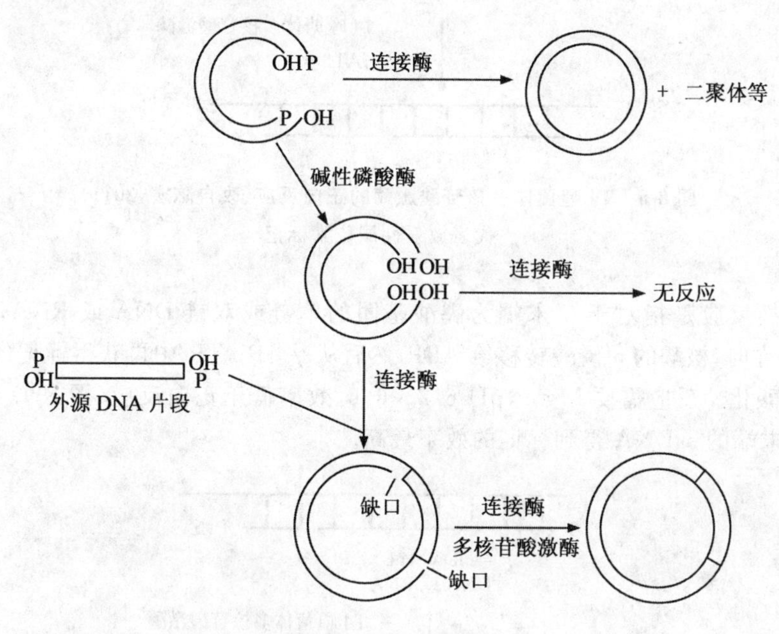

图 8-7　碱性磷酸酶防止载体自身连接示意图(改自陈宏，2011)

8.1.4.3　T4 噬菌体多核苷酸激酶

T4 噬菌体多核苷酸激酶(T4 phage polynucleotide kinase)主要是用来进行 DNA 或 RNA 的 5′末端标记。T4 噬菌体多核苷酸激酶可催化 ATP 的 γ 磷酸基团转移到单链或双链 DNA 或 RNA 的 5′末端，根据 5′末端结构的不同又分为正向反应和交换反应。

正向反应是指天然核酸的5′末端为磷酸基团而不是羟基时，在利用多核苷酸激酶进行5′末端标记时，可先用碱性磷酸酶处理，使其发生脱磷作用暴露出5′-OH之后，才能催化5′-OH末端的磷酸化。反应需要Mg^{2+}，加入DTT可提高酶活性，pH 6.5～8.5。T4噬菌体多核苷酸激酶催化5′突出末端磷酸化的速度比催化平端或5′凹陷末端磷酸化快得多，对dsDNA切口或裂口处进行磷酸化的效率比单链末端的磷酸化效率低。但是，只要有足够的酶和ATP存在，平头末端、5′凹陷末端和dsDNA的切(裂)口都能得到磷酸化(图8-8)。

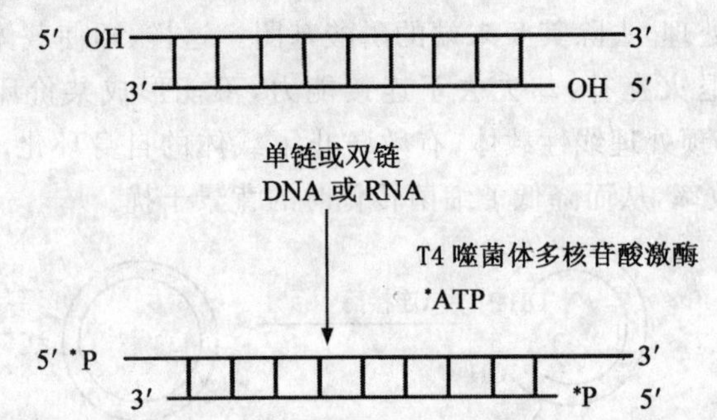

图8-8 T4噬菌体多核苷酸激酶的正向反应(改自陈宏，2011)

* 代表放射性同位素标记

交换反应是指对于5′末端为磷酸基团的单链或双链DNA或RNA，在过量ADP存在时，核酸的5′磷酸转移给ADP，然后从γ-^{32}P-ATP中再获得标记的γ-^{32}P，重新磷酸化。反应需要Mg^{2+}，pH 6.2～6.6，效率低于正向反应(图8-9)，其中含5′磷酸末端的ssDNA得到标记的效率最高。

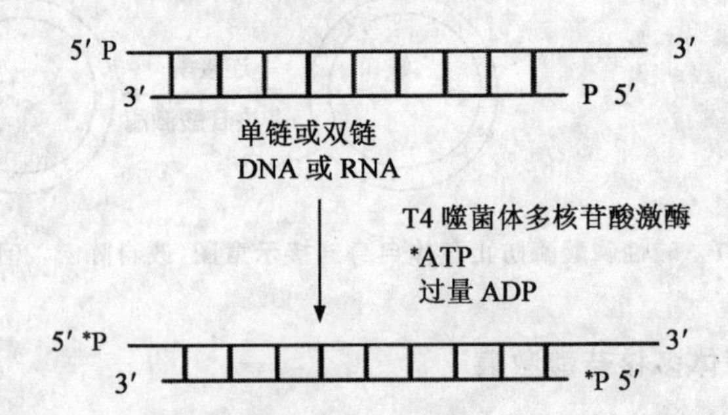

图8-9 T4噬菌体多核苷酸激酶的交换反应(引自陈宏，2011)

* 代表放射性同位素标记

8.1.5 核酸酶

核酸酶是一类能降解核酸的水解酶，它在基因工程操作中应用非常广泛。根据核酸酶对底物作用的专一性，可将其分为三类：①只作用于RNA的酶称为核糖核酸酶(RNase)。②只作用于DNA的酶称为脱氧核糖核酸酶(DNase)。③既可作用于RNA，又可作用于DNA的酶称为核酸酶(nuclease)。

8.1.5.1 核糖核酸酶

核糖核酸酶A又称RNA酶A(RNase A)，来源于牛胰脏，是一种内切核糖核酸酶，可特异性作用于RNA上嘧啶残基的3′端，切割胞嘧啶或尿嘧啶与相邻核苷酸形成的磷酸二酯键，反应终产物是3′嘧啶核苷酸和末端带3′嘧啶核苷酸的寡核苷酸片段。RNase A非常稳定，且无处不在，极难失活。去除反应液中的RNase A，通常需要蛋白酶K处理，酚反复抽提和乙醇沉淀。

在分子克隆中，核糖核酸酶A的主要用途：①去除DNA-RNA杂交体中未杂交的RNA区。②确定RNA或DNA中的单碱基突变的位置。在RNA-DNA或RNA-RNA杂交体中，若存在单碱基错配，可用RNase A识别并切割。通过凝胶电泳分析切割产物，即可确定错配的位置。③RNA检测。核糖核酸酶保护分析法(RNase protection assay)是近年来发展起来的一种检测RNA的杂交技术。其基本原理是利用单链RNA探针，与待测的RNA样品进行杂交形成RNA-RNA双链分子，由于核糖核酸酶可专一性地降解未杂交的单链RNA，而双链受到保护不被降解，经凝胶电泳可以确定目的RNA的长度。④降解DNA制备物中的RNA分子。

核糖核酸酶H(RNase H)最早是从小牛胸腺组织中发现并分离。它能特异地降解DNA-RNA杂交双链中的RNA链，产生具有3′-OH和5′-PO_4的寡核苷酸片段和单核苷酸，它不能降解单链或双链的DNA或RNA。

8.1.5.2 脱氧核糖核酸酶

脱氧核糖核酸酶是一类作用于DNA的磷酸二酯键，催化DNA水解的内切核酸酶。脱氧核糖核酸酶Ⅰ(DNase Ⅰ)是一种常用的脱氧核糖核酸酶，来源于牛胰脏。它从嘧啶核苷酸5′端磷酸随机降解单链或双链DNA，生成具有5′-磷酸末端的寡核苷酸。当Mg^{2+}存在时，能在dsDNA上随机独立地产生切口；而在Mn^{2+}存在下，则在dsDNA的大致同一位置上切割，产生平头端DNA片段。

8.1.5.3 S1核酸酶

S1核酸酶来源于米曲霉菌(*Aspergillus oryzae*)，是一种含锌的蛋白质，分子质量为32 ku。催化反应通常需要Zn^{2+}和酸性条件(pH 4.0～4.5)，其特点是：①降解ssDNA或RNA，包括双链分子中的单链区域(如发夹结构)，而且这种单链区域可以小到只有一个碱基对，但降解 DNA 的速度大于降解 RNA 的速度，产生带 5′磷酸的寡核苷酸片段。②降解反应分为内切和外切。③当酶量过大时，伴有双链核酸的降解，该酶的双链降解活性仅为单链的 1/75 000。由于具有以上特性，S1 核酸酶可用于切掉 DNA 片段的单链突出末端产生平头末端，在双链 cDNA 合成时切除发夹环结构等。

8.1.6 核酸外切酶

核酸外切酶(exonulclease)是一类从多核苷酸链的末端开始逐个降解核苷酸的酶。按照酶对底物二级结构的专一性，将其分为三类：①作用于单链的核酸外切酶，如大肠杆菌核酸外切酶Ⅰ和大肠杆菌核酸外切酶Ⅶ。②作用于双链的核酸外切酶，如大肠杆菌核酸外切酶Ⅲ、λ噬菌体核酸外切酶和 T7 噬菌体基因Ⅵ核酸外切酶等。③既可作用于单链又可作用于双链的核酸外切酶，如 *Bal* 31 核酸酶。几种常用核酸外切酶的特性见表 8-3。

表 8-3 几种核酸外切酶的特性

核酸外切酶	底物	酶催化活性	产物
大肠杆菌核酸外切酶Ⅰ	ssDNA	5′→3′外切酶活性	5′单核苷酸
大肠杆菌核酸外切酶Ⅶ	ssDNA	5′→3′外切酶活性	2～12 bp 寡核苷酸片段
	带黏性末端的 dsDNA	5′→3′外切酶活性 3′→5′外切酶活性	平头末端 dsDNA
大肠杆菌核酸外切酶Ⅲ	dsDNA	3′→5′外切酶活性	5′单核苷酸，ssDNA
λ噬菌体核酸外切酶	dsDNA(5′-P)	5′→3′外切酶活性	
T7 噬菌体基因Ⅵ核酸外切酶	dsDNA(5′-P，5′-OH)	5′→3′外切酶活性	5′单核苷酸，ssDNA
Bal 31 核酸酶	ssDNA 或 RNA	内切酶活性	5′dNMP 或 5′rNMP
	dsDNA	5′→3′外切酶活性 3′→5′外切酶活性	平头末端 dsDNA

(引自陈宏，2011)

8.2 基因工程载体

载体的发现和使用是基因工程诞生必不可少的条件之一。载体通过自身的

DNA和目的基因的DNA重组形成一个新的携带有目的基因的DNA重组体。因为外源DNA片段(即目的基因)一般难以进入不同种属的细胞中,即使DNA片段能单独进入细胞中去,也不能进行复制增殖,它必须与具有自我复制能力的DNA分子共价结合后才能被复制。这种能在细胞内进行自我复制的DNA分子就是外源DNA片段的运载体,简称载体。借助于载体,外源DNA不仅能进入受体细胞,而且能在受体细胞中生存和繁殖。目前在基因工程中常用的载体主要有:质粒载体、噬菌体载体、病毒载体以及由它们相互组合或与其他基因组DNA组合形成的载体。

8.2.1 基因工程载体应具备的条件

外源基因必须先同某种传递者结合后才能进入细菌和动植物受体细胞,这种能将外源基因携带至宿主细胞并可在其中自主复制的传递者称为基因工程载体(vector)。作为基因工程的载体必须具备以下3个基本条件:①能在宿主细胞内进行独立和稳定的自我复制。插入外源基因后仍然能够自我复制。②具有合适的限制性内切酶识别位点。最好有多个限制酶切点,而且每种酶的切点最好只有一个。如大肠杆菌pBR322就有多种限制酶的单一识别位点,可适于多种限制酶切割的DNA插入。③有合适的选择标记基因,用来筛选重组体DNA。如大肠杆菌pBR322质粒携带氨苄青霉素抗性基因和四环素抗性基因,可以作为筛选的标记基因。除此之外,作为基因工程的载体应易分离,易操作,容易进入受体细胞,对受体细胞无害。一般来说,天然载体往往不能满足上述要求,因此需要根据不同的目的和需要,对天然载体进行人工改造。现在所使用的质粒载体几乎都是经过改造的。

8.2.2 载体的分类

载体根据功能可分为克隆载体、穿梭载体和表达载体。克隆载体的繁殖一般是在原核细菌中,首先将需要克隆的基因与克隆载体相连接,然后导入原核细菌内,目的基因会在原核细菌内复制,形成大量拷贝,但一般不会表达蛋白,克隆载体主要用于目的基因的保存,建立DNA文库和cDNA文库等。穿梭载体用于真核生物DNA片段在原核生物中增殖,然后再转入真核细胞宿主表达,穿梭载体具有两种不同复制起点和选择标记,因而可在两种不同的宿主细胞中存活和复制。由于这类质粒载体可以携带着外源DNA序列在不同物种的细胞之间,特别是在原核和真核细胞之间往返穿梭,因此在基因工程研究中应用广泛。常见的穿梭载体有大肠杆菌—土壤农杆菌穿梭质粒载体、大肠杆菌—枯草芽孢杆菌穿梭质粒载体、大肠杆菌—酿酒酵母穿梭质粒载体等。同其他质粒一样，这些质粒也能够方便地在大肠杆菌细胞中进行重组 DNA 操作和增殖，然后再返回到土壤农杆菌(*Agrobacterium*)、枯草芽孢杆菌(*Bacillus subtilis*)、酿酒酵母(*Saccharomyces ceruisiae*)中进行研究。

表达载体是指专用于在宿主细胞中高水平表达外源蛋白质的质粒载体。在基因工程中，人们的兴趣往往不是目的基因本身，而是其编码的蛋白质产物，特别是那些在商业上、医药上以及科研工作方面具有重要应用价值的蛋白质。但真核基因不能在原核细胞中表达，绝大多数原核基因亦不能在真核细胞中表达，而且一些基因在自身表达调控体系中的表达水平比较低。因此，在基因工程中需要构建用来在宿主细胞中高水平表达外源蛋白质的表达载体。表达载体用于目的基因的表达时又分胞内表达载体和分泌表达载体两种。在基因工程操作中，需根据运载的目的 DNA 片段的大小以及导入的宿主细胞类型选用合适的载体。

表达载体和克隆载体的区别在于，表达载体必须含有：①强启动子，一个可诱导的强启动子可使外源基因有效地转录。②在启动子下游区和 ATG(起始密码子)上游区有一个核糖体结合位点序列(SD 序列)，促进蛋白质翻译。③在外源基因插入序列的下游区要有一个强转录终止序列，保证外源基因的有效转录终止和 mRNA 的稳定性。

8.2.3 常用的基因工程载体

8.2.3.1 质粒载体

质粒(plasmid)是能自主复制的双链闭合环状 DNA 分子，它们在细菌中以独立于染色体外的方式存在。一个质粒就是一个 DNA 分子，其大小介于 1～200 kb。质粒广泛存在于细菌中，某些蓝藻、绿藻和真菌细胞中也存在质粒。从不同细胞中获得的质粒性质存在较大的差别。根据质粒是否携带控制细菌配对和质粒接合转移的基因，可将其分为接合型(conjugative)与非接合型(nonconjugative)两种。接合型质粒也称自我转移质粒，能从一个细胞自我转移到另一个细胞中，它们多属于严紧型质粒，如 F 因子。非接合型质粒也称非自我转移质粒，不能从一个细胞自我转移到另一个细胞中。质粒从一个细胞转移到另一个细胞的特性称为质粒的转移性。

从安全角度考虑，基因工程中所用的质粒主要是非接合型质粒。这是因为接合型质粒不仅能够从一个细胞转移到另一细胞，而且还能够转移染色体。如果接合型质粒已经整合到细菌染色体的结构上，就会牵动染色体发生高频率的转移。此外，接合型质粒还能够促使与它共存的非接合型质粒发生迁移。因此，在实验室中，如果使用接合型质粒作载体，在理论上存在着发生 DNA 跨越生物种间遗传屏障的潜在危险性。

天然质粒是指没有经过体外修饰改造的质粒。虽然直接采用天然质粒做载体简便易行，但天然质粒通常缺乏理想载体所必需的一些条件：①分子结构中必须具有多个单一限制酶的酶切位点，且切点最好位于选择性标记上。②必须具有转化功能。③带有两个以上选择标记基因。④分子质量较小，为松弛型。⑤缺少 *mob* 基因，质粒不能发生自我迁移。

虽然质粒的复制和遗传独立于染色体，但质粒的复制和转录依赖于宿主所编码的蛋白质和酶。每个质粒都有一段 DNA 复制起始位点的序列，它帮助质粒 DNA 在宿主细胞中复制。根据复制方式的不同，质粒可分为松弛型和严紧型。松弛型质粒在每个细胞中可以有 10～100 个拷贝，因而又被称为高拷贝质粒。严紧型质粒在每个细胞中只有 1～4 个拷贝，又被称为低拷贝质粒。在基因工程中一般使用松弛型质粒做载体。常见的质粒载体有 pBR322、pUC19 及 Ti 等。

(1)pBR322 载体

pBR322 是一个人工构建的重要质粒，是研究最多、使用最广泛的人工载体（图 8-10）。pBR322 基因组大小为 4 363 bp，有一个复制起点、一个氨苄青霉素抗性基因和一个四环素抗性基因。基因组上有 36 个单一的限制性内切酶位点，包括 *Hin*dⅢ、*Eco*RⅠ、*Bam*HⅠ、*Sal*Ⅰ、*Pst*Ⅰ、*Pvu*Ⅱ等常用酶切位点；而 *Bam*HⅠ、*Sal*Ⅰ和 *Pst*Ⅰ分别处于四环素和氨苄青霉素抗性基因中。该质粒的最大优点是：将外源 DNA 片段在 *Bam*HⅠ、*Sal*Ⅰ或 *Pst*Ⅰ位点插入后，可引起抗生素抗性基因失活，从而可根据抗性基因的表现区分重组与非重组子。如将一个外源 DNA 片段插入 *Bam*HⅠ位点时，将使四环素抗性基因（Tet^+）失活，于是重组子的基因型为 $Amp^+\ Tet^-$，非重组子为 $Amp^+\ Tet^+$，因此可以通过选择标记 Amp^+ 和 Tet^+ 来筛选重组体。

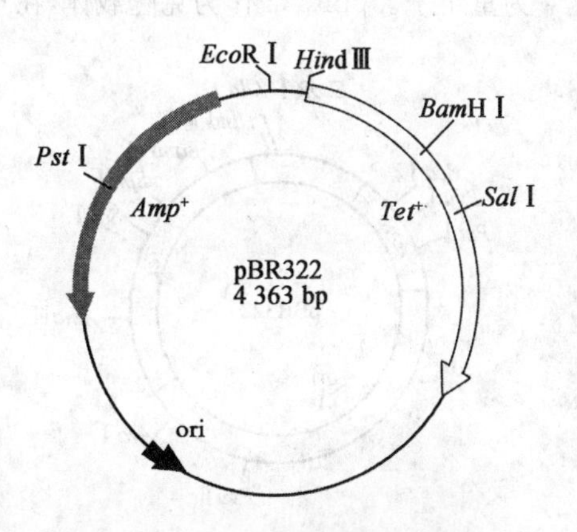

图 8-10 pBR322 的结构示意图

(图片来源：http://61.187.179.69/ec2006/C26/Course/Content/N101/200505111619.htm)

下面以克隆一个外源 DNA 片段进入 pBR322 上的 *Bam*HⅠ位点为例，介绍 pBR322 载体的克隆过程（图 8-11）。首先，用 *Bam*HⅠ酶切载体以产生该酶的特异性黏性末端。同时用 *Bam*HⅠ酶切外源 DNA 使其产生同样的黏性末端。然后，通过 DNA 连接酶连接切割后的载体和外源 DNA 片段。由于载体和外源

DNA 片段带有相同的黏性末端，在合适的条件下，互补的碱基发生配对，DNA 连接酶封闭切口，使两个 DNA 分子共价连接。最后，用连接的 DNA 转化大肠杆菌细胞。由于 DNA 连接液是一个混合物，其中既可能存在质粒载体酶切后自身的连接产物，外源 DNA 片段自身串联产物，也可能存在外源 DNA 与载体 DNA 连接形成的真正重组子。如何才能筛选出外源 DNA 与载体连接形成的真正重组子？此时需要借助 pBR322 载体携带的两个选择标记基因。在克隆实验中同时使用两种抗性标记，一种抗性标记用来正选择转化子，另一种通过插入失活来鉴定重组子。因此，在含有氨苄青霉素的选择性培养基平板上出现的菌落必定是获得了质粒的转化子，然后再将这些转化子影印复制在含有四环素的选择性培养基上，将这两种选择性培养基上生长的菌落进行对比分析，可鉴定出重组子。既能在含氨苄青霉素的培养基生长，又可在含有四环素的培养基上生长的转化子，为非重组子，即空载体；能在含氨苄青霉素的培养基上生长，但不能在含四环素的培养基上生长的转化子，即为重组子。pBR322 作为克隆载体，在早期的 DNA 重组实验中得到广泛应用。

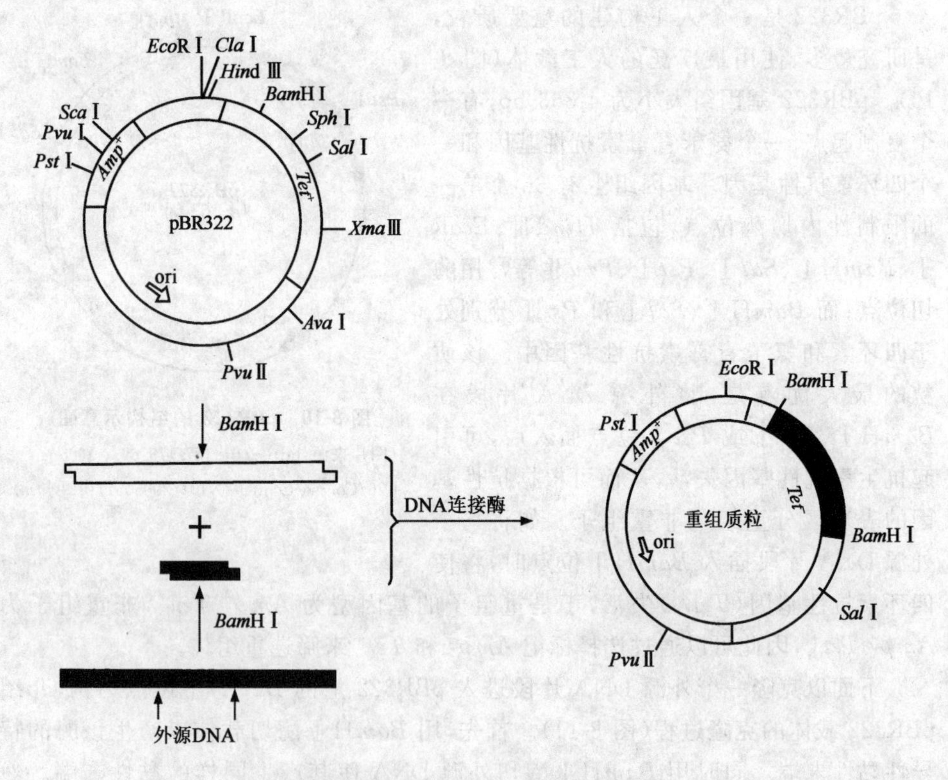

图 8-11　pBR322 克隆外源 DNA 片段的示意图(改自吴乃虎，2000)

(2)pUC18/ pUC19 载体

除了 pBR 质粒以外还有很多质粒克隆载体可供选择。pUC 系列就是一种广泛使用的质粒载体。pUC18 和 pUC19 除多克隆位点以互为相反的方向排列外，其余均相同。所谓多克隆位点(multiple cloning site,MCS)是指由人工构建的包含多个限制性酶切位点(restriction site)的一段很短的 DNA 序列，也称为多位点接头(polylinker)。pUC18 和 pUC19 是以 pBR322 质粒载体为基础经人工构建而成，主要是将其中包含四环素抗性基因在内的 40%的 DNA 删除。质粒 pUC19 的大小仅为 2 686 bp，带有 pBR322 的复制起始位点、一个氨苄青霉素抗性基因、一个大肠杆菌乳糖操纵子 *β*-半乳糖苷酶基因(*lacZ*)的调节片段、一个调节 *lacZ* 表达的阻遏蛋白(repressor)基因 *lac* Ⅰ。由于 pUC19 质粒含有氨苄青霉素抗性基因，可以通过颜色反应和氨苄青霉素抗性对转化体进行双重筛选。筛选含 pUC19 质粒宿主细胞的过程比较简单：如果细胞含有未插入目的 DNA 的 pUC19 质粒，在同时含有异丙基-*β*-*D*-硫代半乳糖苷诱导物(isopropyl-*β*-*D*-galactopyranoside,IPTG)和 *β*-半乳糖苷酶生色底物 5-溴-4-氯-3-吲哚-*β*-*D*-半乳糖苷(5-Bromo-4-chloro-3-indolyl *β*-*D*-galactopyranoside,X-gal)的培养基上培养时将会形成蓝色菌落；如果细胞中含有已经插入目的 DNA 的 pUC19 质粒，在同样的培养基上培养将会形成白色菌落。因此，可以根据培养基上的颜色反应筛选出重组子。

(3)Ti 质粒

通常情况下，土壤农杆菌通过植物伤口侵入植物后，土壤农杆菌中的 Ti 质粒的 T-DNA 区可整合到植物染色体中。所以说 Ti 质粒是诱发植物肿瘤的质粒。Ti 质粒为环状双螺旋 DNA，大小为 200～250 kb(图 8-12)。包含 4 个区：①复制区，该区段基因调控 Ti 质粒的自我复制。②Con 区，该区段含有与细菌间接合转移有关的基因。③Vir 区，控制 T-DNA 转移和冠瘿碱利用，使农杆菌显出毒性。④T-DNA 区，长度为 12～24 kb，是农杆菌感染植物细胞时，从 Ti 质粒上切割下来转移到植物细胞的一段 DNA 称为转移 DNA(T-DNA)。T-DNA 区有三个基因：*tms* 的编码产物负责合成吲哚乙酸；*tmr* 的编码产物负责合成植物分裂素；*tmt* 的编码产物负责合成氨基酸衍生物即冠瘿碱。T-DNA 的结构与功能：T-DNA 的 3′端和 5′端都有真核表达信号，如 TATA box,AATAA box 及 poly(A)等。T-DNA 的两端边界各为 25 bp 的重复序列，分别称为左边界和右边界。其中右边界在 T-DNA 转移中起重要作用。

天然的 Ti 质粒用作基因工程的载体通常存在一些缺陷。主要表现为：①野生型 Ti 质粒分子量过大，操作流程繁琐。②野生型 Ti 质粒上分布着各种限制型核酸内切酶的多个酶切位点，而且即使在 T-DNA 上也很难找到可利用的单一的酶

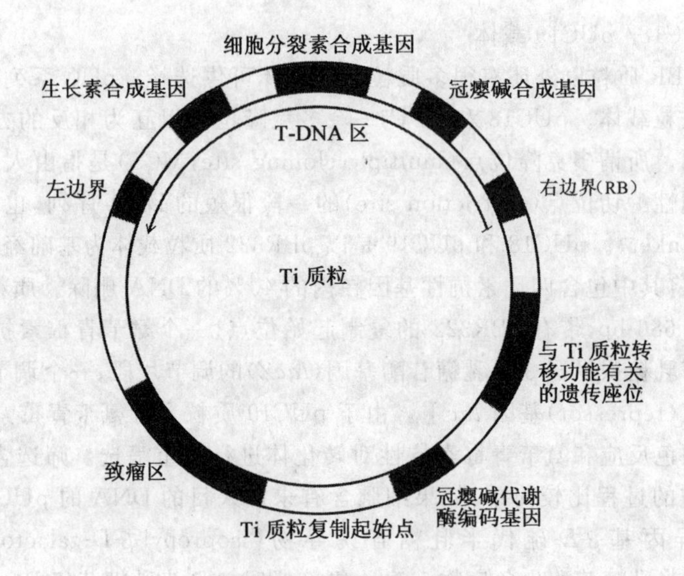

图 8-12　Ti 质粒结构

切位点，不利于基因工程中的操作。③T-DNA 上的 *tms* 和 *tmr* 的产物将干扰受体植物内源激素的平衡，导致冠瘿瘤的产生，阻碍转基因植物细胞的分化和植株的再生。④冠瘿碱的合成过程消耗大量的精氨酸和谷氨酸，直接影响转基因植物细胞的生长代谢。⑤野生型 Ti 质粒没有大肠杆菌(*Escherichia coli*)的复制起点和作为转化载体的选择标记基因。因此，必须对野生型的 Ti 质粒进行改造后才能作为转基因植物的载体。

对野生型 Ti 质粒的改造主要包括：①删除 T-DNA 上的 *tms*、*tmr* 和 *tmt* 基因。②加入大肠杆菌复制子和选择标记基因，构建根癌农杆菌—大肠杆菌穿梭质粒，便于重组分子的克隆与扩增。③引入植物细胞的筛选标记基因，如细菌来源的新霉素磷酸转移酶Ⅱ基因(*NPT*Ⅱ)等，便于转基因植物细胞的筛选。④引入植物基因的启动子和 polyA 信号序列。⑤插入人工多克隆位点，以利于外源基因的克隆。⑥除去 Ti 质粒上的其他非必需序列，最大限度地缩短载体的长度。由于大肠杆菌具有能与根癌农杆菌高效接合转移的特征，因此，为了使 Ti 质粒成为有效的外源基因导入载体，科学家们将 T-DNA 片段克隆进大肠杆菌的质粒，并插入目的基因，而后通过接合转移将目的基因引入到根癌农杆菌的 Ti 质粒。人们将这种带有重组 T-DNA 的大肠杆菌衍生载体称为中间载体(intermediate vector)，所谓中间载体实际上是在普通大肠杆菌的克隆载体(如 pBR322 质粒)中插入了一段合适的 T-DNA 片段而构成的小型质粒。接受中间载体的 Ti 质粒称为受体 Ti 质粒

(acceptor Ti plasmid)。中间载体是解决 Ti 质粒不能直接导入目的基因的有效方法之一。

8.2.3.2 噬菌体载体

噬菌体即"捕食"细菌的生物,是科学家们研究微生物的一种强有力的工具。噬菌体(Phage)是感染细菌、真菌、放线菌或螺旋体等微生物的细菌病毒的总称,噬菌体具有以下特性:个体小;不具有完整细胞结构;只含有单一核酸分子,即要么为 DNA 病毒,要么为 RNA 病毒。噬菌体依赖宿主细胞实现其自身的生长和增殖。一旦离开了宿主细胞,噬菌体既不能生长,也不能复制。常用的噬菌体载体有:λ 噬菌体载体,柯斯质粒载体,单链 DNA 噬菌体载体如 M13 噬菌体载体等。

(1)λ 噬菌体载体

λ 噬菌体为 dsDNA 病毒,其宿主为 *E. coli*,在宿主内具有溶菌及溶源两种生活方式。在溶源方式中,噬菌体感染宿主后其 DNA 整合到宿主染色体 DNA 中,伴随宿主染色体复制而复制,此即 λDNA 作为基因工程载体的理论依据之一。在溶菌方式中,噬菌体感染宿主后,λDNA 控制着宿主生物合成,终止宿主染色体 DNA 信息表达并分解宿主 DNA,大量合成噬菌体 DNA 和外壳蛋白,并包装成完整噬菌体颗粒,最后宿主溶解释放出大量有活力的完整噬菌体。λ 噬菌体 DNA 是由 48 502 bp 组成的线性双螺旋分子,包含 61 个基因,其中有一半基因控制着生命活动周期,其余部分可被外源目的基因所取代而不影响噬菌体生命活动,并可控制外源基因表达,此亦为 λDNA 作为基因工程载体的理论依据之二。野生型 λ 噬菌体 DNA 两端各具有 12 个核苷酸组成的黏性末端,两末端碱基完全互补,在宿主内形成环状结构,该位点称为 cos 位点。

野生型 λDNA 分子较大,基因结构复杂,限制酶的酶切位点较多,如 *Eco*R Ⅰ有 5 个切点,*Hin*d Ⅲ有 6 个切点,这些切点大多位于溶菌周期生长所必需基因内,容纳不下比其更大的外源 DNA 片段,故野生型 λDNA 不宜作为基因克隆的载体,必须加以改造。目前已构建的 λDNA 载体有两类,一类为插入型载体,可在单一限制酶位点插入外源目的基因;另一类为取代型载体,在成对限制酶识别位点之间的 DNA 片段可被外源基因取代。λDNA 载体容纳外源目的基因大小一般为 15 kb 左右。

以 λ 噬菌体 DNA 为载体构成的重组 DNA 分子,必需包装成完整病毒颗粒后才具有感染宿主的能力。将 λ 噬菌体头部蛋白、尾部蛋白及重组 DNA 分子在适当条件下混合,即可自动包装成完整噬菌体颗粒。每微克重组 DNA 包装为完整噬菌体颗粒后,对宿主的感染率可达 10^6 个噬斑,比裸露的重组 DNA 分子转化率高出 100～10 000 倍。

(2)柯斯质粒载体

柯斯质粒载体是将λ噬菌体的黏性末端(cos 位点序列)和大肠杆菌质粒的氨苄青霉素抗性基因以及四环素抗性基因相连而获得的人工载体，含有一个复制起点，一个或多个限制酶切位点，一个 cos 片段和抗药基因，能加入 40～50 kb 的外源 DNA，常用于构建真核生物基因组文库。柯斯质粒载体也称为 cosmid 克隆载体，“cosmid”一词来源于“cos site-carrying plasmid”的缩写。

柯斯质粒分子质量较小，一般由 4～6 kb 组成，但可克隆 45 kb 大小的外源 DNA 片段，如柯斯质粒 pJB8，长度为 5.4 kb，带有松弛型复制控制基因，选择标记为氨苄青霉素抗性基因(Amp^+)，单一限制酶位点为 *Bam*HⅠ、*Eco*RⅠ及 *Sal*Ⅰ。

柯斯质粒载体具有质粒克隆载体的性质，可以按照一般质粒克隆载体进行操作，转化受体细胞，在受体细胞内进行自我复制。实际上，柯斯质粒载体主要是利用其λ噬菌体克隆载体的特性，因为含 cos 位点，可装载大的 DNA 片段，进行体外包装后能高效率转导受体细胞。

在克隆外源基因时，使用柯斯质粒载体和λ噬菌体的程序略有不同。λ噬菌体克隆载体的λDNA 分子两端必须各有一个 cos 位点，而柯斯质粒载体只有一个 cos 位点，因此在应用时必须对柯斯质粒载体进行处理，使其形成具有两个 cos 位点的二联体线形 DNA 分子。当外源 DNA 片段重组到二联体线形 DNA 分子后，如果两个 cos 位点之间核苷酸序列达到足够长时，就能在体外进行有效的包装。因此，利用柯斯质粒载体克隆外源 DNA 时，按设计先用一种限制性内切酶将载体消化，消化产物再用 DNA 连接酶进行链接，于是就会出现具有两个 cos 位点的二联体线形 DNA 分子或具有多个 cos 位点的多联体线形 DNA 分子，然后选用在两个 cos 位点之间有识别序列的限制性内切酶切割，将切割产物与待克隆的外源 DNA 片段混合，再用 DNA 连接酶连接，就得到可在体外进行包装的重组 DNA 分子(图 8-13)。

(3)M13 噬菌体载体

M13 噬菌体是一种丝状噬菌体，内有一个环状 ssDNA 分子，长 6 407 bp，含 DNA 复制和噬菌体增殖所需的遗传信息。感染宿主后不裂解宿主细胞，而是从感染的细胞中分泌出噬菌体颗粒，宿主细胞仍能继续生长和分裂。基因组 90％以上的序列可编码蛋白质，M13 载体的复制起始位点定位在基因的间隔区内，基因间隔区的有些核苷酸序列即使发生突变、缺失或插入外源 DNA 片段，也不会影响 M13 载体的复制，这为 M13 载体构建提供了有利条件。

M13 系列载体的最大优点是可以克隆 dsDNA 分子中的每一条单链；M13 系列载体具有限制性内切酶的多克隆位点，便于克隆不同的酶切片段；利用 X-gal 显

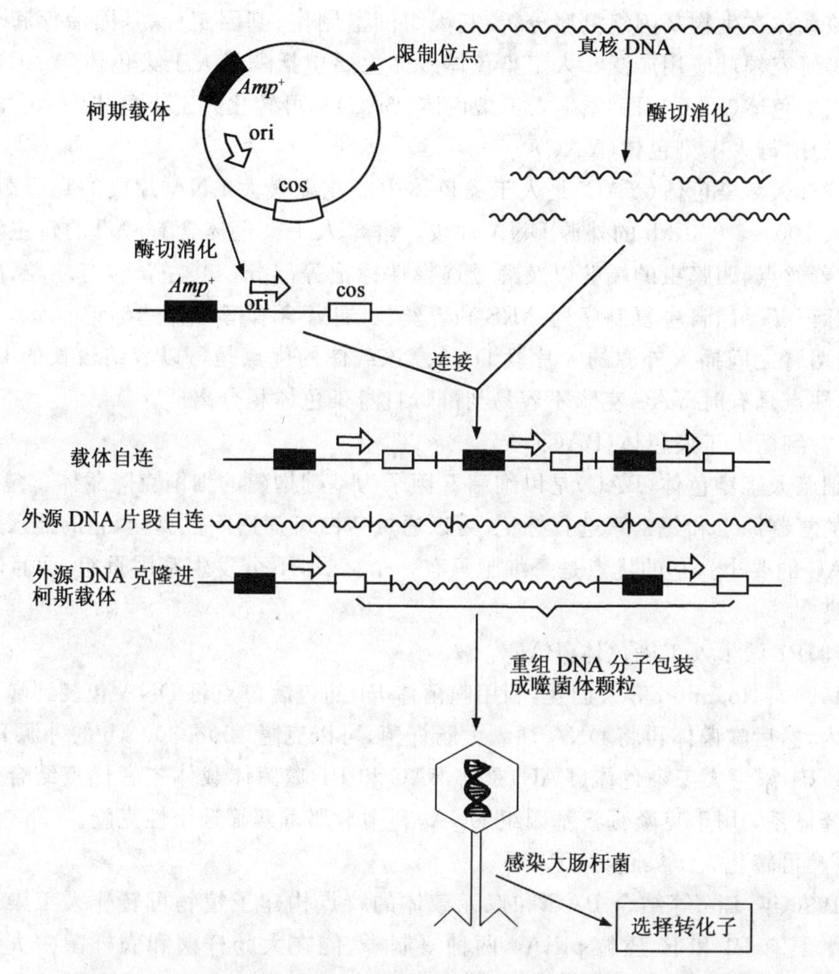

图 8-13 应用柯斯质粒载体进行基因克隆的一般程序(引自吴乃虎,2000)

色反应,可直接选择;不必进行体外包装;克隆能力大。M13 载体的缺点是插入外源 DNA 后,遗传稳定性显著下降。

8.2.3.3 人工染色体载体

构建基因组 DNA 大片段插入文库对于真核生物的基因克隆和功能分析具有重要作用,人工染色体载体是近年来发展起来的适用于大片段的 DNA 克隆载体系统,具有良好的应用前景。人工染色体载体(artificial chromosome vector)是指人工构建的含有天然染色体基本功能单位的载体系统,能够利用复制元件来驱动外源 DAN 片段的复制。其装载外源 DNA 片段的容量可以与染色体的大小媲美,因此该载体在生物基因组测序分析、基因组图谱制作、基因定位、基因治疗和表达调控等研究领域应用广泛。人工染色体载体主要包括酵母人工染色体(YAC)、细菌人工染色体(BAC)、P1派生人工染色体(PAC)和可转化人工染色体(TAC)等。

(1)酵母人工染色体(YAC)

酵母人工染色体(YAC)是人工染色体中能克隆最大DNA片段的克隆载体,可插入100～2 000 kb的外源DNA片段。酵母人工染色体含有酵母的自主复制序列、着丝点、四膜虫的端粒以及酵母选择性标记等部分。其左臂含有端粒、酵母筛选标记 *Trp1*、自主复制序列ARS和着丝粒,右臂含有酵母筛选标记 *Ura3* 和端粒,在两臂之间插入外源的大片段DNA。该载体的优点是可以容纳较长的DNA片段,缺点是有时YAC克隆不容易与酵母自身染色体相分离。

(2)细菌人工染色体(BAC)

细菌人工染色体(BAC)是以细菌F因子为基础构建的细菌克隆载体。包括F因子的复制原点和氯霉素选择标记,可以通过蓝白斑筛选阳性克隆,它的插入片段较YAC的要小。它的优点是每细胞只有一个拷贝,不会发生基因重组,而且转化效率高。

(3)P1派生人工染色体(PAC)

1994年Ioannou等人创建,利用噬菌体P1的包装位点将DNA包装到噬菌体颗粒内,然后噬菌体再将DNA注入大肠杆菌,可以克隆100～300 kb的外源DNA片段。P1派生人工染色体(PAC)是将BAC和P1噬菌体载体二者优点结合起来的克隆体系,用于克隆真核基因组DNA,利用卡那霉素筛选阳性克隆。

(4)可转化人工染色体(TAC)

1996年,Liu等结合PAC和双元载体的特点构建了植物可转化人工染色体TAC。具有P1和Ri质粒pRiA4两种复制子,能在大肠杆菌和农杆菌中大量复制。重组的筛选标记是卡那霉素基因和蔗糖致死因子。它的优点是能够携带大片段的DNA(100～300 kb)进行植物的遗传转化,缺点是存在插入子重组现象。

8.3 目的基因制备

目的基因是指以研究或应用为目的,通过导入受体细胞,对其进行生物学功能研究的基因。目的基因制备是进行基因功能研究最重要的环节之一,目前获得目的基因的方法很多,每种方法的难易程度各不相同,根据实验目的和流程的不同,可选择合适的方法。

8.3.1 化学合成法获得目的基因

从20世纪70年代起,核苷酸链的化学合成技术日趋完善。第一个人工合成的基因是转录酵母丙氨酸tRNA结构基因,由77个核苷酸组成,历时5年,于1970年完成,因该基因没有调控因子,所以无活性,不能用于表达。第二个人工合成基因为大肠杆菌酪氨酸tRNA的基因,由199个核苷酸组成,历时9年,于1976年完成,该基因具有启动子和终止子,有活性。

化学合成基因的策略:①全基因合成,一般适用于分子质量较小而不易获得的基因。首先根据双链基因序列,合成长度为40～60 bp的寡核苷酸单链片段,并使每对相邻互补的片段之间有4～6 bp交叉重叠,然后进行片段的磷酸化处理,在混合复性后加入DNA连接酶,即可获得较大的基因片段。如果需连接的DNA片段较多,可采用分步连接及克隆的方法,最后将克隆的较大片段重组为完整的基因。②基因的半合成,一般适用于分子质量较大的基因。首先合成末端之间有10～14个互补碱基的寡核苷酸单链片段,退火后以重叠区为引物,利用DNA聚合酶Ⅰ的大片段酶或逆转录酶等催化合成反应,即可获得两条完整的互补dsDNA。

化学合成法应用的前提条件是必须预先了解所要合成基因的核苷酸序列。虽然随着技术的进步,人工合成基因的速度和效率大大提高,但是由于化学合成的费用昂贵,所以目前仅适用于分子量比较小的基因。尽管如此,基因人工合成技术的建立为研究基因的结构和功能提供了重要途径。

8.3.2 PCR技术筛选目的基因

当目的基因的序列已知或其保守序列已知时,通常可利用PCR技术来分离目的基因。该方法简便易行、成本低廉,理论上讲可以扩增任何核酸片段。

PCR方法不仅能分离核苷酸序列已知的目的基因,而且对于氨基酸序列已知的某种蛋白质,也可以通过这种技术分离出该蛋白的编码基因。根据已知的多肽序列,合成数种简并引物,以总cDNA为模板,进行PCR扩增,首先获得编码该蛋白的基因的一部分,然后再根据核苷酸序列分析结果,利用cDNA末端快速扩增技术最终得到该蛋白的全长编码基因。

8.3.3 基因文库法分离目的基因

基因文库是指某一生物全部基因的集合,是通过克隆方法保存在适当宿主中的某种生物、组织、器官或细胞类型的所有DNA片段而构成的克隆集合体。构建基因文库的意义不只是使生物的遗传信息以稳定的重组体形式贮存起来,更重要的在于它是分离克隆目的基因的主要途径之一。通常所说的基因文库包括基因组文库(genomic library)和 cDNA 文库(cDNA library),前者的插入片段是基因组 DNA,后者的插入片段是以 mRNA 为模板合成的 cDNA。

基因组文库的构建大量使用了基因工程的技术,其步骤是:①从供体细胞或组织中制备高纯度的基因组 DNA;②用适当的限制性内切酶切割基因组 DNA 使其片段化;③制备载体 DNA,并经限制性内切酶切割;④对上述 DNA 片段经适当处理,将基因组 DNA 片段与载体进行体外重组;⑤重组 DNA 转化受体细胞,或被包装成重组噬菌体颗粒,然后再转化受体;⑥转化的受体细胞,在培养基上生长繁殖形成重组菌落或噬菌斑,从而产生含有整个基因组 DNA 信息的重组 DNA 集合体即文库;⑦采用适当的目的基因片段作探针,利用高密度的噬菌斑或菌落原位杂交技术,从大量的噬菌斑或菌落中筛选出含有目的基因重组体的噬菌斑或菌落;⑧对筛选的阳性菌落或噬菌斑,经过扩增提取其中的重组体 DNA,最后即可获得所需要的目的基因片段。真核基因组 DNA 文库的构建过程如图 8-14 所示。

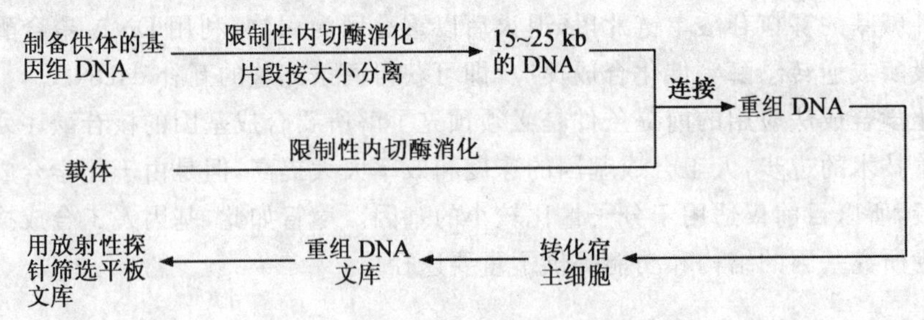

图 8-14　植物基因组文库构建的一般流程

构建 cDNA 文库是研究真核基因表达的基本手段。操作流程与基因组文库构建类似。具体步骤为:①分离细胞总 RNA,然后从中分离纯化 mRNA;②以 mRNA 模板逆转录合成 cDNA 第一链;③利用 RNA 酶 H 和大肠杆菌聚合酶等合成 cDNA 第二链;④对 cDNA 片段进行甲基化处理(非必需步骤),保护其中的酶切位点不被切割;⑤由于 cDNA 为平头末端,所以可采用与接头或衔接物连接,并经限制酶消化产生黏性末端;⑥选择适当的载体,利用限制性内切酶进行切割处理;⑦cDNA 与载体的体外连接;⑧重组 cDNA 导入宿主菌,采用杂交的方法分离目的基因。

cDNA 文库和基因组文库的差别在于 cDNA 文库仅包含基因的编码序列部分,这对真核生物基因的功能研究更加直接方便。因此,在基因工程中,cDNA 文库法是从真核生物细胞中分离目的基因的常用方法。相对于 cDNA 文库来说,基因组文库的构建工作量大、费用高，但包含有整个基因组所有的遗传信息，如启动子、终止子以及内含子等。

8.3.4 基因芯片技术分离目的基因

基因芯片技术(gene chip technology)是随着人类基因组计划(HGP)的进展而发展起来的具有广阔应用前景的生物技术之一。1995年《Nature》上首次发表关于基因芯片的研究论文，之后该技术及其应用的发展突飞猛进。目前随着多种生物基因组测序工作的完成，基因序列数据库的数据飞速增长，因此大大推动了对基因功能的研究。基因芯片技术可以同时对大量基因甚至整个基因组的基因表达差异进行分析。目前利用基因芯片分离目的基因的方法主要有DNA芯片技术和cDNA微阵列技术。

利用DNA芯片技术分离目的基因。首先需制备DNA芯片，然后从某种处理的植物中分离出总mRNA进行标记，与DNA芯片杂交，通过分析杂交位点及信号强弱，可以判断在该条件下有关基因的表达情况，从而分析这些基因的生理功能，进而找出与该生理功能相关的功能基因。

目前应用较多的是利用cDNA微阵列分离目的基因。该方法的基本原理是先构建足够的已知或未知的cDNA克隆并进行PCR扩增，然后将各cDNA的扩增产物转印到玻璃板或其他载体上，经化学和热处理使变性的cDNA固定在介质表面，制成cDNA微阵列。将两种来源的mRNA分别用不同荧光标记物标记，两种标记样品等量混合，并与同一个微点阵杂交。通过检测两种荧光强度便可直观地反映出两种不同条件下的基因表达差异。

基因芯片技术自动化程度高，可以高通量平行监测基因的差异表达。利用基因芯片能够快速寻找、发现和定位植物中的新基因。

8.3.5 mRNA差别显示技术分离目的基因

mRNA差别显示技术(differential display of reverse transcriptional PCR, DDRT-PCR或RT-PCR)是将mRNA反转录技术与PCR技术相结合发展起来的一种RNA指纹图谱技术。目前已广泛应用于分离鉴定组织特异性表达的基因。其优点：①速度快，较易操作。②由于PCR扩增技术的应用，使得低丰度mRNA的鉴定成为可能。③可同时比较两种或两种以上不同来源的mRNA样品间基因表达的差异。

利用DDRT-PCR技术可以获得大量的差异表达cDNA片段，通过与基因文库杂交，最终可获得差异片段的全长序列，从而达到分离基因的目的(具体方法详见第7章)。

8.3.6 插入突变法分离目的基因

插入突变是利用转座子插入或T-DNA插入技术,人为创造某一目的基因的突变体,并根据突变体的表型特征来分析该基因的功能,然后再对该基因进行分子水平的研究。

转座子插入突变法是最早使用的插入突变的方法。因转座子插入到某一特定的基因序列而破坏了该基因编码的蛋白,进而导致表型改变,这样就可在后代中筛选新型突变体,研究控制该突变性状的基因的功能。目前利用这种方法进行基因克隆和功能分析,已在许多植物中应用并获得成功,但转座子转座频率低,插入的片段为多拷贝,且插入位置具有很大的随机性。

T-DNA标签法是利用农杆菌介导的遗传转化方法,将外源T-DNA转入植物,以T-DNA作为标记,来克隆因为插入而失活的基因并研究其功能的方法。由于T-DNA左右边界及内部的基因结构是已知的,因此对获得的转基因插入突变体就可以通过各种PCR策略进行突变基因的克隆和序列分析,根据突变的表型进而研究基因的生理生化功能。农杆菌介导的T-DNA转化具有高效、重复性好、简便易行和表达稳定等优点,而且技术已经比较成熟,可用于大多数植物突变体库的构建。尽管T-DNA标签在具体的应用中存在一些问题,如插入位置不确定,突变的频率比较低,而且工作量比较大,但目前该方法仍是一种比较切实可行的研究植物基因功能的有效方法。

8.3.7 图位克隆法分离目的基因

图位克隆(map-based cloning)又称定位克隆,是1986年首先由剑桥大学的Alan Coulson提出,是伴随各种植物的分子标记图谱相继建立而发展起来的一种新的基因克隆技术。其基本的原理是:功能基因在基因组中都有相对较稳定的基因座,在利用分子标记技术对目的基因精细定位的基础上,用与目的基因紧密连锁的分子标记筛选DNA文库,从而构建基因区域的物理图谱,再利用此物理图谱通过染色体步移(chromosome walking)逼近目的基因,找到包含有该目的基因的克隆,最后经遗传转化实验验证目的基因的功能。

图位克隆的基本步骤:①寻找与目的基因紧密连锁的分子标记,如RFLP、RAPD、SSR等。②构建含大片段DNA的基因组文库。③构建高密度RFLP或SSR或RAPD分子标记图谱。④染色体步移筛选与目标基因连锁的分子标记是实现基因图位克隆的关键。实质上，分子标记是一个特异的 DNA 片段或能够检出的等位基因，精确的分子标记定位能够极大地提高图位克隆的效率。迄今为止，可用于基因定位的分子标记有 RFLP、RAPD、AFLP、SSR、SNP 等。

目的基因的分子标记定位分为初步定位和精细定位。初步定位是利用分子标记技术在一个目标性状的分离群体中把目的基因定位于染色体的一定区域内。在初步定位的基础上，需利用高密度的分子标记连锁图，对目的基因区域进行高密度分子标记连锁分析，以便精细定位(fine mapping)目的基因。精细定位通常采用的方法是侧翼分子标记或者混合样品作图。侧翼分子标记是指利用初步定位的目的基因两侧的分子标记，鉴定更大群体的单株来确定与目的基因紧密连锁的分子标记，混合样品作图是把大群体中突变单株分成若干组，然后以组为单位提取 DNA，形成一个混合的 DNA 池，用目的基因附近所有的分子标记对混合的 DNA 池进行分析，根据池中的分子标记与目的基因发生的重组数，确定与目的基因连锁最紧密的分子标记。

8.3.8　cDNA 末端快速扩增技术克隆目的基因

cDNA 末端快速扩增技术(RACE)于 1988 年由 Frohman 等发明，主要通过 PCR 技术由已知的部分 cDNA 序列来得到完整的 cDNA 的 5′端和 3′端，是一种从低丰度的转录本中快速扩增 cDNA 的 5′末端和 3′末端的有效方法。

根据 3′RACE 和 5′RACE 的扩增结果，从 2 个有相互重叠序列的 3′ RACE 和 5′ RACE 产物中获得全长 cDNA，或者通过分析 RACE 产物的 3′端和 5′端序列，合成相应引物扩增出全长 cDNA。

尽管 RACE 的应用取得了很大的成功，但实际操作中仍有不少困难。例如，在 5′ RACE 中有 3 个连续的酶促反应即反转录、利用 TdT 加尾和 PCR 扩增，其中的任何一步出现异常都可能影响到最终结果；即使酶促反应顺利，也常产生大量的非特异或截短的产物，干扰全长序列的获取。

8.3.9　电子克隆分离目的基因

随着多种植物基因组计划的顺利推进和功能基因组学的发展，电子克隆(in silico cloning)在植物基因工程研究中将会发挥巨大的作用。电子克隆技术应用的前提条件是要具备所研究植物和其他物种的丰富核酸序列信息，以及强大的计算机硬件和相关生物信息学分析软件。

利用电子克隆方法获得新基因是生物信息学的研究内容之一。生物信息学资源是由数据库、计算机网络和应用软件三大部分组成,而电子克隆的应用是基于这三部分生物信息学资源而展开的。它是利用计算机技术,依托现有的网络资源,如EST数据库、核苷酸数据库、蛋白质数据库、基因组数据库等,采用包括同源性检索、聚类、序列拼装等生物信息学方法,通过EST或基因组的序列组装和拼接,然后利用RT-PCR快速获得部分乃至全长cDNA序列的方法。

基于基因组信息电子克隆流程如图8-15所示。①把目的氨基酸或核苷酸序列在NCBI网站中对特定物种基因组数据库进行BLAST分析。②从中筛选出感兴趣的外显子序列,通过链接得到其所在的基因组序列,把这些感兴趣的外显子序列按照其所在基因组上的位置依次进行直接连接,或者把基因组序列提交到GenScan和GeneFinder等网站进行预测,得到可能的新基因序列。③把筛选后的新基因序列提交到db EST数据库做BLAST分析并延伸,同时进一步确认其真实存在的可信度。④根据最终的序列设计引物,进行RT-PCR实验得到新基因。

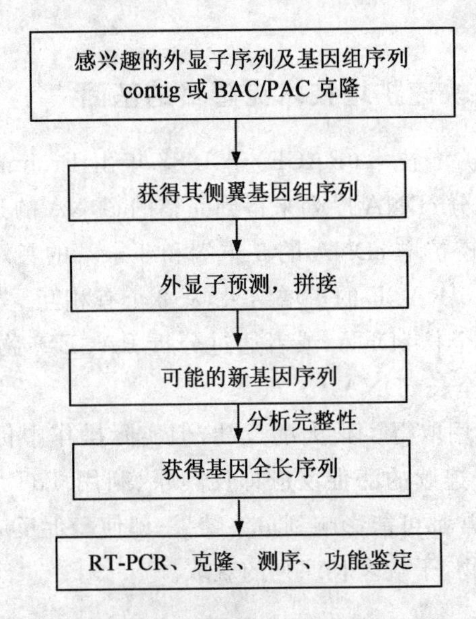

图8-15　基于基因组信息电子克隆流程

基于EST数据库的电子克隆流程如图8-16所示。在数据库或PubMed中获得感兴趣的cDNA或氨基酸序列,称之为种子序列。根据使用数据库资源的不同,电子克隆的策略有所差别。利用EST数据库信息资料进行电子克隆的流程如下:①利用序列同源性比对软件(如Blast)将种子序列对库检索。②从数据库中挑选出全部相关序列。③对所有序列进行片段整合分析(即 contigs 分析),形成延伸后的序列,称为新生序列。随后,将此新生序列作为种子序列重复进行上述三步分析,直至新生序列不能被进一步延伸为止,通过完整性分析即获得了全长的新基因序列。

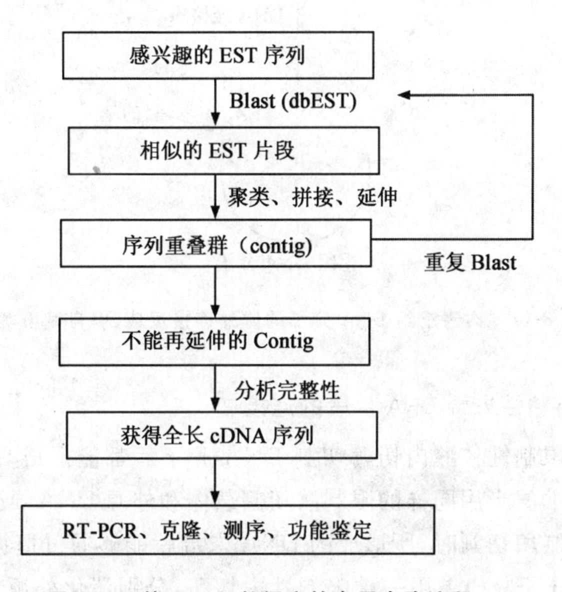

图 8-16　基于 EST 数据库的电子克隆流程

8.4　DNA 体外重组与遗传转化

DNA 的体外重组是指将载体分子和将要克隆的 DNA 片段连接在一起的过程(图 8-17)。体外连接获得的重组 DNA 分子,引入活细胞内或进行扩增繁殖,或进行表达及功能分析,这个过程称为遗传转化。

8.4.1　目的基因与载体的连接

含有目的基因的 DNA 片段,必须同适当的载体结合之后,才能够通过转化或其他途径导入宿主细胞,并在宿主细胞内进行增殖或表达。外源 DNA 片段同载体的连接,即 DNA 分子体外重组技术,主要依赖于 DNA 连接酶的作用。根据 DNA 片段末端的结构特点,可分为互补黏性末端连接、非互补黏性末端连接以及平末端的连接。

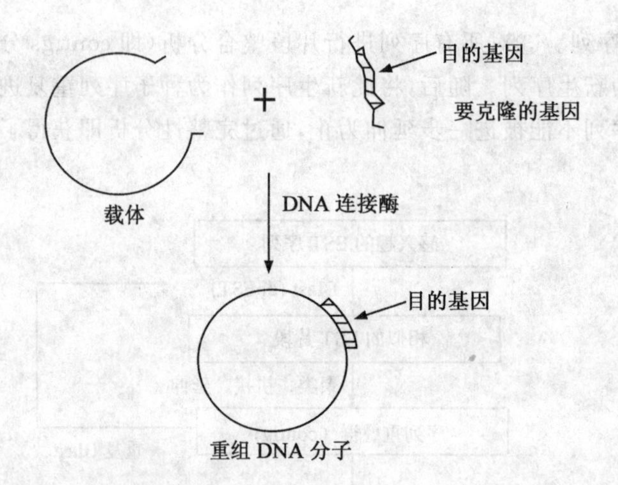

图 8-17 构建重组 DNA 分子的体外连接反应(引自魏群等,2007)

8.4.1.1 互补黏性末端 DNA 片段的连接

大多数的限制性核酸内切酶切割 DNA 分子后都能形成具有 4～6 个单链核苷酸的黏性末端。当用同样的限制酶切割载体和外源 DNA,或是用能够产生相同黏性末端的限制酶切割时,所形成的 DNA 末端就能够通过退火,彼此互补配对形成重组 DNA 分子。如果用一种限制性内切酶,分别消化外源 DNA 和载体,则外源 DNA 片段有两种可能的取向插入载体。

例如 pBR322 质粒用 *Eco*RⅠ切割后,两端都留下了由四个核苷酸组成的单链,这种末端称为黏性末端。因此形成具有 *Eco*RⅠ黏性末端的线性 DNA 分子,如果外源基因的 DNA 片段也用 *Eco*RⅠ限制性核酸内切酶消化,所获得的目的基因将具有与质粒完全互补的两个黏性末端,在连接酶的作用下,由于它们的黏性末端互补,因此能够彼此退火形成环状的重组质粒。当需要回收外源基因片段时,可以再用 *Eco*RⅠ限制性核酸内切酶消化重组体分子,将外源 DNA 片段切割下来(图 8-18)。

这种由单酶切产生的黏性末端连接,最大优点是实验操作简单,并且易于回收外源 DNA 片段,但不足之处是:①载体易自身环化。②外源 DNA 片段可能以两种相反的方向插入到载体。③用这种方法产生的重组体,往往含有不止一个外源片段或不止一个载体串联的重组体,因此增加后期筛选工作的难度。

用两种不同的限制酶同时消化一种特定的 DNA 分子,将会产生出具有两种不同黏性末端的 DNA 片段,显然,如果载体分子和外源 DNA 分子,都用同一对限

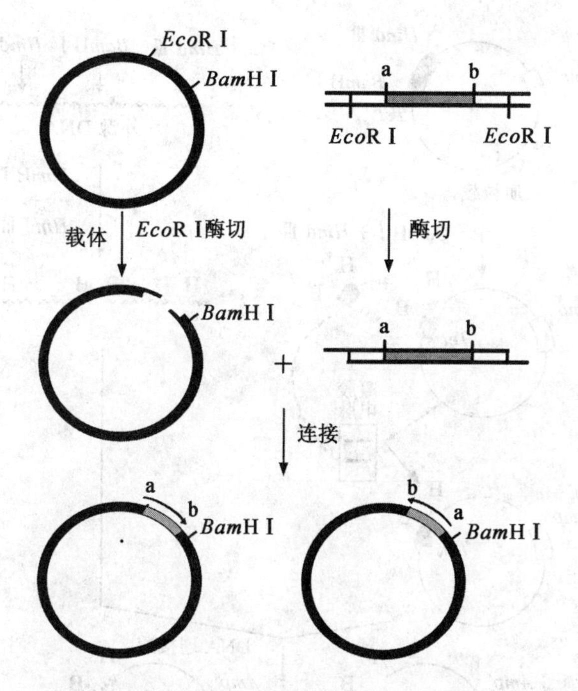

图 8-18　由一种限制性核酸内切酶产生的黏性末端的连接(非定向克隆图示)

制性核酸内切酶切割，然后混合起来，在 DNA 连接酶作用下，载体分子和外源 DNA 片段就只能按一种方向退火形成重组 DNA 分子，这就是所谓的定向克隆技术(图 8-19)。

8.4.1.2　非互补黏性末端或平端 DNA 片段的连接

很多情况下载体和外源 DNA 片段产生的黏性末端是非互补的，由于两个非互补的黏性末端无法直接相连，于是可利用 DNA 聚合酶或某些核酸外切酶的活性将它们修饰变成平头末端。然后再按平头末端的连接方式进行连接。通常将黏性末端变为平头末端的具体方法有：①对 5′突出末端，可以采用补平的原则进行，即利用大肠杆菌 DNA 聚合酶Ⅰ的 Klenow 大片段酶进行填补；②对 3′突出末端，可以采用切平的办法，即使用 ssDNA 的 S1 核酸酶切平。

对于平末端 DNA 片段的链接可采用 T4 噬菌体 DNA 连接酶。但是，平末端 DNA 片段之间的连接效率，一般明显地低于黏性末端间的连接，而且重组后通常不能在原位切除，因此不便回收目的 DNA 片段。

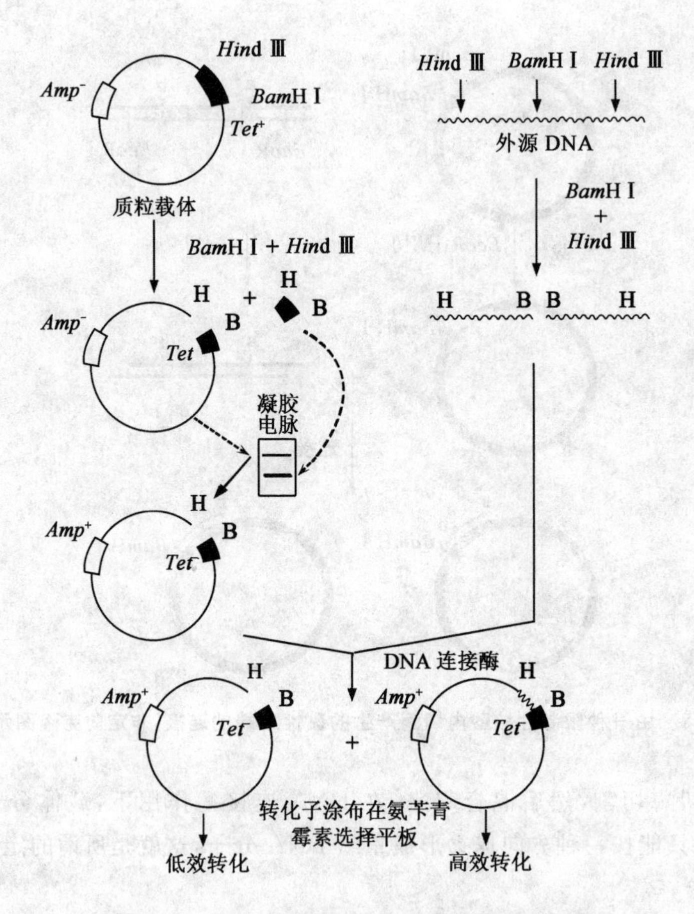

图 8-19　DNA 片段的定向克隆(改自吴乃虎,2000)

为了提高平头末端的连接效率,通常可采用:同聚物加尾法、DNA 接头连接法和寡核苷酸接头连接法。

(1)同聚物加尾法

利用末端转移酶分别在载体分子及外源 dsDNA 片段的 3′端各加上一段寡聚核苷酸,人工创制黏性末端。外源 DNA 片段和载体分子要分别加上不同的寡聚核苷酸,如 dA 和 dT 或 dG 和 dC(图 8-20),然后在 DNA 连接酶的作用下,两条 DNA 分子便可通过互补的同聚物尾巴而彼此连接起来,成为重组的 DNA 分子。同聚物加尾法,虽然简单易行,但添加的 poly(A)尾巴有可能影响到 mRNA 的稳定性及表达效果。

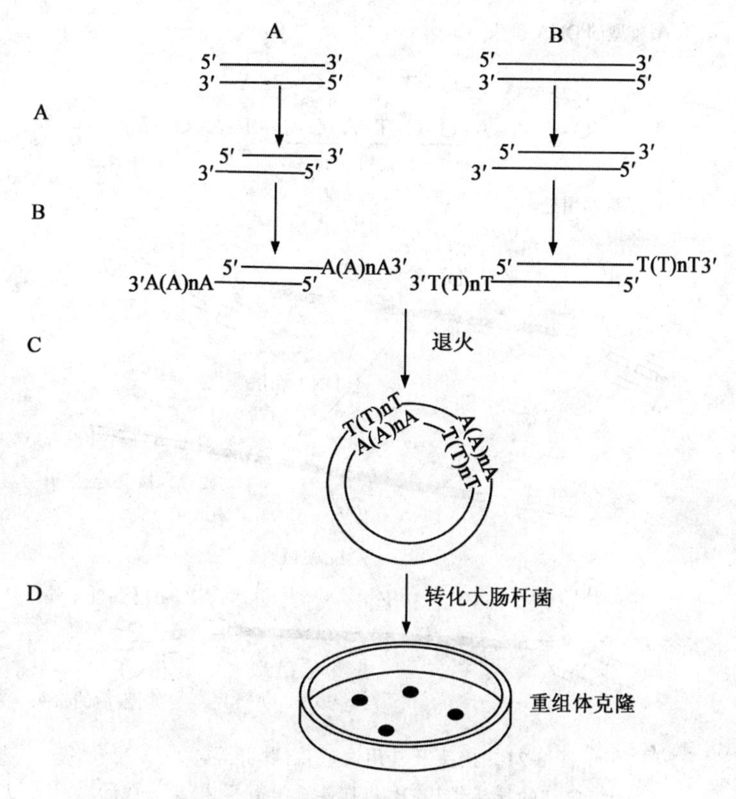

图 8-20 同聚物加尾的示意图(引自吴乃虎,2000)

A. 用 5′-末端特异的核酸外切酶处理 DNA 片段 A 和 B,形成了延伸末端;B. 对片段 A 和 B 分别加入 dATP 和 dTTP,以及共同的 TdT,各自形成 poly(dA)和 poly(dT)尾巴;C. 混合退火,通过 poly(dA)和 poly(dT)之间的互补配对,形成重组体分子;D. 转化大肠杆菌挑选重组体克隆。

(2)DNA 接头连接法

DNA 接头(adapter)是一段人工合成的具有平头末端的双链寡聚脱氧核糖核苷酸片段,长度一般为 8～12 bp,含有一个或数个限制性核酸内切酶的识别位点。由此看出,DNA 接头的作用主要是在 DNA 末端添加一个限制性核酸内切酶识别位点,随后用相应的限制性核酸内切酶切割,产生出能够与载体互补的黏性末端(图 8-21)。

尽管 DNA 接头法具有许多优越性,但也存在一些弊端。如果目的基因 DNA 内部含有与接头相同的酶切识别序列时,在进行限制性核酸内切酶切割之前,必须先进行甲基化处理防止目的基因 DNA 被破坏(图 8-22)。

A.典型的 DNA 接头

C-G-A-T-G-G-A-T-C-C-A-T-C-G

G-C-T-A-C-C-T-A-G-G-T-A-G-C

*Bam*HⅠ位点

B. 接头的用处

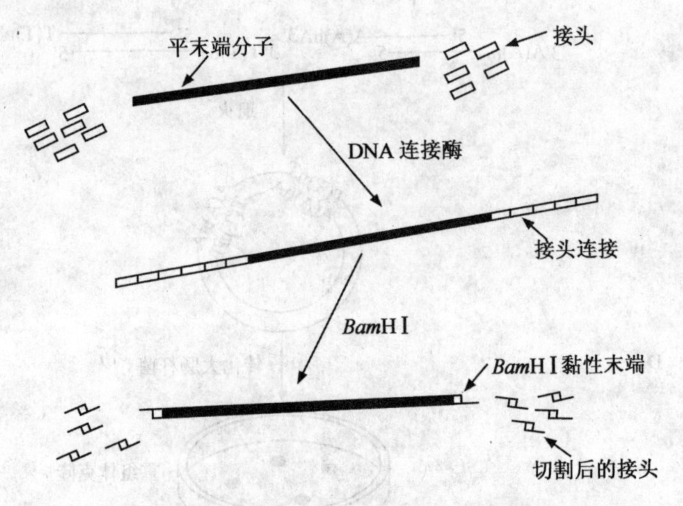

图 8-21　接头及其用途(引自魏群等,2007)

A. 典型的接头结构;B. 将接头连接到平末端分子上

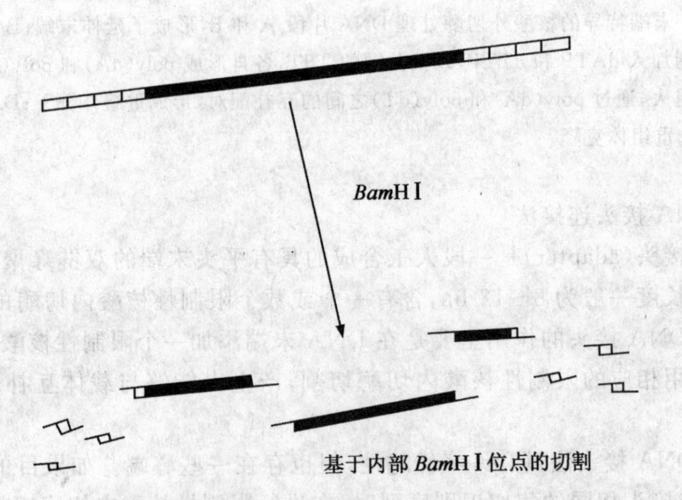

图 8-22　使用 DNA 接头时可能存在的问题(引自魏群等,2007)

(3)寡核苷酸接头连接法

寡核苷酸DNA接头是一段人工合成的一端具有某种限制性酶的黏性末端，另一端为平末端的特殊的双链寡核苷酸短片段，与接头不同的是，它直接包含了限制性内切酶的黏性末端，因此不需要进行酶切处理。1978年，美国康奈尔大学吴瑞博士发明了寡核苷酸DNA接头连接法，该法克服了DNA接头法的缺陷(图8-23)。

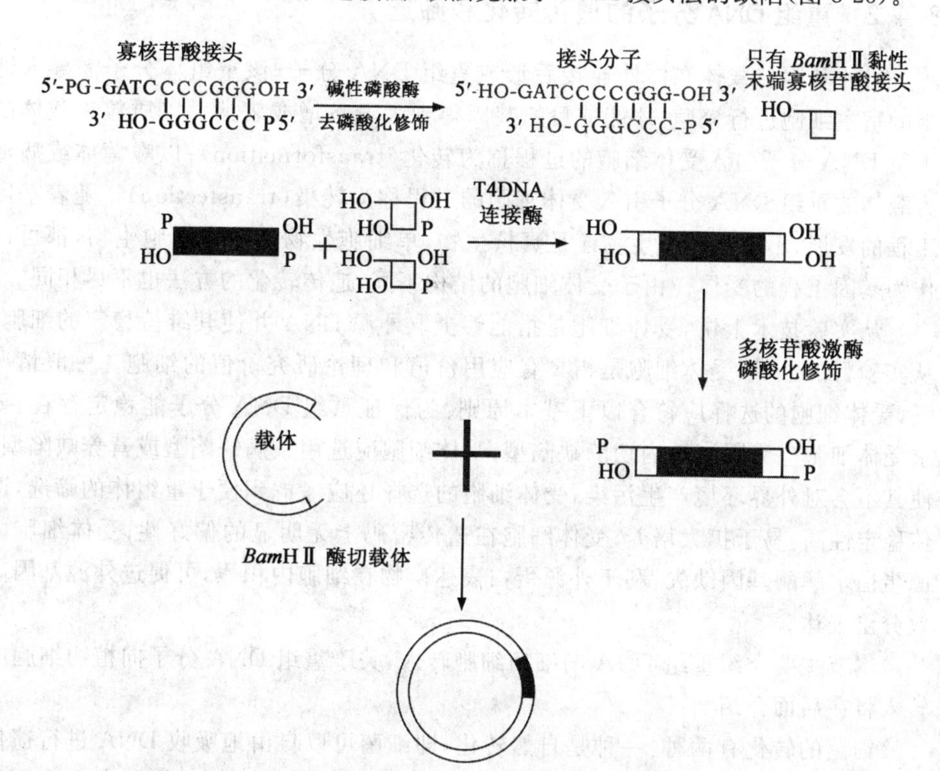

图8-23 寡核苷酸DNA接头的结构及用途(改自吴乃虎，2000)

8.4.1.3 DNA体外连接效率

载体与外源DNA分子体外重组时，影响连接效率的因素有很多，如反应温度、插入片段和载体之间的摩尔比、DNA末端性质、连接反应时间、ATP浓度等。为了提高连接反应的效率，通常采用以下策略：①用碱性磷酸酶处理防止载体自我连接，减少非重组体“克隆”的出现；②合理配置载体DNA和外源DNA之间的比例。如应用λ噬菌体或柯斯质粒作载体时，配制高比值的载体DNA/供体DNA的连接反应体系有利于重组分子的形成；若使用质粒分子作为克隆的载体，其重组体分子由一个载体分子和一个供体DNA片段连接环化而成，所以，当载体DNA与供体DNA的比值为1时，有利于这类重组体分子的形成；③采用同聚物加尾、DNA接头或寡核苷酸DNA接头等技术手段可以提高平头末端的连接效率；④根据不同的反应类型，控制合理的反应温度和时间，也可以提高连接反应的效率。

8.4.2 重组DNA分子的遗传转化和筛选

目的基因与载体在体外连接后形成重组DNA分子，该重组体分子需导入适当的宿主细胞进行繁殖，才能使目的基因得到大量扩增或表达。以质粒为载体的重组DNA分子引入受体细胞的过程称为转化(transformation)；以噬菌体或病毒为载体的重组DNA分子引入受体细胞的过程称为转染(transfection)。随着基因工程的发展，不论是原核生物还是真核生物，单细胞生物还是多细胞生物，都可以作为基因工程的受体。由于受体细胞的结构不同，遗传转化的方法也不尽相同。

从实验技术上讲，受体细胞是指能够摄取外源DNA并使其维持稳定的细胞。从实验目的上讲，受体细胞是指具有应用价值和理论研究价值的细胞。一般情况下，受体细胞的选择应符合以下基本原则：为保证重组DNA分子能稳定存在，要求受体细胞应为限制性内切酶缺陷型；受体细胞应选用致病缺陷型或营养缺陷型，使其不会对外界环境产生污染；受体细胞的选择还应考虑到便于重组体的筛选，遗传稳定性高，易于扩大培养；受体细胞在遗传密码上无明显的偏好性；受体细胞内源蛋白水解酶基因缺失，利于外源蛋白表达产物在细胞内积累，可促进外源基因高效分泌表达。

本节主要介绍重组DNA向细菌细胞转入，关于重组DNA分子向植物细胞的转入将在后面介绍。

细菌的转化有两种：一种是自然转化，即细菌可以自由地吸收DNA进行遗传转化。例如，革兰氏阳性菌。另一种是工程转化，在这种转化中，细菌发生改变使得它们能摄入外源DNA。例如革兰氏阴性菌。下面以革兰氏阴性菌中的大肠杆菌作为受体细胞为例来介绍原核生物的遗传转化方法，主要有化学转化法和电击转化法。

(1)化学转化法

首先要制备大肠杆菌的感受态细胞，感受态细胞是指用化学方法处理，使受体细胞的膜的通透性发生改变，即细胞处于能摄入核酸分子的生理状态。一般用0.01～0.05 mol/L氯化钙处理受体细胞，可以引起细胞膨胀，增大细胞的通透性，使重组DNA容易进入细胞，提高转化效率(图8-24)。感受态细胞的转化效率在配制后的24 h内最高，若不马上转化，感受态细胞应置于终浓度为15%的灭菌甘油内，－70℃可存 1～2 个月，－20℃可保存 2～3 周。

将重组质粒 DNA 分子同经过 $CaCl_2$ 处理的大肠杆菌感受态细胞混合，置冰浴中一段时间(约 30 min)，再转移到 42℃下做短暂(约 90 s)的热刺激后，迅速置于冰上，向其中加入非选择性的肉汤培养基，保温振荡培养一段时间(1～2 h)，使细菌恢复正常生长状态，以促使在转化过程中获得的新抗生素抗性基因(Amp^+ 或 Tet^+)得到充分表达。该法转化效率一般可达每微克 DNA 10^3～10^6 个转化子。

转染的具体操作比质粒 DNA 的转化要简单，即重组的噬菌体 DNA 分子同预先培养好的大肠杆菌细胞混合，37℃保温约 20 min，直接涂布在琼脂平板上，经过一段时间之后，重组噬菌体 DNA 在大肠杆菌细胞中复制增殖，最终在平板上形成噬菌斑。

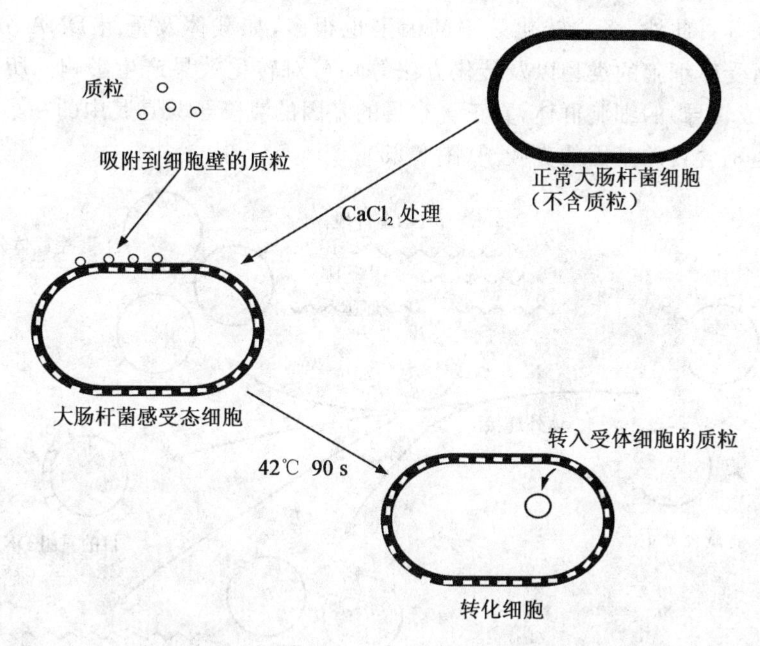

图 8-24　感受态细菌细胞对 DNA 的结合与吸收(改自魏群等，2007)

(2)电击转化法

电击转化法也称高压电穿孔法，最初用于将 DNA 导入真核细胞，自 1988 年起被用于转化大肠杆菌。其基本原理是将受体细胞置于一个适当的外加电场中，利用高压脉冲对细菌细胞的作用，使细胞表面形成可逆的瞬间通道，从而使质粒 DNA 得以进入细胞质内，但细胞不会受到致命伤害，一旦脱离脉冲电场，被击穿的微孔即可复原。然后置于恢复培养基中恢复培养数小时后，便可进行转化处理。

电击转化需配备专用仪器，影响电击转化效率的因素较多，需要优化操作参数。该法操作简单，适用于任何菌株。其转化效率一般可达每微克 DNA $10^9 \sim 10^{10}$ 个转化子。

8.5 重组体的筛选与鉴定

由于目的基因与载体 DNA 体外连接时，连接产物有多种类型，如 1 个目的 DNA 片段与 1 个载体 DNA 分子的重组，多个目的 DNA 片段的串联，多个串联外源 DNA 片段与 1 个载体 DNA 分子的连接，载体的自我连接或多个载体 DNA 分子的串联等。此外，影响转化效率的因素也很多，如载体及重组 DNA 分子的大小、构型；受体细胞的类型以及转化方法等均可对转化效果产生影响。所以，在经过转化（或转导）的细胞群体，真正含有目的基因的克隆子只是其中的一小部分，绝大部分是不含目的基因的克隆子（图 8-25）。

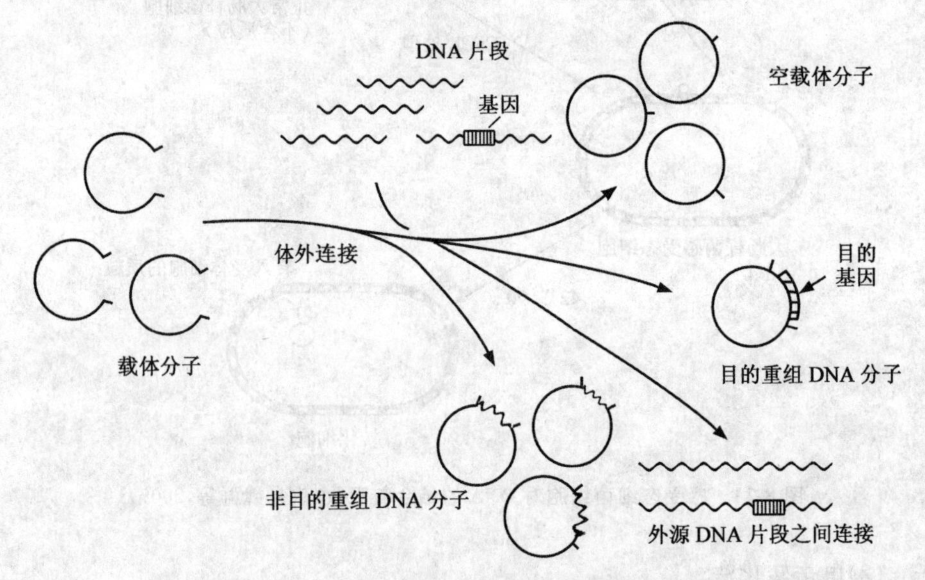

图 8-25　DNA 体外连接产物（改自魏群等，2007）

正是由于 DNA 的体外重组率和转化率不可能达到理想极限，因此必须借助各种筛选和鉴定方法区分转化子与非转化子、重组子与非重组子、目的重组子与非目的重组子。所谓转化子是指接纳了载体或重组 DNA 分子的转化细胞。如果受体细胞既没有摄入载体 DNA 分子，也没有摄入重组 DNA 分子则为非转化子。所谓重组子(或重组体)是指含有重组 DNA 分子的转化子。仅含有空载体分子的转化子为非重组子。将含有外源目的基因的重组子称为目的重组子，即我们通常所说的阳性克隆(图 8-26)。

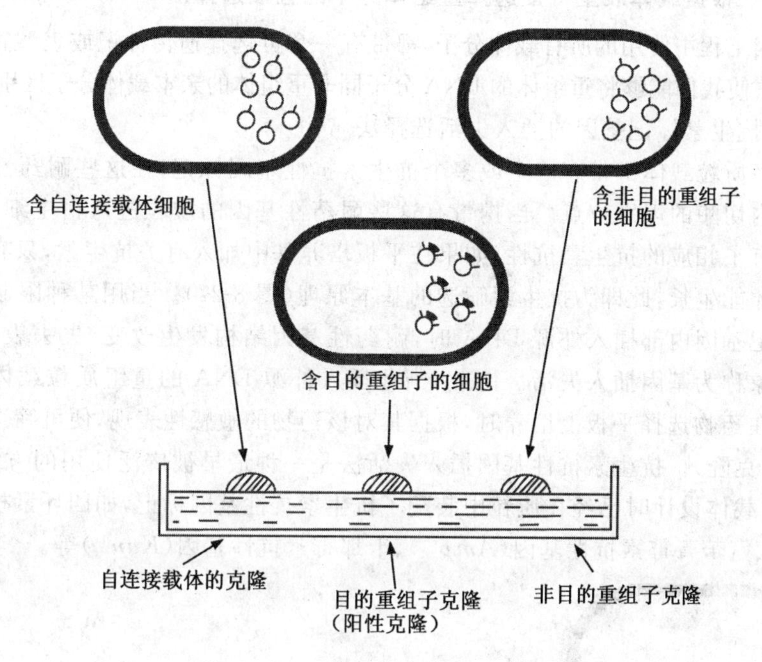

图 8-26　阳性克隆的选择(引自魏群等，2007)

为了从转化处理后的大量受体细胞中分离出含有目的基因的目的重组子，目前已建立起一系列的筛选和鉴定方法。通过某种外来附加压力(或因素)的辨别作用，呈现具有重组 DNA 分子的特定克隆类型的一种方法称为选择。选择所涉及的范围较为广泛，包括根据克隆载体提供的表型特征的简单选择和根据突变的互补作用对克隆基因的直接选择。筛选则是指通过某种特定的方法，从被分析的细胞群体或基因文库中，鉴定出真正具有所需要重组 DNA 分子的过程。

将外源基因导入宿主细胞以后，首要任务是筛选含有目的基因的阳性克隆并加以扩增，主要包含三个步骤：首先要筛选出带有载体的克隆；然后筛选出带有重组体的克隆；最后筛选出带有特异 DNA 序列的克隆，所用的方法主要有遗传学方法、免疫学方法、核酸杂交法、PCR 法等。其中，有些可作为初步筛选使用；有些则作为进一步鉴定使用。无论采用哪一种筛选方法，最终目的都是要证实基因是否按照人们所要求的顺序和方式存在于宿主细胞中。

8.5.1 遗传检测法

8.5.1.1 根据载体表型特征选择重组体分子的直接选择法

基因工程中使用的所有载体分子,都带有一个可选择遗传标记或表型特征。遗传选择法使我们能够将重组体的DNA分子同非重组体的亲本载体分子区别开来。

(1)抗生素标记基因的插入失活选择法

很多质粒载体都带有一个或多个抗生素抗性基因标记,在这些耐药性基因内有某些内切酶的识别位点。当携带有这些耐药性基因的质粒进入宿主细胞后,细胞就具有了相应的抗生素抗性,如果在平板培养基中加入有关抗生素,只有含质粒的细胞才能生长,此即为抗生素筛选的基本原理(图8-27)。当用某种限制酶消化并在标记基因内部插入外源DNA时,耐药性基因结构发生改变,失去表达活性,这种现象称为基因插入失活。因此,当此插入外源DNA的重组质粒载体转化宿主菌并在药物选择平板上培养时,根据其对该药物的敏感性表现,便可筛选出重组子(重组克隆)。抗生素抗性基因插入失活法是一种最早被广泛使用的方法(图8-28)。在载体设计时已经在质粒中装配了抗生素抗性基因标记,如四环素抗性基因(Tet^{+})、氨苄青霉素抗性基因(Amp^{+})、卡那霉素抗性基因(Kan^{+})等。

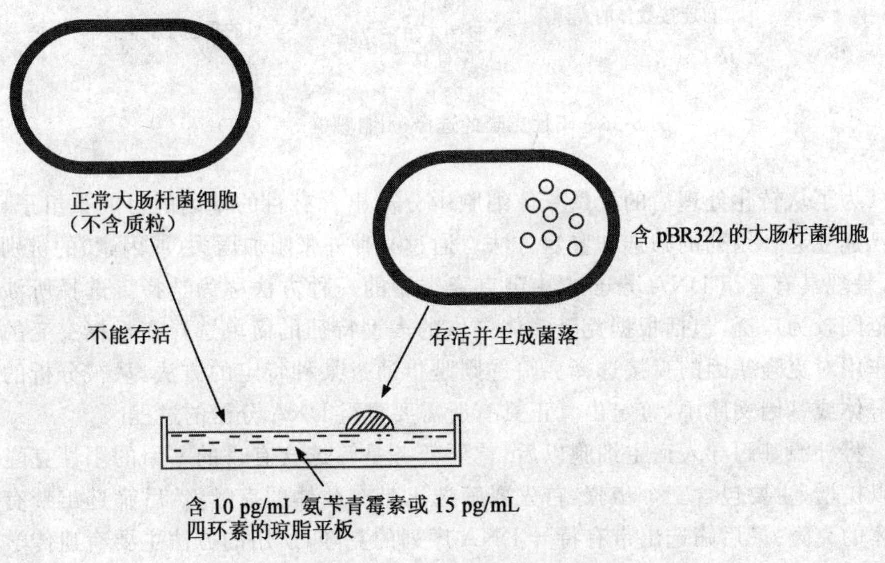

图8-27 抗生素筛选的基本原理(引自魏群等,2007)

这种方法只能证明细胞中确实已经有质粒存在,但无法保证质粒中已经携带了目的基因。为了防止误检,人们进一步发展了同时含有两种耐药性基因的质粒载体。在体外重组时有意将目的DNA插入其中一个抗性基因中使其失活,含有这种重组体的宿主细胞便可在含另一种抗生素的培养基中存活,但在同时含两种抗生素的平板培养基上则不能存活。将这种菌株筛选出来,就能保证细胞中的重组质粒确实已经插入了目的基因。由于该法需要两次筛选,故操作比较麻烦。

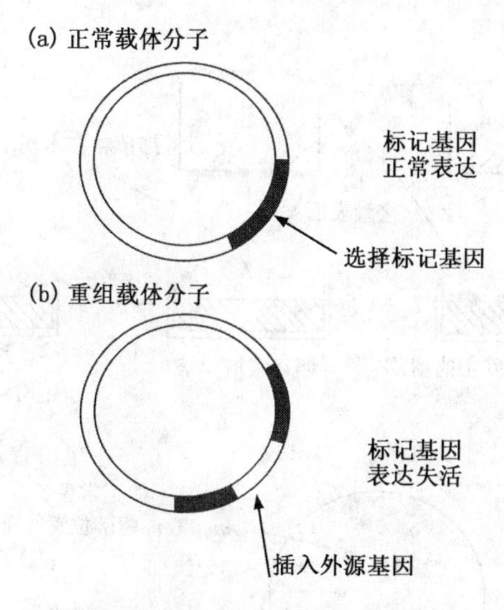

图 8-28 插入失活的原理(改自魏群等,2007)

(a)正常的不含重组体的载体分子携带能够赋予宿主细胞可选择的或可鉴别的特性的基因;(b)该基因当新的DNA插入时被破坏,结果导致含有重组体的宿主细胞不再表现出相关性质。

例如,pBR322质粒DNA上具有四环素抗性基因和氨苄青霉素抗性基因,因此,非重组质粒载体的基因型为 $Amp^{+}\ Tet^{+}$,带有这种质粒的受体菌可以在加有四环素和氨苄青霉素的双抗性平板上生长。但是,如果在该质粒的四环素抗性基因内插入外源DNA片段,就会造成四环素抗性基因失活,此时重组质粒的基因型变为 $Amp^{+}\ Tet^{-}$,携带这种质粒的宿主菌,可以在含氨苄青霉素的平板上生长,而不能在含四环素的抗性平板上生长。根据这种特性就可以筛选出重组克隆(图 8-29)。

(2)β-半乳糖苷酶显色反应

pUC载体系列是一种可利用β-半乳糖苷酶显色反应的载体系列。应用这样

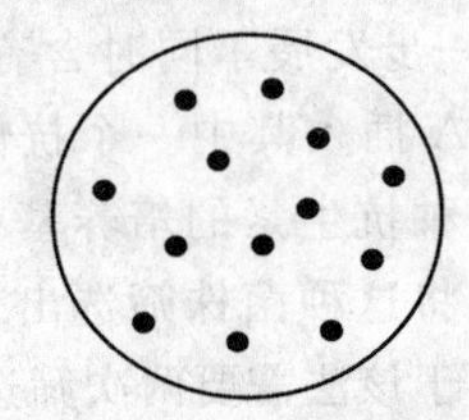

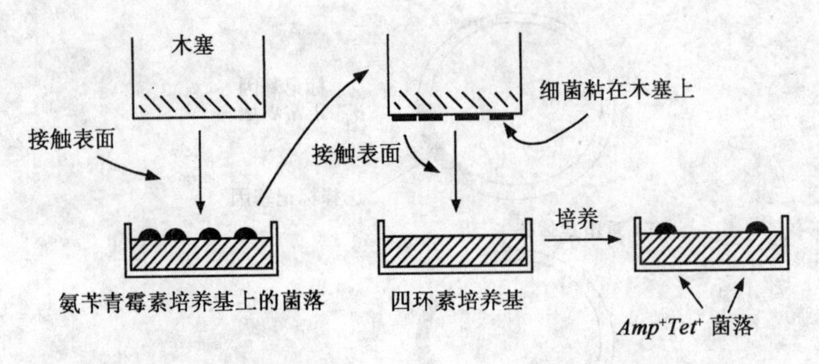

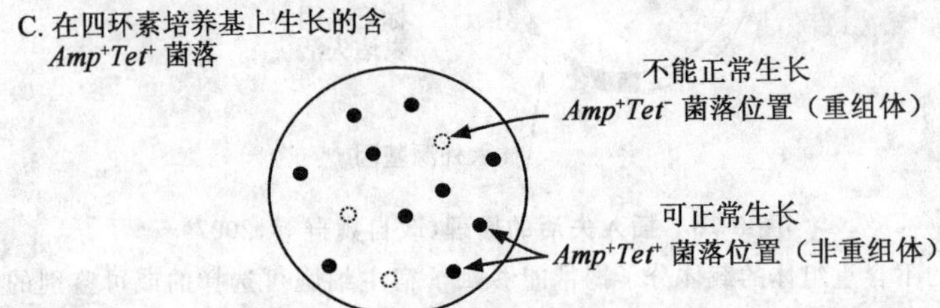

图 8-29　通过四环素基因的插入失活筛选 pBR322 重组体（改自魏群等，2007）

A. 细胞被铺到氨苄青霉素琼脂平板上，所有的转化细胞都生成菌落；B. 菌落被原位复制到四环素琼脂平板上；C. 在四环素琼脂平板上的菌落是（Amp^+ Tet^+），因此不包含重组体。包含重组体（Amp^+ Tet^-）的菌落不生长，但是它们在氨苄青霉素平板上的位置因此而得到。

的载体系列，外源 DNA 插入它的 *LacZ* 基因后造成的 β-半乳糖苷酶失活，于是可通过大肠杆菌的转化子菌落在 X-gal-IPTG 培养基中的颜色变化直接观察出来。将 pUC 质粒转化的细胞，培养在添加有 X-gal 和乳糖诱导物 IPTG 的培养基上，非重组体菌落呈现出蓝色反应；重组体菌落则呈现白色反应。据此，根据 β-半乳糖苷酶的显色反应，便可检测出含外源 DNA 插入序列的重组体克隆（图 8-30）。

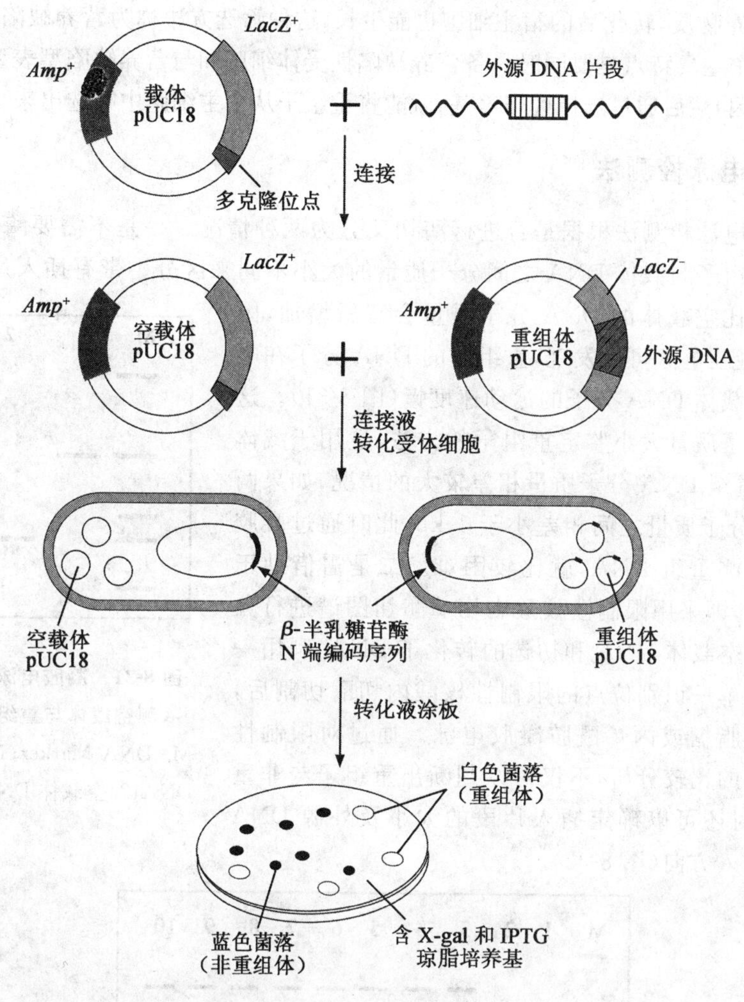

图 8-30 β-半乳糖苷酶显色反应

8.5.1.2 根据插入序列的表型特征选择重组体分子的直接选择法

这种选择法的基本原理是，转化进来的外源 DNA 编码基因，能够对大肠杆菌寄主菌株所具有的突变发生体内抑制或互补效应，从而使被转化的寄主细胞表现出外源基因编码的表型特征。若宿主细胞属于某一营养缺陷型，则在培养这种细胞的培养基中必须加入该营养物质后，细胞才能生长；如果宿主细胞摄入的外源 DNA 重组子中，除了含有目的基因外同时插入一个能表达该营养物质的基因，就实现了营养缺陷互补，使得转化后的受体细胞具有完整的代偿能力，培养基中即使不加该营养物质，转化后的宿主细胞也能生长，这种筛选方法称为营养缺陷互补法。该法的一个主要特点是要同时具备营养缺陷性受体细胞和与营养缺陷型表型相对应的功能基因，然后通过选择性培养基，就能将重组子从宿主细胞中筛选出来。

8.5.2 电泳检测法

凝胶电泳检测法根据是否进行酶切又分为两种情况。一是不需要酶切反应，仅根据重组子与载体 DNA 之间分子质量的大小不同来区分。带有插入片段的重组体通常比空载体的 DNA 分子质量会有所增加，因此，通过凝胶电泳可以发现，重组子的 DNA 分子在电泳时比空载体 DNA 分子的泳动速度慢(图 8-31)。这种根据分子质量大小鉴定重组子的方法，适用于载体 DNA 与重组 DNA 分子质量相差较大的情况，如果两种 DNA 分子质量之间相差小于 1 kb，此时通过凝胶电泳来检测重组 DNA，就比较困难。二是需借助于酶切反应，即采用限制性核酸内切酶酶切图谱进行分析。根据空载体 DNA 和初选的转化子 DNA，利用一种或两种单一识别位点的限制性核酸内切酶切割后，再进行琼脂糖或丙烯酰胺凝胶电泳。通过对限制性酶切图谱的比较分析，不仅可以判断出重组子与非重组子，有时还可以确定插入片段的大小及外源 DNA 片段的插入方向(图 8-32)。

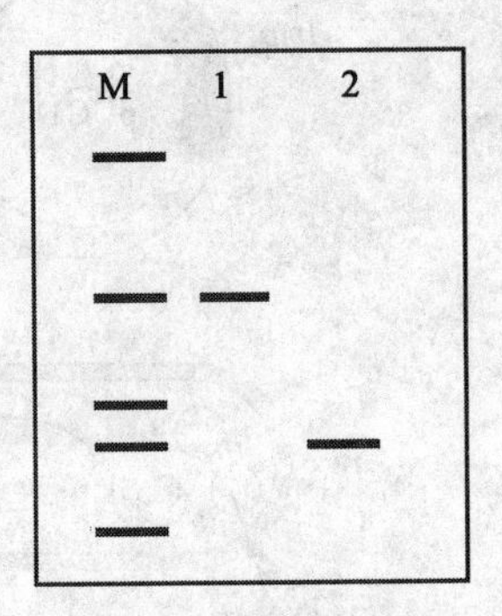

图 8-31 凝胶电泳法检测空载体与重组子

M. DNA Marker；1. 重组体 DNA；2. 空载体 DNA。

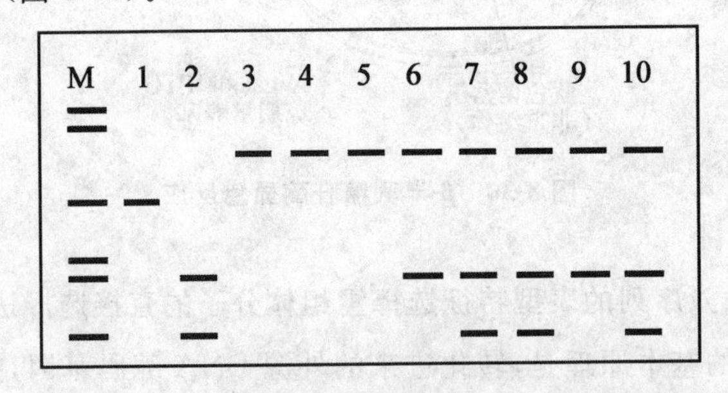

图 8-32 酶切片段的电泳酶切鉴定克隆示意图

M. DNA Marker；1. 目的 DNA 片段；2. 目的 DNA 的 *Eco*R Ⅰ 酶切；3. 空载体 *Eco*R Ⅰ 酶切；4-10. 不同阳性克隆的 *Eco*R Ⅰ 酶切。图中 4、5 泳道为不含插入片段的空载体；6、9 泳道虽然含有目的 DNA 片段，但其插入片段的大小和酶切图谱与目的片段不同，所以为假阳性克隆；7、8、10 泳道和 2 泳道的电泳图谱相同(除空载体对应的条带外)，所以是阳性克隆。

8.5.3　核酸分子杂交法

核酸分子杂交技术的基本原理:具有一定同源性的两条单链 DNA 或 RNA,在适宜的温度及离子强度等条件下,可以按照碱基互补配对原则高度特异地复性形成双链。因此,有互补特定核苷酸序列的单链 DNA 或 RNA 混在一起时,其相应同源区段将会退火形成双链结构,如果把一段已知核酸序列的 DNA 或 RNA 称为靶核苷酸序列,用合适标记物(如放射性同位素、生物素等)予以标记,作为探针(probe),与变性后的单链基因组 DNA 或 RNA 进行杂交,再用合适方法如放射自显影或免疫组织化学等技术对标记物进行检测,就可判断靶核苷酸序列是否存在、拷贝数多少及表达丰度等。

利用核酸分子杂交技术鉴定重组子,必须有 DNA 或 RNA 做探针。根据待测核酸的来源以及将其分子结合到固相支持物上方法的不同,核酸分子杂交检测法可分为:菌落印迹原位杂交、Southern 杂交、Northern 杂交和斑点印迹杂交(具体内容详见第 5 章)。

8.5.4　免疫化学检测法

在某些情况下,如待测的重组子克隆既无任何可供选择的基因表型特征,又无理想的核酸杂交探针时,可以考虑采用免疫学方法筛选重组子。直接的免疫化学检测技术同菌落杂交技术在程序上十分类似,不同的是该法使用抗体探针而非 DNA 探针来鉴定目的基因的表达产物。它是利用抗体鉴定含外源 DNA 编码产物的抗原菌落或噬菌斑。只要当一个克隆的目的基因,能够在大肠杆菌寄生细胞中实现表达,合成出外源的蛋白质,就可以采用免疫化学法检测重组体克隆。免疫化学检测法可分为放射性抗体测定法(radioactive antibody test)和免疫沉淀测定法(immunoprecipitation test)。这些方法最突出的优点是它们能够检测不为寄主提供任何可选择的表型特征的克隆基因。

8.6　植物转基因受体系统的建立和遗传转化

植物转基因受体系统是指用于转化的外植体,通过组织培养途径或其他非组织培养方法,能够高效产生稳定的无性系,并可接受外源 DNA 整合且对抗生素敏感。作为遗传转化的受体系统须具备以下条件:①必须具有脱分化和再生能力,能够形成新的植物体;②能够接受外源基因并有效整合到受体植物染色体中;③具有较高的遗传稳定性。

8.6.1 常用的植物转基因受体系统

(1)愈伤组织再生系统

愈伤组织再生系统是指外植体经脱分化培养诱导愈伤组织,并通过分化培养获得再生植株。优点:易于接受外源基因,转化效率高;扩繁量大,可获得较多的转化植株;该法几乎适用于任何通过离体培养途径可获得再生植株的植物。缺点:获得的再生植株无性系变异大,转化的外源基因遗传稳定性差,嵌合体较多。

(2)原生质体再生系统

原生质体是指一团裸露的植物细胞,在适当的培养条件下由原生质体也可诱导出再生植株,因此可用于遗传转化的受体。原生质体由于去除了细胞壁这一天然屏障,能够直接高效地摄取外源 DNA,获得的转基因植株嵌合体少,适用于各种转化方法。但由于原生体质培养操作难度大,目前仅有少数植物可通过原生质体培养获得再生植株。

(3)生殖细胞受体系统

利用植物自身的生殖过程,以生殖细胞如花粉、卵细胞等为受体进行遗传转化,生殖细胞受体系统也称为种质系统。该系统具有较强的接受外源 DNA 的潜能,一旦将外源基因导入这些细胞,能稳定的遗传给后代;由于受体细胞是单倍体,转化的基因不受显隐性影响,能充分表达,有利于性状的选育,而且通过加倍后可以直接获得纯合的二倍体品系,大大缩短了复杂的选育纯化过程。但取材受季节限制,同时无性繁殖植物不宜采用。

(4)叶绿体转化系统

近 20 多年来以细胞核为受体的植物遗传转化技术是植物基因工程的主要方法,成功培育出现高产、优质和抗逆性强的转基因新品种,取得了惊人的成绩。然而,核遗传转化存在一系列难以解决的问题,如核基因组较大,背景复杂,外源基因的表达效率低,后代不稳定,环境安全难以保证等。为克服核转化技术的不足,人们开始以叶绿体作为受体进行植物遗传转化,1988 年首次在衣藻中获得成功,证实了叶绿体转化的可行性。叶绿体作为受体进行植物遗传转化有许多优点:①叶绿体基因组小,便于外源基因定位整合;②植物细胞含有大量的叶绿体,基因为多拷贝,表达量高;③存在于叶绿体上的外源基因,一般不会发生遗传漂移,稳定性高、安全性好;④能直接表达原核基因。所以,有人认为叶绿体转化是一种高效而廉价的植物表达系统。

8.6.2 植物遗传转化方法

植物遗传转化是指将目的基因导入植物受体细胞,使之整合到受体基因组中,实现外源基因功能表达的过程。下面分别介绍常用的植物遗传转化方法。

8.6.2.1 农杆菌介导法

农杆菌是普遍存在于土壤中的一种革兰氏阴性细菌,它能在自然条件下趋化性的感染大多数双子叶植物的受伤部位,并诱导产生冠瘿瘤或发状根。与植物基因转化有关的有根癌农杆菌(*Agrobacterium tumefaciens*)和发根农杆菌(*Agrobacterium rhizogenes*)两种类型。根癌农杆菌中含有 Ti 质粒,能诱发冠瘿瘤。发根农杆菌中含有 Ri 质粒,可以导致受伤部位产生毛发状根。Ti 质粒(包括 Ri 质粒)上有一段转移 DNA(transfer DNA,T-DNA),受伤的植物细胞中产生的化学复合物可使农杆菌吸附于植物上,使 T-DNA 转移到植物细胞内并整合到染色体上。农杆菌介导的遗传转化正是基于这样一种机理发展而来。农杆菌介导的 T-DNA 的转移和整合会发生细菌和植物细胞相互作用,这一过程兼具原核生物中的细菌结合转移及真核细胞加工修饰的特点。

根据 Ti 质粒能够进入植物细胞并能整合到植物染色体 DNA 中的功能,科学家将外源基因装入到 Ti 质粒,形成杂合 Ti 质粒并转化到农杆菌中,然后以该农杆菌感染植物细胞,从而形成转基因植物。

根癌农杆菌能在自然条件下趋化性地感染大多数双子叶植物的受伤部位,其原因是受伤部位的细胞会分泌大量酚类化合物,从而诱导农杆菌向这些细胞转移吸附,并产生冠瘿瘤。研究发现双子叶植物受到伤害时会产生乙酰丁香酮等酚类诱导物,于是人们对未受伤的植物细胞用乙酰丁香酮及其类似物处理,可以有效地促使农杆菌对植物细胞的侵染,因此,在利用农杆菌介导法进行植物遗传转化时,就可免除对受伤细胞的依赖,从理论上说任何正常的植物细胞均可作为受体。它是双子叶植物较为常用也较为简单有效的转化方法,已在多种双子叶植物中得到成功的应用。

农杆菌介导法的基本原理是通过农杆菌与植物受体系统共培养一段时间,使农杆菌对植物发生感染,并将带有外源基因的 T-DNA 片段转入被感染的受体细胞,从而获得转化体,再经过适当的筛选方法选出转化体,进而将其培养成转化植株(图 8-33)。

8.6.2.2 基因枪转化法

基因枪(particle gun)介导转化法又称微弹轰击法(microprojectile bombard-

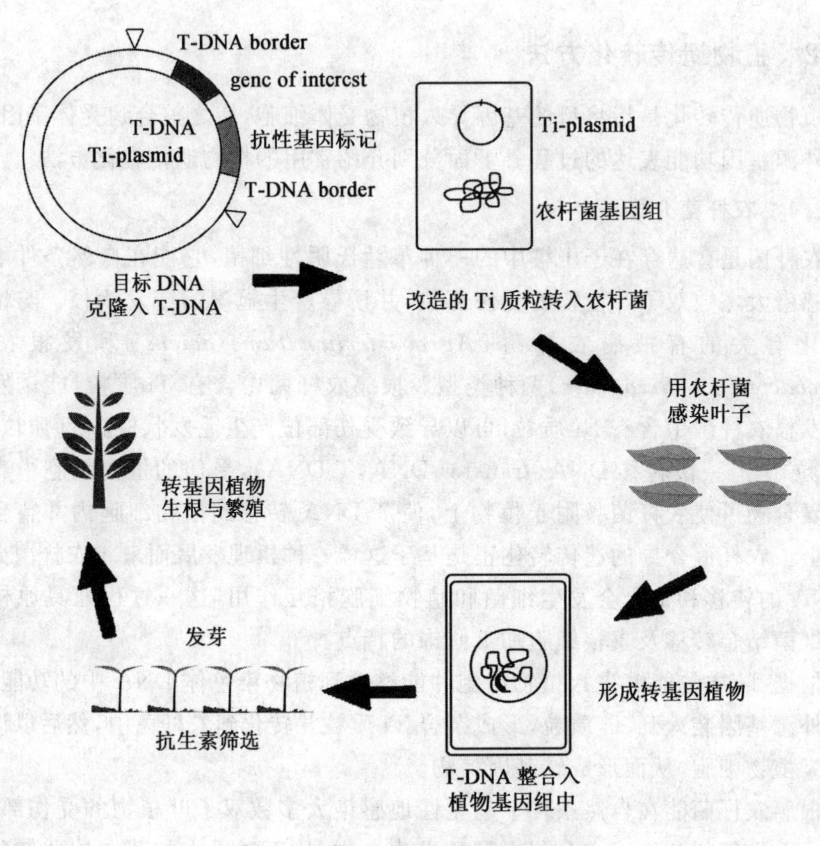

图 8-33　农杆菌介导转基因植物获得

ment)，是指利用火药爆炸、高压气体和高压放电作为驱动力，将载有目的基因的金属颗粒加速，高速射入植物组织和细胞中，然后通过细胞和组织培养技术，再生出新的植株。

美国 Cornell 大学的 Salfrod 等最早研制出火药基因枪。1990 年，美国杜邦公司推出 PDS-1000 基因枪系统。尽管基因枪有各种不同的类型，但转化的基本步骤极为相似：①受体细胞或组织的准备和预处理；②DNA 微弹的制备；③受体材料的轰击；④轰击后外植体的培养和筛选。

基因枪转化法是继农杆菌介导法之后的又一广泛应用的植物遗传转化技术。目前已在烟草、水稻、小麦、黑麦草、甘蔗、棉花、大豆等多种作物上获得成功。基因枪转化法具有如下优点：①无宿主限制，无论是单子叶植物和双子叶植物都可以应用；特别是那些由原生质体再生植株较为困难和农杆菌感染不敏感的单子叶植物；

②可控度高，操作简便迅速，根据实验需要调控微弹的速度和射入角度；③受体类型广泛，原生质体、叶片、悬浮培养细胞、种子的胚、分生组织、愈伤组织、花粉细胞、子房等几乎所有具有分生潜力的组织或细胞都可以用基因枪进行轰击；④可将外源基因导入植物细胞的细胞器，如线粒体、叶绿体等植物细胞器。正因为基因枪这些优点，使基因枪成功地应用于植物基因转化，特别是单子叶植物的转化。但是基因枪转化所用设备昂贵，成本高；嵌合体比率大；遗传稳定性差。此外，通过基因枪法整合进植物细胞基因组中的外源基因通常是多拷贝，可能发生共抑制现象（co-suppression）。

基因枪的转化效率一般在 $10^{-3}\sim10^{-2}$。影响转化效率的因素很多，不同类型的基因枪转化率差异很大。受体类型不同，转化效率可能会有明显差异。同时，转化率还受金粉微粒大小、DNA 沉淀辅助剂、DNA 纯度和浓度、微弹速度、植物材料等因素的影响。

8.6.2.3　植物病毒 DNA 介导法

植物病毒 DNA 介导法是基于植物病毒在宿主细胞内能够自我复制，可将外源基因克隆到病毒基因组中，然后通过病毒浸染，将外源基因导入受体植物细胞中。随着植物病毒分子生物学及遗传学研究的不断深入，用病毒作为载体转化植物细胞，将日益受到人们的重视。病毒根据其遗传物质不同，可分为 DNA 和 RNA 病毒，其中研究最多的是烟草花叶病毒（tobacco mosaic virus，TMV）和花椰菜花叶病毒（cauliflower mosaic virus，CaMV）。

利用植物病毒载体进行转化，原生质体和植物组织器官均可作为受体。优点在于病毒具有高效的复制能力，有利于外源基因的表达，寄主范围广泛，能侵染整株植物；缺点是病毒载体本身不稳定，携带的外源基因容易丢失，有些病毒甚至带有致病性。

8.6.2.4　花粉管通道法

花粉管通道法（pollen tube pathway）是利用植物受精过程中形成的花粉管通道，将外源 DNA 导入植物的遗传转化技术。该法是由我国学者周光宇先生提出并建立的一种转基因技术。1983 年，利用此法成功地将外源 DNA 导入棉花。国内外许多学者利用这一方法将外源基因或总 DNA 导入许多农作物中，并获得了一批有实用价值的转化材料。与此同时，这一方法也在实际应用中得到了不断的发展和完善。

花粉管导入法的优点：利用自然繁殖过程中的生殖细胞作为转化受体，无需组织培养和诱导再生植株等人工培养过程，同时也可避免原生质体再生以及组织培养过程中可能导致的体细胞无性变异等问题。而且此法不受植物种属的限制，单子叶植物、双子叶植物均可使用。可以在大田、盆栽或温室中进行，不需要精密仪器。该法的缺点：仅局限于开花时间才能应用；对 DNA 大小和纯度要求较高；花粉管导入的关键因素在于精确掌握受体植物的受精过程及时间规律，才能实现外源 DNA 的遗传转化。

8.6.2.5 聚乙二醇法

聚乙二醇(PEG)是一种水溶性的化学渗透剂。PEG 可使细胞膜之间或使 DNA 与膜之间形成分子桥，促使相互间的接触和粘连，并可通过改变细胞膜表面的电荷，引起细胞膜透性的改变，从而诱导原生质体摄取外源基因 DNA。PEG 转化的基本步骤包括：①外源目的基因的制备；②原生质体制备；③目的基因和原生质体的转化培养；④转化体的鉴定及再生植物培养。该法的主要优点：①实验成本低廉，不需要特殊的仪器设备；②不受植物种类的限制，只要能建立原生质体再生系统的植物都可以采用此法；③所得转化体中，嵌合体很少；④结果比较稳定，重复性也较好；⑤可使两个非连锁基因的共转化率达 50%左右。目前应用这种方法已获得了水稻、小麦、玉米、高粱的转基因植株。该方法的局限性在于，必须以原生质体为受体，因此，一方面需要具备良好的原生质体分离制备技术，另一方面转化后的原生质体还要有高效的再生能力。PEG 法的转化率较低，一般在 10^{-5}～10^{-3}。将 PEG 转化法与电击法、脂质体法和激光微束法等技术结合使用，可使转化率大大提高。

8.6.2.6 电击法

电击法(eletroporation)也称电穿孔法，是 20 世纪 80 年代初发展起来的，最初主要用于原生质体的转化，曾在烟草、胡萝卜等模式植物的原生质体转化中得到标记基因的瞬时表达，后又相继在禾谷类作物以及一些蔬菜作物的原生质体转化中得到成功应用。

其原理是利用高压电脉冲作用在原生质体上“电击穿孔”，形成可逆的瞬间通道，从而促进外源目的基因的摄入。电击法的优点是操作简便，特别适合于瞬间表达研究。该方法无宿主限制，对胚性愈伤组织、悬浮细胞、分生组织均可采用。缺点是必须经过原生质体培养，加上电穿孔易造成原生质体损伤，使其再生率降低。而且仪器也较昂贵，各项转化参数还有待于进一步优化。此法将电击法与 PEG 法相结合，转化率由此提高约 10 倍，特别适用于瞬时表达的研究。

8.6.2.7 超声波介导法

超声波介导的遗传转化实质上是利用超声波的作用，在细胞膜上产生可恢复的渗透孔,从而使外源DNA进入受体细胞。超声波介导法已成功地将外源DNA转导入烟草和甜菜的原生质体、玉米和小麦的未成熟胚及烟草的叶片中。目前,该方法常与农杆菌介导法共用以提高外源DNA的转化效率。超声波介导法的优点:不受宿主范围的限制,可以将外源基因导入任何基因型的植物细胞内;可避免对细胞的机械性损伤,有利于原生质体的存活;操作简便、设备便宜。缺点:超声波介导的遗传转化同样存在外源DNA随机整合及外源DNA多拷贝整合等问题。

8.6.2.8 显微注射法

显微注射技术是利用显微注射仪将外源DNA直接注入受体细胞,进而发育成转基因个体。该技术历史悠久,最初主要用于动物的核移植及遗传转化。20世纪80年代中后期,这一技术被应用于植物原生质的转化。具体操作是使用极细的毛细管在显微镜下将外源DNA注射到植物细胞或原生质体的一种方法。近年来,植物悬浮细胞、花粉粒以及分生组织、胚状体等都可被用做显微注射的受体材料,并使该方法在理论上和技术上都有了进一步的发展。优点:转化率很高,以原生质体为受体细胞,平均转化率达10%~20%,甚至高达60%。缺点:使用显微注射时需要精细的操作技术和精密的仪器设备,操作繁琐,工作效率低,难以进行大批量的转化工作。

8.7 转基因植物中外源基因的检测

当外源基因导入植物细胞中以后,其表达方式有瞬时表达(transient expression)和稳定表达(stable expression)两种。在瞬时表达状态的基因转移中,引入细胞的外源DNA和宿主细胞染色体DNA并不发生整合。这些DNA一般随载体进入细胞后12 h内就可以表达,并持续约80 h。在稳定表达状态的基因转移中,导入宿主细胞的DNA整合到细胞染色体DNA上,以永久形式存在,并可传给后代,形成稳定的转化细胞。

植物瞬时表达在启动子分析、基因功能分析和生产重组蛋白方面用途广泛。并且具有如下优点:①简单快速。转化基因可在转化后的短时间内进行分析,避免了组织培养等繁杂过程。②表达水平高。当单链的T-DNA进入植物细胞后,许多未整合到植物基因组中的游离外源基因同样可以表达。③安全有效。不受植物生长发育过程的影响,不产生可遗传的后代,不存在基因漂移的风险。瞬时表达载体通常采用基因枪转化和农杆菌介导转化受体。

对于稳定表达系统,遗传转化后,外源基因是否进入受体细胞?进入受体细胞的外源基因是否整合到植物染色体上？整合到染色体上的外源基因是否正常表达？以及能否产生理想的目标性状等都需要一系列的检测分析。这是因为DNA的体外重组率及植物细胞的遗传转化率通常不能达到理想的极限，因此，被转化的受体细胞往往只有一小部分能够接受外源目的基因，而且外源基因能够整合到植物基因组中并得到有效表达的受体细胞更是少数。故对植物进行遗传转化后，需要从外源基因的整合及表达方面进行有效检测。只有整合有外源基因的植株才被认为是转基因植株。目前，鉴定外源基因的方法很多，包括目的基因的检测和标记基因的检测，其中目的基因的检测又包括DNA水平、RNA水平和蛋白质水平检测。

8.7.1 转基因植物中外源目的基因的检测

8.7.1.1 DNA水平的检测

关于转基因植物中外源基因整合的检测，目前最常用的是PCR技术。PCR是一种体外选择性扩增特定DNA片段的核酸合成技术。应用PCR技术检测时需设置空白对照、阴性对照和阳性对照，空白对照是指反应体系中没有DNA模板，阴性对照是以非转化植株基因组DNA为模板，阳性对照是以含外源基因的重组质粒DNA为模板。应用PCR技术对转基因植株进行检测，操作简便，可批量进行，但有一定的假阳性，故只作为初步鉴定，对于获得的阳性植株还需进一步鉴定分析。

Southern杂交法是对转基因植株中外源基因整合分析的另一种常用技术。利用该技术不仅可以检测插入外源DNA片段的大小，还可以检测外源基因插入的拷贝数多少。由于该法需要酶切、电泳、转膜、探针标记、影印杂交等复杂的操作步骤，不适合用于大规模筛选阳性植株，常用于对初选阳性植株进行进一步分析鉴定。

8.7.1.2 RNA水平的检测

外源基因整合到植物染色体基因组后，可能发生转录，也可能不发生转录。因此，对于转基因植物，还需要从目的基因的转录水平进行检测。

RT-PCR是以mRNA为模板反转录成cDNA，然后又以cDNA为模板进行PCR扩增的体外扩增技术。它是一种获取真核生物目的基因cDNA的简便、快捷而高效的酶促合成法。在转基因植物检测中，RT-PCR可用于检测外源基因是否表达及分析外源基因在不同组织或相同组织不同发育阶段的表达情况。Northern杂交是从基因转录水平研究转基因植物中外源基因表达的另一个重要技术手段。

整合到植物染色体上的外源基因,如果能正常表达,在转化植物细胞内将有其转录产物即特异 mRNA 生成。因此,根据对待检测植株特定时期或特定组织总 RNA 或 mRNA 的 Northern 杂交分析,便可判断待测样品中是否含有外源目的基因的转录本。

8.7.1.3 蛋白质水平的检测

对于转基因植物,除了可以从 DNA 或 RNA 水平进行检测外,也可以通过蛋白质水平进行检测。如果一个目的基因 DNA 序列可以转录和翻译成蛋白质,那么只要出现这种蛋白质或该蛋白质的一部分,就可以用免疫的方法进行检测。所谓免疫反应检测法是从基因的翻译水平对外源目的基因的遗传信息进行检测。翻译水平的检测方法有酶联免疫吸附法(Enzymelinked Immunosorbent Assay),ELISA 和 Western Blot 杂交等。酶联免疫吸附法的基本原理是酶分子与抗体或第二抗体分子共价结合,此种结合不会改变抗体的免疫学特性,也不影响酶的生物学活性。此种酶标记抗体可与吸附在固相载体上的抗原或抗体发生特异性结合。因此,可通过底物的颜色反应来判定有无相应的免疫反应,颜色反应的深浅与标本中相应抗体或抗原的量成正比。此种显色反应可通过 ELISA 检测仪进行定量测定。ELISA 检测程序包括抗体制备、抗体或抗原的包被和免疫反应及检出三个阶段。

Western 杂交的基本原理与 Southern 或 Northern 杂交方法类似,但 Western Blot 采用的是聚丙烯酰胺凝胶电泳,被检测物是蛋白质,“探针”是抗体,“显色”用带标记的二抗。经过 PAGE 分离的蛋白质样品,转移到固相载体上,固相载体以非共价键形式吸附蛋白质,且能保持电泳分离的多肽类型及其生物学活性不变。以固相载体上的蛋白质或多肽作为抗原,与对应的抗体起免疫反应,再与酶或同位素标记的第二抗体起反应,经过底物显色或放射自显影,以检测电泳分离的特异蛋白质。Western 杂交的主要程序见图 8-34。该方法具有灵敏度高、特异性好、直观并且可进行蛋白质定性和定量分析等优点。

8.7.1.4 生物学功能检测

前述所介绍的检测方法只能从外源基因的整合、转录和翻译水平进行信息的了解,而关于这些外源基因的生物学功能,需对转化植株进行相应的功能鉴定,进而获得关于转基因植株的综合评价。比如对转抗虫基因的玉米,应当用转化植株及其叶片进行杀虫效果的分析试验;转抗白粉病基因的水稻植株应当用白粉病的病原菌对转化植株进行接种鉴定,观察抗病效果;又比如对通过基因工程技术创制的雄性不育材料,最终需对雄花的育性表现进行鉴定。

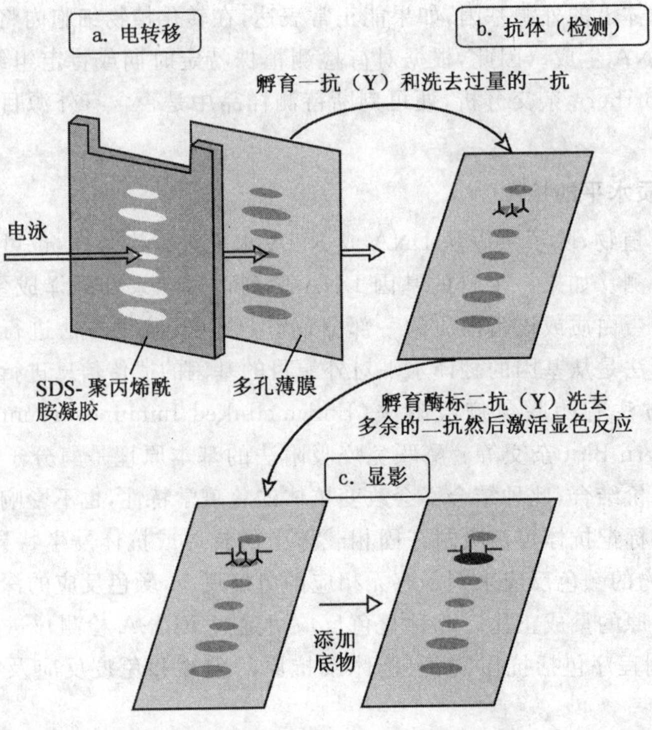

图 8-34　Western 杂交流程

（引自 http://www.bbioo.com/experiment/14-1265-5.html,有改动）

8.7.2　转基因植物中选择标记基因和报告基因的检测

对转基因植物中外源基因的检测，一方面可以通过对目标基因的整合、转录及翻译等进行直接的检测;另一方面也可以通过对报告基因或选择标记基因检测。

选择标记基因和报告基因实际上都可以看做是标记基因,起着标记目的基因是否成功转化的作用,为获得的转化体提供了有利的判断依据。两类基因又有各自的特点,选择标记基因主要是用来区分转化细胞和非转化细胞。选择标记基因的持续稳定表达,表明受体细胞已获得转化载体。报告基因的作用是用于检测表达载体中启动子及其调控元件的功效,间接地反映了目的基因的表达情况。

选择标记基因主要是一类编码可使抗生素或除草剂失活的蛋白酶基因,这种基因在执行其选择功能时,通常存在检测慢(蛋白酶作用需要时间)、依赖外界筛选压力(如抗生素、除草剂)等缺陷。植物中常用的选择标记基因见表 8-4。而报告基因则是指其编码产物能够被快速测定且不依赖于外界压力的一类基因。理想的报告基因通常具备如下基本条件:①受体细胞中不存在相应内源等位基因的活性。②产物唯一性且不会损害受体细胞。③检测方法的简单、快速和灵敏性。目前,在植物遗传转化中常用的报告基因见表8-5。

表8-4 植物转基因技术中常用的选择标记基因

基因	产物	选择剂
NptⅡ	新酶素磷酸转移酶	卡那霉素、新霉素、G418
Hpt	潮酶素磷酸转移酶	潮酶素
Dhfr	二氢叶酸还原酶	甲氨蝶呤
Epsps	烯醇丙酮酰莽草酸-3-磷酸合成酶	草甘膦

表8-5 植物转基因技术中常用的报告基因

基因	产物	测定方法
Gus	β-葡萄糖苷酸酶	组织化学染色、荧光测定等
Luc	荧光素酶	生物发光测定
Gfp	绿色荧光蛋白	生物发光测定、紫外光测定
Cat	氯霉素乙酰转移酶	薄层层析、放射自显影
Nos	胭脂碱合成酶	电泳、荧光染色
Ocs	章鱼碱合成酶	电泳、荧光染色

8.8 转基因植物中外源基因的遗传效应

将特定的外源基因构建在植物表达载体上并转入受体植物,其目的是实现外源目的基因在特定部位和特定时间内高水平表达,产生人们期望的目标性状。然而,近年的研究却表明,外源基因在受体植物内往往会出现表达效率低、表达产物不稳定甚至出现基因沉默或失活等现象,严重限制了转基因植物的生产应用。

8.8.1 外源基因在转基因植物中的整合方式

关于外源基因在转基因植物中的整合方式,目前研究比较清楚的是农杆菌介导的遗传转化,外源基因的整合是随机的,T-DNA可以插入植物基因组的任何一条染色体上，也可插入一条染色体的任何位点。但也有研究表明，T-DNA的整合有其随机的一面，但也并非无规律可循。T-DNA整合易发生在与T-DNA序列同源的区域、基因活跃表达区域和高度重复DNA区域等。转化方法不同，外源基因整合进植物基因组的拷贝数可能不同。农杆菌介导的遗传转化，外源基因整合进植物基因组的拷贝数一般较少，多为单拷贝。而基因枪介导的遗传转化，外源基因整合大多数情况下为多拷贝。一般外源基因插入植物基因组有以下几种：单拷贝单位点插入，串联多拷贝单位点插入和多拷贝多位点插入。

外源基因在转基因植物中的整合位点分析主要是采用Southern杂交和荧光原位杂交方法，而外源基因拷贝数的检测主要是通过Southern杂交分析。

8.8.2 转基因的遗传稳定性

转基因植物的稳定性一直是人们十分关注的问题，因为它是转基因产品能否推广应用的前提。目前植物上比较通用的转化体系都是基于组织培养过程，转化的外源基因在受体细胞中需经历一系列复杂的过程，即转化细胞在培养基上的筛选、增殖，愈伤组织的生长发育与分化，植株再生，转基因植株的繁殖及转基因在后代的传递等。因此，关于转基因的稳定性包括两个方面的含义：一是转基因在转化细胞培养过程中的稳定性；二是转基因在植株繁育过程中遗传传递的稳定性。

转化细胞必须经过愈伤组织的诱导、芽分化、根分化等一系列的过程才能形成完整的转基因植株。在这一复杂的细胞培养过程中，往往存在较高的无性系变异，这些无性系变异包括染色体数目变异、染色体结构变异、核基因的突变与重组等。显然，转化的外源基因有可能随着无性系变异的发生而表现一定的不稳定性。但是，由于在植物的遗传转化过程中，通常会采用一些选择标记基因，根据抗性标记基因的抗性筛选，可以起到辅助选择转化细胞的目的，保证转化基因的相对稳定性。

对于获得了外源基因的转基因植株，其外源基因能否稳定遗传给后代，是基因工程育种的前提条件。一般说来，外源DNA一旦整合到受体植物基因组中，外源基因在减数分裂中就能保持下来，并通过有性繁殖稳定传递给后代。但是整合在受体植物基因组上的外源基因，也可能会发生丢失，这种丢失既可在减数分裂过程中发生，也可在无性繁殖中发生。整合的外源基因发生丢失的几率一般比受体植物基因组本身的基因发生丢失的几率要大得多。有研究认为单拷贝或低拷贝整合的外源基因具有较高的稳定性，而多拷贝整合的外源基因稳定性差。也有研究报道，无论单拷贝或多拷贝的单位点插入的外源基因多数符合孟德尔单基因遗传的分离规律，而多位点插入外源基因遗传则比较复杂，表现出一定的互作现象。

8.8.3　外源基因在转基因植物中的位置效应和剂量效应

(1)转基因的位置效应

外源基因整合在植物基因组中的位置是随机的，由于不同插入位点的遗传背景不同，对外源基因的表达会有很大影响，因此外源基因表现出的遗传效应也不尽相同。例如，在同一实验中得到的不同转化植株，即使它们整合外源基因的拷贝数相同，外源基因的表达水平仍然可能存在较大差异。这种现象主要是由于外源基因在染色体上的插入位置不同所致，因此称之为位置效应。

(2)转基因的剂量效应

转基因的剂量效应主要是由同源基因容易产生共抑制现象所导致。根据共抑制基因的来源可分为内外基因的共抑制效应和重复诱导的共抑制效应，前者是指插入的外源基因与植物基因组内部基因会产生同源共抑制效应；后者是指外源基因之间的共抑制效应。

8.8.4　转基因植物中外源基因的沉默

在许多情况下，外源基因整合进受体植物的基因组后，其表达的稳定性往往与转基因的失活或沉默有关；外源基因转入受体植物后，有可能被植物基因组所存在的限制修饰系统所识别并加以修饰和抑制，进而使之失活或沉默。有研究者用决定花色的矮牵牛基因(*chs*)转化紫花矮牵牛，旨在加深花色。但结果却发现高达42%的当代转基因植株的花色为白色或紫白相间。表明外源基因不但没有高效表达，反而影响了内源基因的正常表达。大量的转基因植物实例逐渐使人们认识到外源基因失活是一个非常复杂的现象。转基因沉默与失活现象严重影响了转基因在农业生产上的应用。关于转基因植物中外源基因沉默或失活的机理，人们正在从DNA甲基化、外源基因的位置效应及外源基因的拷贝数等方面进行探讨。

8.8.5　提高转基因植物中外源基因表达效率的策略

针对转基因植物中外源基因的沉默，通常可采用以下方法来提高外源基因的表达效率。

8.8.5.1　优化外源基因序列

为了增强外源基因的翻译效率，构建载体时一般要对外源基因进行修饰，主要包括以下三个方面：①添加5′端和3′端的非翻译序列。真核基因的5′和3′端非翻译序列(5′和3′ untranslated region，UTR)对基因的正常表达是非常必需的，该区段的缺失常会导致mRNA的稳定性和翻译水平显著下降。②优化起始密码的周边序列。不同生物来源的基因各有其特殊的起始密码周边序列。植物起始密码子周边序列的典型特征是：AACCAUGC；动物起始密码子周边序列是：CACCAUG；原核生物与二者差别较大。因此，对于非植物来源的基因在构建表达载体时，应根据植物起始密码子周边序列的典型特征加以修饰改造。③对基因编码区加以改造。如果外源基因是来自原核生物，由于表达机制的差异，这些基因在植物体内的表达水平往往较低，因此，对这些基因进行改造，选用植物偏爱的密码子，一定程度上可提高表达效果。

8.8.5.2 启动子的选用与改造

外源基因在转基因植物中的表达效率与启动子有很大关系。启动子是基因转录所必需的调控序列，它是 RNA 聚合酶的结合区，其结构影响到 RNA 聚合酶的亲和力，从而影响基因的表达水平。因此，对启动子的选用和改造是提高外源基因表达效率的一个重要环节。目前植物表达载体中广泛应用的启动子是组成型启动子，双子叶转基因植物多用来自于花椰菜花叶病毒的 CaMV 35S 启动子；单子叶转基因植物主要利用的启动子为玉米的 *Ubiquitin* 启动子和水稻的 *Actin* 启动子。农杆菌 T-DNA 启动子，尤其是 NOS 和 OCS 启动子，在植物基因转移中也较常用。

在组成型启动子的控制下，外源基因在转基因植物的所有部位和所有的发育阶段都会表达，而外源基因在受体植物内持续、高效的表达不但会造成浪费，往往还会引起植物的形态发生改变，影响植物的生长发育。为了使外源基因在植物体内有效发挥作用，同时又可减少对植物的不利影响，这就需要利用非组成型启动子即特异表达启动子，目前人们对特异表达启动子的研究和应用越来越重视。特异性启动子包括组织特异性启动子和诱导特异性启动子。

在转基因植物研究中，使用天然的启动子往往不能取得令人满意的结果，尤其是在进行特异表达和诱导表达时，表达水平不够理想。对现有启动子的改造和构建复合式启动子是提高转基因植物表达效率的重要手段。如 Ni 等将章鱼碱合成酶基因启动子的转录活跃区与甘露碱合成酶基因启动子构成了复合启动子，GUS 表达结果显示：改造后的启动子活性比 35S 启动子明显提高。吴瑞等将操作诱导型的 *PI-II* 基因启动子与水稻 *Actinl* 基因内含子 1 进行组合，新型启动子的活性提高了近 10 倍。

8.8.5.3 利用内含子增强基因的表达

使用内含子可增强外源基因表达效率最初是在转基因玉米中发现的，玉米乙醇脱氢酶基因（*Adh*1）的第一个内含子对外源基因的表达具有明显的增强作用，该基因的其他内含子也有一定的增强作用。目前关于内含子增强基因表达的机制尚不清楚，一般认为可能是内含子的存在增强了 mRNA 的加工效率和 mRNA 的稳定性。多数研究表明，内含子对基因表达的增强作用主要发生在单子叶植物中，在双子叶植物中不明显。内含子对基因表达的作用机制有待进一步探讨。

8.8.5.4　消除位置效应

外源基因在受体植物的基因组中由于插入位点不同，其表达水平可能存在有较大差异。为了消除位置效应，使外源基因能够整合在植物基因组的转录活跃区，在目前的表达载体构建策略中，通常会考虑到核质结合区及定点整合技术的应用。核质结合区（matrix association region，MAR）是存在于真核细胞染色质中的一段与核基质特异结合的 DNA 序列，属于非编码序列。有研究表明，将 MAR 序列置于目的基因两侧，构建包含 MAR-gene-MAR 结构的植物表达载体用于遗传转化，能够使外源基因在转基因植物中稳定、高效的表达。基因定点整合技术又称为基因打靶（gene targeting）：主要原理是当转化载体含有与寄主染色体同源的 DNA 片段时，通过同源重组可将外源基因定点整合于染色体的特定部位，通过一系列筛选手段，最终得到定向转化的细胞。在微生物的遗传操作中，同源重组定点整合已成为一项常规技术；在动物中外源基因的定点整合技术已获得成功；而在植物中，除了叶绿体表达载体可实现定点整合以外，细胞核转化中还很少有成功的报道。

8.8.5.5　使用信号肽

前述几种策略的共同点是通过载体优化提高外源基因的转录和翻译效率，然而，高水平表达的外源蛋白能否在植物细胞内稳定存在以及积累量的多少是植物遗传转化中需要考虑的另一个重要问题。研究发现，如果某些外源基因连上适当的定位信号序列，使外源蛋白产生后定向运输到细胞内的特定部位，如叶绿体、内质网、液泡等，则可明显提高外源蛋白的稳定性和累积量。定位信号对促进蛋白质积累有积极作用，但同一种定位信号是否适用于所有的蛋白表达还有待于进一步研究。

8.8.5.6　转化方法的选择

不同转化方法对转基因植株中外源基因的拷贝数有直接的影响，而拷贝数的多少往往与外源基因的表达存在联系。基因枪转化法易导致多拷贝外源基因在受体植物中的整合，最终导致转基因沉默。农杆菌介导的遗传转化，外源基因多为低拷贝插入，因此在一定程度上可避免转基因沉默。但是农杆菌介导的遗传转化也会产生一定比例的多拷贝外源基因整合类型。所以，为了从根本上克服转基因沉默，还要发展一些新的转化方法，实现专一基因位点的单拷贝插入。因此，转化方法的不同对外源基因的表达具有直接的影响。

8.9 转基因植物的应用

自1983年美国在世界上首次获得转基因烟草以来，植物转基因技术得到了迅速发展。世界范围内通过转基因技术已经培育出许多高产、优质、抗逆、耐贮藏等优良农作物新品种，生物制药产业已成为当今发展最活跃、进展最快的产业之一。因此，有人预测以转基因技术为核心的生物技术将会引发农业上的第二次“绿色革命”，这次技术革命将使全球农业生产发生深刻的变革，使人们看到消除饥饿与贫困的希望。植物转基因技术巨大的生产潜力将为人类带来很大的经济效益和社会效益，并将辐射性地影响人类社会、经济、技术、生活、思想等方面的发展。

8.9.1 转基因植物发展的特点

8.9.1.1 转基因植物种类持续增多

转基因技术已在多种植物上获得成功，通过转基因技术培育的棉花、大豆、玉米、水稻、烟草、番茄、油菜、马铃薯等重要粮食作物和经济作物已作为商品投入市场。转基因植物进入田间试验的种类不断增加，除转基因粮食作物之外，转基因蔬菜、瓜果、牧草、花卉等特用植物数量逐渐增加，基因种类和来源日益丰富，转基因性状日趋多样复杂。

有资料显示，2007年全球已经批准商业化应用的转基因植物有107种，共使用了158个外源基因，其中绝大部分来源于微生物，约占81%，其次是来源于植物的基因。

根据转基因作物的产业化特点，有人将其分为三个阶段(表8-6)。第一代转基因作物主要是插入农艺学的一些特性，如除草耐受性和病虫抗性。第二代转基因作物主要是针对输出性状如产量和品质改良，提高营养物质含量。第三代转基因作物主要是开发一些新颖的用途，从而大幅度增加农副产品的附加值，并使消费者直接受益。如生产药物、疫苗、抗体以及生产可降解塑料等的转基因植物等。目前第一代转基因作物使产量明显增加，而第二、第三代产品的研发速度极快，已经有多种医用蛋白、抗体、疫苗在植物悬浮细胞中表达。

表 8-6　转基因作物的发展历程及其特点

第一代	第二代	第三代
抗除草剂	高营养价值	疫苗
抗虫	富含氨基酸	抗体
抗病毒	优质	药物蛋白
抗病	低过敏性	
延缓成熟		

当前，进入田间试验的转基因性状主要包括：①除草剂抗性。②农业有害生物，如病毒、细菌、昆虫、线虫和真菌抗性。③改善产品品质，如改变植物中的油分、淀粉、糖类、纤维素等。④改良农艺性状，如提高产量、增强逆境（如寒冷、干旱、盐分等）耐受能力。⑤其他性状，即通过转基因培育具有特殊用途转基因作物作为生物反应器来生产诸如药用蛋白、生物能源等。

2009 年已经有 21%的转基因作物具有复合基因，即将多个基因同时进行遗传转化。2011 年，全球复合性状转基因作物种植面积的增长达到 31%，而抗除草剂性状的转基因作物增长只有 5%，抗虫性状的转基因作物增长也仅为 11%。未来复合性状的转基因作物产品将包含抗虫、耐除草剂和耐干旱等农艺输入性状，以及富含 Omega-3 油专用大豆或增强型维生素 A 原的金米等改善品质的输出性状。

随着转基因技术的迅速发展，转基因作物产业化已成为不可阻挡的态势。大量转基因作物进入田间释放，转基因作物已成为农业生产的一个重要组成部分，由转基因作物生产加工的转基因食品和含转基因成分的产品已达 6 000 种以上。目前，转基因作物商品化种植或田间试验已遍布世界六大洲，美国、阿根廷、巴西、加拿大、中国、南非和印度是全球几个主要的转基因作物种植国。

8.9.1.2　转基因植物商品化速度加快

近年来，转基因植物在全球的种植面积增长迅速，1996 年仅为 170 万 hm^2，1997 年为 1 100 万 hm^2，1998 年增长到 2 780 万 hm^2，1999 年又比 1998 年增长 44%，达到 3 990 万 hm^2。2011 年达到 1.6 亿 hm^2，相对于 1996 年的 170 万 hm^2，增长 94 倍，这一增长使得转基因技术成为现代农业史上应用最为迅速的作物技术之一。种植转基因植物的国家从 1992 年的 1 个增长到 1996 年的 6 个，1998 年 9 个，1999 年进一步扩大到 12 个国家，2010 年 25 个，2011 年已上升到 29 个国家。2011 年是转基因作物商业化的第 16 年，在连续 15 年的增长后，2011 年的转基因作物种植面积持续增加，相对于 2010 年增长了 8%（1 200 万 hm^2）。

1983 年第一例抗除草剂转基因烟草诞生，揭开了人类利用转基因技术改良农作物的序幕。1986 年培育出抗烟草花叶病毒的转基因番茄，并批准进行田间试验。1987 年获得首例转基因矮牵牛。1994 年美国利用转基因技术开发的延熟保鲜番茄，在美国批准上市，这是植物转基因技术应用及其产品商业化的历史性转折点。1996 年转基因抗虫棉花、抗虫玉米和抗除草剂大豆分别获得商业化生产。此后，抗虫大豆、油菜、马铃薯、南瓜等多种转基因植物也陆续投入了商业化生产。

美国是转基因植物研发、田间试验和商业化应用最早和推广面积最大的国家，而且始终处于国际领先地位。美国转基因作物的种植面积一直居世界首位，目前最主要的转基因作物是大豆和玉米，这两种作物的种植面积大约占全球转基因作物总面积的 80%。转基因植物产品已经占到美国农业和食品出口的 35%，年出口额达 120 亿美元。包括杜邦(Dupont)和孟山都(Monsanton)在内的美国五家公司已经垄断了全球转基因种子市场。

8.9.2 转基因植物的应用

由于转基因技术能够大大拓宽植物可利用的基因资源，使产生定向变异成为可能，因此，给植物育种带来的变革是极其深刻的。首先，由于转基因技术能够打破生殖隔离，使动物、植物以及微生物之间的基因交流变得切实可行，这样就为实现植物的定向改良创造了条件，并提供了创造变异的技术手段。其次，由于植物基因工程育种的目的性明确，针对性较强。通常选用综合表现优良，仅存在少数缺点的材料进行改良，故可以大大缩短育种年限。常规的植物遗传改良是以基因突变和有性杂交为基础，通过杂交、回交并结合选择，使目标性状得以改良。这种传统的育种技术，受生殖隔离限制，可利用的基因资源有限，而且周期长，同时由于遗传连锁，往往在获得目标性状改良的同时可能会伴随有一些不良性状。把基因工程技术应用于植物遗传改良，可以较好地克服常规遗传改良中存在的一些难题，随着转基因技术的不断完善和发展，目前在植物遗传改良上已经取得了令人瞩目的成绩。

8.9.2.1 植物的性状改良

虽然目前的基因分离、克隆技术取得了长足的发展，但可用于植物性状改良的基因仍然很有限。尽管如此，利用转基因技术获得的遗传改良作物已相当普遍，所涉及的植物性状主要包括以下几个方面：①抗虫性状改良。利用基因工程技术，将编码具杀虫活性产物的基因导入植物后，其表达产物可以影响取食害虫的消化功能，抑制害虫的生长发育甚至杀死害虫，从而减轻害虫对植物的危害。目前，转 Bt 毒蛋白的抗棉铃虫棉花、抗玉米螟玉米、抗块茎蛾马铃薯、抗果虫番茄等已进入商业化生产。②抗病性状改良。由于基因工程能在短时间内使植物获得遗传改良，从而为植物抗病育种提供了新途径。目前，用于提高植物抗病性的基因主要有抗病基因、病程相关蛋白类基因、抗菌肽及抗菌蛋白类基因、解毒酶类基因及活性氧类基因等。③抗病毒性状改良。自1986年将烟草花叶病毒(TMV)外壳蛋白基因导入烟草，获得了第一例抗病毒转基因烟草后，植物抗病毒基因工程的研究日趋活跃。目前已获得了番木瓜、马铃薯、烟草等抗病毒转基因植株。④抗除草剂性状改良。除草剂在植物生产中应用广泛，对减轻草害损失起到了重要作用，但是新型安全除草剂的开发难度大、费用高、耗时长，同时多数除草剂的除草范围有限，在植物的生长季节中往往需要多次使用多种除草剂，更增加了成本、加重了环境污染，少数广谱除草剂的杀灭范围往往又包括了需要保护的植物品种。因此，与高效广谱安全的除草剂相结合，利用现代生物技术手段选育特异性抗除草剂植物品种，就成为当今的一项重要研究课题。现已有水稻、玉米、棉花、大豆、油菜、甜菜等作物的抗除草剂转基因品种进行商业化生产。⑤抗逆性性状改良。盐碱、旱涝、不适温度、强光、农药残毒等逆境环境在一定程度上限制了植物的产量和种植范围，为了更充分地利用现有耕地、提高产量，植物抗逆育种一直都受到高度重视，但由于抗源少、抗逆机理不明，目前未取得突破性进展，现代生物技术的发展为改变这一局面提供了新的可能。目前已获得了耐盐碱的转基因烟草、玉米和水稻等，耐土壤农药残毒的转基因亚麻已在美国商业化生产。⑥品质性状性状改良。随着人们生活水平的不断提高，品质性状越来越受到重视。但利用常规杂交育种的方法，由于缺乏对品质性状进行有效选择、鉴定的手段，其选育难度较大，周期过长。目前利用植物基因工程技术进行的品质改良主要集中在改良种子贮藏蛋白、淀粉、油脂等的含量和组成成分上。目前已有经转基因技术改良油脂的转基因大豆、油菜品种在美国获得商业化生产许可。

8.9.2.2 植物生物反应器

植物生物反应器是指通过基因工程途径，以常见的农作物作为“化学工厂”，通过大规模种植，生产具有高经济附加值的医用蛋白、工农业用酶、特殊碳水化合物、生物可降解塑料、脂类及其他一些次生代谢产物等生物制剂的方法。事实上，植物作为反应器具备安全性和可大规模廉价生产的特点。1989年Hiatt等首先报道了利用转基因烟草来表达免疫球蛋白，并获得了表达完整抗体的植株。

1992年，美国率先提出了用转基因植物生产疫苗的新思路。转基因植物疫苗是指用植物基因工程技术与机体免疫机理相结合，生产出能使机体获得特异抗病能力的疫苗。

与石油和煤炭等矿物不同，植物是一种多样化、低成本和可再生的生物资源。

植物通过自身光合作用积累的各类生物大分子,如碳水化合物、纤维素、蛋白质和脂肪酸等,不仅为人类和动物提供了赖以生存所需要的各种食物,同时还提供了大量非食用性的化工产品。国外发达国家特别是美国采用植物生物反应器这种“分子农业”的方法,已经成功地生产出多种高新生物技术产品,包括特殊的饱和或不饱和脂肪酸、环糊精或糖醇、次生代谢产物以及一些高经济附加值的药用蛋白多肽,一些研究机构和公司已经开始从这些产品生产中获得巨大的经济效益。我国植物生物反应器的研究和利用还主要集中在药用蛋白的研究和应用方面。

8.9.2.3 生物除污

目前,环境污染已严重影响到人们的正常生活和工作。环境污染主要包括空气污染、水污染和土壤污染。植物去除有机污染物的机制主要包括:植物对有机污染物的直接吸收;植物的分泌物直接分解有机污染物等。尽管植物作为生物修复因子具有一些超过细菌的优点,但它们缺乏微生物的有机物降解能力,因此把微生物或动物中能有效降解有机污染物的基因转到植物中去,将会进一步提高植物修复的能力。

当今,空气污染已严重影响了人类生活和健康。从 2012 年冬季以来,我国多个大中型城市的空气污染达到前所未有的污染程度,已引起社会各界的高度重视。因此,利用转移基因植物净化环境可能成为治理环境污染特别是空气污染的有效途径。

8.9.2.4 能源植物

生物质能作为一种可再生的、清洁的、易实现工业化生产的新型能源,已受到广泛重视。利用转基因技术以农作物为原料生产乙醇、生物柴油等生物燃料有着诱人的发展前景,以能源植物为主的生物质能将是人类未来的理想选择。目前,转基因能源植物的研究已成为转基因技术领域研究的热点之一,转基因技术的应用,为生物质能的大规模开发和商业化利用奠定了基础。生物燃料为解决当前能源危机提供了新思路。国外已用转基因技术获得柴油油菜品种。目前最成功的能源作物是能源油菜,从中榨取的菜油能转化为液体燃料,成为柴油的替代品。

8.9.3 转基因植物应用收益

全球转基因技术的研发与应用表明,抗虫和抗除草剂等转基因作物的种植不仅在提高农作物产量方面成效显著,而且在改善农业生态环境方面也显示出巨大的优势。培育抗病虫、抗除草剂、抗旱、耐盐碱、养分高效利用等的转基因新品种,将显著减少农药、化肥和水的使用,缓解养殖污染,改善生态环境。由于转基因新品种在增产、优质优价、低耗等方面的优势，已使全球转基因作物种植农户获得巨大的经济效益和社会效益。抗除草剂转基因大豆的应用，实现了密植和免耕，有利于水土保持。

转基因作物对世界粮食安全及环境安全做出了巨大贡献。生物经济正在成为网络经济之后的又一个新的经济增长点。生物技术产业的销售额每5年翻一番，增长率高达25%～30%，是世界经济增长率的10倍左右。

1996—2010年，转基因作物为发展中国家和发达国家带来了同样的累积经济效益，均为390亿美元。而2010年转基因作物带来的经济效益达到了140亿美元，转基因作物为发展中国家带来的经济效益(77亿美元)高于发达国家(63亿美元)。2011年仅转基因种子的全球市场价值就达到132亿美元，商业转基因玉米、大豆以及棉花的价值约为1 600亿美元或更高。

8.9.4　转基因植物的发展前景

虽然国内外转基因植物研究与产业化已取得突破性的进展，但由于受技术发展的限制，目前转基因植物产品的应用范围还很有限。总的来看，抗虫、抗除草剂基因工程产品开发较快，抗病基因工程的研究开发需要进一步深入，抗逆、品质改良、生长发育等基因工程还有待基础研究的新的突破。实践证明，转基因技术作为现代农业生物技术的核心，在降低生产损失、增加生产能力、减少农资投入、节约自然资源、提高食品质量安全和保护生态环境等方面已显示出巨大潜力。

植物转基因技术对于保障我国农业的可持续发展和食物安全具有重要意义。面对发达国家对重要植物基因资源进行掠夺性、垄断性开发，以及一些跨国公司激烈争夺我国农作物市场的竞争态势，作为一个农业大国如果不加快生物技术发展，就难以在高技术产业化竞争中占有一席之地，我国的农业将会陷入受制于人的被动局面。

我国粮食安全仍然面临人口增长、资源短缺、环境恶化的多重压力，在依靠传统技术难以大幅度提高农产品的总量与质量的挑战下，发展转基因技术保障粮食安全成为我国政府的重大议案，并引起广泛关注。2009年11月农业部批准发放了转基因抗虫水稻“华恢1号”及杂交种“Bt汕优63”和转植酸酶基因玉米BV-LA430101的生产应用安全证书，这是我国首次为转基因粮食作物颁发安全证书，有力地推动转基因作物新品种的培育和推广应用。

转基因作物对可持续性的贡献日渐凸显，主要体现在如下几个方面：①促进粮食安全，减轻贫困和饥饿。②保护生物多样性，节约耕地面积。③减少农业的环境影响。转基因作物在促进可持续发展，减缓气候变化和全球变暖，净化环境污染等方面蕴藏着巨大潜力。

8.10 转基因植物的安全性及其评价

转基因技术的应用打破了物种间生殖隔离的屏障，因此，人们无法预测将外源基因转入一个新的遗传背景中会是何种结果，所以关于转基因生物的安全性问题随之产生并引发争论。转基因植物的安全性主要包括：转基因植物的环境安全和转基因植物的食品安全。尽管转基因植物在农业生产中产生了巨大的经济效益，但是对于其安全性仍然是一个不可回避的问题，人们对于转基因生物的担心主要有：外源基因的安全性、选择标记基因的安全性，载体的安全性以及转化方法的安全性。

8.10.1 转基因植物的环境安全性

转基因植物的风险性是指它作为一个新物种进入生态系统，对生态平衡是否可能产生负面效应。

首先，转基因植物是否会演变成农田杂草。美国杂草科学委员会将杂草简单定义为："对人类行为或利益有害或有干扰的任何植物。"抗除草剂、抗虫、抗病等转基因植物已被认为是第一代转基因植物，并且这类转基因植物目前在市场上占有较大的推广比例。因此，人们担心转基因作物是否有可能变成杂草？由于杂草可产生严重的经济和生态后果，所以转基因作物是否有可能转变为杂草便成为最主要的风险之一。就目前来看，世界上的主要栽培植物经过人类长期驯化，已经失去了杂草的遗传特性，仅用一两个或几个基因使它们转变为杂草的可能性很小的。从目前的水稻、玉米、棉花、马铃薯、亚麻和芦笋等转基因植物的田间试验结果来看，大多数植物的生存竞争力并没有增强，转基因植物成为农田杂草的可能性极小。

其次，转基因植物对近缘物种和野生种带来的潜在影响。基因漂移是指基因通过花粉授精、杂交等途径在种群之间扩散的过程。转基因植物的外源基因通过花粉向非转基因植物转移，有可能使这些植物获得抗病、抗虫或抗除草剂基因而成为"超级杂草"。事实上，转基因植株与近缘物种成功实现基因交流的可能性并不大，因为种属间远缘杂交非常困难。

再次，转基因植物对生物多样性的潜在影响。抗虫转基因植物中，目前应用最多的外源基因是苏云金芽孢杆菌基因。它可以生产一系列专一性强的 Bt 杀虫蛋白，对多种害虫有毒性，可使害虫的多样性降低。但一定程度上有益于其他生物多样性保持。

8.10.2　转基因植物的食品安全性

转基因植物大多被用做人类食品或动物饲料，因此，食品安全性是转基因植物安全评价的一个重要方面。基因工程食品安全性问题主要是由于抗生素或抗除草剂标记基因存留于转基因植物中产生的，这类标记基因及其产物可能是有毒的或是过敏的。公众关注的转基因食品安全性主要有以下几个方面。

首先，转基因食品中的外源基因对人体有无毒性。由于目前转基因植物大量使用来源于细菌或病毒中的基因序列作为外源基因的组成部分，消费者担心这些外源基因是否会像细菌或病毒一样对人体产生毒害作用。

再次，转基因食品中的选择标记基因是否对人类有害。在转基因植物研制过程中，由于转化效率低，为了便于筛选转化细胞，大量使用抗生素抗性基因作为选择标记，因此，大多数转基因植物中都含有此类抗生素抗性基因。如氨苄青霉素抗性基因、卡那霉素抗性基因、四环素抗性基因等，公众担心食用此类转基因植物是否引起抗药性问题。

8.10.3　转基因植物的安全性评价

目前，对转基因作物释放到环境后的生态风险评估主要包括：①对生态环境与农业的风险。即转基因及其产物在环境中的残留；目标生物体对药物产生的耐受性；目标生物的生长发育和结实能力；不可预知的转基因及其表达的不稳定性；产生超级杂草；作物营养价值下降；生物多样性下降。②对非目标生物的风险。花粉或种子的扩散造成的遗传污染；转基因或启动子的水平传递；转基因向微生物传递；通过重组产生新的病毒。仅仅基于对上述问题的考虑尚不能得出转基因作物安全与否的结论。每一种新研制的转基因作物都必须通过个案处理，在不同层次上评估其可能存在的风险，确保进行环境释放时转基因作物具有高度的安全性。

对于来自于转基因植物产品的安全评价主要有：食物的毒性分析、食物的过敏原检测、抗营养因子分析和抗生素抗性的分析等。

8.10.4　转基因植物安全性保障

目前世界各国主要采取行政法规与技术标准相结合的方式，对转基因生物的安全性进行评价和监控。首先，在植物转基因研究的初期，人们就已经对构建载体的安全性、受体细胞的安全性、外源目的基因的安全性以及植物转化方法的安全性等进行鉴定和筛选。所有这些为植物转基因的安全提供了技术上的保障。其次，从事转基因作物研制开发的国家都制定了相应的政策与法规，并进行了严格的管理与有效的控制。美国是转基因作物研制开发最早、种植面积最大的国家，它具有健全的从事食品安全与环境检测的管理机构及严格的安全标准。在美国，任何一种转基因作物本身及其生产过程都必须根据具体情况，由国家环保局（state environmental protection administration，EPA）、药物与食品管理局（food and drug administration，FDA）和动植物卫生检验局（animal and plant health inspection service，APHIS）三个机构中一个或多个进行审查。我国在转基因安全管理方面已经制定了一系列的政策法规。这为转基因植物的安全应用从政策与机构上提供了保障（图 8-35）。

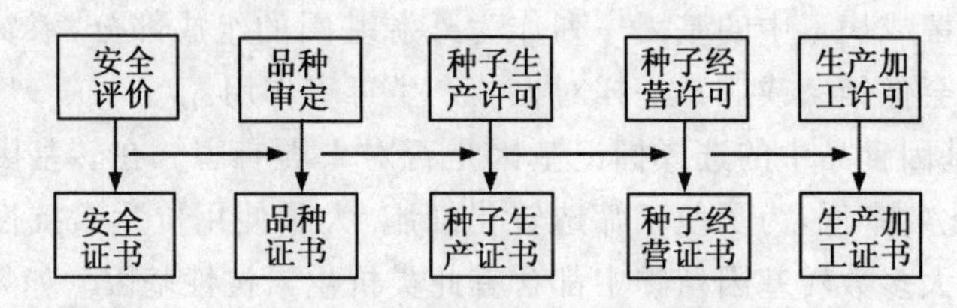

图 8-35　转基因植物的生产流程

当今，多种多样的转基因植物在世界各地的实验室诞生，但是在世界范围内获准大面积种植的转基因植物品种数目并不多。这主要是出于生物安全的考虑。由于转基因植物的应用时间还不长，人们对转基因植物释放可能带来的影响还知之甚少，因此，各国政府都对转基因植物的大面积推广持谨慎态度。

经过多年的实践，目前人们对转基因植物的安全性评估积累了比较丰富的经验，但也还存在一些有争议的问题，如转基因植物在销售时是否应该加标签的问题等。除了技术领域以外，另一个比较重要的问题是转基因技术作为一项新技术，还涉及公众对转基因植物的接受程度。由于人们最初对转基因技术的认识不足或不理解，以至对转基因技术存在不同的态度和看法，甚至偏见。所以，关于转基因植物的安全性在全球范围内引起了激烈的争论。现在国际上对转基因植物的安全性评价和监控，越来越科学和规范。随着对转基因技术认识的深入，人们对转基因产品的接受程度将会越来越高，转基因技术的推广应用将会越来越广泛。

思考题

1. 作为基因工程的载体应具备什么条件？
2. 有人说基因工程是一种精细的酶学操作，你是如何理解的？
3. 获得目的基因的途径有哪些？
4. 重组子的鉴定方法有哪些？
5. 简述提高转基因植物中外源基因表达效率的策略。
6. 谈谈你对转基因安全性的认识和理解。

参考文献

1. 阿芦茨奥·博尔姆,法布里齐奥·R·桑托斯,戴维·E·鲍恩.生物技术.马建岗,译.西安:西安交通大学出版社,2003.
2. 布朗.基因克隆和DNA分析.5版.魏群,等译.北京:高等教育出版社,2007.
3. 陈宏.基因工程原理与应用.北京:中国农业出版社,2004.
4. 陈浩东,刘方,王为,等.棉花多重PCR技术及其对杂交棉纯度鉴定的初步研究.棉花学报,2011,23(1):22-27.
5. 陈亮,梁春阳,孙传清,等.AFLP和RFLP标记检测水稻亲本遗传多样性比较研究.中国农业科学,2002,35(6):589-595.
6. 陈升位,陈佩度,王秀娥.利用电离辐射处理整臂易位系成熟雌配子诱导外源染色体小片段易位.中国科学(C辑:生命科学),2008,38(3):215-220.
7. 陈淑萍,王雪征,唐怀君,等.应用小麦×玉米远缘杂交技术进行单倍体育种的探讨.河北农业科学,2011,15(4):48-52.
8. 陈忠辉.生物工程基础.北京:高等教育出版社,1999.
9. 常惠芸,侯顺利.植物反应器生产口蹄疫疫苗的研究进展.中国兽医科技,2002,32(6):21-23.
10. 崔堂兵,郭勇,张长远.植物组织培养中褐变现象的产生机理及克服方法.广东农业科学,2001,3:16-18.
11. 蔡泉,曹靖生,史桂荣,等.单倍体技术在玉米育种上的应用研究进展.黑龙江农业科学,2009,4:15-17.
12. 杜晓云,张青林,罗正荣.逆转座子分子标记及其在果树上的应用.果树学报,2009,26(6):865-870.
13. 董玉琛,郑殿升.中国小麦遗传资源.北京:中国农业出版社,2000.
14. 方宣钧,吴为人,唐纪良.作物DNA标记辅助育种.北京:科学出版社,2001.
15. 顾红雅,瞿礼嘉,明小天,等.植物基因与分子操作.北京:北京大学出版社,1995.
16. 葛芹玉.胎儿核酸检测分析方法的研究.东南大学博士论文,2006.
17. 何光源.植物基因工程.北京:清华大学出版社,2007.

18. 洪义欢,肖宁,张超,等. DArT 技术的原理及其在植物遗传研究中的应用. 遗传,2009,31(4):359-364.
19. 贺淹才. 简明基因工程原理. 北京:科学出版社,1998.
20. 胡光珍,王幼芳,何玉科. 转基因植物对有机污染物的吸收、转化和降解. 植物生理与分子生物学学报,2005,31(4):340-346.
21. 胡含,王恒立. 植物体细胞遗传与作物改良. 北京:北京工业大学出版社,1991.
22. 胡裕清,赵树进. RAPD 技术及其在植物研究中的应用. 生物技术通报,2010,5:74-77.
23. 侯文胜. 优化三种遗传转化体系创造转抗虫基因小麦(*Triticum aestivum*)新种质. 西北农林科技大学博士论文,2001.
24. 侯文胜,郭三堆,路明. 利用转基因技术进行植物遗传改良. 生物技术通报,2002,1: 10-15.
25. 黄留玉. PCR 最新技术原理、方法及应用. 2 版. 北京:化学工业出版社,2010.
26. 韩学莉,唐祈林,曹墨菊,等. 用 Stock6 杂交诱导的单倍体鉴定方法初探. 玉米科学,2006,14(1):64-66,69.
27. J·萨姆布鲁克,D·W·拉塞尔. 分子克隆实验指南(上、下册). 3 版. 黄培堂,等译. 北京:科学出版社,2008.
28. 焦豫良. 六种食品致病菌的多重 PCR 检测. 西北大学硕士论文,2005.
29. 李宝健,曾庆平. 植物生物技术原理与方法. 长沙:湖南科学技术出版社,1990.
30. 李茜. 转基因植物的安全性评价. 农业生物技术,2008,1:62-63.
31. 李凤霞. 烟草基因组知识篇:5. 功能基因组学. 中国烟草科学,2010,31(5):90-91.
32. 李树丽. 中华红叶杨无菌繁殖体系建立的影响因素研究. 山东师范大学硕士论文, 2008.
33. 李婷婷,施季森,陈金慧,等. 悬浮培养条件下体细胞胚发育的同步化控制. 分子植物育种,2007,5(3):436-442.
34. 李旭刚,谢迎秋,朱祯. 外源基因在转基因植物中的失活. 生物技术通报,1998,3:1-8.
35. 李宗根. 生物化学与生物技术. 北京:人民卫生出版社,2003.
36. 刘大钧. 向小麦转移外源抗病性的回顾与展望. 南京农业大学学报,1994,17:1-7.
37. 刘加周. 玉米 C 型细胞质雄性不育系及其保持系花药 SSH 文库构建. 四川农业大学硕士论文,2008.

38. 刘贯山. 烟草基因组学研究方法篇:1. 烟草突变体的创制及其在功能基因组学研究中的应用. 中国烟草科学,2011,32(1):92-93.
39. 刘庆昌,吴国良. 植物细胞组织培养. 北京:中国农业大学出版社,2010.
40. 刘思言,江源,王丕武. 转基因植物疫苗的研究进展. 生物技术通报,2006(5):19-21.
41. 罗丽华. 板栗组织培养及褐变研究. 中南林学院硕士论文,2004.
42. 柳李旺,龚义勤,黄浩,等. 新型分子标记-SRAP与TRAP及其应用. 遗传学报,2004,26(5):777-781.
43. 楼士林,杨盛昌,龙敏南,等. 基因工程. 北京:科学出版社,2002.
44. 马文丽,郑文岭. 核酸分子杂交技术. 北京:化学工业出版社,2007.
45. 瞿礼嘉,顾红雅,胡苹,等. 现代生物技术导论. 北京:高等教育出版社,施普林格出版社,1998.
46. 瞿礼嘉,顾红雅,胡萍,等. 生物技术导论. 北京:北京大学出版社,1999.
47. 孙建昌,杨生龙,马静,等. 宁夏水稻不同外植体再生体系的研究. 西北农业学报,2008 ,17(4):94-97.
48. 孙璐宏,鲁周民,张丽. 植物基因组DNA提取与纯化研究进展. 西北林学院学报,2010,25(6):102-106.
49. 孙海汐,王秀杰. DNA测序技术发展及其展望. 技术,2009,6:19-29.
50. 孙玉合. 烟草基因组知识篇:2. 基因组测序. 中国烟草科学,2010,31(2):72-76.
51. 束永俊,李勇,吴娜拉胡,等. 大豆EST-SNP的挖掘、鉴定及其CAPS标记的开发. 作物学报,2010,36:574-579.
52. 沈琪,沈子龙. 转基因植物技术及其在生物制品制备中的应用. 药物生物技术,2002,9(2):117-122.
53. 宋思扬,楼士林. 生物技术概论. 北京:科学出版社,2003.
54. 舒曦. 水稻CPR5基因和启动子的克隆及表达分析. 华南理工大学硕士论文,2010.
55. 汤飞宇,张天真. 重叠群物理图谱的构建及其应用. 基因组学与应用生物学,2009,28(1):195-201.
56. 谭彩霞. 水稻抗纹枯病近等基因系的构建. 扬州大学硕士论文,2004.
57. 滕海涛,吕波,赵久然,等. 利用DNA指纹图谱辅助植物新品种保护的可能性. 生物技术通报,2009,1:1-6.
58. 王淳本. 实用生物化学与分子生物学实验技术. 武汉:湖北科学技术出版社,2003.

59. 王蒂. 植物组织培养. 北京:中国农业出版社,2004.
60. 王冬冬,朱延明,李勇,等. 电子克隆技术及其在植物基因工程中的应用. 东北农业大学学报,2006,37(3):403-408.
61. 王关林,方宏筠. 植物基因工程. 2 版. 北京:科学出版社,2002.
62. 王国英. 转基因植物的安全性评价. 农业生物技术学报,2001,9(3):205-207.
63. 王睿辉. 小麦-冰草异源二体附加系的细胞学和分子生物学检测. 中国农业科学院博士论文,2004.
64. 王琳. 培养基成分对高山红景天组织培养影响的研究. 延边大学硕士论文,2010.
65. 王廷华. PCR 理论与技术. 2 版. 北京:科学出版社,2009.
66. 王卫锋. 烟草基因组知识篇:6. 比较基因组学. 中国烟草科学,2010,31(6):79-80.
67. 王忠华. DNA 指纹图谱技术及其在作物品种资源中的应用. 分子植物育种,2006,4(3):425-430.
68. 王梦瑶,杨亦农,边红武. 基于 CRISP R-Cas 系统的基因组定点修饰新技术. 中国生物化学与分子生物学报,2014,30(5):426-433.
69. 吴乃虎. 基因工程原理(上、下册). 2 版. 北京:科学出版社,2003.
70. 向本琼. 现代生物学实验技术指导. 北京:北京师范大学出版社,2009.
71. 肖尊安. 植物生物技术. 北京:化学工业出版社,2005.
72. 夏兰芹,王选,郭三堆. 外源基因在转基因植物中的表达与稳定性. 生物技术通报,2000,3:8-12.
73. 徐忠东,余庆来. 植物生物技术的应用现状及其发展前景. 安徽农学通报,2003,9(5):91-92.
74. 谢杰,余沛涛,王全喜. 转基因植物的安全性问题及其对策. 上海农业学报,2006,22(1):80-84.
75. 叶兴国,佘茂云,王轲,等. 植物组织培养再生相关基因鉴定、克隆和应用研究进展. 作物学报,2012,38(2):191-201.
76. 闫其涛,逯慧,毛万霞,等. 植物基因分离的图位克隆技术. 分子植物育种,2005,3(5):585-590.
77. 杨金水. 基因组学. 2 版. 北京:高等教育出版社,2007.
78. 杨晓玲,施苏华,唐恬. 新一代测序技术的发展及应用前景. 生物技术通报,2010,10:76-81.
79. 易庆平. 柿属植物 DNA 提取纯化检测技术体系的建立. 华中农业大学硕士论

文,2006.
80. 易庆平,罗正荣,张青林.植物总基因DNA提取纯化方法综述.安徽农业科学,2007,35(25):7789-7791.
81. 袁力行,傅骏骅,Warburton M,等.利用RFLP、SSR、AFLP和RAPD标记分析玉米自交系遗传多样性的比较研究.遗传学报,2000,27:725-733.
82. 朱彦涛,徐虹,郭蔼光,等.植物转基因技术与当代社会发展.中国农学通报,2008,24(4):509-522.
83. 朱作峰.水稻转录因子同源克隆及籼粳基因组分化的动力学初探.中国农业大学博士论文,2004.
84. 张广庆.应用SRAP和ISSR分子标记构建红麻的遗传连锁图谱.福建农林大学硕士论文,2007.
85. 张献龙,唐克轩.植物生物技术.北京:科学出版社,2005.
86. 张志军,岳尧海,王敏,等.玉米单倍体育种技术研究概述.辽宁农业科学,2011(1):46-51.
87. 张森,李辉,顾志刚.功能基因组学研究的有力工具-比较基因组学.东北农业大学学报,2005,3(5):664-668.
88. 周慧.简明生物化学与分子生物学.北京:高等教育出版社,2006.
89. 周锦,刘义飞,黄宏文.基于EST数据库进行SNP分子标记开发的研究进展及在猕猴桃属植物中的应用研究.热带亚热带植物学报,2011,19(2):184-194.
90. 周维燕.植物细胞工程原理与技术.北京:中国农业大学出版社,2001.
91. 周选围.生物技术概论.北京:高等教育出版社,2010.
92. 赵利铭.甜高粱遗传背景对其再生能力的影响及再生体系的建立.中国科学技术大学硕士论文,2009.
93. 赵晓娟,刘金毅,蔡有余,等.发展中的DNA测序技术.生物工程进展,1997,4(17):51-54.
94. 赵霞,周波,李玉花.T-DNA插入突变在植物功能基因组学中的应用.生物技术通讯,2009,20(6):880-884.
95. 郑用琏.基础分子生物学.北京:高等教育出版社,2007.
96. Agarwal M, Shrivastava N, Padh H. Advances in molecular marker techniques and their applications in plant sciences. Plant Cell Rep, 2008, 27(4): 617-631.
97. Ashikari M, Wu J, Yano M, et al. Rice gibberellin-insensitive dwarf mutant gene *Dwarf* 1 encodes the α-subunit of GTP-binding protein. Proc Natl Acad

Sci USA,1999,96(18): 10284-10289.
98. Bal U,Abak K. Attempts of haploidy induction in tomato (*Lycopersicon esculentum* Mill.) via gynogenesis Ⅱ: In vitro non-fertilized ovary culture. Pak J Biol Sci,2003,6(8): 750-755.
99. Bardakci F . Random amplified polymorphic DNA (RAPD) markers. Turk J Biol,2001,25: 185-196.
100. Barret P,Brinkmann M,Beckert M. A major locus expressed in the male gametophyte with incomplete penetrance is responsible for in situ gynogenesis in maize. Theor Appl Genet,2008,117(4): 581-594.
101. Brookes G, Barfoot P. The global income and production effects of genetically modified (GM) crops 1996—2011. GM Crops and Food: Biotechnology in Agriculture and the Food Chain,2013,4(1): 74-83.
102. Bouvier L,Guérif P,Djulbic M,et al. Chromosome doubling of pear haploid plants and homozygosity assessment using isozyme and microsatellite markers. Euphytica,2002,123(2): 255-262.
103. Cao AZ,Xing LP,Wang XY,et al. Serine/threonine kinase gene Stpk-V,a key member of powdery mildew resistance gene Pm21,confers powdery mildew resistance in wheat. Proc Natl Acad Sci USA, 2011, 108 (19): 7727-7732.
104. Collard BCY,Jahufer MZZ,Brouwer JB,et al. An introduction to markers, quantitative trait loci (QTL) mapping and marker-assisted selection for crop improvement: The basic concepts. Euphytica,2005,142(1-2): 169-196.
105. Coulson A,Sulston J,Brenner S,et al. Toward a physical map of the genome of the nematode *Caenorhabditis elegans*. Proc Natl Acad Sci USA ,1986,83 (20): 7821-7825.
106. Cregan PB. Simple sequence repeat DNA length polymorphisms. Probe, 1992,2(1):18-22.
107. Devaux P, Pickering R. Biotechnology in agriculture and forestry: haploids in crop improvement Ⅱ,2005,Volume 56,Section Ⅱ. 3 Haploids in the Improvement of Poaceae,215-242,DOI: 10. 1007/3-540-26889-8_11
108. Doniskeller H,Green P,Helms C,et al. A genetic linkage map of the human genome. Cell,1987,51(2): 319-337.
109. Ducrocq S,Giauffret C,Madur D,et al. Fine mapping and haplotype struc-

ture analysis of a major flowering time quantitative trait locus on maize chromosome 10. Genetics,2009,183(4): 1555-1563.

110. Endo TR,Gill BS. The deletion stocks of common wheat. J Hered,1996,87(4): 295-307.

111. Fan C,Xing Y,Mao H,et al. GS3,a major QTL for grain length and weight and minor QTL for grain width and thickness in rice,encodes a putative transmembrane protein. Theor Appl Genet,2006,112(6): 1164-1171.

112. Farkhari M,Lu Y,Trushar S,et al. Recombination frequency variation and segregation distortion regions in maize as revealed by genome-wide single nucleotide polymorphisms. Plant Breeding,2011,130: 533-539.

113. Friebe B,Jiang J, Raupp WJ, et al. Characterization of wheat-alien translocations conferring resistance to diseases and pests:current status. Euphytica,1996. 91:59-87.

114. Ganal MW,Altmann T,Röder MS. SNP identification in crop plants. Curr Opin Plant Biol,2009,12(2): 211-217.

115. Gibbs RA,Belmont JW,Hardenbol P,et al. The international HapMap project. Nature,2003,426: 789-796.

116. Grivet L,D'Hont A,Dufour P,et al. Comparative genome mapping of sugarcane with other species within the *Andropogoneae*. Heredity,1994,73: 500-508.

117. Guha S,Maheshwari SC. Cell division and differentiation of embryos in the pollen grains of *Datura* in vitro. Nature,1966,212(5057): 97-98.

118. Gupta PK, Varshney RK. Cereal genomics. Dordrecht, the Netherlands: Kluwer Academic Publishers,2005.

119. Gupta PK,Priyadarshan PM. Triticale: present status and future prospects. Adv Genet,1982,21:255-345.

120. Helentjaris T,Slocum M,Whright S,et al. Construction of genetic linkage maps in maize and tomato using restriction fragment length polymorphisms. Theor Appl Genet,1986,72(6): 761-769.

121. Henry RJ. Plant Genotyping: the DNA fingerprinting of plants. Printed and bound in the UK by Biddles Ltd,Guildford and King's Lynn,CABI Publishing,2001.

122. Hu J,Ochoa OE,Truco MJ,et al. Application of the TRAP technique to let-

tuce (*Lactuca sativa* L.) genotyping. Euphytica,6. 2005,144(3):225-235.
123. Huang B, Keller WA. Microspore culture technology. J Tissue Culture Methods,1989,12(4): 171-178.
124. Hulbert SH, Richter TE, Axtell JD. Genetic mapping and Characterization of sorghum and related crops by means of maize DNA probes. Proc Natl Acad Sci USA,1990,87(11): 4251-4255.
125. Inoue M, Cai H. Sequence analysis and conversion of genomic RFLP markers to STS and SSR markers in Italian ryegrass (*Lolium mutiflorum* Lam.). Breeding Sci ,2004,54(3): 245-251.
126. Ishii T, Mori N, Ogihara Y. Evaluation of allelic diversity at chloroplast microsatellite loci among common wheat and its ancestral species. Theor Appl Genet,2001,103(6-7): 896-904.
127. Jenks MA, Hasegawa PM, Jain SM. Advances in molecular breeding towards salinity and drought tolerance crops. Springer, Dordrecht, The Netherlands,2007.
128. Karpechenko GD. Polyploid hybrids of *Raphanus sativus* L. × *Brassica oleracea* L. Mol Genet Genomics,1928,48(1): 1-85.
129. Kasha KJ, Kao KN. High frequency haploid production in barley (*Hordeum vulgare* L.). Nature,1970,225: 874-876.
130. Konieczny A, Ausubel FM. A procedure for mapping *Arabidopsis* mutations using co-dominant ecotype-specific PCR-based markers. Plant J,1993, 4(2): 403-410.
131. Kota R, Varshney R, Prasad M, et al. EST-derived single nucleotide polymorphism markers for assembling genetic and physical maps of the barley genome. Funct Integr Genomics,2008,8(3): 223-233.
132. Kuraparthy V, Sood S, Guedira GB, et al. Development of a PCR assay and marker-assisted transfer of leaf rust resistance gene *Lr*58 into adapted winter wheats. Euphytica,2011,180(2): 227-234.
133. Laurie DA, Bennett MD. The timing of chromosome elimination in hexaploid wheat × maize crosses. Genome,1989,32: 953-961.
134. Li G, Quiros CF. Sequence-related amplified polymorphism (SRAP), a new marker system based on a simple PCR reaction: its application to mapping and gene tagging in *Brassica*. Theor Appl Genet,2001,103(2-3): 455-461.

135. Liu BH. Statistical Genomics: Linkage, mapping and QTL analysis. New York: CRC press, 1998.

136. Maan SS, Gordon J. Compendium of alloplasmic lines and amphiploids in the Triticeae. Proc 7th Int Wheat Genet Symp, Cambridge, UK, 1988, 1325-1371.

137. McClintock B. Chromosome organization and genic expression. Cold Spring Harb Symp Quant Biol, 1951, 16: 13-47.

138. Mueller UG, Wolfenbarger LLR. AFLP genotyping and fingerprinting. Trends Ecol Evol, 1999, 14 (10): 389-394.

139. Park YJ, Lee JK, Kim NS. Simple sequence repeat polymorphisms (SSRPs) for evaluation of molecular diversity and germplasm classification of minor crops. Molecules, 2009, 14(11): 4546-4569.

140. Palumbo R, Hong WF, Wang GL, et al. Target region amplification polymorphism (TRAP) as a tool for detecting genetic variation in the genus *Pelargonium*. Hort Science, 2007, 42(5): 1118-1123.

141. Paull JG, Chalmers KJ, Karakousis A, et al. Genetic diversity in Australian wheat varieties and breeding material based on RFLP data. Theor Appl Genet, 1989(3-4), 96: 435-446.

142. Peil A, Korun V, Schubert V, et al. The application of wheat microsatellites to identify disomic *Triticum aestivum-Aegilops markgrafii* addition lines. Theor Appl Genet, 1998, 96(1): 138-146.

143. Peil A, Schubert V, Schumann E, et al. RAPDs as molecular markers for the detection of *Aegilops markgrafii* chromatin in addition and euploid introgression lines of hexaploid wheat. Theor Appl Genet, 1997, 94 (6-7): 934-940.

144. Prabhu RR, Gresshoff PM. Inheritance of polymorphic markers generated by DNA amplification fingerprinting and their use as genetic markers in soybean. Plant Mol Biol, 1994, 26(1): 105-116.

145. Qi LL, Pumphrey MO, Friebe B, et al. Molecular cytogenetic characterization of alien introgressions with gene Fhb3 for resistance to Fusarium head blight disease of wheat. Theor Appl Genet, 2008, 117(7): 1155-1166.

146. Sears ER. Agropyron-wheat transfers induced by homoeologous pairing. Proc 4th Wheat Genet Symp, Columbia, Missouri, 1973, 191-199.

147. Semagn K, Bjørnstad Å, Ndjiondjop MN. Principles, requirements and prospects of genetic mapping in plants. African Journal of Biotechnology, 2006, 5 (25): 2569-2587.
148. Sharma HC, Gill BS. Current status of wide hybridization in wheat. Euphytica, 1983, 32: 17-31.
149. Vanderkrol AR, Lenting PE, Vennstra J, et al. An anti-sense chalcone synthrase gene in transgenetic plants inhibits flower pigmentation. Nature, 1988, 333: 866-869.
150. Wang L, Yuan J, Bie T, et al. Cytogenetic and molecular identification of three Triticum aestivum-Leymus racemosus translocation addition lines. J Genet Genomics, 2009, 36(6): 379-385.
151. Wang XE, Chen PD, Liu DJ, et al. Molecular cytogenetic characterization of *Roegneria ciliaris* chromosome additions in common wheat. Theor Appl Genet, 2001, 102(5): 651-657.
152. Wang Z, Baker AJ, Hill GE, et al. Reconciling actual and inferred population histories in the house finch (*Carpodacus mexicanus*) by AFLP analysis. Evolution, 2003, 57(12): 2852-2864.
153. Wang Z, Weber JL, Zhong G, et al. Survey of plant short tandem DNA repeats. Theor Appl Genet, 1994, 88(1): 1-6.
154. Wędzony M, Forster BP, Żur I, et al. Advance in haploid production in higher plants: Chapter 1, progress in doubled haploid technology in higher plants. 2009, 1-33.
155. Xu Yunbi. Molecular plant breeding. Printed and bound in the UK by MPG Books Group, 2010.
156. Ye G., Hemmat M, Lodhi MA, et al. Long primers for RAPD mapping and fingerprinting of grape and pear. Biotechniques, 1996, 20: 368-371.
157. Yip PY, Chau CF, Mak CY et al. DNA methods for identification of Chinese medicinal materials. Chinese Med, 2007, 2: 9.
158. Zheng Q, Li B, Mu S, et al. Physical mapping of the blue-grained gene(s) from *Thinopyrum ponticum* by GISH and FISH in a set of translocation lines with different seed colors in wheat. Genome, 2006, 49(9): 1109-1114.
159. Zenkteler M, Nitzsche W. Wide hybridization experiments in cereals. Theor Appl Genet, 1984, 68(4): 311-315.

160. Zhou Z, Gustafson JP. Genetic variation detected by DNA fingerprinting with a rice minisatellite probe in *Oryza sativa* L. Theor Appl Genet, 1995, 91: 481-488.

161. Zietkiewicz E, Rafalski A, Labuda D. Genome fingerprinting by simple sequence repeat (SSR)-anchored polymerase chain reaction amplification. Genomics, 1994, 20(2): 176-183.

162. Clive James, 2011 年全球生物技术/转基因作物商业化发展态势(上) http://blog.sina.com.cn/s/blog_6279ff610102dyz8.html

163. Clive James, 2011 年全球生物技术/转基因作物商业化发展态势(下) http://blog.sina.com.cn/s/blog_6188d2520102e1qh.html

164. 杨明富, 染色体工程 http://ymingfu198565.blog.163.com/blog/static/29837286200752723216746

165. 卢辰, 核酸测序技术的回顾与展望 http://wenku.baidu.com/view/25b07cee4afe04a1b071defa.html

166. 分子标记辅助选择育种 http://wenku.baidu.com/view/68192adea58da0116c17493f.html

167. Southern 印迹杂交 http://bio-infor.blog.163.com/blog/static/10727981520123105612861/

168. 基因技术 http://61.187.179.69/ec2006/C26/Course/Content/N101/200505111619.htm

缩写符号对照表

2,4-D　2,4-dichlorophenoxyacetic Acid　2,4-二氯苯氧乙酸
6-BA　6-benzylaminopurine　6-苄基腺嘌呤
ABA　abscisic acid　脱落酸
Acr　acrylamide　单体丙烯酰胺
ADP　adenosine diphosphate　二磷酸腺苷
AFLP　amplified fragment length polymorphism　扩增片段长度多态性
AP　adaptor primer　接头引物
AR　analytical reagent　分析纯
ATP　adenosine triphosphate　三磷酸腺苷
BAC　bacterial artificial chromosomes　细菌人工染色体
BAP　bacterial alkaline phosphatase　细菌碱性磷酸酶
BC　backcross　回交
Bis　*N*,*N'*-methylene-bis-acrylamide　交联剂 *N*,*N'*-甲叉基(亚甲基)双丙烯酰胺
BLAST　basic local alignment search tool　基本局部联配搜索工具
bp　base pair　碱基对
BSA　bulked segregant analysis　集团分离分析法
BSA　bvine serum albumin　牛血清蛋白
cAMP　cyclic adenosine monophosphate　环腺苷酸
CaMV　cauliflower mosaic virus　花椰菜花叶病毒
CAPS　cleaved amplification polymorphism sequence-tagged sites　酶切扩增多态性序列标记
CATH　class,architecture,topology and homologous superfamily　蛋白质结构分类数据库
cDNA　complementary DNA　互补 DNA
cGMP　cyclic guanosine monophosphate　环鸟苷酸

CIP	calf intestinal alkaline phosphatase　小牛肠碱性磷酸酶
cM	centiMorgan　厘摩
CMS	cytoplasmic male sterility　细胞质雄性不育
CP	chemically pure　化学纯
cpSSR	chloroplast SSR　叶绿体 SSR
CTAB	cetyltriethylammonium bromide　十六烷基三甲基溴化铵
DA	disomic addition　二体异附加系
DAF	DNA amplification fingerprinting　DNA 扩增指纹
DArT	diversity array technology　多样性阵列技术
dATP	deoxynucleotide adenosine triphosphate　脱氧核糖腺苷三磷酸
dCTP	deoxynucleotidecytidine triphosphate　脱氧核糖胞苷三磷酸
DDA	double disomic addition　双二体异附加系
ddATP	dideoxynucleotide adenosine triphosphate　双脱氧核糖腺苷三磷酸
DDBJ	DNA databank of Japan　日本核酸数据库
ddCTP	dideoxynucleotide cytidine triphosphate　双脱氧核糖胞苷三磷酸
ddGTP	dideoxynucleotide guanosine triphosphate　双脱氧核糖鸟苷三磷酸
ddNTP	dideoxynucleotide triphosphate　双脱氧核糖核苷三磷酸
DD-PCR	differential display PCR　差异显示 PCR
DDRT-PCR	differential display of reverse transcriptional PCR　mRNA 差别显示反应技术
ddTTP	dideoxynucleotide thymidine triphosphate　双脱氧核糖胸腺苷三磷酸
ddUTP	dideoxynucleotide uridine triphosphate　双脱氧核糖尿苷三磷酸
DEPC	diethyl pyrocarbonate　焦碳酸二乙酯
dGTP	deoxynucleotide guanosine triphosphate　脱氧核糖鸟苷三磷酸
DH	doubled haploid　双单倍体
DIP	database of interacting proteins　相互作用的蛋白质数据库
DMA	double monosomic addition　双单体异附加系
DMSO	dimethyl sulfoxide　二甲基亚砜

DNA deoxyribonucleic acid 脱氧核糖核酸

DNase deoxyribonuclease 脱氧核糖核酸酶

dNTP deoxyribonucleoside triphosphate 脱氧核糖核苷三磷酸

dsDNA double-stranded DNA 双链 DNA

dsRNA double-stranded RNA 双链 RNA

DTT dithiothreitol 二硫苏糖醇

dTTP deoxynucleotide thymidine triphosphate 脱氧核糖胸腺苷三磷

DUS distinctness,uniformity and stability 植物新品种测试

dUTP deoxynucleotideuridine triphosphate 脱氧核糖尿苷三磷酸

EB ethidium bromide 溴化乙锭

EDTA ethylene diaminetetraacetic acid 乙二胺四乙酸

ELISA enzymelinked immunosorbent assay 酶联免疫吸附法

EMBL european molecular biology laboratory 欧洲分子生物学实验室

EMS ethyl methane sulfonate 甲基磺酸乙酯

EST expressed sequence tag 表达序列标签

FISH fluorescence in situ hybridization 荧光原位杂交

GA gibberellin 赤霉素

GDB the genome database 基因组数据库

GFP green fluorescent protein 绿色荧光蛋白

GISH genomic in situ hybridization 基因组原位杂交

GSP gene specific primer 基因特异引物

GSS genomic sequence sampling 基因组序列抽样

HGP human genome project 人类基因组计划

IAA indoleacetic acid 吲哚乙酸

IBA indolebutyric acid 吲哚丁酸

InDel insertion-deletion 插入缺失

IPTG isopropyl-*β*-*D*-galactopyranoside 异丙基-*β*-*D*-硫代半乳糖苷

IRAP inter-retrotransposonamplied polymorphism 逆转座子间扩增多态性

ISAAA international service for the acquisition of agri-biotech applications 国际农业生物技术应用服务组织

ISSR	inter-simple sequence repeat 简单重复间序列
KEGG	kyoto encyclopedia of genes and genomes 京都基因和基因组百科全书
KT	kinetin 激动素
LINE	long interspersed nuclear elements 长散布核元件
LOD	likelihood of odds 自然对数似然比率
LRR	leucine-rich repeat 富含亮氨酸重复
LTR	long terminal repeat 长末端重复序列
MA	monosomic addition 单体异附加系
Mab	monoclonal antibody 单克隆抗体
MAR	matrix association region 核质结合区
MAS	marker-assisted selection 分子标记辅助选择
MCS	multiple clone site 多克隆位点
mRNA	messenger RNA 信使 RNA
mtSSR	mitochondrial SSR 线粒体 SSR
NAA	naphthylacetic acid 萘乙酸
NAD^+	oxidized nicotinamide adenine dinucleotide 氧化型的烟酰胺腺嘌呤二核苷酸
$NADP^+$	nicotinamide adenine dinucleotide phosphate 氧化型的烟酰胺腺嘌呤二核苷酸磷酸
NC	nitrocellulose filter membrane 硝酸纤维膜
NCBI	national center for biotechnology information 美国国立生物技术信息中心
ncRNA	non-coding RNA 非编码 RNA
NDP	ribonucleosidediphosphate 核糖核苷二磷酸
NGS	next-generation sequencing 新一代测序技术
NIL	near isogenic lines 近等基因系
NMP	ribonucleoside monophosphate 核糖核苷酸
nt	nucleotide 核苷酸
NTP	ribonucleoside triphosphate 核糖核苷三磷酸
OD	optical density 吸光度
ORF	open reading frame 开放阅读框

PAC　P1 derived artificial chromosomes　P1 人工染色体

PCR　polymerase chain reaction　聚合酶链反应

PDB　protein data bank　蛋白质结构数据库

PEG　polyethylene glycol　聚乙二醇

pH　hydrogen ion concentration　酸碱值

pI　isoelectric point　等电点

PIR　protein information resource　蛋白质信息资源数据库

PPO　polyphenoloxidase　多酚氧化酶

PVP　polyvinylpyrrolidone　聚乙烯吡咯烷酮

QTL　quantitative trait locus　数量性状基因座位

QTN　quantitative trait nucleotide　数量性状核苷酸位点

RACE　cDNA rapid amplication of cDNA ends　末端快速扩增技术

RAPD　random amplified polymorphic DNA　随机扩增多态性 DNA

RQ-PCR　real-time quantitative PCR　实时荧光定量 PCR

REMAP　retrotransposon- microsatellite amplified polymorphism　逆转座子-微卫星扩增多态性

RF DNA　replicative form DNA　复制型 DNA

RFLP　restriction fragment length polymorphism　限制性内切酶片段长度多态性

RIGS　repeat induce gene silencing　重复诱导的基因沉默

RIL　recombinant inbred lines　重组自交系

RNA　ribonucleic acid　核糖核酸

RNAi　RNA interference　RNA 干涉

RNase　ribonuclease　核糖核酸酶

RNA-Seq　RNA Sequencing　RNA 测序

rDNA　ribosome DNA　核糖体 DNA

rRNA　ribosome RNA　核糖体 RNA

RT-PCR　reverse transcription PCR　逆转录 PCR

SAM　s-adenosyl methionine　S-腺苷蛋氨酸

SCAR　sequence characterized amplified region　序列特异性扩增区域

SCOP　structural classification of proteins　蛋白质分类数据库

SDS　sodium dodecyl sulfate　十二烷基硫酸钠

siRNA small interfering RNA 小干涉 RNA
SNP single nucleotide polymorphisms 单核苷酸多态性
SOD superoxide dismutase 超氧化物歧化酶
SRAP sequence-related amplified polymorphism 序列扩增相关多态性标记
SSAP sequence-specific amplified polymorphism 特异序列扩增多态性
ssDNA single-stranded DNA 单链 DNA
SSH suppression subtractive hybridization 抑制消减杂交
SWISS-PROT swiss-prot protein sequence database 蛋白质序列数据库
SSR simple sequence repeats 简单重复序列
STK serine-threonine kinase 丝氨酸/苏氨酸激酶
STS sequence tagged site 序列标签位点
TAE Tris/Acetate/EDTA 三羟甲基氨基甲烷/乙酸盐/乙二胺四乙酸
Taq thermus aquaticus 耐高温的
TBE Tris/Borate/EDTA 三羟甲基氨基甲烷/硼酸盐/乙二胺四乙酸
TTC three triphenyltetrazolium chloride 氯代三苯基四氮唑
T-DNA transferred DNA 转移 DNA
TdT termainal deoxymlcleotidyl transferase 末端脱氧核苷酸转移酶
TDZ thidiazuron 苯基噻二唑基脲
TE Tris-EDTA buffer 三羟甲基氨基甲烷/乙二胺四乙酸缓冲液
TILLING targeting induced local lesions in genomes 定向诱导基因组局部突变技术
Tm meltingtemperature 解链温度
TMV tobacco mosaic virus 烟草花叶病毒
TPE Tris/phosphate /EDTA 三羟甲基氨基甲烷/磷酸盐/乙二胺四乙酸
TRAP target region amplification polymorphism 靶区域扩增多态性
TREMBL translation of EMBL 蛋白质序列数据库
Tris Tris(hydroxymethyl)aminomethane 三羟甲基氨基甲烷
tRNA transfer RNA 转运 RNA

TRRD transcription regulatory regions database 转录调控区数据库

UAP universal amplification primer 部分接头序列的通用引物

UniProt universal protein resource 蛋白质序列与功能数据库

UTR untranslated region 非翻译序列

VNTR variable number of tandem repeats 可变串联重复

X-gal 5-Bromo-4-chloro-3-indolyl *β-D*-galactopyranoside 5-溴-4-氯-3-吲哚-*β-D*-半乳糖苷

YAC yeast artificial chromosomes 酵母人工染色体

ZT zeatin 玉米素

植物生物技术概论